定量化学分析

（第三版）

许晓文　杨万龙　李一峻
陈朗星　夏　炎　沈含熙　编著

南开大学出版社
天津

图书在版编目(CIP)数据

定量化学分析 / 许晓文等编著. —3 版. —天津：南开大学出版社，2016.4(2022.3 重印)
ISBN 978-7-310-05079-6

Ⅰ. ①定… Ⅱ. ①许… Ⅲ. ①定量分析—高等学校—教材 Ⅳ. ①O655

中国版本图书馆 CIP 数据核字(2015)第 057944 号

定量化学分析
DINGLIANG HUAXUE FENXI

南开大学出版社出版发行
出版人：陈　敬
地址：天津市南开区卫津路 94 号　　邮政编码：300071
营销部电话：(022)23508339　营销部传真：(022)23508542
https://nkup.nankai.edu.cn

天津午阳印刷股份有限公司印刷　全国各地新华书店经销
2016 年 4 月第 3 版　　2022 年 3 月第 5 次印刷
260×185 毫米　16 开本　21.75 印张　520 千字
定价：48.00 元

如遇图书印装质量问题，请与本社营销部联系调换，电话：(022)23508339

内 容 提 要

全书共分11章，包括：绪论、定量分析概论、误差与数据处理、酸碱平衡及酸碱滴定法、络合平衡及络合滴定法、氧化还原平衡及氧化还原滴定法、沉淀溶解平衡及沉淀滴定法、重量分析法、比色和分光光度法、分析样品前处理及分离技术、分析化学前沿及其发展趋势。书后还附有常用分析化学数据表。

本书的特点是：概念准确、清楚，推理严谨、简练，内容丰富，在文字和内容安排上便于学生自学。为了提高学生分析问题和解决问题的能力，并且做到理论联系实际，每章末附有思考题和习题两个部分。思考题着重基本概念的运用，以提高推理判断的能力；习题部分是在重点掌握基本理论的基础上，进行综合性的解题运算。

本书可作为综合性大学和高等师范院校化学、应用化学、材料化学、药学、生物学、环境科学等各专业分析化学基础课教材，也可供其他专业师生以及分析测试工作者和自学者的参考书。

编　者

2016年1月

第三版前言

本书自2004年第二版发行以来，已在教学中使用了10年时间，收到了很好的效果。使用者普遍反映：本书概念准确、清楚，推理严谨、简练，内容丰富，在文字叙述和内容安排上，便于自学。但是，随着时间的推移，分析化学教学方面发生了许多变化，为了适应教学改革新形势的需要，结合我们的教学经验、分析化学的教学要求以及使用者在使用本教材中提出的宝贵意见和建议，参照国内外其他有关教科书的内容，对本书第二版的内容进行了全面修订。

修订后的教材内容简明扼要，重点突出，理论联系实际，符合分析化学的教学要求，充分体现学科的新发展和教学改革的新成果。

本书第三版在内容上作了如下修订：

1.重新编写了“绪论”、“定量分析概论”、“分析样品前处理及分离技术”、“分析化学前沿及其发展趋势”四章内容。

2.在第三章“误差及数据处理”中新增加了“不确定度”的内容。

3.重新编写了“非水滴定”，并将此内容并入第四章“酸碱平衡及酸碱滴定法”中。

4.全书统一将化学计量点的缩写由“eq”改为“sp”，并将电极电位的符号由“φ”改为“E”。

5.各章不同程度地增加了一些新的内容。

本书第三版由南开大学化学学院杨万龙教授、李一峻教授、陈朗星教授、夏炎副教授四位老师共同修订和编写完成。杨万龙重新编写第一章、第二章，修订第四章（重新编写“非水滴定”）、第九章。李一峻修订和编写第三章（新增加了“不确定度”）、第六章。陈朗星修订第七章、第八章，重新编写第十一章“分析化学前沿及其发展趋势”。夏炎修订第五章，重新编写第十章“分析样品前处理及分离技术”。全书最后由四位老师共同校对，杨万龙教授整理定稿。

本书第三版在修订过程中，南开大学出版社李冰老师和谢芳周老师负责本书稿的编辑加工，付出了繁重的劳动，同时还得到了南开大学出版社其他老师的帮助，他们的奉献精神以及认真负责的工作态度令人钦佩，在此一并表示衷心的感谢。

限于我们的水平，修订后的第三版教材仍会存在缺点和错误，欢迎读者提出批评和建议，我们将不胜感谢。我们的邮箱是：nkywl@nankai.edu.cn。

编　者

2016年1月于南开园

第二版前言

本书自 1996 年第一版发行以来，已在教学中使用了 8 年时间，收到了很好的效果。使用者普遍反映：本书概念准确、清楚，推理严谨、简练，内容丰富，在文字叙述和内容安排上，便于学生自学。但是，随着时间的推移，分析化学教学方面发生了许多变化，为了适应教学改革新形势的需要，我们结合自己的教学经验，对本书第一版进行了修订。

本书第一版由于编写时间短促，存在一些错误，此次修订首先改正了原书中的错误，其次是精简了部分章节，压缩了内容，并对一些章节的内容做了适当的增补，重新编写了个别章节。第二版中删去了第一版的第五章、第十一章内容，同时根据我们的教学经验及参照其他有关教科书的内容，重新编写了“误差及数据处理”一章。

本书第二版由南开大学化学学院杨万龙和李一峻两位老师修订。杨万龙修订第一、二、四、五、七、九、十一章，李一峻修订第三、六、八、十、十二章。

限于我们的水平，第二版中如有不妥之处，欢迎读者提出批评和建议，我们将不胜感谢。

作　者

2004 年 11 月

第一版前言

在编写本书时，参照了国家教委教学委员会1992年提出的“高等学校化学专业本科基本培养规格”及对“定量化学分析课程的内容和要求”，汲取了作者十几年的教学经验，并考虑到培养跨世纪人才的需要，力争使本书具有适当的深度、广度和新鲜度。又由于这是一本分析化学基础课教材，必须处理好传统与现代、基础与提高、理论与实践、讲授与自学的关系。

本书在内容的选编上有以下特点：

1. 概念准确、清楚；推理严谨、简练。

2. 适当精简了溶液平衡的繁琐计算，注重教授处理多种共存平衡的正确方法，以提高学生分析和解决具体问题的能力。

3. 按照“分析的一般过程”，将采样和试样制备放在各分析方法之前；适当增加各分析方法的应用实例及分离等方面的内容，尽量地反映该课程的实践性。

4. 适度地增加了数据统计处理的有关内容，为学生进入更高层次的学习打好基础。

5. 增设了“分析化学前沿及其发展趋势”一章，以展现分析化学的新貌并展望未来。为处理“经典与现代”关系作一初步尝试。

6. 全书使用法定计量单位，对某些有关的传统定义和数学表达式作了必要的变动。

7. 在文字叙述和内容安排上，力求便于学生自学，便于内容取舍，以适应不同教学计划的需要。

本书可作为综合性大学或师范院校化学系或生物系各专业分析化学基础课教材或教学参考书。

参加本书编写的有许晓文（第二、三、六～九、十一章）、杨万龙（第四、五、十章），两位作者对第二至十一章书稿共同进行了反复研究和修改，最后由许晓文整理定稿；沈含熙教授曾多次指导并参与编写大纲的讨论，撰写了“绪论”（第一章）和“分析化学前沿及其发展趋势”（第十二章）。

天津师范大学胡赝文老师及本校马光正老师对第二～十一章、张贵珠老师对第十章的初稿进行了审阅，提出了宝贵意见；姜萍老师曾参加过编写大纲的讨论。另外，在编写过程中还得到了分析化学教研室许多老师的帮助、支持和鼓励，并由南开大学教务处教材委员会资助出版。在此一并表示感谢。

由于编者水平有限，编写时间短促，书中会有不少缺点和错误，欢迎读者批评指正。

编　者

1996年2月

目　录

第一章　绪　论

1.1　分析化学的定义、任务和作用

1.1.1　分析化学的定义

分析化学是研究物质的化学组成，测量各组成的含量，表征物质的化学结构、形态、能态的各种分析方法及其相关理论的一门多学科的综合科学。

分析化学是一个不断发展、变化的概念。早在1894年，分析化学的定义是：鉴定各种物质和测定成分的技术；20世纪30～40年代，随着科学技术的发展，分析化学的定义为：分析化学是研究物质的组成的测定方法和有关原理的一门学科；20世纪90年代，由于结构化学的发展，则将结构化学归入分析化学，此时分析化学的定义为：分析化学是测量物质的组成和结构的学科，也是研究分析方法的学科。由于不断研究新的检测原理、开发新的仪器设备、测量的新方法和新技术的出现，最大限度地从时间和空间的领域里获得物质更多的信息，将形态分析、能态分析归入分析化学中，因此有了今天分析化学的全新的定义。

1.1.2　分析化学的任务

(1)确定物质的化学组成(元素、离子、基团或化合物)——定性分析；

(2)测定物质中有关组分的含量——定量分析；

(3)表征物质的化学结构、构象、形态、能态——结构分析、构象分析、形态分析、能态分析；

(4)研究新的测定方法以及其他信息。

例如，茶叶中有哪些微量元素？有关微量元素的含量？茶叶中咖啡碱的化学结构？微量元素的形态？化学成分的空间分布？茶叶在不同的生长阶段中的营养成分的变化？

1.1.3　分析化学的作用

分析化学被称为“现代化学之母”，分析化学的水平被认为是衡量一个国家科学技术水平的重要标志之一。分析化学与化学、物理学、生命科学、信息科学、材料科学、地球与空间科学等都有密切的关系，其相互交叉和渗透，因此，有分析科学的称谓。

分析化学是“科学技术的眼睛，是人类健康的技术保障”。在实行依法治国的基本国策中，分析化学是执法取证的重要手段，是防伪打假、侦破未知的科学。

分析化学的应用范围几乎涉及国民经济、国防建设、生命科学、环境科学、空间科学、资源开发、衣食住行及全球经济贸易统一质量保障体系的建立等各个方面。可以说，当代科学领域的所谓“四大理论”(即天体、地球、生命、人类起源和演化)以及人类社会面临的“五大

危机”（资源、能源、人口、粮食、环境）的解决，都与分析化学的发展有着密切的关系。分析化学已成为“为人类提供更安全未来的关键科学”。

在环境保护方面，目前世界范围的大气、江河、海洋和土壤等的环境污染正在破坏着正常的生态平衡，甚至危及人类的发展和生存。为追踪污染源，弄清污染物种类、数量，研究其转化规律、危害程度、治理等方面，分析化学起着极其重要的作用。

材料科学：原子能材料，超导材料，纳米材料，半导体材料等新材料研究方面，杂质含量的测定及其形态与结构的表征已成为发展高新材料的关键。

生命科学：分析化学对于揭示生命起源、生命过程、疾病及遗传等方面，都具有重要意义。

医学科学：分析化学在药物成分含量测定，药物作用机制、代谢与分解、药物动力学、疾病诊断等的研究中，更是不可缺少的手段。

尖端科学：星球物质成分分析，火箭、卫星的研制，新型武器装备的生产和研制，分析化学起着非常重要的作用。

农业生产：对土壤、水质、农药、化肥、残留物以及农产品质量的检验。

工业生产：分析化学的重要性主要表现在产品质量检测、生产工艺流程的控制和商品检验等方面。而产品质量的检查和工艺流程的控制则是质量管理的主要手段，也是发展商品经济的最重要因素之一。

国际贸易：进出口原料、成品的质量检验，不仅具有经济意义，而其还具有政治意义。

1991 年 IUPAC 国际分析科学会议主席 E. Niki 教授指出：“21 世纪是光明还是黑暗取决于人类在能源与资源科学、信息科学、生命科学与环境科学四大领域的进步，而取得这些领域进步的关键问题的解决主要依赖于分析科学。”

分析化学的作用可以用图 1-1 来表示。

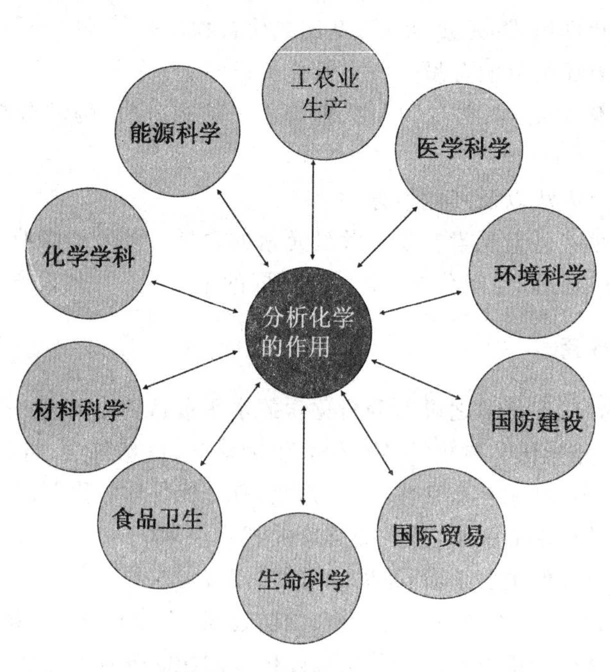

图 1-1　分析化学的作用

1.2 分析化学的特点和分析方法的分类

1.2.1 分析化学的特点

(1)分析化学中突出“量”的概念。例如,测定的数据不可随意取舍,数据准确度、偏差的大小与采用的分析方法有关。

(2)分析试样是一个获取信息、降低系统的不确定性的过程。

(3)实验性强。强调动手能力,培养实验操作技能、提高分析问题和解决问题的能力。

(4)综合性强。涉及化学、生物、物理、电子、光学、计算机等学科,体现能力与素养。

1.2.2 分析方法的分类

分析化学的分析方法,可根据分析任务、分析对象、试样用量、测定原理等来分类。

1.根据分析任务来分类

定性分析(Qualitative analysis)——确定物质的组成

定量分析(Quantitative analysis)——确定物质的含量

结构分析(Structure analysis)——确定物质的结构

形态分析(Speices analysis)——确定物质的形态

能态分析(Oems analysis)——确定物质的能态

2.根据分析对象来分类

无机分析(Inorganic analysis):组成无机物的元素种类繁多,要求鉴定物质的组成和测定各组成的含量。

有机分析(Organic analysis):组成有机物的元素种类不多,但结构相当复杂,分析的重点是官能团分析和结构分析。

生化分析(Bioanalysis):蛋白质分析、氨基酸分析、核酸分析、糖类分析等。

还有药物分析,水质分析,食品分析,工业分析等。

3.根据试样用量来分类(表 1-1)

表 1-1 根据试样用量分类分析方法

方法名称	试样质量/mg	试样体积/mL
常量(Macro)分析	>100	>10
半微量(Semimicro)分析	10~100	1~10
微量(Micro)分析	0.1~10	0.01~1
超微量(Ultramicro)分析	<0.1	<0.01

4.根据被测组分相对含量来分类(表 1-2)

表 1-2 根据被测组分相对含量分类分析方法

方法名称	相对含量(%)
常量(Macro)组分	>1
微量(Micro)组分	0.01～1
痕量(Trace)组分	<0.01

5.根据测定原理来分类

(1)化学分析(Chemical analysis):依据物质的化学反应,包括以下两种方法。

重量分析(Gravimetry analysis):包括沉淀重量法、电解重量法等。

滴定分析(Titrimetry analysis):包括:酸碱滴定法、络合滴定法、氧化还原滴定法、沉淀滴定法。

(2)仪器分析(Instrumental analysis):依据物质的物理或物理化学性质。

光谱分析法:原子发射光谱、原子吸收光谱、原子荧光光谱、红外光谱、紫外—可见光谱、拉曼光谱、荧光光谱。

电化学分析法:电导分析、电位分析、电解分析、库仑分析、极谱分析。

色谱分析法:气相色谱、液相色谱、离子色谱、超临界流体色谱、薄层色谱、毛细管电泳。

波谱分析法:核磁共振、质谱。

6.根据分析作用来分类

例行分析(Routine analysis):一般化验室日常生产中的分析,也称为常规分析。

仲裁分析(Arbitral referee analysis):不同单位对分析结果有争议时,请权威的单位进行裁判的分析工作。

1.3 分析化学发展简史与发展趋势

人类有科技就有化学,化学从分析化学开始。分析化学的起源可追溯到古代的炼金术。在科学史上,分析化学是研究化学的开路先锋,它对元素的发现、原子量的测定等作出了重要贡献。但是,直到 19 世纪末,人们还认为分析化学尚无独立的理论体系,只能算是分析技术,不能算是一门科学。

20 世纪以来,分析化学的发展经历了三次巨大的变革。第一次变革是在 20 世纪初的 20～30 年代,由于物理化学中的溶液理论的发展,为分析化学提供了理论基础,建立了溶液中的酸碱、络合、氧化还原、沉淀四大平衡理论,使分析化学由一门技术发展成为一门科学。第二次变革发生在 20 世纪中叶,由于物理学和电子学的发展,促进了以光谱分析、极谱分析为代表的仪器分析方法的发展,改变了分析化学以经典的化学分析为主的局面,开创了仪器分析的新时代。第三次变革是从 20 世纪 70 年代末开始至今,由于计算机科学、生命科学、环境科学、新材料科学等发展的需要,再加上基础理论及测试手段的完善,使分析化学进入了一个崭新的镜界。现代分析化学的任务已不只限于测定物质的组成、含量,而是要对物质的形态、结构、微区、薄层及活性等作出瞬时追踪、在线检测等分析及过程控制，分析化学已由单纯提供数据，上升到从分析数据中获取有用的信息和知识，成为生产和科研中实际问题的解决者。

现代分析化学把化学与数学、物理学、计算机科学、生命科学、材料科学、信息科学紧密地合起来，发展成为一门多学科的综合科学，成为当代最有活力的学科之一。

1.4 学习分析化学课程的方法

通过这门课的学习，要求掌握定量分析化学的基本原理和方法，树立正确的"量"的概念，并初步具有分析问题和解决问题的能力。

分析化学是一门从实践中来，到实践中去的学科。学习分析化学就好比学习射击，只会把枪打响而不会打准是毫无用处的。分析化学也是一门实验学科，因此必须重视分析化学基本操作的训练，掌握分析化学的基本操作。

第二章　定量分析概论

2.1　定量分析概述

2.1.1　定量分析的一般过程

定量分析的任务是测定物质中有关组分的含量，其一般过程表示如下：

试样的采取和制备 → 试样分解 → 干扰的消除 →测定 → 数据处理 → 结果评价

1. 试样的采取和制备

(1)固体试样的采取和制备

一般测定只需少量(零点几至几克)样品，而欲分析的对象可能是大批物料(如一批化工原料或产品、一堆矿石、煤炭、土壤等)。分析之前，首先应从大量的物料中合理地抽取出一部分(几公斤到几十公斤)试样，称为原始固体试样。无疑，原始固体试样必须具有代表性，其组成成分与整个物料的平均成分应当接近，否则分析工作就毫无意义，而且往往导致错误的结论。从大批物料中合理地抽取具有代表性的原始试样的过程称为采样。

如何正确采样？各有关部门的质量管理机构都有严格的操作规程。一般来说，如果待测组分在大批物料中的分布是均匀的(如某些化工产品)，则可任取一部分并稍加混合后就可制得原始试样了。但在实际工作中物料的组成往往是不均匀的，粒度也不一致，因此采样则是一项复杂的操作。应根据物料的性质，组分的均匀程度，物料的数量以及存放状况等，按规定在不同的部位，选多个取样点进行取样。

原则上讲，采出的样品份数愈多，量愈大，样品与物料的平均组成就愈趋接近。原始采样量与分析误差要求有关，误差要求愈小，采样量应愈多。另外，采样量还决定于物料组分的均匀程度、粒度以及易破碎程度。它们之间的关系可用下面经验公式表示：

$$m = Kd^a$$

式中：m—原始试样量(kg)；d—试样中最大粒度(直径，mm)；K 和 a 是经验常数，其大小与物料的均匀程度和易破碎程度有关，其数值是由有关部门的质量管理机构通过实验确定的，并以“规范”形式下达到下属单位执行。如地质部门采取赤铁矿原始试样规定：$K=0.06$，$a=2$。按此规定，如果赤铁矿样的最大颗粒的直径为 20 mm，则

$$m = 0.06 \times 20^2 = 24\ \text{kg}$$

原始试样最少应采 24 kg。

按上述方法采集的原始试样是不均匀的，数量也过多，不能直接用于分析，需要进一步加工制成分析试样。

分析试样的制备过程如下：

① 破碎

用机械或人工方法将原始试样进行不同程度的破碎，并且过筛。筛孔的大小应根据需要而定。未通过筛孔的大颗粒应再行破碎，直至试样全部过筛为止。不能把粗颗粒弃去，否则会影响试样的代表性。

试样经破碎后过筛所用的筛子称为标准筛。标准筛的规格常用“筛目”表示，表 2-1 为标准筛的筛目和孔径大小的对应关系。

表 2-1　标准筛的筛目和孔径

筛　　目	筛孔径直径/mm
10	2.00
20	0.83
40	0.42
60	0.25
80	0.177
100	0.149
120	0.125
140	0.105
200	0.074

② 缩分

将已破碎过筛后的原始试样再进一步破碎、过筛并逐步缩小其量的过程叫做缩分。最常用的缩分方法是“四分法”。四分法是将已破碎过筛的原始试样，经充分混合均匀后，堆成圆锥体形，将顶部压平，通过中心分成四等份。任取对角的两份弃去，其余的两份收集在一起，并混合均匀。此时试样已缩减了一半。如图 2-1 所示。根据需要将经一次缩分后的试样，再破碎至更细，再次缩分。如此反复直至留下所需量为止，便得分析试样。

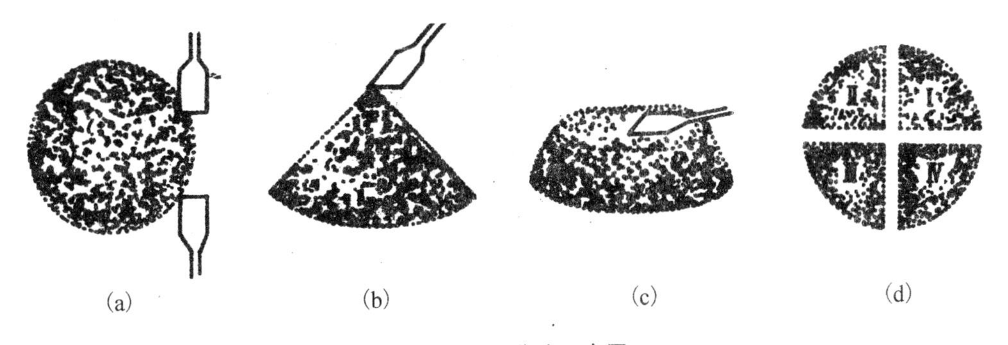

图 2-1　四分法示意图

一般送化验室的分析试样量为 200～500 g，粒度应便于溶解（一般要求通过 100～200 目筛）。将制备好的分析试样贮存于带磨口塞的广口瓶中，瓶外贴好标签，注明试样的名称、来源、采样日期等。

(2)液体试样的采取

如果物料是装在一个大容器内的，只要在容器的不同深度取样，并混合均匀即可作为分析试样。若物料是分装在多个小容器中的，则应从各容器中取相同量的样品，混合均匀后作为分析试样。在采集水管或有泵水井中的水样时，取样前需将水龙头或水泵打开放水10～15 min，然后收集水样于干净瓶中。采取池、江、河中水样时，应在不同深度取多份水样，混合均匀后作为分析试样。

(3)气体试样的采取

采取气体试样也要根据具体情况，选用适宜的采样方法。如大气样品通常选择距地面150～180 cm高度处采样，以使样品与人呼吸的空气相一致。对于烟道气或工业废气，可将气体样品采入干净的空瓶中，或大型注射器内，也可用适当的吸收剂吸收浓缩后供分析用。

以上是有关采样和试样制备的基本知识。在实际工作中应根据国家有关标准或部颁标准进行采样和制样。

2. 试样分解

除少数分析方法(如发射光谱、差热分析、红外光谱等方法)外，一般的分析方法，特别是化学分析法都是在溶液中进行的(湿法分析)。因此，在分析之前，应将固体试样中的被测组分定量地转入溶液。这一过程叫做试样的分解。

试样分解必须满足以下条件：

① 被测组分应定量地转入溶液，即所谓分解完全，并使其状态有利于测定。

② 分解过程中避免引入干扰组分和被测组分。

常用的试样分解方法有：

(1)溶解法

选用适当的试剂(也称溶剂)使被测组分变成可溶性物质。常用的溶剂列于表2-2中。

表2-2 试样分解常用溶剂

溶剂	可分解试样	备注
HCl	Fe，Co，Ni，Al，Cr，Sn，Be，Mg，Ge，Sn，Ti等金属；Fe，Mn，Ca，Mg，Zn等氧化物，碳酸盐及某些硅酸盐	$HCl+H_2O_2$；$HCl+Br_2$可分解铜合金及硫化物矿等
HNO_3	多种金属(除Au和Pt系金属外)，弱酸盐，硫化物等	Fe，Cr，Al因形成氧化膜而钝化；Sn，Sb，W形成难溶酸；3份HCl加1份HNO_3称为王水，可溶解贵金属及其矿石
H_2SO_4	Fe，Co，Ni，Zn金属及其合金；Al，Be，Mn，Ti，Th，稀土，U等矿石	H_2SO_4在338℃恒沸(98.3%)，可在高温下分解矿石，并可置换大多数可挥发酸；破坏有机物
H_3PO_4	合金钢和许多难溶矿物，如镁铬铁矿、铌铁矿、钛铁矿等	单独使用H_3PO_4分解试样时加热时间不易过长，以免生成焦磷酸盐沉淀，因此常与H_2SO_4混合使用
$HClO_4$	多种铁合金和不锈钢	分解试样时应注意安全
HF	硅酸盐	常与浓H_2SO_4混合使用；使用铂或聚四氟乙烯器皿并在通风橱中进行
NaOH 20%～30%水溶液	铝和铝合金及某些酸性氧化物(如As_2O_3)	在银、铂或聚四氟乙烯器皿中进行

(2)熔融法

熔融法是将固体试样与固体熔剂按一定比例(通常用6～12倍量的熔剂)混合,放在适当材料制成的坩埚内高温熔融。在熔融状态下试样中被测组分与熔剂发生复分解反应,使被测组分转化为易溶于水或酸的形式。冷却后的融块用水或酸浸取,使被测组分定量转入溶液。熔融法一般用来分解难溶试样。常用的熔剂可分为酸性溶剂和碱性溶剂两种。

① 酸性溶剂:常用的有焦硫酸钾($K_2S_2O_7$)或硫酸氢钾($KHSO_4$),后者加热时脱水亦变成焦硫酸钾:

$$2KHSO_4 \xlongequal{\triangle} K_2S_2O_7 + H_2O$$

所以二者的作用是一样的。在300℃以上,$K_2S_2O_7$缓慢分解出SO_3,使碱性或中性氧化物(如TiO_2,Al_2O_3,Cr_2O_3,Fe_3O_4,ZrO_2等)转化为可溶性硫酸盐。$K_2S_2O_7$常用于分解硅酸盐(测SiO_2)、钨矿石等。

② 碱性熔剂:常用的碱性熔剂有Na_2CO_3、K_2CO_3、Na_2O_2、NaOH及它们的混合物,可分解硅酸盐、硫酸盐、天然氧化物、磷酸盐等。

熔融法分解试样能力强,但由于加入大量熔剂,增加了对进一涉测定的干扰机会,并由于在高温下进行分解,对坩埚可产生严重的腐蚀而引入杂质。

(3)烧结法(或称半熔融法)

烧结法是将试样与固体熔剂混合物在低于熔点的温度下,经一定时间反应使试样完全分解的方法。此法温度较低,坩埚材料损耗小。

烧结法常用的熔剂有:

① Na_2CO_3-ZnO、Na_2CO_3-MgO:可用于煤炭或矿石中全硫量的测定,其中Na_2CO_3起熔剂作用,ZnO或MgO因熔点高使整个烧结物不融,起着疏松通气的作用。在碱性条件下,空气中的氧可将硫化物氧化为SO_4^{2-}。烧结物可用水浸取。

② $CaCO_3-NH_4Cl$:可用于测定硅酸盐中的K^+、Na^+。在烧结时NH_4Cl和$CaCO_3$形成$CaCl_2$,过量的$CaCO_3$分解为CaO。$CaCl_2$和CaO使试样中的K^+和Na^+转化为可溶性氧化物,烧结物可用水浸取。

在实际工作中,选择试样的分解方法一般是:当已知试样的种类或组成时,可根据其性质选择合适的分解方法;如果对试样全无所知,则可依次试验稀HCl、浓HCl及其他溶解法。若都不能全部溶解时,再依次试验半熔法和熔融法。

3. 干扰的消除

在实际工作中,试样组成比较复杂,在测定其中某一组分时,共存的其他组分常常发生干扰,因此在测定前必须消除干扰。

消除干扰的方法主要有两种:

(1)掩蔽法

采用化学处理消除干扰的方法,在待测试液中,加上一种试剂,这种试剂与干扰组分发生化学反应,或者生成络合物,或者生成沉淀,或者发生氧化还原反应,从而消除干扰,这种方法称为掩蔽法,所加的试剂叫掩蔽剂。常用的掩蔽法有:络合掩蔽法、沉淀掩蔽法和氧化还原掩蔽法。采用掩蔽法来消除干扰是一种简单有效的方法。

(2)分离

无合适的掩蔽方法时,需要采取分离的方法。常用的分离法有:沉淀分离、萃取分离、离子交换分离、色谱分离等。

4. 测定

根据被分析物的物理性质、含量和对分析结果准确度的要求,选择合适的化学分析方法或仪器分析法进行测定。

5. 数据处理

根据试样质量,测量数据和分析过程中有关反应的计量关系,计算试样中有关组分的含量。

6. 结果评价

用数理统计方法对分析结果进行评价,判断结果的可靠程度。

2.1.2 定量分析中的重要物理量及其单位

定量分析中的重要物理量是:物质的量、物质的量浓度、摩尔质量等。

国际单位制(SI)中七种基本物理量及其单位和分析化学中常用的量和单位分别见表 2-3和表 2-4。

表 2-3 国际单位制(SI)中七种基本物理量及其单位

物理量	单位	单位符号
长度(L)	米	m
质量(m)	千克	kg
时间(t)	秒	s
电流强度(i)	安[培]	A
热力学温度(T)	开[尔文]	K
光强度(I)	坎[德拉]	Cd
物质的量(n)	摩尔	mol

表 2-4 分析化学中常用的量和单位

物理量	量符号	单位符号
物质的量	n	mol、mmol
摩尔质量	M	g /mol
物质的量浓度	C	mol/L
质量	m	g、mg
体积	V	L、mL
质量分数	ω	%
质量浓度	ρ	g/mL、mg/mL

2.1.3　定量分析结果的表示

1. 固体试样

固体试样中常量组分的含量，通常用质量分数或质量百分含量表示。

质量分数的定义是：

$$\omega_B = \frac{m_B}{m_S}$$

式中：ω_B—物质 B 的质量分数；

m_B— 物质 B 的质量；

m_S— 试样的质量。

(1)质量分数可以为纯小数：当分子、分母两个质量单位一样时，则质量分数为纯小数，可用百分数或千分数表示。

例：10 g 含铁试样中铁的质量为 1 g 时，则

$$\omega_{Fe} = \frac{1g}{10g} = 0.1 \quad 或 \quad \omega_{Fe}\% = 10\%$$

(2)质量分数可以有单位：当分子、分母两个质量单位不同时，则质量分数有单位，其单位是两个不同质量之比，例如，mg/g，μg/g，g/t 等。

2. 液体试样

(1)质量分数

表示方法同固体试样。

(2)体积百分数

100 mL 溶液中待测组分(B)所占的体积(mL)，其表达式为：

$$B\% = \frac{V_B(mL)}{V_S(mL)} \times 100$$

式中：$B\%$ —物质 B 的体积百分数；

V_B—物质 B 的体积；

V_S—溶液的体积。

例：60%乙醇溶液：表示 100 mL 乙醇溶液中含乙醇 60 mL。

(3)质量一体积百分数

100 mL 溶液中含有待测组分(B)的克数，其表达式为：

$$B\% = \frac{m_B(g)}{V_S(mL)} \times 100$$

式中：$B\%$ —物质 B 的质量一体积百分数；

m_S—物质 B 的质量；

V_S—溶液的体积。

例：50%的氯化钠溶液表示 100 mL 氯化钠溶液中含 NaCl 50 g。

3. 微量和痕量组分

在微量分析中，质量分数常用 ppm(parts per million)、ppb(parts per billion) 和 ppt (parts per trillion)表示：

$$ppm:10^{-6};ppb:10^{-9};ppt:10^{-12}$$

例，纯锌中含铁 0.000 1%，如果用 ppm 表示，则为 1 ppm。

2.2 滴定分析概述

2.2.1 滴定分析的一般过程和特点

1. 滴定分析的一般过程

在滴定分析时，一般是将试样溶解后，取其全部或一部分，加入少量指示剂，将一种已知准确浓度的溶液(标准溶液)通过滴定管滴加到待测试液中，直到所加的试剂与待测物质按化学计量关系定量反应为止，然后根据所加试剂的浓度和体积，通过定量关系计算待测物质的含量。

基本术语：

滴定(Titration)：将滴定剂通过滴定管滴入待测溶液中的过程。

滴定剂 (Titrant)：已知准确浓度的溶液(标准溶液)。

指示剂(Indicator)：滴定分析中能发生颜色改变而指示终点的试剂。

计量点(Stoichiometric point, sp)：滴定剂与待测物质按化学计量关系反应完全的那一点称为化学计量点，简称计量点(理论)。

终点(Ending point, ep)：滴定时指示剂发生颜色改变而停止滴定的那一点称为滴定终点，简称终点(实际)。

终点误差(Titration error, Et)：化学计量点与滴定终点在概念上是不同的，在实际滴定中也往往是不一致的。由于人们是根据终点时耗用滴定剂的体积来计算分析结果的，这就会由于终点与化学计量点的不一致而产生误差，这一误差称为终点误差或称滴定误差。

2. 滴定分析法的特点

滴定分析法是化学定量分析中很重要的一种方法，其特点是：

(1)适用于常量组分(>1%)的测定。

(2)准确度较高(相对误差为±0.2%)。

(3)仪器简单，操作简便、快速。

(4)用途广泛。

2.2.2 滴定分析法的分类及对滴定反应的要求

1. 滴定分析法的分类

按化学反应类型分类，可分为以下几类：

(1)酸碱滴定：以质子传递反应为基础的滴定分析法

$$H^+ + OH^- = H_2O$$

(2)络合滴定:以络合反应为基础的滴定分析法

$$M + L = ML$$

(3)氧化还原滴定:以氧化还原反应为基础的滴定分析法

$$O_1 + R_2 = R_1 + O_2$$

(4)沉淀滴定:以沉淀反应为基础的滴定分析法

$$Ag^+ + X^- = AgX\downarrow$$

2. 对滴定反应的要求

化学反应很多,但可用于滴定分析的化学反应必须符合下述条件:

(1)反应必须按一定方向定量完成。所谓“定量”即指反应的完全程度应达 99.9%以上。

(2)反应速度快,或有简便方法(如加热、加催化剂)使之加快。

(3)有合适的确定终点的方法(如指示剂或电位滴定)。

(4)试液中的共存物质不干扰测定,或虽有干扰但有消除方法。

2.2.3　滴定方式

1. 直接滴定法

只要滴定剂(标准溶液)与被测物质的反应符合滴定反应的条件,就可采用直接滴定法。直接滴定是最常用和最基本的滴定方式,不仅简便、快速,而且引入的误差也较小。

例如,用 HCl 标准溶液滴定 NaOH,或用 NaOH 标准溶液滴定 HCl。

2. 返滴定法

当滴定剂与待测物质反应速度慢或无合适的指示剂时,不能用直接滴定法,可采用返滴定法。

返滴定法的过程:

先加入一定量的过量的标准溶液,待其与被测物质反应完全后,再用另一种滴定剂(另一种标准溶液)滴定剩余的标准溶液,从而计算出被测物质的量。

例如,用 EDTA 滴定 Al^{3+},Al^{3+} 与 EDTA 络合反应太慢,不能直接滴定,可先加入一定量的过量的 EDTA 标准溶液,并加热促进与 Al^{3+} 络合反应完全,冷却后过量的 EDTA 在 pH 5~6 时,用二甲酚橙为指示剂,用 Zn^{2+} 标准溶液滴定。这个反应速率很快,可以直接滴定。颜色变化:黄色→紫红色。

3. 置换滴定法

当滴定剂与被测物质的反应没有确定的计量关系或伴有副反应,不能直接滴定被测物质,可采用置换滴定法。

置换滴定法的过程:

在被测试液中加入过量但不计量的试剂与被测组分反应,定量地置换出一种能被滴定的物质,然后用标准溶液滴定被置换出来的物质。

例如,用 $K_2Cr_2O_7$ 标准溶液标定 $Na_2S_2O_3$ 的准确浓度,$K_2Cr_2O_7$ 不仅会把 $Na_2S_2O_3$ 氧化成 $Na_2S_4O_6$,还会氧化成 Na_2SO_4,没有确定的计量关系,无法直接滴定,可采用置换滴定法:在 $K_2Cr_2O_7$ 酸性溶液中加入过量但不计量的 KI,KI 与 $K_2Cr_2O_7$ 反应定量地生成单质碘 I_2,再用 $Na_2S_2O_3$ 滴定生成的 I_2,从而计算出 $Na_2S_2O_3$ 的准确浓度。反应式如下:

$$Cr_2O_7^{2-} + 6I^- + 14H^+ = 2Cr^{3+} + 3I_2 + 7H_2O$$

$$2S_2O_3^{2-} + I_2 = S_4O_6^{2-} + 2I^-$$

4. 间接滴定法

对于不能与滴定剂直接反应的物质，通过另外的化学反应间接进行测定。

例如，Ca^{2+}在溶液中没有可变的价态，不能直接用氧化还原方法滴定，但把Ca^{2+}沉淀为CaC_2O_4，过滤、洗净后溶解在稀硫酸中，就可以用$KMnO_4$标准溶液滴定草酸溶液，从而间接测定了Ca^{2+}的含量，反应式如下：

$$Ca^{2+} + C_2O_4^{2-} = CaC_2O_4 \downarrow$$

$$CaC_2O_4 + 2H^+ = Ca^{2+} + H_2C_2O_4$$

$$2MnO_4^- + 5H_2C_2O_4 + 6H^+ = 2Mn^{2+} + 10CO_2 \uparrow + 8H_2O$$

2.2.4 基准物质和标准溶液

1. 基准物质(基准试剂)

可以用来直接配制标准溶液或标定标准溶液浓度的物质叫基准物质。

作为基准物质必须符合下列条件：

(1)纯度高。杂质含量低于0.02%。

(2)组成(包括结晶水在内)与化学式相符。

(3)性质稳定。在空气中不易被氧化，不易吸收H_2O和CO_2，不易失掉结晶水等。

(4)最好具有较大的摩尔质量，以减小称量的相对误差。

常用的基准物质的干燥条件和应用范围列于表2-5中。

表2-5 常用的基准物质的干燥条件和应用范围

基准物质		干燥后的组成	干燥条件	标定对象
名称	化学式			
无水碳酸钠	Na_2CO_3	Na_2CO_3	270℃～300℃	酸
硼砂	$Na_2B_4O_7 \cdot 10H_2O$	$Na_2B_4O_7 \cdot 10H_2O$	置于盛有氯化钠和蔗糖饱和溶液的密闭器皿中	酸
邻苯二甲酸氢钾	$KHC_8H_4O_4$	$KHC_8H_4O_4$	105℃～110℃	碱
二水合草酸	$H_2C_2O_4 \cdot 2H_2O$	$H_2C_2O_4 \cdot 2H_2O$	室温空气干燥	酸、高锰酸钾
三氧化二砷	As_2O_3	As_2O_3	室温干燥器中	碘
草酸钠	$Na_2C_2O_4$	$Na_2C_2O_4$	105℃～110℃	高锰酸钾
重铬酸钾	$K_2Cr_2O_7$	$K_2Cr_2O_7$	120℃±2℃	硫代硫酸钠
溴酸钾	$KBrO_3$	$KBrO_3$	180℃±2℃	还原剂
碘酸钾	KIO_3	KIO_3	120℃±2℃	还原剂
铜	Cu	Cu	室温干燥器中	EDTA
碳酸钙	$CaCO_3$	$CaCO_3$	110℃	EDTA
锌	Zn	Zn	室温干燥器中	EDTA
氧化锌	ZnO	ZnO	800℃±50℃	EDTA
氯化钠	NaCl	NaCl	550℃±50℃	硝酸银
氯化钾	KCl	KCl	550℃±50℃	硝酸银
硝酸银	$AgNO_3$	$AgNO_3$	220℃～250℃	氯化物
乙二胺四乙酸二钠	$C_{10}H_{14}N_2O_8Na_2 \cdot 2H_2O$	$C_{10}H_{14}N_2O_8Na_2 \cdot 2H_2O$	硝酸镁饱和溶液的恒湿器中	氯化锌、硝酸铅

2. 标准滴定溶液的制备

已知准确浓度、在滴定分析中常作滴定剂的溶液，称为标准滴定溶液（简称标准溶液）。

(1)标准溶液的制备和标定的一般规定(GB/T 601－2002)：

① 制备标准滴定溶液的浓度值应在规定浓度值的±5%以内。

② 标定标准滴定溶液的浓度时，须两人进行实验，分别各做四平行，每人四平行标定结果的相对极差≤0.15%，两人共八平行标定结果的相对极差≤0.18%。取两人八平行标定结果的平均值为标定结果。在运算过程中保留五位有效数字，浓度值报出结果取四位有效数字。浓度平均值的扩展不确定度一般不大于0.2%。

(2)标准溶液的配制和标定

配制方法：

① 直接配制法

当欲配制的标准溶液的溶质是基准物时，可用基准物质直接配制，计算出准确浓度。配制过程如下：

基准物质→分析天平→准确称取→适量水溶解→定量转入容量瓶→稀释至刻度→计算出浓度

例，$K_2Cr_2O_7$ 的摩尔质量 $M(K_2Cr_2O_7)=294.18$ g/mol，欲配制 100 mL 0.100 0 mol/L $K_2Cr_2O_7$标准溶液，用分析天平准确称取 2.941 8 g $K_2Cr_2O_7$，溶于蒸馏水，定量转入 100 mL 容量瓶，用水稀释至刻度，摇匀。

但准确称取 2.941 8 g 试样是不容易做到的，常采取准确称量大致量的试样，称准至 0.1 mg，如，称取了 2.942 4 g $K_2Cr_2O_7$，溶解并定容于 100 mL 容量瓶中，然后根据所称取的 $K_2Cr_2O_7$的质量、$K_2Cr_2O_7$的摩尔质量和容量瓶的体积，计算出 $K_2Cr_2O_7$ 溶液的准确浓度。

② 间接配制法

当欲配制的标准溶液的溶质不是基准物时，先粗配成一个近似浓度的溶液，然后用基准物或另一种标准溶液标定，如 HCl、NaOH、$Na_2S_2O_3$、$KMnO_4$等。

粗配(台秤、量筒)→近似浓度→用基准物或标准溶液标定→计算出浓度

【例 2-1】若配制 0.1 mol/L 的 HCl 溶液 500 mL，问需要取浓度为 36%、相对密度为 1.2 g/mL的浓 HCl 多少毫升？(M(HCl)= 36.5 g/mol)

解

$$36\%\times1.2\times V_{浓HCl}=36.5\times0.5\times0.1$$

$$V_{浓HCl}=\frac{36.5\times0.1\times0.5}{36\%\times1.2}\approx4.2\ \text{mL}$$

3. 标准溶液浓度的表示方法

(1)物质的量浓度

物质的量浓度简称浓度，符号是 C，其定义是：溶液中溶质 B 物质的物质的量除以溶液的体积。

$$c_B=\frac{n_B}{V}\ 或\ c(B)=\frac{n(B)}{V}$$

单位：mol/L

由于物质的量浓度是物质的量的导出量，所以凡提到物质的量浓度，也必须指明基本单

元，只有指明了基本单元，物质的量浓度才具有意义。例如，为了表示在 1 L 溶液中含有 0.1 mol的 $KMnO_4$ 溶液的浓度，可根据需要选 $KMnO_4$ 或 $\frac{1}{3}KMnO_4$ 或 $\frac{1}{5}KMnO_4$ 为基本单元，该溶液的浓度可分别表示成：$c(KMnO_4)=0.1000$ mol/L 或 $c(\frac{1}{3}KMnO_4)=0.3000$ mol/L 或 $c(\frac{1}{5}KMnO_4)=0.5000$ mol/L。

由此可见，同一个溶液选用不同单元时，浓度的数值也就不同。但不管用哪一个方法表示，在概念上都是严格的，含义也都是明确的。

对于同一溶液，基本单元可以选 B，也可以选 bB（b 可以是整数也可以是分数），浓度之间的关系是：

$$c(bB)=\frac{1}{b}c(B)$$

这就是所谓的"换单元公式"。

例：$c(KMnO_4)=0.02000$ mol/L，$c(\frac{1}{5}KMnO_4)=0.1000$ mol/L

$c(K_2Cr_2O_7)=0.01667$ mol/L，$c(\frac{1}{6}K_2Cr_2O_7)=0.1000$ mol/L

$c(H_2SO_4)=0.1000$ mol/L，$c(\frac{1}{2}H_2SO_4)=0.2000$ mol/L

$c(\frac{1}{2}I_2)=0.1000$ mol/L，$c(I_2)=0.05000$ mol/L

（2）滴定度

滴定分析中标准溶液的浓度一般用物质的量浓度表示。但在某些部门（工厂化验室），常常要对同一类的试样进行同一组分的例行测定，这时所用的标准溶液的浓度用一种特殊的表示方法——滴定度来表示。

滴定度：1 mL 标准溶液（滴定剂）所相当的被测组分的质量（g 或 mg），以符号 T 表示：$T_{滴定剂/被测物}$（$T_{S/X}$），例如 $T_{K_2Cr_2O_7/Fe}$表示 $K_2Cr_2O_7$ 对 Fe 的滴定度。

例如，采用 $K_2Cr_2O_7$ 标准溶液滴定铁，$T_{K_2Cr_2O_7/Fe}=0.006000$ g/mL。如果在滴定过程中消耗 $K_2Cr_2O_7$ 标准溶液 20.00 mL，则试样中铁的含量为：

$$m(Fe)=TV=0.006000\ g/mL\times20.00\ mL=0.1200\ g$$

（3）滴定度与物质的量浓度之间的关系

$$T_{S/X}=k\cdot c(S)\cdot M(X)\times10^{-3}\ g/mL$$

式中：X — 被测物质；

S — 标准溶液（滴定剂）；

M(X) —被测物的摩尔质量。

$$k=\frac{n(X)}{n(S)}$$

k 值由滴定反应的化学计量比关系确定。

以 $K_2Cr_2O_7$标准溶液滴定 Fe^{2+} 为例，

$$Cr_2O_7^{2-}+6Fe^{2+}+14H^+=2Cr^{3+}+6Fe^{3+}+7H_2O$$

$$k=\frac{n(Fe)}{n(K_2Cr_2O_7)}=6$$

2.2.5　滴定分析结果的计算

滴定分析中涉及一系列的计算，如，标准溶液浓度的计算，测定结果的计算等。

1. 滴定剂与被测物质之间的计量关系

(1)直接滴定法

设滴定剂 T 与被测物质 B 之间的反应为：

$$tT + bB = cC + dD$$

计量点时：$c(tT)V_T = c(bB)V_B$，则

$$\frac{n_T}{n_B}=\frac{t}{b} \qquad n_B=\frac{b}{t}n_T=\frac{b}{t}c_TV_T$$

(2)置换滴定法及间接滴定法

在置换滴定法或间接滴定法分析中，滴定反应不是由一步完成的，而是要通过多步反应才能完成，因此需要通过多步反应来确定被测物量 B 与滴定剂 T 之间的计量关系。

2. 被测物含量的计算

被测物含量通常以百分含量计，其表示式如下：

$$B\%=\frac{m_B(g)}{m_S(g)}\times 100$$

式中：m_B— 物质 B 的质量；

　　m_S— 试样 S 的质量。

设滴定剂 T 与被测物质 B 之间的反应为：

$$tT + bB = cC + dD$$

则

$$m_B=n_BM_B=\frac{b}{t}c_TV_TM_B$$

3. 滴定分析结果的计算示例

(1)直接滴定法

【例 2-2】 准确称取铁矿样 0.302 9 g，溶解后将其中的 Fe^{3+} 还原为 Fe^{2+}，用 $c(K_2Cr_2O_7)=0.016\ 00$ mol/L 标准溶液滴定，终点时用去 35.14 mL，计算试样中以 Fe 和 Fe_2O_3 表示的含量。

解

$$Cr_2O_7^{2-} + 6Fe^{2+} + 14H^+ = 2Cr^{3+} + 6Fe^{3+} + 7H_2O$$

$$n(Fe^{2+}) = 6n(K_2Cr_2O_7)$$

$$n(Fe^{2+}) = 6c(K_2Cr_2O_7)V(K_2Cr_2O_7)$$

$$m(Fe) = 6c(K_2Cr_2O_7)V(K_2Cr_2O_7)M(Fe)$$

$$铁含量\ \omega_{Fe}=\frac{m(Fe)}{m_S}=\frac{6c(K_2Cr_2O_7)V(K_2Cr_2O_7)M(Fe)}{m_S}$$

$$=\frac{6\times 0.016\ 00\ mol/L\times 0.035\ 14\ L\times 55.85\ g/mol}{0.302\ 9\ g}$$

$$=0.622\ 0$$

$$=62.20\%$$

因为 $2Fe^{2+} \sim Fe_2O_3$

所以 $n(Fe^{2+}) = 2n(Fe_2O_3) = 6n(K_2Cr_2O_7)$

$$n(Fe_2O_3) = 3n(K_2Cr_2O_7)$$

$$Fe_2O_3\text{ 含量 } \omega_{Fe_2O_3} = \frac{m_{Fe_2O_3}}{m_S} = \frac{3c(K_2Cr_2O_7)V(K_2Cr_2O_7)M(Fe_2O_3)}{m_S}$$

$$= \frac{3\times 0.016\ 00\ \text{mol/L}\times 0.035\ 14\ \text{L}\times 159.69\ \text{g/mol}}{0.302\ 9\ \text{g}}$$

$$= 0.889\ 2 = 88.92\%$$

(2)返滴定法

【例 2-3】称取含 Al 试样 0.201 8 g，溶解后加入 $c(EDTA)=0.020\ 18$ mol/L 的溶液 30.00 mL，调 pH＝3.5，煮沸，使 Al^{3+} 与 EDTA 定量络合。过量的 EDTA 在 pH＝5～6 时用 $c(Zn^{2+})=0.020\ 35$ mol/L 的 Zn^{2+} 标准溶液滴定，终点时消耗 Zn^{2+} 标准溶液 9.50 mL。计算试样中 Al_2O_3 的含量。

解

$$Al^{3+} + EDTA = Al^{3+} - EDTA$$

$$Zn^{2+} + EDTA = Zn^{2+} - EDTA$$

计量关系：$Al^{3+} \sim \frac{1}{2} Al_2O_3 \sim EDTA$

$$Zn^{2+} \sim EDTA$$

$$n(Zn^{2+}) = n(EDTA)_{余}$$

$$n(Al_2O_3) = \frac{1}{2}[n(EDTA)_{总} - n(Zn^{2+})]$$

$$\omega_{Al_2O_3} = \frac{m(Al_2O_3)}{m_S} = \frac{\frac{1}{2}[n(EDTA)_{总} - n(Zn)]\times M(Al_2O_3)}{m_S}$$

$$= \frac{\frac{1}{2}(0.020\ 18\times 0.030\ 00 - 0.020\ 35\times 0.009\ 50)\ \text{mol}\times 102.0\ \text{g/mol}}{0.201\ 8\ \text{g}}$$

$$= 0.104\ 1 = 10.41\%$$

(3)置换滴定法

【例 2-4】为标定 $Na_2S_2O_3$ 溶液浓度，准确称取基准物质 $K_2Cr_2O_7$ 0.130 0 g，置于碘量瓶中，用稀 HCl 溶解，加入 20%KI 溶液 5 mL，摇匀，盖上瓶塞，于暗处放置 5 min，待反应完毕后加 80 mL 蒸馏水，用待标定的 $Na_2S_2O_3$ 溶液滴定，近终点时加 2 mL 淀粉，滴定至蓝色消失为终点，消耗 $Na_2S_2O_3$ 溶液 19.64 mL，计算 $Na_2S_2O_3$ 溶液的浓度。

解

$$Cr_2O_7^{2-} + 6I^- + 14H^+ = 2Cr^{3+} + 3I_2 + 7H_2O$$

$$2S_2O_3^{2-} + I_2 = S_4O_6^{2-} + 2I^-$$

由以上两个反应式可知：$Cr_2O_7^{2-} \sim 3I_2 \sim 6S_2O_3^{2-}$

$$n(Na_2S_2O_3) = 6n(K_2Cr_2O_7)$$

$$\frac{m(K_2Cr_2O_7)}{M(K_2Cr_2O_7)} = \frac{1}{6}c(Na_2S_2O_3)V(Na_2S_2O_3)$$

$$c(Na_2S_2O_3) = \frac{6m(K_2Cr_2O_7)}{V(Na_2S_2O_3)M(K_2Cr_2O_7)} = \frac{6\times 0.130\ 0\ \text{g}}{0.019\ 64\ \text{L}\times 294.2\ \text{g/mol}} = 0.135\ 0\ \text{mol/L}$$

(4)间接滴定法

【例 2-5】称取石灰石试样 0.168 1 g,用稀 H_2SO_4 溶解后定容于 100 mL 容量瓶中,取 25.00 mL 试液调至中性,加过量 $(NH_4)_2C_2O_4$ 使 Ca^{2+} 沉淀为 CaC_2O_4,经过滤、洗涤后用稀 H_2SO_4 溶解,用 $c(KMnO_4)=0.020\ 00$ mol/L 标准溶液滴定,终点时 $V(KMnO_4)=$ 28.56 mL。计算试样中 CaO 的含量。

解

$$Ca^{2+} + C_2O_4^{2-} = CaC_2O_4 \downarrow$$

$$CaC_2O_4 + 2H^+ = Ca^{2+} + H_2C_2O_4$$

$$2MnO_4^- + 5H_2C_2O_4 + 6H^+ = 2Mn^{2+} + 10CO_2 \uparrow + 8H_2O$$

由以上三个反应式可知:

$$5CaO \sim 5Ca^{2+} \sim 5\,CaC_2O_4 \sim 5H_2C_2O_4 \sim 2MnO_4^-$$

则 $n(CaO)=\frac{5}{2}n(MnO_4^-)$

$$\omega_{CaO}=\frac{m(CaO)}{m_S}=\frac{\frac{5}{2}c(KMnO_4)V(KMnO_4)M(CaO)}{m_S}$$

$$=\frac{\frac{5}{2}\times 0.020\ 00\ mol/L\times 0.028\ 56\ L\times 56.08\ g/mol}{0.168\ 1\ g\times\frac{1}{4}}$$

$$=0.476\ 4=47.64\%$$

以上讨论了四类典型的滴定方式及其基本计算方法。在实际工作中有时情况较为复杂,例如可能同时存在两种以上的滴定方式,分析结果的计算也较难掌握,有关这类计算将在有关章节中进行讨论。

2.2.6 实验室常用试剂

实验室常用试剂按我国化学试剂等级和标志如表 2-6 所示。

表 2-6　我国化学试剂等级和标志

级别	纯度	符号	标签颜色	用途
一级	优级纯	GR	绿色	精密分析和科学研究
二级	分析纯	AR	红色	重要分析和一般研究
三级	化学纯	CP	蓝色	一般性分析
四级	实验试剂	LR	棕色	一般化学实验

除了以上常用试剂外,还有一些特殊规格试剂:

光谱纯试剂(SP)—— 光谱法测不出杂质含量,用于光谱分析的基准物质。

色谱纯试剂(GC)—— 气相色谱分析专用。质量指标注重干扰气相色谱峰的杂质,主含量成分高。

色谱纯试剂(LC)—— 液相色谱分析专用。质量指标注重干扰液相色谱峰的杂质,主含量成分高。

高纯试剂—— 纯度远高于优级纯,一般以 9 来表示产品的纯度,纯度为 99.95%,

99.99%,99.999%等,分别简写为3.5N、4N、5N。

基准试剂(PT)分为:

第一基准试剂:含量要求:99.98%~100.02%

工作基准:含量要求:99.95%~100.05%

pH基准试剂:用于酸度计的定位标准。

高纯度试剂与基准物质概念不同

如光谱纯试剂的纯度很高,但只说明其中金属杂质的含量很低,由于可能含有组成不定的水分和气体杂质,它的组成与化学式不一定完全相符,主要是指结晶水。而且其主要成分的含量也可能达不到99.9%,因此不能用作化学分析的基准物质。基准物质含量要求99.95%~100.05%。

思考题

1. 为什么说采样和试样分解是分析测定前的两项十分重要的工作,在这两项工作中应注意哪些关键问题?

2. 什么叫滴定分析?它的主要分析方法有哪些?

3. 能用于滴定分析的化学反应必须符合哪些条件?

4. 简述化学计量点与滴定终点的区别。

5. 基准物质必须符合哪些条件?

6. 表示标准溶液浓度的方法有几种?各有何优缺点?

7. 将$Na_2B_4O_7 \cdot 10H_2O$长期置于盛有$CaCl_2$的干燥器中保存,若用来标定HCl的浓度,结果偏高还是偏低?

习题

1. 填空题

(1)称取0.588 4 g $K_2Cr_2O_7$基准物,溶于100.00 mL的水中,该溶液用Cr^{3+}表示的含量(m/V)______%,若用此标准溶液滴定一未知的含Fe^{2+}试液,终点时耗用的体积与试液体积恰好相等,则未知液$c(Fe_2O_3)$=______ mol/L;$T_{K_2Cr_2O_7/FeO}$=______ g/mL。

(2)已知$T_{KMnO_4/As_2O_3}=0.004\ 985$ g/mL,其$c(KMnO_4)$=______ mol/L($MnO_4^- \rightarrow Mn^{2+}$,$As_2O_3 \rightarrow AsO_4^{3-}$)。

(3)某工业用水的硬度用Ca^{2+}和Mg^{2+}的浓度表示为3.0 mmol/L,换算为$CaCO_3$的含量为______ ppm(1 mLH_2O≙1 g)。

(4)某试样中$\omega_N=0.030\ 2$,$\omega_P=0.003\ 00$,换算成以NH_3表示的含量为______%和以P_2O_5表示的含量为______%。

(5)一定量的$KHC_2O_4 \cdot H_2C_2O_4 \cdot 2H_2O$作为还原剂和作为酸时消耗的$KMnO_4$和NaOH的物质的量之比($n(KMnO_4)/n(NaOH)$)=______。

2. 已知在酸性介质中$T_{KMnO_4/Fe}=0.055\ 85$ g/mL,而1.00 mL $KHC_2O_4 \cdot H_2C_2O_4$溶液在酸性介质中恰好与0.4 mL上述$KMnO_4$溶液反应,求为使10.00 mL的$KHC_2O_4 \cdot$

$H_2C_2O_4$ 完全中和需要 0.100 0 mol/L NaOH 的体积。　(30.00 mL)

3.称取基准物质 $Na_2B_4O_7 \cdot 10H_2O$ 0.500 0 g 溶解后加入浓度为 c_a 的 HCl 30.00 mL，再用浓度为 c_b 的 NaOH 回滴剩余的 HCl，终点时 $V(NaOH)=5.50$ mL，已知 $V(HCl)/V(NaOH)=1/1.035$，计算 c_a 和 c_b（说明：与 HCl 反应时 $Na_2B_4O_7$ 是二元碱）。

($c_a=0.106\ 2$ mol/L，$c_b=0.102\ 6$ mol/L)

4.称取不纯 Sb_2S_3 0.300 0 g，将其在氧气流中灼烧产生的 SO_2 通至 $FeCl_3$ 溶液中使 Fe^{3+} 还原为 Fe^{2+}，然后用 0.020 00 mol/L 的 $K_2Cr_2O_7$ 滴定生成的 Fe^{2+}，终点时 $V(K_2Cr_2O_7)=25.20$ mL。计算试液中 Sb_2S_3 和 Sb 的含量。

($\omega_{Sb_2S_3}=0.570\ 7$，$\omega_{Sb}=0.409\ 2$)

5.称取 0.300 0 g 软锰矿，加入 0.500 0 g $Na_2C_2O_4$ 及硫酸，加热使反应完全，然后用 0.019 64 mol/L的 $KMnO_4$ 标准溶液回滴，终点时 $V(KMnO_4)=16.50$ mL。计算矿样中 MnO_2 的含量。　($\omega_{MnO_2}=0.846\ 2$)

第三章　误差与数据处理

定量分析的目的是通过一系列的分析步骤来获得被测组分的准确含量。但是在实际测定过程中，由于各种不可控制的偶然因素和其他因素的影响，即使采用最可靠的分析方法，使用最精密的仪器，由技术熟练的分析人员操作，也不可能得到绝对准确的结果。也就是说，测定结果的准确性受到各种实验条件的影响。就同一个人而言，即使在完全相同条件下，对同一个样品进行多次重复（平行）测定，所得各次测定结果之间也不会完全相同，测定结果存在“波动性”。所以，在测定过程中误差是客观存在的。我们研究误差的目的就是要了解误差的统计规律性，从而减小误差对分析结果的影响，科学的处理和评价所测得的数据，正确地表征分析结果。

3.1　基本概念

3.1.1　误　差

误差分为绝对误差和相对误差。

1. 绝对误差

测量值（或分析结果）(x)与真值(μ_0)之间的差值称为绝对误差，用 E 表示：

$$E = x - \mu_0 \tag{3-1}$$

当测量值（或分析结果）大于真值时，绝对误差为正值，反之则为负值。绝对误差的单位与测量值的单位相同。

2. 相对误差

绝对误差在真值中所占的百分率称为相对误差，表示为：

$$E_r = \frac{x - \mu_0}{\mu_0} \times 100\% \tag{3-2}$$

真值：某一物理量本身具有的客观存在的真实数值称为真值。

一般来说，真值是未知的，需要我们去测量它。但严格地讲，由于测量仪器、测量方法、试剂纯度、测量人员个人因素等局限性而不可避免地带有误差。而分析结果是根据多个测量值按一定的公式计算而得的，因此也必然带有误差。也就是说，尽管真值是客观存在的，但不可能通过分析测定获得。人们只能采取有效的措施减小误差，使测定结果更接近于真值。在实际工作中根据需要，以公认真值（约定真值）代替真值。

（1）理论真值

纯物质中各元素或组分按照化学式计算所得到的理论含量。

(2)计量学约定真值

由国际计量大会上确定的元素的原子量、物理化学常数等。

(3)标准试样的标准值

标准值是由很多经验丰富的分析人员，采用多种可靠的分析方法，多次重复测定得到的，并经公认的权威机构确定的比较准确的结果，它的准确度较高，可视为相对真值。

3.1.2　误差的分类

误差按其性质可以分为三类，系统误差、随机误差和过失误差。

1. 系统误差

系统误差又称为**可测误差**，是由于测定过程中某些确定的因素造成的，它对测定结果的影响比较恒定。根据系统误差产生的原因，可将其分为以下几种：

方法误差：是指由于分析方法本身的局限性而引起的误差，是由分析体系的化学或物理性质所决定的。例如重量分析法中因沉淀的溶解产生的误差；滴定分析中因为滴定终点与化学计量点不一致产生的误差；化学反应不能定量完成或伴随有副反应等都属于方法误差。

仪器误差：是指由于仪器性能的缺陷产生的误差。如天平不等臂；砝码锈蚀或磨损；滴定管、移液管刻度不准等。

试剂误差：是指由于所用化学试剂或蒸馏水不纯产生的误差。

操作误差：是指在正常操作下，由于分析人员的主观原因或习惯造成的误差。例如，在读滴定管读数时经常偏高或偏低，对滴定终点指示剂的颜色辨别不同(有人偏深、有人偏浅)等。

系统误差具有三个特点：

① 单向性：系统误差的大、小和正、负都有一定的规律性，使测定结果系统地偏高或偏低；

② 重复性：重复测定时，误差会重复出现；

③ 可测性：系统误差的大、小和正、负可以测定，至少在理论上是可以测定的。

由此可见，增加平行测定次数并不能发现或减小系统误差，只有通过改变实验条件才能发现系统误差，并通过改进分析方法、校正仪器、提纯试剂、提高操作水平等手段来减小或消除系统误差。在所有的系统误差当中，通常方法误差是最难发现及消除的。

2. 随机误差

随机误差也称**偶然误差**或**不可测误差**，是由于一些难以控制的、无法避免的随机因素(或称偶然因素)造成的。例如在重复测定时，温度、压力、湿度、仪器工作状态的微小变动；试样处理条件的微小差异；天平或滴定管读数的不确定性等等，都可能使测定结果产生波动。尽管每一个因素对测定结果的影响不大，并且在重复测定时误差时隐时现，但从总体上看，多种因素随机地交替出现，导致随机误差具有以下特点：

① 随机误差是不可避免的，不能通过“校正”的方法予以减小或消除；

② 由随机因素决定，其值或大或小，或正或负；

③ 在无限多次测定中，绝对值相等的正、负误差出现的机会(概率)相等。

随机误差的产生难以找出确定的原因，从表面上看，似乎没有什么规律性，其值或大或小，或正或负，但如果进行很多次测定，就会发现随机误差的出现符合统计规律，可以用概率统计的方法进行分析和处理。

从以上讨论可知，系统误差和随机误差产生的原因、性质及处理方法都是不同的，不可互相混淆。但在实际工作中两种误差也不是一成不变的，有时还可能相互转化。例如某个以往难以控制的测定条件，现在由于科学技术的进步而可以控制，那么由此而产生的误差就由随机误差转而成为系统误差了。再比如温度对测定结果的影响，在短时间内由于温度的波动而产生的误差是随机误差，当在一个相当长的时间内考察其影响时，温度对测定结果的影响则可能导致系统误差。

对于一次测定而言，系统误差和随机误差可能同时存在，这时的误差等于系统误差与随机误差之和。

3. 过失误差

过失误差是指由于操作者的粗心大意和错误操作产生的误差。例如：加错试剂，记错数据，溅失溶液，流失沉淀等。严格地说，过失误差根本不能看作是科学意义上的误差，不属于误差问题的讨论范畴。不管造成过失误差的具体原因是什么，只要确知含有过失误差，就应将包含有过失误差的测量数据舍弃。只要加强分析人员的工作责任感，培养认真细致的工作作风，认真按规程操作，记好原始数据，过失误差是完全可以避免的。

3.1.3 总体和样本

从分析测定的实际工作方法来看，人们总是从所研究对象的局部入手，进行深入的考察、实验、分析、判断，从而对所研究对象的全体进行推测，得到全面的认识。例如为了评价河水的水质，需要分析测定河水中有害元素的浓度及其分布情况。但要测定全部河水中有害元素的浓度及分布，在客观上是不可能的，而且也是没有太多实际意义的。因为河水在不断流动，有害元素浓度随时间、空间也在不断变化。因此，只能采取定时、定点的抽样检验方法。再比如，要检验一批食品罐头的质量是否合格，不可能将所有的罐头都打开进行测定，否则全部罐头都将变成无法出售的废品，这时不管最后结果如何也都毫无意义了，因此也只能进行少量的抽样检验，根据抽样检验的结果推断整批罐头的质量。

1. 总体、总体平均值

总体：所研究对象的某特征值的全体称为**总体**，也叫**母体**。组成总体的每一个成员称为**个体**。对于分析测定来说，在一定条件下做无限次平行测定，所得到的无限多个数据的全体称为**总体**，其中每一个数据(单次测量值)就是一个个体。总体具有三种性质：

① 大量性：是指总体必须由许多个体所组成，因为只有对足够多的个体进行考察才能反映总体的客观规律性。

② 同质性：是指总体中各个体在某个特征值方面具有共同的性质，这是构成总体的一个条件也是总体的重要特征之一。如果将具有不同性质的个体硬凑到一起作为一个总体，最终的结果毫无意义，甚至会歪曲所研究对象的真相。

③ 变异性：是指总体中各个体之间在某些方面存在着差异。正是存在着这种差异，才有必要进行统计性研究。

总体平均值：在一定条件下，对同一试样做 n 次($n \to \infty$)测定，得 $x_1, x_2, \cdots, x_n$ 组成一个总体，总体中所有个体的算术平均值称为总体平均值，用 μ 表示：

$$\mu = \lim_{n \to \infty} \frac{1}{n} \sum_{i=1}^{n} x_i = \frac{x_1 + x_2 + \cdots + x_n}{n} \tag{3-3}$$

一般情况下，总体平均值 μ 不等于真值 μ_0，只有不存在系统误差时，总体平均值 μ 才等于真值 μ_0。

2. 样本、样本容量

样本：从总体中随机抽出的一组个体称为**样本**，也称为**子样**，如从河水中采集的供分析测定用的河水样本。

样本容量：样本中所含个体的数目称为**样本容量**。含个体数目少的样本称为小样本，反之称为大样本。

在实际工作中，人们想要了解的是总体，而所能掌握的只是一个或几个样本(如一组或几组测量值)，这就需要根据样本所提供的统计信息对总体做科学的推断。为使样本具有代表性，抽取样本时必须遵从如下原则：

① 总体中的每一个个体都有相同的机会被抽取；

② 抽取的个体是相互独立的，即抽取的个体不影响其他个体的抽取，也不受其他个体被抽取所影响。

按上述原则抽取称为**随机抽取**，所抽取的样本称为**随机样本**。

3.1.4　准确度和精密度

1. 准确度

准确度指测量值(或称实验值)与真值相符合的程度，用误差的大小来衡量，误差愈小，测量值愈接近真值，准确度愈高，反之准确度低。准确度与系统误差和随机误差均有关，表示测定结果的正确性。

2. 精密度

精密度指在相同条件下，一组平行测定值之间相互接近的程度，用偏差的大小来衡量，偏差愈小，精密度愈高，反之精密度低。精密度仅与随机误差有关，而与系统误差无关，表示测定结果的重复性和再现性。

测定结果的好坏应从精密度和准确度两个方面进行评价。例如对同一试样做甲、乙、丙、丁四组平行测定，每组测定 4 次，所得结果如图 3-1 所示。甲组 4 次测定的精密度和准确度都很好，无疑其结果可靠，或称结果精确。乙组精密度虽高，但平均值与真值相差较远，准确度较差，显然这是由于存在较大的系统误差所致。丙组精密度和准确度都较差。丁组精密度很差，尽管由于正负误差的抵消作用使平均值与真值较为接近，但这纯属巧合，不能认为其测定准确度高，其测定结果是不可靠的。

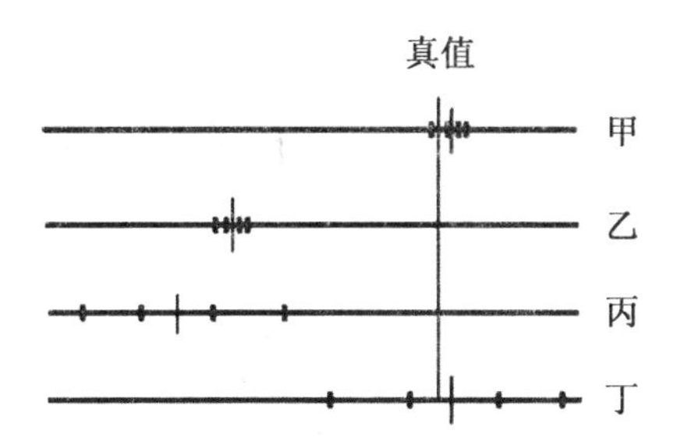

图 3-1　比较四组平行测定的精密度和准确度

综上可知，精密度只能表示一组平行测定数据之间相互接近的程度，不能表示测量值（或平均值）与真值之间的差异，因此精密度好，不一定准确度高。但是精密度是保证准确度的必要条件，因此精密度差的测定结果是不可靠的。

重复性：表示同一分析人员在相同条件下，所得分析结果的精密度。

再现性：表示不同的分析人员或不同实验室之间在各自的条件下所得分析结果的精密度。

3.1.5 精密度的表示方法

1. 平均偏差、相对平均偏差

在相同条件下，用同一方法对某试样重复测定 n 次，得一组测量值 $x_1, x_2, \cdots, x_n$。这些测量值的算术平均值 $\bar{x}$ 称为**样本平均值**。

$$\bar{x} = \frac{1}{n}\sum_{i=1}^{n} x_i = \frac{x_1 + x_2 + \cdots + x_n}{n} \tag{3-4}$$

任何一个个别测量值（或称单次测量值）与平均值之差称为该次测量的**绝对偏差**，用 d 表示：

$$d_i = x_i - \bar{x} \tag{3-5}$$

式中 i 为 $1 \sim n$ 的正整数。

绝对偏差可正，可负，亦可为零，但一组数据中各单次测量值的绝对偏差之和一定为零。

$$\sum_{i}^{n} d_i = \sum_{i}^{n}(x_i - \bar{x}) = \sum_{i}^{n} x_1 - n\bar{x}$$

将式(3-4)代入上式得：

$$\sum_{i}^{n} d_i = n\bar{x} - n\bar{x} = 0 \tag{3-6}$$

单次测量值的绝对偏差在平均值中所占的百分数称为**相对偏差**，用 d_{ri} 表示：

$$d_{ri} = \frac{d_i}{\bar{x}} \times 100\% = \frac{x_i - \bar{x}}{\bar{x}} \times 100\% \tag{3-7}$$

绝对偏差及相对偏差只能评价相应的单次测量值与平均值之间的偏离程度，不能表示一组测量值（整个样本）中各测量值间的分散程度，即不能评价精密度，测定结果的精密度用平均偏差、相对平均偏差和标准偏差、相对标准偏差来衡量。

平均偏差：将各单次测量值的绝对偏差的绝对值进行算术平均，所得平均值称做**平均偏差**，用 $\bar{d}$ 表示：

$$\bar{d} = \frac{1}{n}\sum_{i=1}^{n} |d_i| = \frac{1}{n}\sum_{i=1}^{n}\left| x_i - \bar{x} \right| \tag{3-8}$$

相对平均偏差：平均偏差在测量值的平均值中所占的百分数称为**相对平均偏差**，用 $\bar{d}_r$ 表示：

$$\bar{d}_r = \frac{\bar{d}}{\bar{x}} \times 100\% \tag{3-9}$$

平均偏差是以算术平均值的方式"统计"了各单次测量值的偏差，因此它在一定程度上可以反映一组测量值的精密度。这种方法虽然较简单，但存在不足之处。因为在多次测定所得的数据中，小偏差的测定总是占多数，大偏差的测定总是占少数，如果按总的测定次数计算平均偏差，所得结果会偏小，大的偏差在平均偏差中得不到反映。因此，在数理统计中常用标准偏差或相对标准偏差来表示精密度。

2. 标准偏差、相对标准偏差

总体标准偏差：在无系统误差的前提下，无限次平行测定的结果 $x_1, x_2, \cdots, x_n (n \to \infty)$ 组成一个总体，总体的平均值 μ 可视为真值，因此单次测量值的偏差可视为误差，即 $E = x_i - \mu$。将各次测量值的误差经平方后求得的算术平均值称为总体方差，用 σ^2 表示：

$$\sigma^2 = \frac{\sum (x_i - \mu)^2}{n} = \frac{\sum E_i^2}{n} \tag{3-10}$$

总体方差开平方并取正根，称为总体标准偏差，用 σ 表示：

$$\sigma = \sqrt{\frac{\sum (x_i - \mu)^2}{n}} \quad (n \to \infty) \tag{3-11}$$

样本标准偏差：对于有限次测量来说，一组测量值的方差称为样本方差，用 s^2 表示：

$$s^2 = \frac{\sum (x_1 - \bar{x})^2}{n-1} \tag{3-12}$$

相对应的标准偏差称为样本标准偏差，用 s 表示：

$$s = \sqrt{\frac{\sum (x_1 - \bar{x})^2}{n-1}} = \sqrt{\frac{\sum d_i^2}{n-1}} \quad (n < 20) \tag{3-13}$$

式中 $(n-1)$ 在数理统计中称为**自由度**，说明在 n 次测定中，只有 $n-1$ 个可变的偏差。

当 $n \to \infty$ 时，自由度 $(n-1) \to n$，$\bar{x} \to \mu$，所以

$$\lim_{n \to \infty} \sqrt{\frac{\sum (x_1 - \bar{x})^2}{n-1}} = \sqrt{\frac{\sum (x_i - \mu)^2}{n}} = \sigma \tag{3-14}$$

一般当 $n > 20$ 时，s 与 σ 之间的差距就已经很小了。

相对标准偏差：标准偏差在平均值中占有的百分数称为相对标准偏差，用 RSD 表示：

$$RSD = \frac{s}{\bar{x}} \times 100\% \tag{3-15}$$

以前经常把相对标准偏差称为变异系数(简称为 CV)，但现在已基本不用。

标准偏差与平均偏差有两点不同。其一是计算时不必考虑偏差的正负；其二是由于偏差的平方运算增强了大偏差数据的作用。因此，标准偏差比平均偏差更能灵敏地反映出数据的离散程度，较好地反映一组测定数据的精密度。

3. 极差、相对极差

为了简便起见，有时也用极差来粗略估计一组平行测定数据的离散程度。**极差**也叫**全距或范围误差**，它是一组平行测定数据中的最大值与最小值之差，用 R 表示：

$$R = x_{max} - x_{min} \tag{3-16}$$

相对极差：极差在平均值中占有的百分数，用 R_r 表示：

$$R_r = \frac{R}{\bar{x}} \times 100\%$$

当测定次数 $n \leqslant 10$ 时，标准偏差和极差间存在如下关系：

$$S \approx \frac{R}{C} \tag{3-17}$$

其中,C 是一随 n 而变化的常数,具体数值可从有关的统计书中查到。在粗略计算时 C 可取为测定次数的平方根,即:$C=\sqrt{n}$。因此,可用下式估算标准偏差:

$$S \approx \frac{R}{\sqrt{n}} \tag{3-18}$$

3.2 有效数字及运算规则

3.2.1 有效数字

在分析测试中,测量所得数据不仅表示数量的大小,还应能反映出测量的准确程度。任何一个包含多个测定步骤的分析过程,最终结果的准确性取决于准确性最低的那项测定步骤。因此,提高其他测定步骤的准确性没有任何实际意义。例如,在样品含量测定中,可将其结果报告成 12%或 13%这样的形式,那么所有的测定过程均可按 2 位有效数字进行取值。若试样重约 2 g,则称重时没有必要比 0.1 g 更精确。有效数字是用来表示测量数据的数字,它包括全部准确值和一位(最后一位)估计值,估计值一般可有±1 的绝对误差。有效数字的位数表示符合实际测定精度的测定结果所必需的数字位数。例如,常量滴定管读数为 12.34 mL,此测量值中 12.3 是准确测得的,而最后一位数“4”是估计出来的,但却是有根据的,称为估计值,该估计值允许有±1 的误差。估计值在有效数字中所处的位置反映了测量的准确度。在实际测定中保留几位数字要根据条件而定。什么是有效数字?在测量中实际能够测到的数字(是用来表示测量数据的数字),它包括全部准确值和一位(最后一位)估计值,估计值一般有±1 的绝对误差。

3.2.2 有效数字的计位规则

有效数字的计位规则如下:

(1)非“0”数字都计位,如 21.25,计为 4 位,1.2,计为 2 位。

(2)数字“0”可以是有效数字,也可以不是有效数字:

① “0”在非零数字之间时,“0”要计位,如 1.006,计为 4 位。

② “0”在所有非零数字之前时,“0”不计位,如 0.0051,计为 2 位。

③ “0”在所有非零数字之后时,一般计位,如 1.00,计为 3 位。

以“0”结尾的正整数如 5 400 其有效数字位数是不明确的。为明确其有效数字位数,该数字应写成 5.400×10^3(4 位)或 5.40×10^3(3 位)或 5.4×10^3(2 位)。

(3)pH,pK 等值的有效数字位数决定于数值的小数部分的位数。因为整数部分只表示数值的方次。如 pH = 10.00 计为 2 位,相当于$[H^+] = 1.0\times10^{-10}$ mol/L。

(4)有效数字位数不能因变换单位而发生变化。如 22.4 L,可写成 22.4×10^3 mL 或 2.24×10^4 mL,仍保留三位有效数字,不能写成22 400 mL。

由上述讨论可知,有效数字的位数与小数点的位置无关。保留几位有效数字与保留小数点后几位是完全不同的两个概念，不可混淆。

3.2.3 有效数字的修约规则

分析测定的最终结果通常需用若干个测量值经各种运算得到。由于各测量值的有效数字位数不一定相同，为简化计算过程，经常要舍去一些测量值的多余有效数字，这一过程称为有效数字的修约。按照 1981 年我国正式公布的国家标准(GB1.1—81)规定，有效数字的修约按“四舍六入五成双”原则进行。具体方法如下：

(1)当拟舍弃数字的第一位数是“4”时，则多余数字都舍去。如欲将 14.249 2 修约成 3 位有效数字，应得 14.2。

(2)当拟舍弃数字的第一位数是“6”时，则进 1。如欲将 26.460 3 修约为 3 位有效数字，应得 26.5。

(3)当拟舍弃数字的第一位数是“5”，而 5 后面的数字又并非全是“0”时，则进 1。如欲将 1.050 1 修约为 2 位有效数字，应得 1.1。

(4)当拟舍弃数字的第一位数是“5”，而 5 后面全是“0”或没有数字时，如欲保留数字的末位数字是奇数则进 1，若是偶数则舍弃。如将1.350 0修约为 2 位时应得 1.4，将 1.450 0 修约为 2 位时应得 1.4。

数字的修约只能一次修约到位，不能进行连续修约。如将 15.454 6 修约为 2 位有效数字时应得 15。如果连续修约则 15.454 6→15.455→15.46→15.5→16。

3.2.4 有效数字的运算规则

不同位数的有效数字进行运算时，应先修约，然后进行运算。

1.加减运算

以绝对误差最大的数字为准，修约其他数字，使各数字的绝对误差一致(即小数点后位数一样)，然后再进行运算(尾数取齐)。例如：

$$0.012\ 1 + 25.64 + 1.057\ 82 = ?$$

其中 25.64 的绝对误差最大，计算结果的绝对误差最小应为±0.01。因此小数点后第二位之后的数字已无必要再运算，各数据应以绝对误差最大的 25.64 为标准进行修约，然后再运算，其结果如下：

$$0.01 + 25.64 + 1.06 = 26.71$$

2.乘除运算

以有效数字位数最少的(相对误差最大的)数据为标准，修约其他数据至有效数字位数一致后再进行运算(位数取齐)。例如：

$$0.012\ 1 \times 25.64 \times 1.057\ 82 = ?$$

其中以 0.012 1 的有效数字位数最少(3 位)，其他数字都应修约成 3 位后再进行运算，最后结果也取 3 位有效数字，结果如下：

$$0.012\ 1 \times 25.6 \times 1.06 = 0.328$$

3.其他运算

测量值和常数进行乘、除运算时，以测量值的有效数字位数为标准。

测量值自身进行平方、开方、对数运算时，结果的有效数字位数与测量值相同。

考虑到最终结果的可靠性，在运算过程中最好多保留一位有效数字，直到运算完成后再根据需要进行修约。使用计算器运算时，可以先不修约，直接进行运算，但最后结果的有效数字位数要与上述规则一致。

3.2.5 正确记录实验数据和表示分析结果

1. 正确记录实验数据

记录测量数据时，应根据所用仪器的精度记录所有准确数字和一位（最后一位）估计值。例如：

（1）用万分之一分析天平称量某物质的质量应准确至 0.000 1 g。用托盘天平称量时应准确至 0.1 g。

（2）50 mL 滴定管，25 mL 移液管，50 mL、100 mL、250 mL 容量瓶等记录体积时应准确至 0.01 mL。

（3）pH 计测得 pH 值应准确至 0.01pH。

（4）分光光度计测得吸光度的精度为±0.001 单位。

（5）电位计测得电位的精度应为±0.1 mV。

2. 分析结果有效数字的规定

（1）分析结果有效数字位数的一般要求：当含量≥10%时，保留 4 位有效数字，当含量在 1%～10%之间时，保留 3 位有效数字，当含量<1%时，保留 2 位有效数字。测量时，各物理量的有效数字位数应与上述要求相匹配。

（2）进行有关化学平衡的计算时，一般保留 2 位或 3 位有效数字。

（3）进行各种误差的计算时，要求保留 2 位有效数字。

（4）常量分析时，标准溶液的浓度保留 4 位有效数字。

（5）公式中的常数当成准确的，不考虑有效数字位数。

3.3 随机误差的统计规律

3.3.1 正态分布

由于随机误差属于随机变量，因此它服从统计规律，可以用概率统计的方法进行分析和处理。

正态分布是随机变量的一种重要的分布形式。当 $n \to \infty$ 时，如果不存在系统误差，则测量值和随机误差的分布基本上符合正态分布。

正态分布又称高斯分布，是德国数学家（C. F. Gaus）推导出来的，又称 Gaus 方程。正态分布的概率密度函数方程可用下式表示：

$$y = f(x) = \frac{1}{\sigma\sqrt{2\pi}} e^{\frac{-(x-\mu)^2}{2\sigma^2}} \tag{3-19}$$

式中：x 是测量值（随机变量），σ 是总体标准偏差，表示测量结果的分散程度；π 是圆周率，e 是自然对数的底，μ 是总体平均值，表示测量结果的集中的趋势；y 是**概率密度**。概率密度 y 是概率 P 的导数。正态分布概率密度函数的图像即正态分布曲线，如图 3-2 所示。

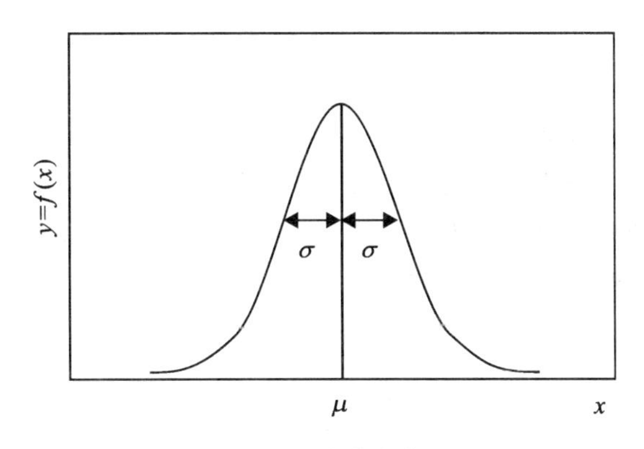

图 3-2 正态分布曲线

正态分布曲线有如下重要特征：

(1)曲线下覆盖的面积表示随机变量出现在这一范围内的概率。

(2)单峰性：曲线的最高点位于 $x=\mu$ 直线上，测量值有向总体平均值集中的趋势，说明小误差的测量值出现的概率大，大误差测量值出现的概率小，特别大的误差出现的概率很小。总体平均值 μ 决定了曲线的位置。

(3)对称性：曲线以 $x=\mu$ 为对称轴，这表明，在无限多次测量中，绝对值相等的正误差和负误差出现的概率相等。

(4)拐点位置为 $x=\mu\pm\sigma$，σ 值表示随机变量的离散程度，决定了曲线的形状。σ 值大，曲线矮胖，σ 值小，曲线瘦高。固定 σ，改变 μ；曲线形状不变，位置平移，固定 μ，改变 σ；曲线位置不变，形状不同。

测量值 x 或随机误差出现在 $x_1 \sim x_2$ 区间内的概率可用下式计算：

$$P(x_1 \leqslant x \leqslant x_2)=\int_{x_1}^{x_2} y\mathrm{d}x=\int_{x_1}^{x_2} \frac{1}{\sigma\sqrt{2\pi}}\mathrm{e}^{\frac{-(x-\mu)^2}{2\sigma^2}}\mathrm{d}x \tag{3-20}$$

在正态分布图上，此概率应为图 3-3 所示阴影部分的面积。不难理解，在任何情况下，测量值 x 均应出现在 $\pm\infty$ 范围之内，因此 $P(-\infty<x<+\infty)=1$。

由于正态分布曲线是由 μ 和 σ 两个参数确定的，常用 $N(\mu,\sigma^2)$ 表示总体平均值为 μ，方差为 σ^2 的正态分布。

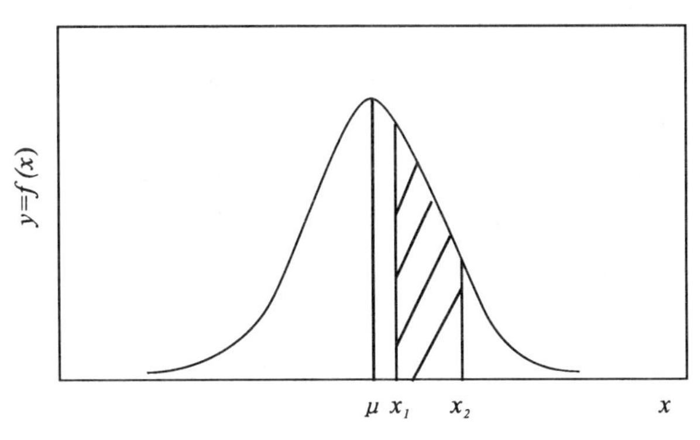

图 3-3 x 出现在 $x_1 \sim x_2$ 区间内的概率

3.3.2 标准正态分布

利用正态分布概率密度曲线，可求得随机变量在已知范围内的概率。为避免计算麻烦，统计学家可以编制成表供查用。但由于正态分布曲线是随 μ 和 σ 两个参数而变的，不可能将所有 μ 和 σ 的组合都编制成表。为解决这一问题，可利用变量 u 对式(3-20)进行变量代换，以使各种数值的 μ 和 σ 的正态分布曲线归一化。为此，定义 u 为：

$$u=\frac{x-\mu}{\sigma} \tag{3-21}$$

经变量代换后的正态分布概率密度函数式为：

$$y=f(u)=\frac{1}{\sqrt{2\pi}}e^{\frac{-u^2}{2}} \tag{3-22}$$

该函数的图像即为标准正态分布曲线(图 3-4)。标准正态分布曲线的最高点 $u=0$；拐点为±1，因此标准正态分布曲线可用 $N(0,1^2)$表示。

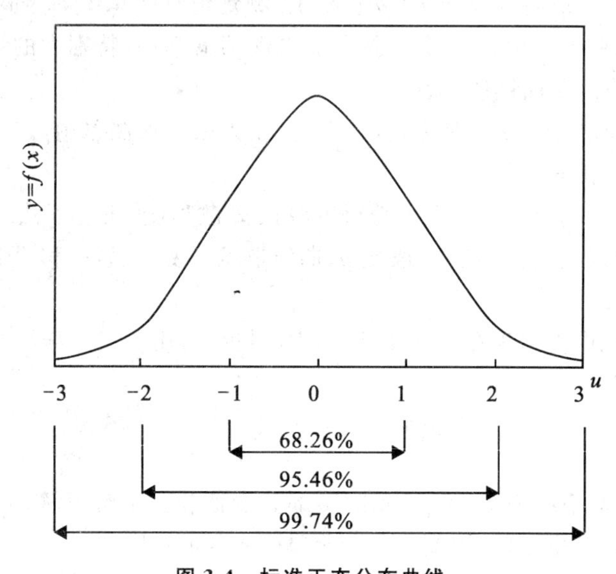

图 3-4 标准正态分布曲线

3.3.3 正态分布概率积分表

正态分布概率积分表是统计学家根据标准正态分布函数式计算的积分值编制而成的(表 3-1)。利用此表可以求算在某一正态分布中，测量值或随机误差在某区间内出现的概率是多少，即正态分布曲线下的面积。在此类统计用表的上方一般都标明概率的计算式和变量，并用图形的阴影部分表示表中所列数据，在查表时应予以注意。

【例 3-1】 分别求出测量值 x 出现在 $\mu\pm\sigma$，$\mu\pm2\sigma$ 和 $\mu\pm3\sigma$ 区间内的概率。

解 $x=\mu\pm\sigma$，$|u|=|x-\mu|/\sigma=1$，查表得 0.341 3，

$$P=2\times0.3413=68.26\%$$

$x=\mu\pm2\sigma$，$|u|=|x-\mu|/\sigma=2$，查表得 0.477 3，

$$P=2\times0.4773=95.46\%$$

$x=\mu\pm3\sigma$，$|u|=|x-\mu|/\sigma=3$，查表得 0.498 7，

$$P=2\times0.4987=99.74\%$$

计算结果说明：区间愈大，出现在此区间的概率就愈大。测量值出现在 $\mu+3\sigma$ 区间以内的概率达 99.74%，即出现在 $\mu+3\sigma$ 以外的概率只有不到 0.3%，在大多数工作中可以忽略不计，这就是所谓的 3σ 规则。

表 3 1 正态分布概率积分表(u 值表)

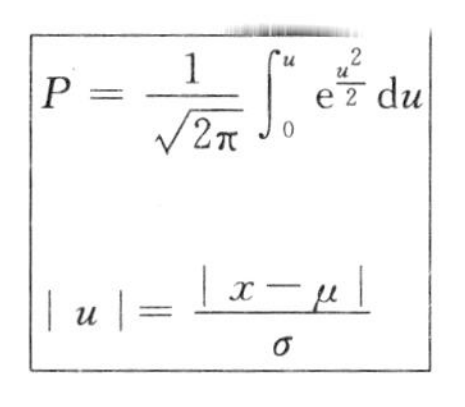

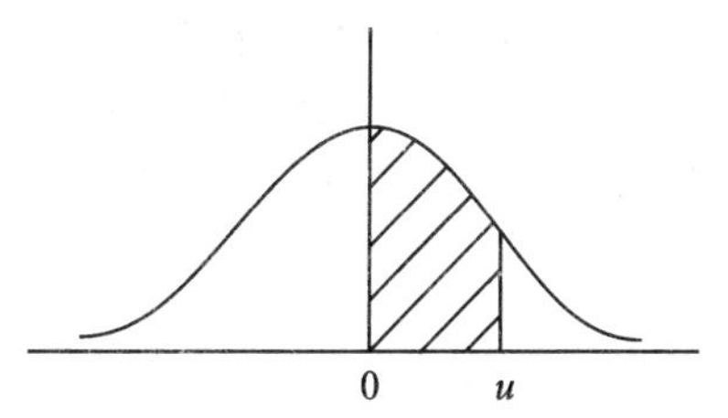

$\lvert u\rvert$	面积	$\lvert u\rvert$	面积	$\lvert u\rvert$	面积
0.0	0.000 0	1.2	0.384 9	2.4	0.491 8
0.1	0.039 8	1.3	0.403 2	2.5	0.493 8
0.2	0.079 3	1.4	0.419 2	2.6	0.495 3
0.3	0.117 9	1.5	0.433 2	2.7	0.496 5
0.4	0.155 4	1.6	0.445 2	2.8	0.497 4
0.5	0.191 5	1.7	0.455 4	2.9	0.498 1
0.6	0.225 8	1.8	0.464 1	3.0	0.498 7
0.7	0.258 0	1.9	0.471 3	3.5	0.499 8
0.8	0.288 1	2.0	0.477 3	4.0	0.499 968
0.9	0.315 9	2.1	0.482 1	4.5	0.499 997
1.0	0.341 3	2.2	0.486 1	5.0	0.499 999 97
1.1	0.364 3	2.3	0.489 3		

【例 3-2】某钢样中含锰的标准值为 1.85%，$\sigma=0.10\%$，求分析结果在 1.70%～1.90% 区间内出现的概率。

解 左边界：$x_1=1.70\%$，$u_1=(1.70-1.85)/0.10=-1.5$

查表 $P_1=0.4332$

右边界：$x_2=1.90\%$，$u_2=(1.90-1.85)/0.10=0.5$

查表 $P_2=0.1915$

则所求概率 $P=P_1+P_2=0.4332+0.1915=62.47\%$

【例 3-3】求分析结果 $x\leqslant\mu+\sigma$ 的概率。

解 $x=\mu+\sigma$，$u=1$

查表得 0.341 3

$P=0.5+0.3413=84.13\%$

3.4 误差的传递

有些物理量如时间、长度等是可以直接测量的，但在定量分析实验中，组分的含量是不能直接测量的，往往需要通过质量、体积或其他物理量的测量数据按一定的公式进行计算。这些计算出来的结果称为间接测量值。在每一步测量中都会存在误差，这些误差都要反映到分析结果之中，即每一步测量的误差都要以某种方式传递到最终结果中。误差的传递与各直接测量值的误差性质和大小有关，也与分析结果的计算公式有关。下面根据误差性质分别予以讨论。

3.4.1 系统误差的传递

设 $A,B,C,\cdots$ 为各物理量的直接测量值，R 为分析结果，R 与 $A,B,C,\cdots$ 的函数关系为：

$$R=f(A,B,C,\cdots) \tag{3-23}$$

若 $A,B,C,\cdots$ 的绝对误差分别为 $\mathrm{d}A,\mathrm{d}B,\mathrm{d}C,\cdots$，分析结果的绝对误差 $\mathrm{d}R$ 可以通过对各个自变量 $(A,B,C,\cdots)$ 的偏微分求全微分：

$$\mathrm{d}R=\frac{\partial R}{\partial A}\mathrm{d}A+\frac{\partial R}{\partial B}\mathrm{d}B+\frac{\partial R}{\partial C}\mathrm{d}C+\cdots \tag{3-24}$$

式(3-24)是误差传递的一般公式，将 R 与 $A,B,C,\cdots$ 的具体的函数关系代入此式，即可得到误差传递的具体计算公式。

(1)加减运算

$$R=A+bB-C$$

式中 b 为常数，根据式(3-24)得：

$$\mathrm{d}R=\mathrm{d}A+b\mathrm{d}B-\mathrm{d}C$$

对于有限量：

$$\Delta R=\Delta A+b\Delta B-\Delta C \tag{3-25}$$

即在加减运算中，计算结果的绝对误差等于各直接测量值绝对误差的代数和。

(2)乘除运算

$$R=k\frac{AB}{C}$$

式中 k 为常数，根据式(3-24)则：

$$\ln R=\ln A+\ln B-\ln C$$

由 $\ln R$ 对各数值的偏微分求全微分：

$$\mathrm{d}(\ln R)=\frac{\partial(\ln R)}{\partial(\ln A)}\mathrm{d}(\ln A)+\frac{\partial(\ln R)}{\partial(\ln B)}\mathrm{d}(\ln B)-\frac{\partial(\ln R)}{\partial(\ln C)}\mathrm{d}(\ln C)$$

$$\frac{\mathrm{d}R}{R}=\frac{\mathrm{d}A}{A}+\frac{\mathrm{d}B}{B}-\frac{\mathrm{d}C}{C}$$

$$\frac{\Delta R}{R}=\frac{\Delta A}{A}+\frac{\Delta B}{B}-\frac{\Delta C}{C} \tag{3-26}$$

即乘除法运算结果的相对误差等于各直接测量值相对误差之代数和。

(3)对数运算

$$R = k + n\ln A$$

$$\Delta R = n\frac{\Delta A}{A} \tag{3-27}$$

(4)指数运算

$$R = k + A^n$$

$$\Delta R = nA^{n-1}\Delta A \tag{3-28}$$

【例 3-4】欲配制 0.100 0 mol/L $KBrO_3$ 标准溶液 500 mL。经计算得知需称取 $KBrO_3$ 8.350 0 g。将所称 $KBrO_3$ 溶解后定量转移至 500 mL 容量瓶中并稀释至刻度。后来发现天平零点已变至−0.5 mg 处，而且容量瓶的较正值为−0.10 mL。问配制好的 $KBrO_3$ 标准溶液的真实浓度、相对误差和绝对误差。

解 天平零点变动及容量瓶体积不准均属系统误差。$KBrO_3$ 浓度的计算公式为：

$$c = \frac{m}{MV}$$

其中 m 为称样值，M 为 $KBrO_3$ 摩尔质量，可认为是常数，V 为 $KBrO_3$ 溶液体积。天平零点变至−0.5 mg，说明所称质量与应称质量相比有正误差 $\Delta m = 0.5$ mg。而体积较正值为−0.1 mL 说明此容量瓶真实体积为 499.9 mL，误差 ΔV=测量值−真值=500 mL−499.9 mL=0.1 mL。因此由式(3-26)可得：

$$\frac{\Delta c}{c} = \frac{\Delta m}{m} - \frac{\Delta V}{V} = \frac{0.000\ 5}{8.350\ 0} - \frac{0.10}{500.00} = -0.014\%$$

$$\Delta c = 0.100\ 0 \times (-0.014\%) = -1.4 \times 10^{-5}\,\text{mol/L}$$

$$\text{真实浓度} = 0.100\ 0 - 1.4 \times 10^{-5} = 0.099\ 99\ \text{mol/L}$$

3.4.2 随机误差的传递

随机误差和分析结果(无系统误差时)服从正态分布，只有用标准偏差(或方差)才能反映其分布的离散程度。求得各直接测量值的标准偏差(或方差)与分析结果标准偏差(或方差)之间的关系，是解决随机误差传递的最科学的方法。这种方法称为标准偏差法。

设分析结果 R 与各直接测量值 $A, B, C, \cdots\cdots$ 的函数关系为 $R = f(A, B, C, \cdots)$。为寻找标准偏差传递关系式，对各物理量均做 n 次测定，得 n 个 A 和 B 等，并计算出 n 个 R，它们的对应关系为：

$$A_1, A_2, \cdots, A_n$$

$$B_1, B_2, \cdots, B_n$$

$$\vdots$$

$$R_1, R_2, \cdots, R_n$$

对于任何一次测量而言，各直接测量值用 $A_i, B_i, \cdots$ 表示，它们的绝对误差为 $dA_i, dB_i, \cdots$，分析结果 R_i 可表示为：

$$R_i = f(A_i, B_i, \cdots)$$

R 的绝对误差应等于：

$$dR_i = \frac{\partial R_i}{\partial A_i}dA_i + \frac{\partial R_i}{\partial B_i}dB_i + \cdots$$

将上式平方得：

$$dR_i^2 = (\frac{\partial R_i}{\partial A_i})^2 dA_i^2 + (\frac{\partial R_i}{\partial B_i})^2 dB_i^2 + \cdots + 2\frac{\partial R_i}{\partial A_i}dA_i \frac{\partial R_i}{\partial B_i}dB_i + \cdots$$

各物理量都进行了 n 次测量，求和：

$$\sum dR^2 = \sum[(\frac{\partial R}{\partial A})^2 dA^2] + \sum[(\frac{\partial R}{\partial B})^2 dB^2] + \cdots + 2\sum[\frac{\partial R}{\partial A}\frac{\partial R}{\partial B}dAdB] + \cdots$$

根据正态分布规律，当 $n\to\infty$ 时，大小相等符号相反的误差出现的机会是相等的，因此各 2 倍项之和应趋于零。因此上式可写为：

$$\sum dR^2 = \sum[(\frac{\partial R}{\partial A})^2 dA^2] + \sum[(\frac{\partial R}{\partial B})^2 dB^2] + \cdots$$

上式除以 n 得：

$$\sigma_R^2 = \sigma_A^2(\frac{\partial R}{\partial A})^2 + \sigma_B^2(\frac{\partial R}{\partial B})^2 + \cdots \tag{3-29}$$

对于有限次测量，$n<20$，除以 $(n-1)$ 得：

$$S_R^2 = S_A^2(\frac{\partial R}{\partial A})^2 + S_B^2(\frac{\partial R}{\partial B})^2 + \cdots \tag{3-30}$$

即分析结果 R 的方差为各测量值方差乘以 R 对各测量值偏导数的平方之和。

把 R 与 A，B，…的具体函数式代入式(3-30)即得随机误差传递公式。

(1)线性组合

$$R=k+aA+bB+cC+\cdots$$

式中 k，a，b，c，…为常数，根据式(3-30)得：

$$S_R^2 = a^2S_A^2 + b^2S_B^2 + c^2S_c^2 + \cdots \tag{3-31}$$

即分析结果的方差为各测量值方差之和。

(2)乘除运算

$$R = m\frac{AB}{C}$$

$$(\frac{S_R}{R})^2 = (\frac{S_A}{A})^2 + (\frac{S_B}{B})^2 + (\frac{S_C}{C})^2 \tag{3-32}$$

即乘除运算时，分析结果相对标准偏差的平方等于各测量值相对标准偏差的平方和。

(3)对数运算

$$R=k+n\ln A$$

$$S_R^2 = (\frac{n}{A})^2 S_A^2 \tag{3-33}$$

(4)指数运算

$$R=k+A^n$$

$$S_R^2 = (nA^{n-1})^2 S_A^2 \tag{3-34}$$

【例 3-5】 重量分析法测定 Ba 的含量，称取试样 0.500 0 g，最后得 $BaSO_4$ 沉淀 0.477 7 g。已知天平一次称量的标准偏差 s 为 0.1 mg，计算分析结果的标准偏差。

解 Ba 含量的计算公式如下：

$$\omega_{Ba} = \frac{m(BaSO_4)\dfrac{M(Ba)}{M(BaSO_4)}}{m(s)} = \frac{0.4777\times\dfrac{137.33}{233.39}}{0.5000} = 56.22\%$$

由式(3-32)有：

$$(\frac{S_\omega}{\omega})^2 = [\frac{S_m(\mathrm{s})}{m(\mathrm{s})}]^2 + [\frac{S_m(\mathrm{BaSO_4})}{m(\mathrm{BaSO_4})}]^2$$

由于称量试样应按二次称量计(调零一次,称量一次)则：

$$S_m(\mathrm{s}) = \sqrt{S^2 + S^2} = \sqrt{2}S$$

称取 $BaSO_4$ 沉淀之前应先称空坩埚质量(二次称量),再称坩埚加沉淀的质量(二次称量),因此应按 4 次称量计：

$$S_m(\mathrm{BaSO_4}) = \sqrt{4}S = 2S$$

所以：

$$(\frac{S_\omega}{\omega})^2 = (\frac{\sqrt{2}\times 0.000\,1}{0.500\,0})^2 + (\frac{2\times 0.000\,1}{0.477\,7})^2 = 2.55\times 10^{-7}$$

$$\frac{S_\omega}{\omega} = 0.05\%$$

$$S_\omega = \omega \times 0.05\% = 56.22\% \times 0.05\% = 0.028\%$$

3.5 少量数据的统计处理

正态分布规律给数据处理提供了理论基础,但它是建立在无限次测量基础上的,实际工作中通常只做有限次测量。如何以统计的方法,通过这有限次测量数据对 μ 和 σ 进行估计,这是本节要讨论的问题。

3.5.1 平均值的标准偏差

在无系统误差的情况下,样品测量值的平均值是对总体平均值的一个较好的估计。但即使不存在系统误差,由于各单次测量值之间受随机误差的影响而存在偏差,因此以单次测量值报告分析结果存在着较大的不确定性。将一组重复测定值进行平均时,一部分随机误差可以相互抵消,因此可以预见平均值带有的误差一定比原单次测定值要小。平均值也是随机变量,它也符合正态分布规律,有其总体平均值和总体标准偏差二个参数。对于有限次测定来说,平均值的标准偏差与单次测量值的标准偏差之间存在着下述关系：

$$S_{\bar{x}} = \frac{S_x}{\sqrt{n}} \tag{3-35}$$

可见,n 次测量平均值的标准偏差是单次测量值标准偏差的 $\frac{1}{\sqrt{n}}$ 倍,显然,平均值分布的精密度高于单次测量值的精密度。n 值愈大,平均值分布的精密度愈高。增加平行测定次数可以减小平均值的标准偏差,提高平均值的精密度。但从 $S_{\bar{x}}$ 随 n 的变化趋势来看(图 3-5),当 $n<4$ 时,$S_{\bar{x}}$ 随 n 的增加而减小的较快,$n>5$ 时,$S_{\bar{x}}$ 减小趋势明显缓慢。因此在实际工作中一般平行测定 3～5 次取平均值即可。

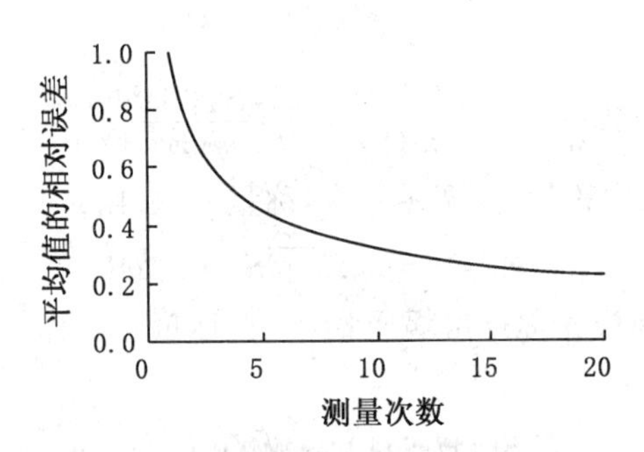

图 3-5 平均值标准偏差与测量次数的关系

3.5.2 t 分布曲线

对于有限次测量而言，只能用 $\overline{x}$ 去估计 μ，用 s 估计 σ，并按正态分布处理实际问题。如果样本较小，则这样的估计误差较大，有时甚至会得出错误的结论。为解决此问题，英国化学家 W. S. Gosset 以笔名Student提出了一个新的分布规律即 t 分布规律。其核心是：小样本的的随机变量服从 t 分布。

t 分布曲线的纵坐标仍是概率密度 y，但横坐标是 t。t 的定义为：

$$t=\frac{x-\mu}{s} \tag{3-36}$$

t 分布曲线也是对称的，也是钟形。但是 t 分布是自由度 f 的函数，自由度不同就有不同的 t 分布曲线，因此 t 分布是一族曲线。当 $f\rightarrow\infty$ 时，t 分布曲线即是标准正态分布曲线(图 3-6)。同样，t 分布曲线下所覆盖的面积也表示概率，但此概率不仅与 t 值(积分界限)有关，还与自由度有关。

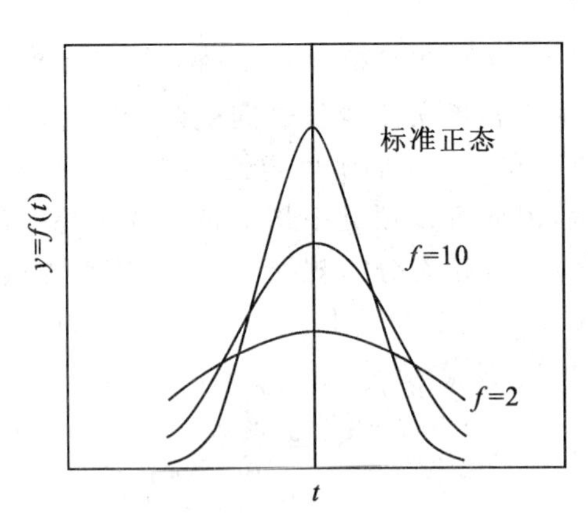

图 3-6 t 分布曲线与标准正态分布曲线

由于概率表示“可能性”，所以概率也称为置信水平或置信度。测量值 x 出现在某一区间内的概率称为置信水平或置信度，出现在此区间以外的概率则称为显著性水平，用 α 表示。置信水平与显著性水平是同一事物的两个方面，$P=1-\alpha$。

实际工作中，自由度 f 是已知的，概率一般是根据实际需要指定的(分析化学中一般要求 $P=95\%$)，需求的是相应的积分界限，即 t 值。由于 t 值与 P 和 f 都有关，所以用 $t_{\alpha,f}$ 表示。一些常用概率和自由度的 $t_{\alpha,f}$ 值已由统计学家计算并编成表供查用。如表 3-2 所示。表中所谓双侧，是指从表中数据 $-t$ 到 t 范围内的面积为指定概率。如当 $f=9$，$P=95\%$ 时，查表知 $t_{0.05,9}=2.26$，故积分界限 $t=\pm 2.26$。

表 3-2　$t_{\alpha,f}$ 值表（双侧）

f \ α	0.20	0.10	0.05	0.01
1	3.08	6.31	12.71	63.68
2	1.89	2.92	4.30	9.92
3	1.64	2.35	3.18	5.84
4	1.53	2.13	2.78	4.60
5	1.48	2.02	2.57	4.03
6	1.44	1.94	2.45	2.71
7	1.42	1.90	2.36	3.50
8	1.40	1.86	2.31	3.36
9	1.38	1.83	2.26	3.25
10	1.37	1.81	2.23	3.17
11	1.36	1.80	2.20	3.11
12	1.36	1.78	2.18	3.06
13	1.36	1.77	2.16	3.01
14	1.35	1.76	2.14	2.98
15	1.34	1.75	2.13	2.95
16	1.34	1.75	2.12	2.92
17	1.33	1.74	2.11	2.90
18	1.30	1.73	2.10	2.88
19	1.30	1.73	2.09	2.86
20	1.32	1.72	2.09	2.84
∞	1.28	1.64	1.96	2.58

3.5.3　置信区间和平均值的置信区间

在实际工作中 μ 和 σ 往往是不知道的而且是欲求的，人们只能利用样本的统计量去估计总体参数，例如用样本的标准偏差 s 推断总体标准偏差 σ。由于这种估计只利用了总体中的一个样本，因此不可能完全正确，总要存在一定的“不可靠性”，也就是说，估计是在一定的概率下进行的。根据这个指定的概率，我们可以估计出未知参数的一个数值范围，即确定一个区间，这个区间内包含参数真值的概率达到我们预先要求的程度。

1. 置信区间

在实际应用中，置信度往往是指定的，需要求解的是能够满足指定概率要求的以测量值 x 为中心，包括总体平均 μ 的范围（上、下限）（该范围称为置信区间）。对于 t 分布，将 $t=\dfrac{|x-\mu|}{s}$ 移项得：

$$\mu = x \pm t_{\alpha,f} \times s \tag{3-37}$$

在同一概率下,可以用置信区间的大小来评价估计的好坏,置信区间窄,估计的水平就高。

2.平均值的置信区间

在实际工作中,经常用样本平均值来表示分析结果,而不是用个别测量值。若以样本平均值来估计总体平均值可能存在的范围,则可将式(3-37)改写为:

$$\mu = \bar{x} \pm \frac{ts}{\sqrt{n}} \tag{3-38}$$

它表示在一定置信度下,以平均值 $\bar{x}$ 为中心,包括总体平均值 μ 的范围,称为平均值的置信区间。

【例 3-6】 测定铁矿石中铁含量,$\bar{x}=35.21\%$,$s=0.06\%$,$n=5$。求 P 分别为 0.50,0.95 和 0.99 时平均值的置信区间,并简要说明这一区间的含义。

解 $f=n-1=4$

(1)$P=0.50$,查表得 $t_{0.50,4}=0.74$

$$\mu = \bar{x} \pm \frac{t_{\alpha,f} \cdot s_x}{\sqrt{n}} = 35.21 \pm \frac{0.74 \times 0.06}{\sqrt{5}} = (35.21 \pm 0.02)\%$$

含义:有 50%的把握认为区间 35.21±0.02 内包括总体平均值 μ。或者说,在 35.21±0.02区间内包括总体平均值 μ 的概率为 50%。

(2)$P=0.95$,$t_{0.05,4}=2.78$

同上可得 $\mu=(35.21\pm0.07)\%$

含义:有 95%的把握认为区间 35.21±0.07 内包括总体平均值 μ。或者说,在 35.21±0.07区间内包括总体平均值 μ 的概率为 95%。

(3)$P=0.99$,$t_{0.01,4}=4.60$

同上可得 $\mu=(35.21\pm0.12)\%$

含义:有 99%的把握认为区间 35.21±0.12 内包括总体平均值 μ。或者说,在 35.21±0.12区间内包括总体平均值 μ 的概率为 99%。

由上可见,置信度越小,置信区间就越小;置信度越大,置信区间就越大。$P=0.5$ 时,置信区间最小,精确度最好,但只有 50%的把握,可靠性差。$P=0.99$ 时的置信区间最大,但精确性差。也就是说,置信度定得越大,判断失误的机会越小,但实际中用处不大。100%的置信度意味着区间无限大,肯定包含总体平均值,但毫无意义。因此应根据实际需要定出置信度,在分析化学中,一般将置信度定为 95%或 90%。

3.6 显著性检验

在实际工作中对于一个分析试样(一个总体)可能有多种试验方式。例如:由同一分析人员,用两种方法分别作平行测定得两组分析结果;由两位不同的分析人员(或不同实验室)，用同一方法分别作平行测定，也得到两组分析结果。在结果之间或结果与标准值(真值)之间会存在差异。这些差异来源于随机误差、系统误差或过失误差。如果“差异”来自于系统误差或过失误差，则实验结果是不能被接受的，这种差异称为显著性差异。若“差异”来自于随机误差，则属于正常现象(随机误差不可避免)，实验结果是可以被接受的，这种差异称为无显著性差异。在实际工作中，辨别差异是否“显著”是很有意义的，例如前述的第一种情况，若其中一个方法是标准方法，另一个是新建方法，只有当两组实验结果间无显著差异时才能说明新建方法是可靠的，是可以被接受的；第二种情况可以用来考核某人的实验水平，只要能检验出被考核人员的分析结果与有水平、有经验人员的分析结果间无显著差异，被考核人员的实验水平就可被承认，被通过。

用统计的方法，判断实验结果有无显著性差异的过程称为显著性检验。

显著性检验的基本依据是统计学中的所谓“小概率事件原则”。这一原则认为，如果一个事件发生的概率很小(称为小概率事件)，那么在一次试验中，实际上可认为它是几乎不可能发生的。如果某个小概率事件竟然发生了，则认为这是一个反常现象。小概率越小就越显得异常，所以此小概率在显著性检验中称为显著性水平 α，α 反映了显著性差异的程度。系统误差或过失误差不是随机变量，不服从统计规律，不受上述原则的限制。而随机误差或其他随机变量遵守上述原则。一般认为概率等于或小于显著性水平的事件就可认为是小概率事件。例如规定置信水平为95%时($\alpha=5\%$)，$P\leqslant5\%$的事件就是小概率事件。

显著性检验的一般步骤为：

(1)指明置信概率；

(2)提出假设，假设在指定概率下被检验事件之间无显著性差异，不存在系统误差或过失误差；

(3)计算统计量值及从有关的统计用表中查出表值；

(4)比较计算值和表值，作出统计检验的结论。

3.6.1　*F* 检验法

F 检验法的目的是判断两个样本的精密度间有无显著性差异，即两组数据的标准偏差间是否存在显著性差异。*F* 检验法有两种情形：(1)在两种分析方法 A 与 B 中，方法 A 的精密度是否比方法 B 好(单边检验)。(2)方法 A 与方法 B 的精密度之间是否存在显著性差异(双边检验)。如果我们需要对一种新的方法进行检验，考察其是否比标准方法更精密时，可采用单边检验。如果要检验两个标准偏差间是否存在显著性差异时，可采用双边检验。显然，双边检验的否定概率(显著性水平)是单边检验的两倍。如果使用表 3-3(a)*F* 值表的数据做双边检验时，其否定概率应为 0.10，统计推断的置信度为 $P=90\%$。

F 检验法采用样本方差之比作为检验两个样本精密度间是否存在显著性的依据。假设两个样本(n_1，$\bar{x}_1$，s_1 和 n_2，$\bar{x}_2$，s_2)来自于同一个总体，当 n_1 和 n_2 都趋近于无穷大时，$F=s_1{}^2/s_2{}^2$ 应趋近于 1。对于有限次测量，$s_1{}^2$ 和 $s_2{}^2$ 虽不相等，但 *F* 值应在一定的允许范围之内，如果超出了所允许的范围就可认为存在显著性差异。统计学家已将某些置信度下不同自由度时的 *F* 临界值计算出来，列成表供备用。表 3-3 为部分 *F* 值表。

表 3-3 **F 值表(单边)**

(a)$\alpha=0.05$

f_1(大) / f_2(小)	2	3	4	5	6	7	8	9	10	∞
2	19.0	19.2	19.2	19.3	19.3	19.4	19.4	19.4	19.4	19.5
3	9.55	9.28	9.12	9.01	8.94	8.88	8.84	8.81	8.78	8.53
4	6.94	6.59	6.39	6.26	6.16	6.09	6.04	6.00	5.96	5.63
5	5.79	5.41	5.19	5.05	4.95	4.88	4.82	4.78	4.74	4.36
6	5.14	4.76	4.53	4.39	4.28	4.21	4.15	4.10	4.06	3.67
7	4.74	4.35	4.12	3.97	3.87	3.79	3.73	3.68	3.63	3.23
8	4.46	4.07	3.84	3.69	3.58	3.50	3.44	3.39	3.34	2.93
9	4.26	3.86	3.63	3.48	3.37	3.29	3.23	3.18	3.13	2.71
10	4.10	3.71	3.48	3.33	3.22	3.14	3.07	3.02	2.97	2.54
∞	3.00	2.60	2.37	2.21	2.10	2.01	1.94	1.88	1.83	1.00

(b)$\alpha=0.025$

f_1(大) / f_2(小)	2	3	4	5	6	7	8	9	10	∞
2	39.0	39.2	39.2	39.3	39.3	39.4	39.4	39.4	39.4	39.5
3	16.0	15.4	15.1	14.9	14.7	14.6	14.5	14.5	14.4	13.9
4	10 6	9.98	9.60	9.36	9.20	9.07	8.98	8.90	8.84	8.26
5	8.43	7.76	7.39	7.15	6.90	6.85	6.76	6.68	6.62	6.02
6	7.26	6.60	6.28	5.99	5.82	5.70	5.60	5.52	5.46	4.85
7	6.54	5.89	5.52	5.29	5.12	4.99	4.90	4.82	4.76	4.14
8	6.06	5.42	5.05	4.82	4.65	4.53	4.43	4.36	4.30	3.67
9	5.71	5.08	4.72	4.48	4.32	4.20	4.10	4.03	3.96	3.33
10	5.46	4.83	4.47	4.24	4.07	3.95	3.85	3.78	3.72	3.08
∞	3.69	3.12	2.79	2.57	2.41	2.29	2.19	2.11	2.05	1.00

在 F 值表制作时预先规定了方差值较大的 $s_{大}{}^2=s_1{}^2$ 作分子，$s_{小}{}^2=s_2{}^2$ 作分母，因此 F 表值应等于或稍大于 1。f 值愈小，允许的 F 值愈大。F 值还随显著性水平而变，当 f 一定时 α 愈小，F 值愈大。F 值常记为 $F_{\alpha(f1,f2)}$。

作 F 检验时，先假设两个样本方差间无显著性差异，再根据测量值计算统计量 F：

$$F=\frac{s_{大}^2}{s_{小}^2} \tag{3-39}$$

然后查表值 $F_{表}$，如果 $F_{计算}>F_{表}$，表示 $s_{大}{}^2$ 显著地大于 $s_{小}{}^2$，否定原假设。反之则接受原假设。

单边检验：是指在被检验的两组数据中，已知其中一组数据优于另一组。

双边检验：是指在检验之前，并不能确定两组数据的优劣关系。

双边检验的否定概率是单边检验的两倍。

【例 3-7】某分析人员分别用新方法和标准方法对试样中铁含量进行了测定，结果如下(%)：

新 方 法：23.28，23.36，23.43，23.38，23.30

标准方法：23.44，23.41，23.39，23.35

问新方法与标准方法的精密度间是否存在显著性差异($P=95\%$)?

解 新方法与标准方法相比只要证明新方法的精密度是否显著地劣于标准方法即可，因此属于单边检验。

假设新方法与标准方法的精密度间无显著性差异。

$$s_1{}^2 = 0.003\,7,\ s_2{}^2 = 0.001\,4$$

$$F_{\text{计算}} = \frac{s_{\text{大}}^2}{s_{\text{小}}^2} = \frac{0.003\,7}{0.001\,4} = 2.64$$

查表得 $F_{\text{表}} = F_{0.05(4,3)} = 9.12 > F_{\text{计算}}$，说明原假设成立，新方法与标准方法的精密度间不存在显著性差异。

【例 3-8】甲、乙二人用同样方法分析同一试样，结果如下：

甲.05.60，04.00，06.20，05.10，05.80，06.30，06.00

乙:93.30，95.10，94.10，95.10，95.60，94.00

问两人结果的标准偏差间有无显著性差异（$P=90\%$）？

解　由于事先不知道哪一种方法的精密度更好，因此属于双边检验。

假设两种方法的标准偏差间无显著性差异。

$$s_{\text{甲}}{}^2 = 0.29,\ f_{\text{甲}} = 6,\ \bar{x}_{\text{甲}} = 95.70$$

$$s_{\text{乙}}{}^2 = 0.76,\ f_{\text{乙}} = 5,\ \bar{x}_{\text{乙}} = 94.53$$

$$F_{\text{计算}} = \frac{s_{\text{大}}^2}{s_{\text{小}}^2} = \frac{0.76}{0.29} = 2.62$$

查表得 $F_{\text{表}} = F_{0.05(5,6)} = 4.39 > F_{\text{计算}}$，说明置信度为 90% 时甲乙二人分析结果精密度之间无显著性差异。

注意：此例中用于查 F 值的显著性水平 α 取值为 0.05，而不是 0.10。

3.6.2　t 检验法

该法是利用 t 分布，通过计算统计量 t 进行检验。包括以下两种：

1. 实验平均值与已知值之间的比较

已知 s 和 μ，检验平均值 $\bar{x}$ 和 μ 间是否存在显著性差异，此项检验的目的是检验某一新方法或者操作过程是否存在系统误差，判断其可靠性。将式(3-38)改写为：

$$t = \frac{|\bar{x} - \mu|}{s}\sqrt{n} \tag{3-40}$$

然后由实验数据计算 t 值，与查表 3-2 得到的 $t_{\alpha,f}$ 值比较，如果计算值大于查表值则放弃原假设。

【例 3-9】采用某种新方法分析钢中 Mn 含量为 1.17% 的样品，得如下结果：$\bar{x} = 1.14\%$，$s = 0.016\ \%$，$n = 5$。问这种新方法是否准确可靠（$P=95\%$）？

解　假设新方法不存在系统误差，服从 t 分布

$$t_{\text{计}} = \frac{|\bar{x} - \mu|}{s}\sqrt{n} = \frac{|1.14 - 1.17|}{0.016}\sqrt{5} = 4.19$$

查表得 $t_{0.05,4} = 2.78$

因为 $t_{\text{计}} > t_{\text{表}}$，否定原假设，这种新方法存在系统误差，不可靠。

2. 两个实验平均值之间的比较

此检验的目的是检验两种不同方法或两个不同的人所测结果间是否存在系统误差。用 t 检验法检验两个平均值，必须是在已经肯定两组实验数据的方差间无显著性差异的基础上进行。因为只有当两组数据的方差间无显著性差异时，才能把两组数据合在一起计算合

并标准偏差。设两组数据的统计量为：n_1，$\bar{x}_1$，s_1；n_2，$\bar{x}_2$，s_2，则合并标准偏差可用下式计算：

$$s_t=\sqrt{\frac{(n_1-1)s_1^2+(n_2-1)s_2^2}{n_1+n_2-2}} \tag{3-41}$$

检验时，先用 F 检验法检验 s_1^2 和 s_2^2 间有无显著性差异，若 s_1^2 和 s_2^2 间有显著性差异，则可推断 $\bar{x}_1$ 与 $\bar{x}_2$ 也有显著性差异，因此不必继续检验。若 s_1^2 和 s_2^2 间无显著性差异，再用 t 检验法检验 $\bar{x}_1$ 与 $\bar{x}_2$ 间是否有显著性差异。

统计量 t 用下式进行计算：

$$t=\frac{|\bar{x}_1-\bar{x}_2|}{s_t}\sqrt{\frac{n_1n_2}{n_1+n_2}} \tag{3-42}$$

查表值时，总自由度 $f=n_1+n_2-2$。

【例 3-10】 用两种方法测定碱灰中 Na_2CO_3 含量，得到如下结果(%)：

方法 1：$\bar{x}_1=42.34$，$s_1=0.10$，$n_1=5$

方法 2：$\bar{x}_2=42.44$，$s_2=0.12$，$n_2=4$

问两种方法间是否存在显著性差异？($P=90\%$)

解 (1)先用 F 检验法检验 s_1 与 s_2：

$F_{计}=s_{大}^2/s_{小}^2=1.44$

查 F 表，$f_{1(大)}=3$，$f_{2(小)}=4$，$F_{0.05,3,4}=6.59$(双侧) (注意 α 取值为 0.05)

$F_{计}<F_{表}$，s_1 与 s_2 无显著性差异。

(2) 再用 t 检验法检验 $\bar{x}_1$ 和 $\bar{x}_2$，先计算 s_t，然后计算 t：

$s_t=0.11\%$

$t_{计}=1.36$

(3) 查表 $t_{0.1,7}=1.90$，$t_{计}<t_{表}$，$\bar{x}_1$ 和 $\bar{x}_2$ 无显著性差异。

在作各种显著性检验时，选择合适的置信水平或显著性水平十分重要。因为对同一个事件，置信水平不同，推断的结果就可能不同。α 愈大，被否定的事件则愈多，愈易否定本应是肯定的事件，愈易犯“失真”的错误，统计学上称为第一类错误。α 愈小，则易肯定本应否定的事件，易犯“存伪”的错误，称之为第二类错误。

3.7 可疑值的取舍

一组平行数据总有一定的波动性，这是因随机误差引起的正常现象。但有时在一组数据中会发现一个或几个测量值比其他测量值明显偏大或偏小，这样的测量值称为可疑值。可疑值虽然“离群”，但如果没有超出随机误差允许的范围仍属正常值，应予保留。可疑值如果超出了随机误差的限度就属异常值。产生异常值的原因可能是实验条件的改变、新现象的出现以及系统误差等，因此异常值应该舍弃。由于可疑值的取舍对数据的处理结果影响较大，因此在数据处理之前正确地判断可疑值是否属于异常值是十分重要的。在实际工作中，由于测量值受多种因素的影响，往往不易直观地判别可疑值是正常值还是异常值，因此也无法决定其取舍。所以必须用统计检验的方法来进行判别。统计检验原则上采用如下步骤：数据处理之前先正确选定欲检验的可疑值，再仔细回忆和检查在产生该可疑值的实验过程中是否有可觉查到的技术上的异常原因，如有，则应舍弃。如果回忆不出原因（或无很大把握），应进行可疑值检验以决定取舍。常见的检验方法有 $4\bar{d}$ 法、Q 检验法、和 Grubbs 法三种。

3.7.1　$4\bar{d}$ 法

对于正态分布，$x=\mu\pm3.2\sigma$ 以外的概率 $P\leqslant0.1\%$。由于总体平均偏差 $\bar{\delta}$ 和 σ 之间有一确定的关系：$4\bar{\delta}=3.2\sigma$，所以测量值的误差大于 $4\bar{\delta}$ 的概率应小于 0.1%，即该测量值被舍弃后犯“失真”错误的概率小于 0.1%。对于有限次测量来讲，是以 s 代替 σ，以 $\bar{d}$ 代替 $\bar{\delta}$。如果某一测量值的偏差大于 $4\bar{d}$，该测量值出现的概率 $P<0.1\%$，可以认为属于异常值，应该舍弃。这种检验方法称为 $4\bar{d}$ 法。其具体检验步骤如下：

（1）去掉可疑值后，计算 $\bar{x}$ 和 $\bar{d}$。

（2）$|$可疑值$-\bar{x}|\geqslant4\bar{d}$，则为异常值，舍弃，否则保留。

$4\bar{d}$ 法简便易用，无需查表，但该法由于是以总体为统计基础，又未经补尝即用于小样本的判断，是不太合理的。而且在计算统计量 $\bar{x}$ 和 $\bar{d}$ 时又事先排除了可疑值，若可疑值并非异常值，便人为地使 $\bar{d}$ 变小，增加了犯“失真”错误的可能性。

3.7.2　Q 检验法

将一组数据从小到大排列为 $x_1, x_2, \cdots, x_n$，其中 x_1 或 x_n 可能为可疑值，当 $n<10$ 时可按下式计算统计量 Q：

$$\text{当 } x_1 \text{ 为可疑值：} Q_{\text{计}}=\frac{x_2-x_1}{x_n-x_1} \tag{3-43}$$

$$\text{当 } x_n \text{ 为可疑值：} Q_{\text{计}}=\frac{x_n-x_{n-1}}{x_n-x_1} \tag{3-44}$$

如果 $Q_{\text{计}}>Q_{\text{表}}$（即表 3-4 中所列 $Q_{P,n}$ 值），则可疑值为异常值，应舍弃，否则应保留。表 3-4表头所注置信度表示“舍弃判断正确”的概率。

表 3-4　$Q_{P,n}$ 值表

测定次数 n	3	4	5	6	7	8	9	10
$Q_{0.90,n}$	0.94	0.76	0.64	0.56	0.51	0.47	0.44	0.41
$Q_{0.95,n}$	0.97	0.84	0.73	0.64	0.59	0.54	0.51	0.49
$Q_{0.99,n}$	0.99	0.93	0.82	0.74	0.68	0.63	0.61	0.57

3.7.3　Grubbs 法

将一组数据从小到大排列为 $x_1, x_2, \cdots, x_n$，其中 x_1 或 x_n 为可疑值，计算 $\bar{x}$ 和 s，然后按下式计算统计量 T：

$$\text{当 } x_1 \text{ 为可疑值：} T_{计} = \frac{\bar{x} - x_1}{s} \tag{3-45}$$

$$\text{当 } x_n \text{ 为可疑值：} T_{计} = \frac{x_n - \bar{x}}{s} \tag{3-46}$$

如果 $T_{计} > T_{表}$(即表 3-5 所列 $T_{\alpha,n}$值)，则可疑值为异常值，应舍弃，否则应保留。

表 3-5 $T_{\alpha,n}$值表

n	α			n	α		
	0.05	0.025	0.01		0.05	0.025	0.01
3	1.15	1.16	1.16	12	2.28	2.41	2.55
4	1.46	1.48	1.49	13	2.33	2.46	2.61
5	1.67	1.72	1.75	14	2.37	2.51	2.66
6	1.82	1.89	1.94	15	2.41	2.55	2.70
7	1.94	2.02	2.10	16	2.44	2.58	2.75
8	2.03	2.13	2.22	17	2.48	2.62	2.78
9	2.11	2.22	2.32	18	2.50	2.65	2.82
10	2.18	2.29	2.41	19	2.53	2.68	2.85
11	2.23	2.36	2.48	20	2.56	2.71	2.88

以上三种方法的依据不同，对同一组数据的可疑值检验的结果可能不一样。由于 Grubbs 法利用了样本的两个重要的统计量 $\bar{x}$ 和 s，故比较合理，可靠性也较高，是三种方法中最优的。Q 检验法居中，$4\bar{d}$ 法可靠性最差。

总之，必须慎重对待测量过程中的异常值处理问题。从统计的角度看，用不同的检验方法检验同一组测量值，有时会得出不一样的检验结果。异常值有时很有可能是实验过程中出现了某种还不为人们所知的新现象。如果随意舍弃了这些异常值，也许会失去发现新现象的机会。因此对于异常值的取舍有时必须根据具体情况而定。

如果所研究的对象相对来说是比较稳定的，则异常值的出现常常是技术上的原因所造成的；而如果所研究的对象本身就是不稳定的，则异常值也应保留，并做进一步分析以期得到更多的信息。例如，在大气中有害成分的分析中，样品随时间和空间的变化非常大，异常值的出现恰恰真实地反映了这种变化，应将这些异常值保留，并深入研究，很可能会发现污染的变化趋势和规律。

3.8 提高分析结果准确度的方法

分析结果的准确度直接受到各种误差的制约，欲提高准确度必须绝对避免发生过失误差，消除系统误差，减少随机误差。

3.8.1 选择合适的分析方法

被测组分的含量不同时对分析结果准确度的要求也不尽相同。常量组分的分析一般要求相对误差在 0.5%以内，微量组分分析一般要求为 1%～5%，甚至 10%以内。另一方面，不同的分析方法所能达到的准确度也不一样。重量分析法和一般滴定分析法的相对误差在

0.5%以下，仪器分析法一般在5%以下。可见常量组分的测定一般应选重量法和滴定法，微量组分的测定应选仪器分析法。在同一类分析方法中，对某些试样来说，采用不同的测定方法所得结果的准确度也可能不尽相同，如矿石中常量铁的测定选用络合滴定法就不如氧化还原滴定法好。所以要根据试样的具体情况和对准确度的要求以及客观实际条件综合考虑，选择合适的分析方法。

3.8.2 减小测量的相对误差

物理量的测定都有一定的误差，在消除系统误差的前提下，每一种仪器都有一个最大的不准确范围。例如50 mL滴定管每次读数的最大不确定值为±0.01 mL，万分之一的天平每次称量的最大不确定值为±0.1 mg。对于一种仪器来说，尽管"最大不确定值"是固定的，但可以通过改变被测物的总量来控制所引起的相对误差。如滴定管两次读数的最大可能误差为±0.02 mL，当液体的体积分别为：

$$20\ \text{mL时，相对误差}=\frac{\text{绝对误差}}{\text{体积}}=\frac{\pm 0.02}{20}=\pm 0.1\%$$

$$10\ \text{mL时，相对误差}=\frac{\text{绝对误差}}{\text{体积}}=\frac{\pm 0.02}{10}=\pm 0.2\%$$

一般滴定分析时读数的相对误差要求≤0.1%，此时液体的体积应≥20 mL，若再考虑滴定时液体往下流动的不均匀性，因此一般要求液体的体积在20～30 mL之间。又如滴定分析和重量分析时一般要求称量的相对误差≤0.1%，因此所需试样的最少量为：

$$m_{\text{样}}=\frac{\text{绝对误差}}{\text{相对误差}}=\frac{0.0001\times 2}{0.001}=0.2\ \text{g}$$

3.8.3 减小随机误差

随机误差虽然不可避免，但增加平行测定次数，以平均值报告分析结果可以减小随机误差的影响。

3.8.4 检查和消除系统误差

系统误差是造成平均值偏离真值的主要原因，因此检查并消除系统误差是提高分析结果准确度的重要措施。

1. 检查系统误差

对照试验是检查是否存在系统误差的有效手段。为满足不同的需要，对照试验有如下几种：

(1)标样对照

用选定的方法测定标准试样，并检验 $\bar{x}$ 和标准值间有无显著性差异，以此判断所用方法或实验操作是否存在系统误差。有时在测定试样的同时，平行再测一标准试样，根据标准试样的测定结果，间接考察试样的测定结果是否存有系统误差。

由于标准试样比较贵重，品种也有限，所以某些实际工作部门的化验室，常用内部制作的"管理样"代替标准试样，按规定做对照试验，经常检验常规分析的准确度。管理样是事先经过很有经验的分析人员反复多次测定，取平均值，结果较为可靠的样品。

如果没有适当的标准试样和管理样，有时可以自制"人工合成试样"进行对照分析。人工合成试样是根据待测试样的大致成分，由纯化合物配制而成，配制时要求含量准确，组成均匀。

(2)标准方法对照

所谓"标准方法"一般是指国家标准局颁布的标准方法或公认的经典分析方法。标准方法对照实验是：对同一试样分别用待检验方法和标准方法进行测定，再作显著性检验，以判定所选定的方法是否存在系统误差。

(3)加入回收法

加入回收法：取两等份试样，其中1份加入已知量的待测组分，与另一份以同样方法平行测定，对照两个结果。根据加入组分是否定量回收来判断分析过程是否存在系统误差。

当通过对照试验证明存在系统误差时，应设法找出原因，加以消除。

2. 消除系统误差的常用方法

(1)校正仪器

在准确度要求较高的分析中，所用仪器（如滴定管、移液管、容量瓶、天平砝码等）需要校正，以消除因仪器不准带来的系统误差。

(2)改进分析方法

例如在重量分析中，应该设法降低沉淀的溶解度，减小因沉淀的溶解而产生的方法误差，也可以利用其他分析方法配合进行校正。例如重量法测定 SiO_2 含量时，滤液中溶解的Si可用光度法测得后，再补偿到最后的结果之中。

(3)做空白试验

所谓空白试验是在不加试样的情况下，按照试样测定的步骤、条件进行"测定"，所得结果称为空白值。另在同样条件下得试样的"测定结果"，再从这一"测定结果"中扣除空白值即得最后的分析结果。做空白试验、用空白值校正分析结果可以消除或减少由于试剂、蒸馏水、器皿和环境等引起的系统误差。

3.9 不确定度

3.9.1 不确定度的定义

误差的概念有着悠久的历史，已经形成了一套完整的误差理论体系和数据处理方法，成为科学技术领域中一门极为重要的基础学科，在科学测量领域发挥了重要作用。而不确定度在测量领域中则是一个较新的概念，已发展成为现代测试技术中一个重要的研究内容，广泛应用于国民经济建设的各个领域。

不确定度一词起源于1927年德国物理学家海森堡（Werner Karl Heisenberg，1901－1976，量子力学的主要创始人，1932年获诺贝尔物理学奖）在量子力学中提出的不确定度关系，又称测不准原理(uncertainty principle)。1963年，美国国家标准局(NBS)的艾森哈特首先提出了定量表示不确定度的建议。其后多年间国际计量委员会(CIPM)、国际计量局(BIPM)先后提出了不确定度表示的统一方法。1993年国际标准化组织(International Standardization Organization，ISO)正式起草了《测量不确定度表示指南》(Guide to the Expression of Uncertainty in Measurement,GUM),并在1995年进行了修订。2000年,EURACHEM/CITAC联合发布了《Quantifying Uncertainty in Analytical Measurement(2nd Edition)》。2008年,计量学指南联合委员会(JCGM)对GUM(95)做了细微的修改,发布了新版本,其后一直不断地在补充和完善。2012年国家质量监督检验检疫总局发布了中华人民共和国国家计量技术规范:测量不确定度评定与表示(JJF1059.1—2012),明确了在测量中使用的术语、定义及方法。

不确定度在ISO出版的GUM中有明确的定义:表征合理地赋予被测量值的分散性,是一个与测量结果相关联的参数。它是对真值存在范围的估计和推断,此范围在给定的概率下包含真值。它指出了分析结果正确性或准确性的可疑程度,是用于表达分析质量优劣的一个指标,也被称为"可疑程度"。

定量分析的目的就是要获得被测物的含量数据,因此在报告分析结果时必须要对结果的质量做出科学地评价,定量地描述分析结果的可信程度。不确定度就是建立在误差理论基础上的一个新的概念,它表示由于测量误差的存在,对被测量值不能肯定的程度,反过来,也表明该结果的可信赖程度,是定量说明测量结果质量的一个参数,它是测量结果质量的指标。一个完整的测量结果不仅要表示其量值的大小,还需给出测量的不确定度,表示了被测量真值在一定概率水平下所处的范围。不确定度越小,分析结果与真值就越接近,分析质量就越高,数据越可靠。

误差和不确定度具有不同的含义。误差是单次测量值或测量结果和真值之间的差值,也就是说误差是测量值或测量结果偏离程度的量度,它是客观存在的,但又无法准确得到。而不确定度表示单次测量值或测量结果可能出现的一个合理的范围,与人们对被测量、影响因素和测量过程的认识水平有关。需要注意的是不确定度与精密度也有所不同。精密度是一组平行测量值之间相互接近程度的量度,可以用极差或标准偏差来计算,反映了随机误差对测量结果的影响;而不确定度则反映了所有误差(包括系统误差和随机误差)对测量结果的影响。测量结果的不确定度表示在重复性或再现性条件下被测量之值的分散性,其大小只与测量方法有关,即测量原理、测量仪器、测量环境条件、测量程序、测量人员、以及数据处理方法等有关。

例如,用10 mL移液管转移10.00 mL溶液,移液管的不确定度是一个体积范围,所转移溶液的真实体积在这个范围之内。如果移液管的允许差为±0.02 mL,则用此移液管转移体积的不确定度为(10.00±0.02) mL。用同一移液管多次转移溶液,测量每次所转移溶液的体积,得到平均值为9.992 mL,标准偏差为0.006。可以确定的是,这个平均值9.992 mL能够更好地估计所转移溶液的体积,此时不确定度变为(9.992±0.006) mL。可见对移液管进行校正可以减小转移溶液的不确定度,提高数据的质量。

不确定度可以用来定量地描述分析结果的可疑程度,定量地说明实验室(设备及人员)的分析能力和水平,因此常作为计量认证、质量认证等活动的重要依据之一。

3.9.2 不确定度评定的基本方法

1.测量方法概述

描述测量对象、测量方法、测量所使用的计量器具和仪器设备、测量的校准物、要求的环境等测量条件及有关的测量参数等。这些信息和参数与不确定度密切相关。

2. 建立数学模型

根据测量方法和相应的原理，建立被测量 y 与测量值(x_i)之间的函数关系式：$y=f(x_i)$，即列出被测量 y 的计算公式。

3. 不确定度来源分析

根据测量方法和测量条件对不确定度的来源进行分析并找出主要的影响因素。不仅要考察各测量值(x_i)对不确定度的直接影响，还要考虑影响各测量值的间接因素，并初步判断其主要因素和次要因素。

4. 标准不确定度的评定

对影响不确定度的主要因素分别进行 A 类不确定度分量评定或 B 类不确定度分量评定。

标准不确定度是以标准偏差表示的测量不确定度。用统计分析方法可以得到 A 类标准不确定度，用非统计方法可以得到 B 类标准不确定度。A 类标准不确定度与 B 类标准不确定度并无本质上的差别，都可以用标准偏差或方差来表示。因此，在不确定度评定中用统计方法还是用非统计方法并不重要，重要的是评定的可靠性。

(1)标准不确定度的 A 类评定

A 类评定的数据来源于对被测量的多次重复测定，计算方法包括贝塞尔法、最大残差法、极差法、最小二乘法、分组极差法等。

例如，相同条件下对同一量进行多次测定，x_1、x_2、…、x_n，则用贝塞尔法计算不确定度的公式为：

$$u(x_i)=\sqrt{\frac{\sum_{i=1}^{n}(x_i-\bar{x})^2}{n(n-1)}} \tag{3-47}$$

(2)标准不确定度的 B 类评定

B 类评定无法作统计分析，需根据有关信息进行科学估计。这些信息来源有：以前的观测数据；仪器的技术资料和测量仪器的特性；生产部门提供的技术说明文件；仪器的检定或校准证书提供的数据；手册中的参考数据及其不确定度。B 类不确定度是基于一些信息或经验估计的，在通常情况下能估计出某项影响因素的极限值(半宽)，需要根据该项影响因素所服从的概率分布类型将极限值转换成标准偏差。B 类评定包含以下方法：正态分布法、均匀分布法、三角分布法、反正弦分布法、投影分布法等。

① 当 x_i 受到多个独立量影响而且这些影响的效果相近，可认为其服从正态分布。则：

如信息中给出的不确定度 $U(x_j)$ 对应的置信概率为 0.95，0.99，0.997，则 $u(x_j)$ 为 $U(x_i)$ 分别除以 1.96，2.58，3。

如 x_i 在$[x_i-a, x_i+a]$的概率为 0.5，则 $u(x_i)=1.5a$(a 即区间半宽)。

如 x_i 在$[x_i-a, x_i+a]$的概率为 0.68≈2/3，则 $u(x_i)=a$。

② 当 x_i 在$[x_i-a, x_i+a]$内各处出现机会相等，而在区间外不出现，服从均匀分布，则 $u(x_i)=a/\sqrt{3}$。天平校准产生的不确定度可以认为是均匀分布。例如，证书标明测量误差为±0.1 mg，则标准不确定度为 $0.1/\sqrt{3}=0.058$ mg。通常称量样品时经二次独立称量，所以天平校准的标准不确定度为 $\sqrt{0.058^2\times 2}=0.082$ mg。

③ 当 x_i 落在 $[x_i - a, x_i + a]$ 区间中心的可能性最大，则可认为其服从三角分布，$u(x_i) = a/\sqrt{6}$。容量器皿的标示值误差可认为是三角分布，因为在标准化生产过程中，产品实际容积接近于标示值的概率大于边界值。例如 100 mL A 级容量瓶的允许差为±0.1 mL，则体积的标准不确定度为 $0.1/\sqrt{6} = 0.041$ mL。

在 B 类评定时，如果证书或其他说明书中给出了误差限，但没有明确给出确定的置信水平；或当估计的误差限是以最大范围形式给出，但没有给出该误差的分布类型时，可以采取较保守的估计，按均匀分布处理。当给出标准偏差或相对标准偏差，或明确给出确定的置信水平或置信区间，但均没有指明分布类型，建议按正态分布处理。

5. 合成标准不确定度的评定

当分析结果是通过若干个其它相互独立的测量分量的值求得时，一般用合成标准不确定度表示，即按各分量的方差计算得相应的合成标准不确定度，各测量分量值所占的权重依分析结果与各测量分量的传递关系而定，计算而得标准偏差也是一个估计值。

6. 扩展不确定度的评定

扩展不确定度是测量结果的一个区间，分析结果以一定的置信水平落在这个区间内。扩展不确定度一般用这个区间的半宽来表示。扩展不确定度等于合成标准不确定度乘以包含因子 k。k 值的选择应考虑 y 可能值的基本分布和所需要的置信水平。分析结果的分布一般为正态分布或近似正态分布，置信水平通常为 95%或 99%，因此取 $k_{95} = 2$，$k_{99} = 3$。

7. 不确定度的表示与报告

完整的测量结果应包含两个基本量：被测量的最佳估计值 y（一般是重复测定的算术平均值）和描述该测量结果分散性的测量不确定度。分析测试中一般使用扩展不确定度表示分析结果的不确定度。

3.9.3　不确定度的传递

还是以上述校正过的 10 mL 移液管为例。用此移液管转移一次溶液，不确定度为 (9.992±0.006) mL，即所转移溶液的真实体积随机分布在以 9.992 mL 为中心的一个很小的区间内。那么如果用此移液管转移两次溶液，转移溶液的不确定度是多少？我们可以简单地加和每一次转移的不确定度：

$$(9.992 + 9.992) \pm (0.006 + 0.006) = (19.984 \pm 0.012)\ \text{mL}$$

显然，简单地加和每一次转移的不确定度会过高地估计结果的不确定度。因为不确定度的加和意味着两次转移溶液的真实体积均大于 9.992 mL 或均小于 9.992 mL。另一个极端情况是，我们可以假设两次转移溶液的真实体积正好处于平均值 9.992 mL 的两端，不确定度则为：

$$(9.992 + 9.992) \pm (0.006 - 0.006) = (19.984 \pm 0.000)\ \text{mL}$$

显然，这又低估了结果的不确定度。因此我们有充分的理由推断两次转移溶液的总不确定度应在 0.000 mL 与 0.012 mL 之间。分析结果由各测量值经由各种运算得到，同样，分析结果的不确定度也可根据运算公式由各测量值的不确定度计算得到，这个计算过程称为不确定度的传递。

为计算分析结果的不确定度，我们假设 R 为分析结果，A、B、C 代表各测量值。

1. 加减运算

$$R = A + B + C \text{ 或 } R = A + B - C$$

加减运算时，结果的不确定度等于各测量分量不确定度平方和的平方根：

$$u_R = \sqrt{u_A^2 + u_B^2 + u_C^2} \tag{3-48}$$

【例 3-11】 一支 10 mL 移液管校正结果为(9.992±0.006) mL，用此移液管转移溶液两次到锥形瓶中，求所转移体积的不确定度。

解 转移溶液的总体积为：9.992 + 9.992 = 19.984 mL

$$\text{总不确定度 } u_R = \sqrt{(0.006)^2 + (0.006)^2} = 0.008\ 5$$

2. 乘除运算

$$R = A \times B \times C \text{ 或 } R = A \times B / C$$

乘除运算时，结果的相对不确定度等于各测量分量相对不确定度平方和的平方根：

$$\frac{u_R}{R} = \sqrt{\left(\frac{u_A}{A}\right)^2 + \left(\frac{u_B}{B}\right)^2 + \left(\frac{u_C}{C}\right)^2} \tag{3-49}$$

【例 3-12】 物质的质量浓度等于其质量除以溶液体积，若某物质的质量不确定度为(0.500 0±0.000 1) g，体积不确定度为(100±0.04) mL，计算其质量浓度的不确定度。

解

$$c = \frac{0.5000}{100 \times 10^{-3}} = 5.000 \text{ g/L}$$

$$\frac{u_c}{c} = \sqrt{\left(\frac{u_m}{m}\right)^2 + \left(\frac{u_V}{V}\right)^2} = \sqrt{\left(\frac{0.000\ 1}{0.500\ 0}\right)^2 + \left(\frac{0.04}{100}\right)^2} = 4.2 \times 10^{-4}$$

$$\text{不确定度 } u_c = c \times 4.2 \times 10^{-4} = 2.1 \times 10^{-3} \text{g/L}$$

3. 混合运算

分析化学中大部分运算既含有加减运算，又含有乘除运算，可以运用式(3-47)和式(3-48)分别进行处理。

【例 3-13】 某分析方法中，已知响应信号与浓度的关系为 $S = kc + b$，其中 S 为信号，k 为灵敏度，c 为浓度，b 为空白值，测得值如下：$S = 24.37 \pm 0.02$，$k = (0.186 \pm 0.003)$ ppm^{-1}，$b = 0.96 \pm 0.02$。计算浓度的不确定度。

解

$$c = \frac{S - b}{k} = \frac{24.37 - 0.96}{0.186} = 125.9 \text{ ppm}$$

为计算浓度的不确定度，首先计算 $a = S - b$ 的不确定度：

$u_a = \sqrt{(0.02)^2 + (0.02)^2} = 0.028$ (注意这里多保留了一位有效数字用于后面的计算)浓度的相对不确定度：

$$\frac{u_c}{c} = \sqrt{\left(\frac{u_a}{a}\right)^2 + \left(\frac{u_k}{k}\right)^2} = \sqrt{\left(\frac{0.028}{23.41}\right)^2 + \left(\frac{0.003}{0.186}\right)^2} = 0.016\ 2$$

因此：$u_c = 125.9 \text{ ppm} \times 0.016\ 2 = 2.0 \text{ ppm}$

考虑有效数字，最终浓度的不确定度为(126±2) ppm

4. 其他运算

分析化学中经常遇到诸如乘方、开方和对数等运算，一些常见运算的不确定度的传递公式总结如表 3-6。

表 3-6 常见运算的不确定度传递公式

运算式	u_R
$R = kA$	$u_R = ku_A$
$R = A \pm B$	$u_R = \sqrt{u_A^2 + u_B^2}$
$R = A \times B$	$\frac{u_R}{R} = \sqrt{\left(\frac{u_A}{A}\right)^2 + \left(\frac{u_B}{B}\right)^2}$
$R = A/B$	$\frac{u_R}{R} = \sqrt{\left(\frac{u_A}{A}\right)^2 + \left(\frac{u_B}{B}\right)^2}$
$R = \ln(A)$	$u_R = \frac{u_A}{A}$
$R = \lg(A)$	$u_R = 0.4343 \times \frac{u_A}{A}$
$R = e^A$	$\frac{u_R}{R} = u_A$
$R = 10^A$	$\frac{u_R}{R} = 2.303u_A$
$R = A^k$	$\frac{u_R}{R} = k\frac{u_A}{A}$

注:A 和 B 为两个相互独立的测量分量。

5.不确定度传递的意义

不确定度的传递可以给出很多有用的信息。我们可以通过不确定度的传递估计分析结果的不确定度,而通过比较分析结果的不确定度与实际得到的各测量值的不确定度可以判断分析结果的可靠性。例如,用万分之一天平称量某样品质量时,结果的不确定度为0.000 2 g。如果对同一样品进行多次称量,得到标准偏差为±0.002 g,那么在称量过程中一定出现了问题,称量结果不可靠。

不确定度的传递还能给出如何改善分析结果的不确定度的信息。在例3-13中,浓度的不确定度为(126±2) ppm,相对不确定度为1.6%。从浓度的相对不确定度计算公式中可以看出,浓度的相对不确定度决定于信号测量值的相对不确定度和分析方法灵敏度测量值的相对不确定度。信号测量值的相对不确定度为:

$$\frac{0.028}{23.41} = 0.0012 \text{ 或 } 0.12\%$$

分析方法灵敏度测量值的相对不确定度为:

$$\frac{0.003}{0.186} = 0.016 \text{ 或 } 1.6\%$$

显然,浓度的不确定度主要取决于灵敏度的不确定度,即使更加仔细地测量信号值也无法改善浓度的不确定度,只能通过降低灵敏度的不确定度来改善浓度的不确定度。

不确定度的传递还可以指出几种方法中采用哪一个方法果可以使结果的不确定度最小。例如,在将储备液稀释成所需浓度的样品溶液时,可以使用不同的玻璃仪器组合。要将储备液稀释10倍,可以使用10 mL移液管和100 mL容量瓶组合,也可以使用25 mL移液管和250 mL容量瓶组合。还可以使用50 mL移液管和100 mL容量瓶稀释第一次,然后再使用 10 mL 移液管和 50 mL 容量瓶稀释第二次。哪一个组合最好？由于总的不确定度决定于稀释过程中使用的玻璃仪器的不确定度，因此可以利用玻璃仪器的允许差来计算确定以上组合中哪个组合最优。表 3-7 列出了现行标准 GB/T12805～12808－91 中常用容量器皿的允许差(Δ)，表示按照标准生产的容量器皿的最大误差不超过规定的允许差。

表 3-7 常见玻璃仪器的允许差

容积/mL	容量瓶		移液管		滴定管	
	A 级	B 级	A 级	B 级	A 级	B 级
1			±0.007	±0.015	±0.01	±0.02
2			±0.010	±0.020	±0.01	±0.02
3,5	±0.02	±0.04	±0.015	±0.030	±0.01	±0.02
10	±0.02	±0.04	±0.020	±0.040	±0.025	±0.05
15			±0.025	±0.050		
20			±0.030	±0.060		
25	±0.03	±0.06	±0.030	±0.060	±0.05	±0.1
50	±0.05	±0.10	±0.050	±0.100	±0.05	±0.1
100	±0.10	±0.20	±0.080	±0.160	±0.1	±0.2
200,250	±0.15	±0.30				
500	±0.25	±0.50				
1000	±0.40	±0.80				
2000	±0.60	±1.20				

【例 3-14】 要将 1.0 mol/L 储备液稀释成 0.001 0 mol/L 溶液，下列哪种方法最好？(均使用 A 级品)

(1)使用 1 mL 移液管和 1 000 mL 容量瓶一步稀释；

(2)使用 20 mL 移液管和 1 000 mL 容量瓶进行第一次稀释，然后使用 25 mL 移液管和 500 mL 容量瓶进行第二次稀释。

解 以 c_1、c_2分别代表第一种方法和第二种方法稀释得到的溶液的浓度，则有：

$$c_1 = \frac{1.0\ \text{mol/L} \times 1.000\ \text{mL}}{1\ 000.0\ \text{mL}} = 0.001\ 0\ \text{mol/L}$$

$$c_2 = \frac{1.0\ \text{mol/L} \times 20.00\ \text{mL} \times 25.00\ \text{mL}}{1\ 000.0\ \text{mL} \times 500.0\ \text{mL}} = 0.001\ 0\ \text{mol/L}$$

浓度的不确定度分别为：

$$\left(\frac{u_c}{c}\right)_1 = \sqrt{\left(\frac{0.007}{1.000}\right)^2 + \left(\frac{0.4}{1\ 000.0}\right)^2} = 0.007$$

$$\left(\frac{u_c}{c}\right)_2 = \sqrt{\left(\frac{0.03}{20.00}\right)^2 + \left(\frac{0.4}{1\ 000.0}\right)^2 + \left(\frac{0.03}{25.00}\right)^2 + \left(\frac{0.25}{500.0}\right)^2} = 0.002$$

两步稀释法的浓度不确定度小于一步稀释法，因此两步稀释法较好。

思　考　题

1. 分析过程中下列情况各会引起什么误差，如何减免。

(1)砝码锈蚀

(2)天平不等臂

(3)天平零点稍有偏移

(4)试样称量时吸收了空气中的水

(5)滴定管读数时，最后一位估计不准

(6)试剂中有少量被测组分

(7)以含量约为98%的金属锌作基准物标定EDTA浓度

(8)沉淀穿透滤纸

(9)溶液溅失

(10)指示剂的变色点与计量点不一致

(11)使用未校正过的容量仪器

(12)试样未混匀

2. 三位同学对相同的酸、碱试液作酸碱体积比实验，甲、乙、丙的相对平均偏差分别为0、0.1%和0.6%。如何比较和评价他们的实验结果？你对他们实验结果的准确度发表什么看法？

3. 误差的绝对值和绝对误差是否相同？

4. 解释随机误差、系统误差、精密度、准确度的含义及它们之间的联系。随机误差、系统误差各有哪些特点？

5. 为什么填报分析结果时要报告平均值？

6. 解释下列各名词的意义：总体、样本、样本容量、误差、偏差、标准偏差、极差、置信度、置信区间、有效数字。

7. 对照试验是检查有无系统误差的有效方法，结合你所知道的显著性检验方法讨论可有哪些常见的对照试验。

8. 何谓“空白试验”，作空白试验可减免什么误差？

9. 下列有效数字应计几位？

(1)0.010 5　　(2)0.014%　　(3)3.6×10^{-5}

(4)1 000　　(5)pH=4.7　　(6)$pK_a=4.74$

10. 将0.008 9 g $BaSO_4$ 换算成Ba的质量，问计算时下列换算因数取哪个较为恰当：0.588 4、0.588、0.59，计算结果应以几位有效数字报出？

习　题

1. 测定一种铬硅钢试样中铬的含量，6次平行测定结果(%)：20.48，20.55，20.58，20.60，20.53，20.50。

(1)计算这组数据的平均值、平均偏差、相对平均偏差、标准偏差、相对标准偏差(要求写

明计算公式)。 (20.54%,0.037%,0.18%,0.046%,0.22%)

(2)如果此试样是标准试样,铬含量为20.46%,计算测定结果的绝对误差和相对误差。

(0.08%,0.39%)

2. 标准值为37.35%,平行测定数据(%)37.45,37.30,37.20,37.25写出计算下列参数的公式和结果。

(1)分析结果的相对误差 (−0.13%)

(2)相对平均偏差 (0.20%)

(3)平均值的标准偏差 (0.055%)

3. 用碘量法测定铜合金试样中铜的含量(Cu%),已知某同学的100个分析数据基本符合正态分布 $N[66.62,(0.21)^2]$,求分析数据出现在[65.87~67.04]区间内的概率及可能出现在此区间以外的个数。 (97.72%,2)

4. 已知某金矿试样中金含量的标准值为12.2 g/t,σ=0.2 g/t,求分析结果小于11.6 g/t的概率。 (0.13%)

5. 用直接电位法测定某二价离子的浓度,其定量关系式为:$\varphi=\varphi^{\ominus}+0.029\,1\,\mathrm{g}c_x$。如果电位 φ 测量的绝对误差为0.5 mV,计算分析结果的相对误差(提示:$\varphi^{\ominus}$为标准电位,可当做常数处理)。 (4%)

6. 微量天平可称准至±0.001 mg,要使试样称量误差不大于1‰,问至少应称取多少试样? (2 mg)

7. 标定浓度约为0.1 mol/L的HCl溶液,如果欲使滴定时用去的 V(HCl)约为25 mL,应称取 Na_2CO_3 基准物多少克?若改用硼砂应称多少克?称量的相对误差分别为多少?对计算结果作简要讨论。 (132.5 mg,0.15%;476.7 mg,0.042%)

8. 称取含 $MgSO_4\cdot7H_2O$ 试样 0.540 3 g,试样溶解后在一定的条件下沉淀为 $MgNH_4PO_4$,经过滤、洗涤、灼烧,得 $Mg_2P_2O_7$ 0.198 0 g。如果天平称量的标准偏差 s= 0.10 mg,求 $MgSO_4\cdot7H_2O$ 的含量及其标准偏差。 (0.811 7,0.85‰)

9. 欲使样本平均值 $\bar{x}$ 与总体平均值 μ 之差不超过样本的标准偏差 s,问样本容量应该多大?(P=95%)。 ($n\geqslant7$)

10. 用分光光度法测定某水样中铁含量,5次测定结果(ppm):0.48,0.37,0.47,0.40,0.43试估计该水样中铁的含量范围(P=95%),并对这一范围的含意作适当的解释。

(0.43±0.06)

11. 置信度为95%时,欲使平均值的置信区间不超过±s,问至少应平行测定几次?

(7次)

12. 工厂实验室对电镀车间的镀镍电镀液进行常年分析,发现如果其他成分含量符合要求,那么在生产正常的情况下,电镀液内 $NiSO_4$ 的含量(g/L)符合正态分布 $N(220,11^2)$。已知某日的分析结果为240,232,244,204,226,210,试问此日电镀液中 $NiSO_4$ 含量是否正常(P=95%)? (正常)

13. 某工厂生产铍青铜,铍的标准含量为2.00%,化验室对一批产品进行抽样检查,得到铍含量的分析结果(%):1.96,2.20,2.04,2.15,2.12 问这批产品的铍含量是否合格(P=95%)? (合格)

14. 两个实验室用相同的方法分析一种黄铜合金中铜的含量(Cu%),所得结果为:

A:91.08,89.36,89.60,89.91,90.79,90.80,89.03

B:91.95,91.42,90.20,90.46,90.73,92.31,90.94

问两个实验室的分析结果有无显著性差异(P=95%)?　　　　(有显著性差异)

15. 用碘量法测定铜合金中的铜,7 次测定结果(%):60.52,60.61,60.50,60.58,60.35,60.64,60.53 分别用 $4\bar{d}$ 法、Q 检验法(P=95%)、Grubbs 法(P=95%)检验测定结果中有无应舍弃的可疑值,比较三种检验方法,并加以说明。

16. H_2SO_4 的实际浓度为 12.46 g/L,用 25 mL 移液管移取该酸并用标准 NaOH 溶液滴定,测得 $c(H_2SO_4)$ mol/L:0.1260,0.1261,0.1263,0.1263,0.1266 试用统计的方法证明,误差可能是由下列哪些因素引起的?哪些因素是不可能存在的(P=95%)?($M(H_2SO_4)$=98.07。提示:先用 $4\bar{d}$ 法检验可疑值,再经统计检验作出判断)

因素:

(1)移液管或滴定管体积不准,又未作校正;

(2)滴定管读数时最后一位估计不准;

(3)终点观测的不准确性;

(4)标准溶液的实际浓度与所标出的浓度不符;

(5)滴定过程中滴定管有明显的滴漏。

17. 将下列数据修约到小数点后第 3 位:

3.14159,2.71729,4.50150,3.21550,5.6235,6.378501,7.691499

(3.142,2.717,4.502,3.216,5.624,6.379,7.691)

18. 返滴定法测定试样中某组分含量,按下式计算结果:

$$\omega_x=\frac{0.1000\times(25.00-1.52)\times246.49}{1.000\times10^3}$$

问分析结果应以几位有效数字报出?　　　　(57.89%,4)

19. 根据有效数字运算规则计算:

(1)60.40+2.02+0.222+0.0467

(2)$\frac{603.21\times0.32}{4.011}$

(3)已知$[H^+]=\sqrt{K_a c}$,pK_a=4.74,c=0.10 mol/L 计算 K_a 和 pH。

(4)已知 $TE=\frac{10^{\Delta pM}-10^{-\Delta pM}}{\sqrt{K'c}}$,$\Delta pM=0.2$,$K'=1\times10^8$,$c$=0.01 mol/L,计算 TE。

(62.69;48;1.8×10^{-5};2.87;0.1%)

第四章　酸碱平衡及酸碱滴定法

酸碱平衡是溶液平衡的重要内容，是研究和处理溶液中各类平衡的基础，是酸碱滴定法的理论依据。酸碱平衡在整个化学分析中有着十分重要的作用，因为各种平衡，例如络合平衡、沉淀平衡、氧化还原平衡和相应的各种分析方法都不同程度地受着酸度的影响和控制。

酸碱滴定法是以酸碱反应为基础的滴定分析方法。一般的酸、碱以及能与酸碱直接或间接进行质子传递的物质，几乎都可以利用酸碱滴定法进行测定。本章首先讨论酸碱溶液平衡的基本原理及其数学处理方法，然后讨论酸碱滴定法的基本原理和应用。学完本章后，应能运用所学知识解决在酸碱平衡和酸碱滴定中所遇到的一般问题。

4.1　水溶液中的碱酸平衡

4.1.1　活度和活度系数

1. 活度和活度系数

在讨论溶液中的化学平衡时，如果都应用浓度，在某些情况下结论可能与实际情况不符合。为了严格处理化学反应中的许多问题，必须引入活度的概念。

在理想溶液中，各组分(或物种)相互不影响，即它们之间不存在相互作用力，故溶液中各组分的有效浓度(即在化学反应中实际起作用的浓度)，只决定于溶液中单位体积内(或单位质量溶剂中)含有的粒子数量，即组分的有效浓度等于组分的真实浓度。

在实际溶液中，由于电解质中的离子与离子之间、离子与溶剂之间存在着相互作用，影响了离子在溶液中的活动性，减弱了离子在化学反应中的作用能力。或者说由于离子间力的影响，离子参加化学反应的有效浓度要比它的真实浓度低。离子在化学反应中起作用的有效浓度称为离子的**活度**。如果以 a 代表离子的活度，c 代表其浓度，它们的关系为

$$\gamma = \frac{a}{c} \quad 或 \quad a = \gamma c \tag{4-1}$$

式中 γ 称为**活度系数**。

活度系数的大小是衡量实际溶液与理想溶液之间差别的尺度。对于浓度极稀的电解质溶液，离子之间的距离很大，离子之间相互作用力小到可以忽略不计，这时活度系数可以认为等于 1，则 $a=c$。随着溶液浓度增大，γ 愈小于 1，a 也愈小于 c。

2. 活度系数的计算

高浓度的电解质溶液中离子的活度系数，由于情况复杂，还没有较好的定量计算公式。

1923 年德拜—休克尔(Debye-Hückel)提出了稀溶液($I<0.1$ mol/kg)中计算活度系数的公式

$$-\lg\gamma_i = \frac{0.512Z_i^2\sqrt{I}}{1+B\mathring{a}\sqrt{I}} \tag{4-2}$$

式中 γ_i 为 i 种离子的活度系数;Z_i 为 i 种离子的电荷;B 为常数,25℃时为 0.328;$\mathring{a}$ 为离子的体积参数,约等于水合离子的有效半径,以0.1 nm为单位;I 为溶液中离子的强度。一些离子的 $\mathring{a}$ 值可由附录表 1 中查得。

离子强度与溶液中各种离子的浓度及电荷有关,其计算公式为

$$I = \frac{1}{2}\sum_i(c_iZ_i^2) \tag{4-3}$$

式中 c_i、Z_i 分别为溶液中 i 种离子的质量摩尔浓度 b(单位为 mol/kg)和电荷数。

在分析化学中,因浓度一般较稀,此时质量摩尔浓度 b 近似等于物质的量浓度c mol/L,在有关计算中,直接以 c 代替 b。

在稀溶液中,当 $I<0.01$ 时,不需要考虑水合离子的有效半径大小,活度系数可按德拜—休克尔极限公式计算

$$-\lg\gamma_i = 0.5Z_i^2\sqrt{I} \tag{4-4}$$

在作近似计算时,也可采用此公式。

【例 4-1】某溶液含 0.050 mol/L KCl 和 0.10 mol/L HCl,计算溶液中的 a_{H^+}。

解　溶液中 $c_{K^+}=0.050$ mol/L,$c_{Cl^-}=(0.050+0.10)$ mol/L$=0.15$ mol/L,$c_{H^+}=0.10$ mol/L

$$I = \frac{1}{2}\sum c_iZ_i^2 = \frac{1}{2}(0.050\times1^2+0.15\times1^2+0.10\times1^2)=0.30$$

由附表 1 查得,H^+ 的 $\mathring{a}$ 值为 9,故

$$-\lg\gamma_{H^+}=\frac{0.512\times1^2\times\sqrt{0.15}}{1+0.328\times9\ \sqrt{0.15}}=0.092\ 5$$

$$\gamma_{H^+}=0.81$$

$$a_{H^+}=\gamma_{H^+}c_{H^+}=0.81\times0.10\ \text{mol/L}=0.081\ \text{mol/L}$$

3. 中性分子的活度系数

根据德拜—休克尔电解质理论,溶液中的中性分子,由于它们在溶液中不是以离子状态存在的,故在任何离子强度的溶液中,其活度系数均认为是 1。实际上并不完全如此,随着溶液中离子强度的增加,许多中性分子的活度系数是有所变化的。不过这种影响一般不大,所以通常都粗略地把中性分子的活度系数视为 1。

需要说明的是,在分析化学中,由于通常所遇到的溶液浓度较稀,在准确度要求不太高的情况下,溶液中的平衡处理可不考虑浓度与活度的差别,只有在准确度要求较高的某些计算中(如标准缓冲溶液的 pH 计算等)才需要用活度。

4.1.2　活度常数、浓度常数及混合常数

现以弱酸 HB 的离解平衡为例来讨论活度常数、浓度常数和混合常数以及它们之间的

关系。

$$HB \rightleftharpoons H^+ + B^-$$

1. 活度常数

根据质量作用定律

$$K_a^0 = \frac{a_{H^+} a_{B^-}}{a_{HB}} \tag{4-5}$$

式中 K_a^0 称为**活度离解常数**,常称活度常数。它是只与温度有关,而与溶液中的离子强度无关的热力学常数。

2. 浓度常数

在分析化学中,若只涉及酸碱平衡的处理,通常溶液的浓度较稀,为方便起见,忽略离子强度的影响,常用浓度代替活度,即用产物浓度的乘积比反应物浓度的乘积表示平衡进行的程度

$$K_a^c = \frac{[H^+][B^-]}{[HB]} \tag{4-6}$$

式中 K_a^c 称为酸的**浓度离解常数**;[ ]表示平衡时物质的量浓度(mol/L),简称**平衡浓度**。

K_a^0 与 K_a^c 之间的关系可由 $a=\gamma c$ 关系式导出。例如上述式中

$$K_a^0 = \frac{a_{H^+} a_{B^-}}{a_{HB}} = \frac{\gamma_{H^+}[H^+]\gamma_{B^-}[B^-]}{\gamma_{HB}[HB]}$$

因为 $\gamma_{HB}=1$,所以

$$K_a^0 = K_a^c \gamma_{H^+} \gamma_{B^-} \tag{4-7}$$

由式(4-7)可见浓度常数不仅与温度有关,而且随离子强度的改变而改变。只有当温度和离子强度一定时,浓度常数才是一定的。

4. 混合常数

在实际工作中,由于 H^+ 或 OH^- 的活度很容易用 pH 计测得,所以在平衡常数式中使用 a_{H^+} 和 a_{OH^-},而其他组分仍用浓度,这样的常数称为**混合常数**。例如上述反应的混合常数可表示为

$$K_a^M = \frac{a_{H^+}[B^-]}{[HB]} = \frac{K_a^0}{\gamma_{B^-}} \tag{4-8}$$

式中 K_a^M 称为混合常数,混合常数与浓度常数一样,不仅是温度的函数也与离子强度有关。

一般书籍中引用的酸碱平衡常数都是活度常数。在讨论酸碱平衡时,通常溶液的浓度不太大,可忽略离子强度的影响,用活度常数代替浓度常数。若溶液离子强度较高时,离子强度对浓度(或混合)常数的影响是不可忽略的。因此在有关书籍中,在引用 K_a^c 和 K_a^M 时都注明离子强度 I。一般来说,$I<0.1$ 时,因 I 的变化而引起的 K_a^c 的变化较大,而 I 在 0.1～0.5 范围内时,K_a^c 变化较小(见图 4-1)。一般分析试液多处于此范围内,因此常取用 $I=0.1$的浓度(或混合)常数。

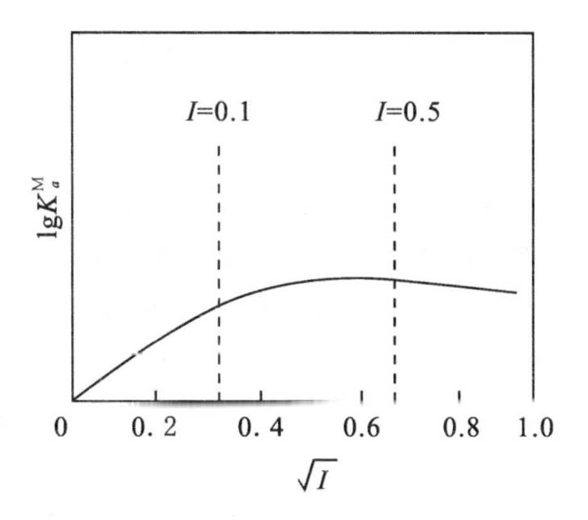

图 4-1　K_a^c 与离子强度 I 的关系

4.1.3　酸碱质子理论和共轭酸碱对

酸碱质子理论是 1923 年丹麦人布朗斯台德(Brφnsted)提出来的。根据这个理论，凡是能给出质子(H^+)的物质叫做酸；凡是能接受质子的物质叫做碱。当一种酸给出质子后，剩下的部分就是碱；而碱接受质子后便成为酸。一种酸(HB)给出一个质子后所得的碱(B^-)称为该酸的**共轭碱**；酸(HB)称为碱(B^-)的**共轭酸**。酸与碱这种相互依存的关系可用下式表示：

$$\underset{酸}{HB} \rightleftharpoons \underset{质子}{H^+} + \underset{碱}{B^-}$$

我们把这种相互依存，密不可分的关系称为**共轭关系**，把 $HB-B^-$ 叫做共轭酸碱对。共轭酸碱之间彼此只相差一个质子。

下面给出一些共轭酸碱对的例子。

共轭酸		质子		共轭碱
HCl	$\rightleftharpoons$	H^+	+	Cl^-
H_3O^+	$\rightleftharpoons$	H^+	+	H_2O
HAc	$\rightleftharpoons$	H^+	+	Ac^-
NH_4^+	$\rightleftharpoons$	H^+	+	NH_3
HSO_4^-	$\rightleftharpoons$	H^+	+	SO_4^{2-}
H_3PO_4	$\rightleftharpoons$	H^+	+	$H_2PO_4^-$
$H_2PO_4^-$	$\rightleftharpoons$	H^+	+	HPO_4^{2-}
HPO_4^{2-}	$\rightleftharpoons$	H^+	+	PO_4^{3-}
$Fe(H_2O)_6^{3+}$	$\rightleftharpoons$	H^+	+	$[Fe(H_2O)_5(OH)]^{2+}$

从这些例子可以看出：①酸或碱可以是中性分子，也可以是正离子或负离子或络合子；②质子理论的酸碱概念具有相对性，同一种物质在某一共轭酸碱对中是酸，而在另一共轭酸碱对中又是碱，这主要由与它共存的物质彼此间给出质子能力的相对强弱而定。在一般条件下，既可作为酸又可作为碱的物质叫做酸碱两性物质(如 $H_2PO_4^-$、HPO_4^{2-}、H_2O 等)；③共轭酸碱对之间只差一个质子；④对于酸来说，愈容易给出质子，其强度就必然愈强(大)，而它的共轭碱就必然不容易接受质子，其碱性愈弱。同样，对于碱来说，如果愈容易接受质子，其

强度就愈强(大),那么它的共轭酸就必然愈不容易给出质子,其酸性就愈弱。

4.1.4 酸碱反应

按布朗斯台德酸碱理论,酸碱反应的实质是酸碱之间质子的传递过程。由于质子的半径极小,电荷密度很高,它不能在水溶液中独立存在(或者说只能瞬间存在),所以不论某酸多强,给出质子的能力多大,都不可能放出自由的单独存在的质子,必须有一种碱接受质子,酸才能给出质子,实现质子传递。共轭酸碱对的平衡式,只能当作“半反应”的表示式(与氧化还原电对“氧化态$+ne \rightleftharpoons$还原态”相类似)。所以一个酸碱反应,必须由两个共轭酸碱对共同存在才能实现。

例如,HAc 的水溶液之所以能表现出酸性,是由于 HAc 和 H_2O 之间发生了质子传递的结果。NH_3 的水溶液之所以能表现出碱性,是由于 NH_3 与 H_2O 之间也发生了质子传递的反应。前者 H_2O 是碱,后者 H_2O 是酸。即:

$$HAc + H_2O \rightleftharpoons H_3O^+ + Ac^-$$

共轭对

共轭对

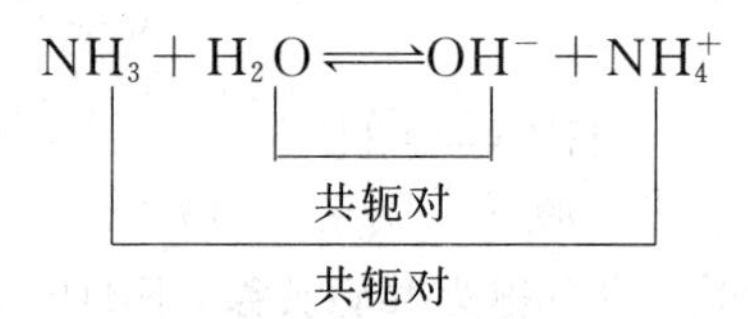

为简便起见,通常将 H_3O^+ 简写成 H^+,因此 HAc 在水中的离解平衡式可简化为:

$$HAc \rightleftharpoons H^+ + Ac^-$$

注意,这一简化形式代表的是一个完整的酸碱反应,不要把它看作是酸碱“半反应”,不可忘记溶剂水所起的作用。

通常概念的酸碱反应,如 NH_3 和 HCl 的反应,质子的传递也是通过水的媒介作用而实现的。

$$HCl + H_2O = H_3O^+ + Cl^-$$

$$NH_3 + H_3O^+ = NH_4^+ + H_2O$$

$$HCl + NH_3 = NH_4^+ + Cl^-$$

反应的结果是各反应物转化为它们各自的共轭酸或碱。

总之,各种酸碱反应过程都是质子传递过程,而质子的传递是通过水来实现的,于是根据质子理论可以把各种酸碱反应统一起来。

4.1.5 水的质子自递反应

如前所述,水是既可作为酸又可作为碱的两性溶剂。在水分子之间就可以发生质子的相互传递，一个水分子作为碱接受另一个水分子提供的质子，形成自身的共轭酸碱 H_3O^+ 和 OH^-。

$$\underset{\text{酸}_1}{H_2O}+\underset{\text{碱}_2}{H_2O}\rightleftharpoons\underset{\text{酸}_2}{H_3O^+}+\underset{\text{碱}_1}{OH^-}$$

这种在水分子间发生的质子传递作用，称为水的质子自递反应，反应的平衡常数称为水的质子**自递常数**又称为水的**活度积**（K_w^0）。

$$K_w^0=a_{H^+}a_{OH^-}\overset{25℃}{=\!=\!=}10^{-14.00} \tag{4-9}$$

取负对数，得

$$pK_w^0-pa_{H^+}+pa_{OH}\ =14.00 \tag{4-9-a}$$

用浓度代替活度时，则

$$K_w=[H^+][OH^-]=10^{-14.00} \tag{4-9-b}$$

K_w 称为水的离子积。

同理

$$pK_w=pH+pOH=14.00 \tag{4-9-c}$$

4.1.6　共轭酸碱对的 K_a 和 K_b 之间的关系

共轭酸碱的 K_a 和 K_b 之间有确定的关系，现以一元弱酸 HB 为例进行讨论。

HB 的离解平衡：

$$HB+H_2O\rightleftharpoons H_3O^++B^-$$

$$K_a^0=\frac{a_{H^+}a_{B^-}}{a_{HB}}$$

共轭碱 B^- 的离解平衡：

$$B^-+H_2O\rightleftharpoons OH^-+HB$$

$$K_b^0=\frac{a_{OH^-}a_{HB}}{a_{B^-}}$$

$$K_a^0K_b^0=\frac{a_{H^+}a_{B^-}}{a_{HB}}\times\frac{a_{OH^-}a_{HB}}{a_{B^-}}=a_{H^+}a_{OH^-}$$

$$K_a^0K_b^0=K_w^0\overset{25℃}{=\!=\!=}10^{-14.00} \tag{4-10}$$

$$pK_a^0+pK_b^0=pK_w^0=14.00 \tag{4-10-a}$$

用浓度代替活度：

$$K_aK_b=[OH^-][H^+]=K_w=10^{-14.00} \tag{4-10-b}$$

$$pK_a+pK_b=14.00 \tag{4-10-c}$$

根据这个关系式，对于一元弱酸（或弱碱）只要知道酸或碱的离解常数，其共轭碱（或酸）的离解常数即可求得。

多元酸（碱）在水溶液中是逐级离解的，情况比较复杂，其逐级共轭酸碱对的 K_a 与 K_b 之间仍有上述确定的关系。现以 H_3PO_4 在水中的离解平衡为例加以说明。

H_3PO_4 是三元酸，其逐级离解常数分别以 $K_{a_1}^0$、$K_{a_2}^0$、$K_{a_3}^0$ 表示。

$$H_3PO_4\rightleftharpoons H^++H_2PO_4^-\qquad K_{a_1}^0=\frac{a_{H^+}a_{H_2PO_4^-}}{a_{H_3PO_4}}=10^{-2.16}$$

$$H_2PO_4^- \rightleftharpoons H^+ + HPO_4^{2-} \qquad K_{a_2}^0 = \frac{a_{H^+} a_{HPO_4^{2-}}}{a_{H_2PO_4^-}} = 10^{-7.21}$$

$$HPO_4^{2-} \rightleftharpoons H^+ + PO_4^{3-} \qquad K_{a_3}^0 = \frac{a_{H^+} a_{PO_4^{3-}}}{a_{HPO_4^{2-}}} = 10^{-12.32}$$

PO_4^{3-} 是三元碱，按酸碱质子理论，碱的逐级离解即是其逐步获得质子，亦称逐级质子化。分别以 $K_{b_1}^0$、$K_{b_2}^0$、$K_{b_3}^0$ 表示三元碱的逐级离解常数，则：

$$PO_4^{3-} + H_2O \rightleftharpoons HPO_4^{2-} + OH^- \qquad K_{b_1}^0 = \frac{a_{HPO_4^{2-}} a_{OH^-}}{a_{PO_4^{3-}}} = 10^{-1.68}$$

$$HPO_4^{2-} + H_2O \rightleftharpoons H_2PO_4^- + OH^- \qquad K_{b_2}^0 = \frac{a_{H_2PO_4^-} a_{OH^-}}{a_{HPO_4^{2-}}} = 10^{-6.79}$$

$$HOP_4^- + H_2O \rightleftharpoons H_3PO_4 + OH^- \qquad K_{b_3}^0 = \frac{a_{H_3PO_4} a_{OH^-}}{a_{H_2PO_4^-}} = 10^{-11.84}$$

H_3PO_4 和 PO_4^{3-} 的酸、碱离解反应中，三个共轭酸碱对是：$H_3PO_4/H_2PO_4^-$、$H_2PO_4^-/HPO_4^{2-}$、HPO_4^{2-}/PO_4^{3-}。

于是

$$K_{a_1}^0 K_{b_3}^0 = K_{a_2}^0 K_{b_2}^0 = K_{a_3}^0 K_{b_1}^0 = K_w^0$$

$$pK_{a_1}^0 + pK_{b_3}^0 = pK_{a_2}^0 + pK_{b_2}^0 = pK_{a_3}^0 + pK_{b_1}^0 = pK_w^0$$

【例 4-2】 计算 $HC_2O_4^-$ 的 K_b 值。

解 $HC_2O_4^-$ 是两性物质，既可作为酸，也可作为碱。

已知：$H_2C_2O_4 \rightleftharpoons H^+ + HC_2O_4^- \qquad K_{a_1} = 5.6\times10^{-2}$

$HC_2O_4^- \rightleftharpoons H^+ + C_2O_4^{2-} \qquad K_{a_2} = 5.1\times10^{-5}$

$HC_2O_4^-$ 作为碱时：

$$HC_2O_4^- + H_2O \rightleftharpoons H_2C_2O_4 + OH^-$$

$$K_{b_2} = \frac{[H_2C_2O_4][OH^-]}{[HC_2O_4^-]} = \frac{K_w}{K_{a_1}} = \frac{1.0\times10^{-14}}{5.6\times10^{-2}} = 1.8\times10^{-13}$$

4.2 弱酸(碱)溶液中各型体的分布

4.2.1 分析浓度、平衡浓度和酸度、碱度

1. 分析浓度

分析浓度指在一定体积(或质量)的溶液(或溶剂)中含有溶质的量，通常用物质的量浓度(mol/L)表示。分析浓度是溶液中该溶质各种型体的浓度的总和，因此也称总浓度，以 c 为符号，有时为指明是某组分的分析浓度，对符号 c 加以注脚，如 c_{HCl}、c_{NaOH}。

2. 平衡浓度

平衡浓度指溶液达到平衡时，溶液中溶质存在的某一种型体的浓度。例如 HAc 溶液，当溶质与溶剂间发生质子转移的反应达到平衡时，溶质 HAc 则以 HAc 和 Ac^- 两种型体存在。

$$HAc + H_2O \rightleftharpoons H_3O^+ + Ac^-$$

此时 HAc 和 Ac^- 的浓度分别称为 HAc 和 Ac^- 的平衡浓度，用〔HAc〕和〔Ac^-〕表示。在溶液中 c_{HAc} 必为〔HAc〕与〔Ac^-〕之和。即：

$$c_{HAc}=[HAc]+[Ac^-]$$

3. *溶液的酸度或碱度*

溶液的酸度或碱度指酸或碱溶液中 H^+ 或 OH^- 的活度。在分析化学中，讨论或使用的溶液浓度一般都比较稀，或在不要求做准确计算时，可以用〔H^+〕或〔OH^-〕代替它们的活度。对弱酸、弱碱溶液或强酸、强碱稀溶液（$c<1$ mol/L），用溶液的 pH 或 pOH 值表示酸度或碱度，对稍浓的强酸或强碱溶液则直接用酸或碱的分析浓度来表示。

4.2.2　酸碱溶液中各型体的分布

在酸碱平衡体系中，常常同时存在多种型体，它们的浓度随着溶液中 H^+ 浓度的变化而变化。溶液中某型体的平衡浓度在总浓度中占有的分数，称为该型体的**分布系数**或**摩尔分数**，通常以 δ 为符号。分布系数的大小取决于该酸或碱的性质，而与分析浓度的大小无关。分布系数能定量地说明溶液中的各种型体的分布情况，如果知道了分布系数和分析浓度，便可求得溶液中酸碱组分的平衡浓度，这在分析化学中是十分重要的。

酸碱溶液中各型体随酸度变化的分布情况可用 δ—pH 曲线描述。

1. *一元弱酸(碱)溶液中各型体的分布系数*

以分析浓度 c 的 HAc 为例，它在水溶液中有 HAc 和 Ac^- 两种型体，因此 $c=[HAc]+[Ac^-]$。以 δ_{HAc} 和 δ_{Ac^-} 分别代表 HAc 和 Ac^- 的分布系数，则：

$$\delta_{HAc}=\frac{[HAc]}{c}=\frac{[HAc]}{[HAc]+[Ac^-]}=\frac{1}{1+\dfrac{K_a}{[H^+]}}=\frac{[H^+]}{[H^+]+K_a} \tag{4-11}$$

$$\delta_{Ac^-}=\frac{[Ac^-]}{c}=\frac{[Ac^-]}{[HAc]+[Ac^-]}=\frac{1}{\dfrac{[H^+]}{K_a}+1}=\frac{K_a}{[H^+]+K_a} \tag{4-12}$$

由式(4-11)和式(4-12)可以看出，因为 K_a 为常数，所以 δ 仅仅是〔H^+〕的函数。只要知道溶液中的〔H^+〕，便可求出 δ 值。如果又知道酸或碱的分析浓度，还可进一步求出酸或碱在溶液中的各种型体的平衡浓度，即

$$[HAc]=c\delta_{HAc} \tag{4-13}$$

$$[Ac^-]=c\delta_{Ac^-} \tag{4-14}$$

【例 4-3】 计算 pH=5.00 时浓度为 0.10 mol/L 的 HAc 溶液中，HAc 和 Ac^- 的分布系数和平衡浓度。

解

$$\delta_{HAc}=\frac{[H^+]}{[H^+]+K_a}=\frac{1.0\times10^{-5}}{1.0\times10^{-5}+1.75\times10^{-5}}=0.36$$

$$\delta_{Ac^-}=1-0.36=0.64$$

$$[HAc]=c\delta_{HAc}=0.10\times0.36=0.036\ \text{mol/L}$$

$$[Ac^-]=c\delta_{Ac^-}=0.10\times0.64=0.064\ \text{mol/L}$$

同理，可计算出不同 pH 值时的 δ_{HAc} 和 δ_{Ac^-} 值。若以 pH 为横坐标，δ 为纵坐标，可作出 δ—pH 曲线图（见图 4-2）。

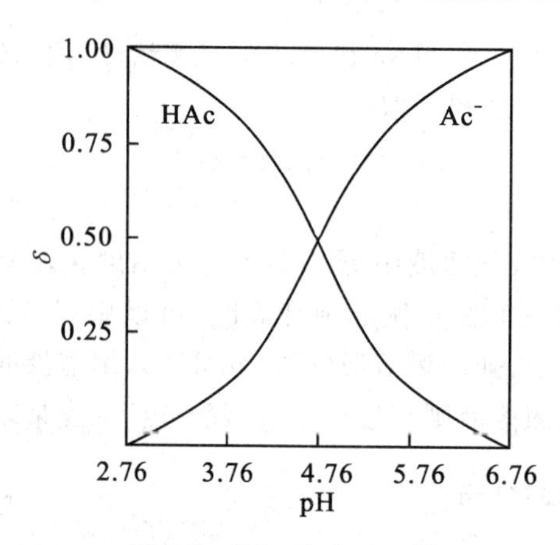

图 4-2 HAc 的 δ—pH 图

由图 4-2 可见，δ_{Ac^-} 值随 pH 值的增大而增大，δ_{HAc} 随 pH 值的增大而减小。

当 pH＝pK_a(4.76)时，两曲线交于一点，$\delta_{HAc}=\delta_{Ac^-}=0.50$，即$[HAc]=[Ac^-]$。

pH＜pK_a 时，主要存在型体是 HAc，此时$[HAc]\gg[Ac^-]$。

pH＞pK_a 时，主要存在型体是 Ac^-，此时$[Ac^-]\gg[HAc]$。

pH 接近 pK_a 的一段不大的区间是一过渡区，在此区间两种型体的比例相差不大。以上结论可以推广到任何一元弱酸。不同 pK_a 值的一元弱酸的 δ—pH 图的区别在于两型体对应曲线交点的相对位置不同。可见 pK_a 值是决定型体分布的内部因素。

2. 多元酸(碱)溶液中各型体的分布系数

以二元弱酸 H_2B 为例，它在水溶液中存在 H_2B、HB^- 和 B^{2-} 三种型体。设 H_2B 的分析浓度为 c，则

$$c=[H_2B]+[HB^-]+[B^{2-}]$$

二元弱酸分两步离解，相应的离解常数为：

$$H_2B \rightleftharpoons H^+ + HB^- \qquad K_{a_1}=\frac{[H^+][HB^-]}{[H_2B]}$$

$$HB^- \rightleftharpoons H^+ + B^{2-} \qquad K_{a_2}=\frac{[H^+][B^{2-}]}{[HB^-]}$$

$$K_{a_1}K_{a_2}=\frac{[H^+]^2[B^{2-}]}{[H_2B]}$$

以 δ_{H_2B}、δ_{HB^-} 和 $\delta_{B^{2-}}$ 分别代表 H_2B、HB^- 和 B^{2-} 的分布系数，则：

$$\delta_{H_2B}=\frac{[H_2B]}{c}=\frac{[H_2B]}{[H_2B]+[HB^-]+[B^{2-}]}=\frac{1}{1+\dfrac{[HB^-]}{[H_2B]}+\dfrac{[B^{2-}]}{[H_2B]}}$$

$$=\frac{1}{1+\dfrac{K_{a_1}}{[H^+]}+\dfrac{K_{a_1}K_{a_2}}{[H^+]^2}}=\frac{[H^+]^2}{[H^+]^2+[H^+]K_{a_1}+K_{a_1}K_{a_2}} \qquad (4\text{-}15)$$

同样可以导出：

$$\delta_{HB^-}=\frac{[HB^-]}{c}=\frac{[H^+]K_{a_1}}{[H^+]^2+[H^+]K_{a_1}+K_{a_1}K_{a_2}} \qquad (4\text{-}16)$$

$$\delta_{B^{2-}}=\frac{[B^{2-}]}{c}=\frac{K_{a_1}K_{a_2}}{[H^+]^2+[H^+]K_{a_1}+K_{a_1}K_{a_2}} \tag{4-17}$$

图 4-3 是草酸溶液中三种存在型体的分布图，可以看出，当 $pH<pK_{a_1}$(1.25)时，主要存在型体是 $H_2C_2O_4$；$pH=pK_{a_1}$(1.25)时，$H_2C_2O_4$ 的分布曲线和 $HC_2O_4^-$ 的分布曲线交于一点，此时 $\delta_{H_2C_2O_4}=\delta_{HC_2O_4^-}$，即：$[H_2C_2O_4]=[HC_2O_4^-]$；pH 在 $pK_{a_1}\sim pK_{a_2}$(1.25～4.29)时，$HC_2O_4^-$ 为主要型体，$pH=pK_{a_2}$ 时，$\delta_{HC_2O_4^-}=\delta_{C_2O_4^{2-}}$，即$[HC_2O_4^-]=[C_2O_4^{2-}]$；$pH>pK_{a_2}$(4.29)时，主要存在型体是 $C_2O_4^{2-}$。

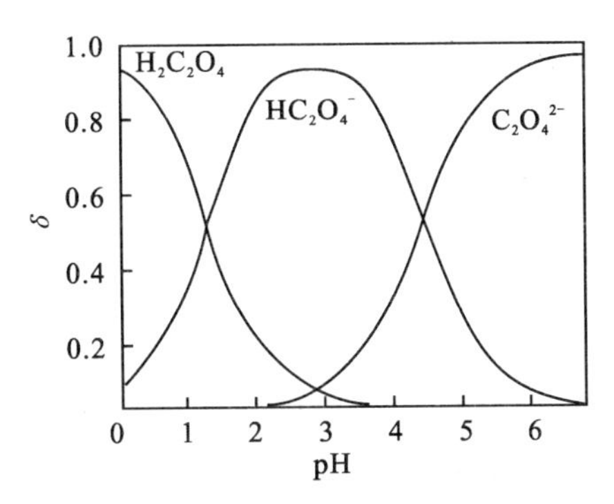

图 4-3　$H_2C_2O_4$ 的 δ－pH 图

对于三元酸，例如 H_3PO_4，也可用类似的方法处理，得到分布系数的关系式。

$$\delta_{H_3PO_4}=\frac{[H_3PO_4]}{c}=\frac{[H^+]^3}{[H^+]^3+[H^+]^2K_{a_1}+[H^+]K_{a_1}K_{a_2}+K_{a_1}K_{a_2}K_{a_3}} \tag{4-18}$$

$$\delta_{H_2PO_4^-}=\frac{[H_2PO_4]}{c}=\frac{[H^+]^2K_{a_1}}{[H^+]^3+[H^+]^2K_{a_1}+[H^+]K_{a_1}K_{a_2}+K_{a_1}K_{a_2}K_{a_3}} \tag{4-19}$$

$$\delta_{HPO_4^{2-}}=\frac{[HPO_4^{2-}]}{c}=\frac{[H^+]K_{a_1}K_{a_2}}{[H^+]^3+[H^+]^2K_{a_1}+[H^+]K_{a_1}K_{a_2}+K_{a_1}K_{a_2}K_{a_3}} \tag{4-20}$$

$$\delta_{PO_4^{3-}}=\frac{[PO_4^{3-}]}{c}=\frac{K_{a_1}K_{a_2}K_{a_3}}{[H^+]^3+[H^+]^2K_{a_1}+[H^+]K_{a_1}K_{a_2}+K_{a_1}K_{a_2}K_{a_3}} \tag{4-21}$$

H_3PO_4 的 δ－pH 图，如图 4-4 所示。

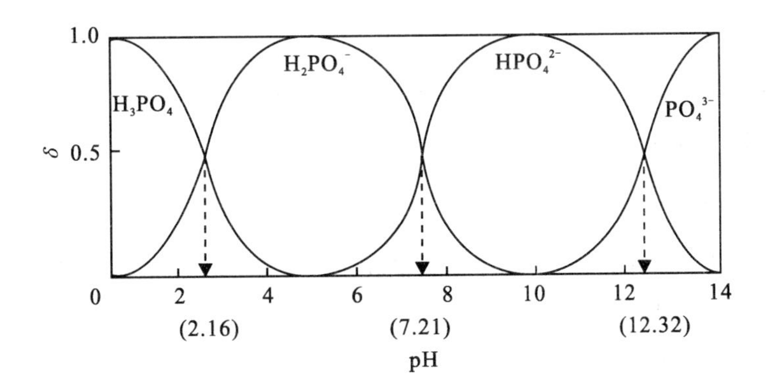

图 4-4　H_3PO_4 的 δ－pH 图

4.3 酸碱平衡体系中的三个等衡式

4.3.1 物料平衡式

在一个化学平衡体系中，某一组分的分析浓度(即总浓度)恒等于该组分各种型体的平衡浓度之和。物质在化学反应中所遵守的这一规律，称为物料平衡，或叫质量平衡。它的数学表达式叫做物料平衡式，通常以 MBE 表示。

以浓度为 c 的 Na_2CO_3 溶液为例，此溶液中有 Na^+、HCO_3^-、CO_3^{2-}、H_2CO_3、OH^- 和 H^+ 六种型体，Na^+ 和含 CO_3^{2-} 的两个组分的 MBE 分别为：

$$[Na^+]=2c$$

$$[CO_3^{2-}]+[HCO_3^-]+[H_2CO_3]=c$$

或者写成：

$$[Na^+]=2([CO_3^{2-}]+[HCO_3^-]+[H_2CO_3])=2c$$

又如，浓度为 c 的 $HgCl_2$ 饱和溶液，含有 Hg^{2+}、$HgCl^+$、$HgCl_2$、$HgCl_3^-$、$HgCl_4^{2-}$、$HgOH^+$、$Hg(OH)_2$ 和 Cl^- 八种型体，含 Hg 组分的 MBE 为：

$$[Hg^{2+}]+[HgCl^+]+[HgCl_2]+[HgCl_3^-]$$
$$+[HgCl_4^{2-}]+[HgOH^+]+[Hg(OH)_2]=c$$

因为 1 mol $HgCl_2$ 含 2 mol Cl，所以 $HgCl_2$ 所代表的 Cl 的浓度必为$[HgCl_2]$的 2 倍；1 mol $HgCl_3^-$ 含 3 mol Cl，则 $HgCl_3^-$ 所代表的 Cl 的浓度必为$[HgCl_3^-]$的 3 倍，等等。于是含 Cl 组分的 MBE 为：

$$[HgCl^+]+2[HgCl_2]+3[HgCl_3^-]+4[HgCl_2^{2-}]+[Cl^-]=2c$$

【例 4-4】写出含有 1×10^{-3} mol/L $Cu(NO_3)_2$ 和 0.1 mol/L NH_3 的混合溶液中的物料平衡式。

解 根据溶液中的有关络合平衡，可列出三个 MBE。

$$[NO_3^-]=2\times c(Cu(NO_3)_2)=2\times0.001=2\times10^{-3}\text{ mol/L}$$

$$[Cu^{2+}]+[Cu(NH_3)^{2+}]+[Cu(NH_3)_2^{2+}]+[Cu(NH_3)_3^{2+}]+[Cu(NH_3)_4^{2+}]$$
$$=c(Cu(NH_3)_2)=1\times10^{-3}\text{ mol/L}$$

$$[NH_3]+[Cu(NH_3)^{2+}]+2[Cu(NH_3)_2^{2+}]+3[Cu(NH_3)_3^{2+}]+4[Cu(NH_3)_4^{2+}]$$
$$=c(NH_3)=0.1\text{ mol/L}$$

4.3.2 电荷平衡式

在溶液的化学平衡体系中，正离子所带的正电荷总数等于负离子所带负电荷的总数，即溶液呈电中性，称为电中性原则，它的数学表达式叫做电荷平衡式，以 CBE 表示。

以浓度为 c 的 NaAc 溶液为例，其 CBE 是：

$$[Na^+]+[H^+]=[Ac^-]+[OH^-]$$

对于多价阳(阴)离子，平衡浓度前还应有相应的系数，例如 Na_2HPO_4 溶液的 CBE 是：

$$[Na^+]+[H^+]=[H_2PO_4^-]+2[HPO_4^{2-}]+3[PO_4^{3-}]+[OH^-]$$

式中〔HPO_4^{2-}〕和〔PO_4^{3-}〕前的系数 2 和 3 分别是每个 HPO_4^{2-} 离子和 PO_4^{3-} 离子带有的负电荷数。

4.3.3　质子平衡式

按照酸碱质子理论，酸碱反应的实质是质子的传递。当反应达到平衡时，得到质子后的产物所获得质子的总物质的量与失质子后的产物所失质子的总物质的量相等，这一原则叫做质子平衡原则或质子条件，它的数学表达式叫做质子平衡式，也称质子条件式，以 PBE 表示。由于根据质子条件式，可得到溶液中 H^+ 浓度与有关组分浓度及分析浓度间的严格的关系式，所以它是处理酸碱平衡问题的重要关系式。

列出质子条件式的方法有两种，一种是由物料平衡和电荷平衡得到，另一种是由溶液中得失质子的关系直接列出。由于后一种方法简便易得，所以本节将该方法的主要推理过程和步骤介绍如下：

(1)选择质子参考水准（零水准或零水平）由于得质子后的产物所得的质子数与失质子后的产物所失去的质子数相等，因此必须确定哪些是得质子产物，哪些是失质子产物。为此，应先以投料物质中与质子传递有关的组分及水（因在水溶液中水总是参加质子传递的原始物质之一）为基准（参考）去衡量其他平衡组分中哪个多质子就是得质子产物，哪个少质子就是失质子产物。而上面所说的"投料物质中与质子传递有关的组分及水"叫做质子参考水准或叫零水准。

(2)根据零水准确定得失质子的产物。

(3)再根据质子平衡原则列出质子条件式。（将零水准得质子后的产物写在等式一边，失质子后的产物写在等式另一边，浓度项前乘上得失质子数）。

【例 4-5】写出 $NaHCO_3$ 和 $NaNH_4HPO_4$ 溶液的质子条件式。

解　$NaHCO_3$ 溶液：

选择 HCO_3^- 和 H_2O 为零水准，得质子后的产物有：H^+、H_2CO_3；失质子后的产物有：OH^-、CO_3^{2-}。溶液中质子传递情况可图示如下：

得质子后的产物　　零水准　　失质子后的产物

$$H^+ \xleftarrow{+H^+} H_2O \xrightarrow{-H^+} OH^-$$

$$H_2CO_3 \xleftarrow{+H^+} HCO_3^- \xrightarrow{-H^+} CO_3^{2-}$$

根据质子平衡原则有：

$$\underbrace{[H^+]V+[H_2CO_3]V}_{\text{得质子产物所得的质子的物质的量}}=\underbrace{[OH^-]V+[CO_3^{2-}]V}_{\text{失质子产物所失的质子的物质的量}}$$

式中 V 为溶液的体积。因为同处于一体系中，因此消去 V 得 PBE：

$$[H^+]+[H_2CO_3]=[OH^-]+[CO_3^{2-}]$$

$NaNH_4HPO_4$ 溶液：

选择 NH_4^+、HPO_4^{2-}、H_2O 为零水准，得质子后的产物为：H^+、$H_2PO_4^-$、H_3PO_4；失质子后的产物为：OH^-、NH_3、PO_4^{3-}。由 1 mol HPO_4^{2-}（零水准）转化为 1 mol H_3PO_4 时，所得到的质子为 2 mol，溶液中质子传递情况可图示如下：

得质子后的产物　　零水准　　失质子后的产物

$$H^+ \xleftarrow{+H^+} H_2O \xrightarrow{-H^+} OH^-$$

$$HN_4^+ \xrightarrow{-H^+} NH_3$$

$$H_2PO_4^- \xleftarrow{+H^+} HPO_4^{2-} \xrightarrow{-H^+} PO_4^{3-}$$

$$H_3PO_4 \xleftarrow{+2H^+} HPO_4^{2-}$$

则 PBE 为：

$$[H^+]+[H_2PO_4^-]+2[H_3PO_4]=[OH^-]+[NH_3]+[PO_4^{3-}]$$

由以上讨论可知，在质子条件式中各型体平衡浓度前的系数应等于该型体与零水准物质间质子传递数。

【例 4-6】 写出含有浓度为 c_1 的 NH_3 和浓度为 c_2 的 NH_4Cl 水溶液的质子条件式。

解　在这一共轭体系中，与质子传递有关的组分为 H_2O、NH_3 和 NH_4^+，但由于 NH_3 和 NH_4^+ 为共轭酸碱对，互为得（失）质子后的产物，因此，决不能把共轭酸碱对两个组分都选作零水准，而只能选择其中的任何一种。如果选择 NH_3 和 H_2O 为零水准，则 PBE 为：

$$[H^+]+[NH_4^+]-c_2=[OH^-]$$

如果选择 NH_4^+ 和 H_2O 为零水准，则 PBE 为：

$$[H^+]=[OH^-]+[NH_3]-c_1$$

但是，无论选择 NH_3 还是选择 NH_4^+ 作为零水准，所得到的质子条件式不过是同一平衡式的不同表达式而已。通过物料平衡式

$$[NH_3]+[NH_4^+]=c_1+c_2$$

可以证明它们是一致的，是可以相互变换成另一表达式的。

4.4　酸碱溶液中 pH 值的计算

4.4.1　强酸强碱溶液

强酸强碱在水溶液中全部离解，以浓度为 c 的 HCl 溶液为例，由于

$$HCl=H^+ + Cl^-$$

$$H_2O \rightleftharpoons H^+ + OH^-$$

所以 PBE 为：

$$[H^+]=[OH^-]+c_{HCl}$$

上述质子条件的物理意义是，当强酸溶液处于平衡状态时，溶液中存在的 H^+（即 H_3O^+）分别来源于 H_2O 和 HCl 的离解。根据平衡关系，得到

$$[H^+]=\frac{K_w}{[H^+]}+c_{HCl}$$

$$[H^+]^2-c_{HCl}[H^+]-K_w=0 \qquad \text{（精确式）} \qquad (4\text{-}22)$$

式(4-22)是计算强酸溶液$[H^+]$的精确式，按它计算需解一元二次方程。如果 $c_{HCl} \gg [OH^-]$，则可忽略$[OH^-]$，那么

$$[H^+] \approx c_{HCl} \quad (最简式) \qquad (4\text{-}22\text{-}a)$$

式(4-22-a)与(4-22)相比计算结果的相对误差取决于 c_{HCl} 的大小。表 4-1 列出了不同 c_{HCl} 时,用最简式(4-22-a)计算结果的相对误差。

表 4-1　不同 c_{HCl} 时用最简式计算所造成的相对误差

c_{HCl}/mol·L^{-1}	5×10^{-6}	1×10^{-6}	7×10^{-7}	5×10^{-7}	1×10^{-7}
相对误差(%)	0.04	1	2	3.8	38

一般公认 $c_{HCl} \geqslant 10^{-6}$ mol/L 为使用最简式的判据。

对于强碱溶液则有:

精确式　$[OH^-]^2 - c[OH^-] - K_w = 0$　　(4-23)

最简式　$[OH^-] = c$　　(4-23-a)

判据　$c \geqslant 10^{-6}$ mol/L

【例 4-7】 计算 1.0×10^{-5} mol/L 和 1.0×10^{-3} mol/L NaOH 溶液的 pH 值。

解　$c = 1.0\times10^{-5} > 10^{-6}$,使用最简式计算:

$$[OH^-] = 1.0\times10^{-5} \text{ mol/L}$$

$$pH = 9.00$$

$c = 1.0\times10^{-3} < 10^{-6}$,使用精确式(4-23)计算:

$$[OH^-]^2 - 1.0\times10^{-3}[OH^-] - 1.0\times10^{-14} = 0$$

解得 $[OH^-] = 1.05\times10^{-7}$ mol/L

$$pH = 14.00 - 6.98 = 7.02$$

4.4.2　一元弱酸(碱)溶液

设有一元弱酸 HB,浓度为 c,其 PBE 为:

$$[H^+] = [B^-] + [OH^-]$$

$$[H^+] = \frac{K_a[HB]}{[H^+]} + \frac{K_w}{[H^+]}$$

$$[H^+] = \sqrt{K_a[HB] + K_w} \qquad (4\text{-}24)$$

由 HB 的分布系数得:

$$[HB] = c\delta_{HB} = c\,\frac{[H^+]}{[H^+] + K_a}$$

将此式代入式(4-24)并整理得:

$$[H^+]^3 + K_a[H^+]^2 - (cK_a + K_w)[H^+] - K_aK_w = 0$$

这是计算一元弱酸溶液中 H^+ 浓度的精确式,可用计算机求解,手算是十分麻烦的。在实际工作中常根据 H^+ 浓度计算的允许误差,视弱酸的 K_a 和 c 值大小,采用近似方法进行计算。

式(4-24)中,当 $K_a[HB] \geqslant 20K_w$,可忽略 K_w,即忽略水离解出来的 H^+,这时式(4-24)简化为

$$[H^+] = \sqrt{K_a[HB]} \qquad (4\text{-}25)$$

在忽略水的离解条件下,$[HB] = c - [B^-] \approx c - [H^+]$,将其代入式(4-25)中得

$$[H^+] = \sqrt{K_a(c - [H^+])} \qquad (4\text{-}26)$$

$$[H^+]^2+K_a[H^+]-K_ac=0 \quad (近似式) \tag{4-26-a}$$

如果平衡溶液中 H^+ 的浓度远小于弱酸的分析浓度 c，即 $[H^+]\ll c$，说明此时弱酸的离解度很小，于是存在下列关系式：

$$c-[H^+]\approx c$$

代入式(4-26)得

$$[H^+]=\sqrt{K_ac} \quad (最简式) \tag{4-27}$$

上述各式究竟在什么条件下使用，决定于对计算结果准确度的要求。计算值的误差与弱酸的浓度及离解度的大小有关。当 $cK_a\geqslant 10K_w$ 时，近似式计算值的相对误差 $\leqslant 4.8\%$；当 $cK_a\geqslant 20K_w$ 时，近似式计算值的相对误差 $\leqslant 2.4\%$；当 $cK_a\geqslant 50K_w$ 时，近似式计算值的相对误差 $\leqslant 0.98\%$；当 $cK_a\geqslant 100K_w$ 时，近似式计算值的相对误差 $\leqslant 0.50\%$。一般公认 $cK_a\geqslant 20K_w$ 为使用近似式的判据。

如果弱酸的离解度很小($\alpha<5\%$)，则平衡时弱酸的浓度与它的原始浓度相差很小，忽略弱酸的离解，可认为 $[HB]=c-[H^+]\approx c$。而离解度(α)的大小与分析浓度 c 及离解常数 K_a 的大小有关。c 愈大，α 就愈小；K_a 愈大，α 就愈大。所以 c/K_a 愈大，α 愈小，由最简式产生的误差就小，见表 4-2。一般公认选用 $c/K_a\geqslant 500$ 作为使用最简式的判据。当然这种判据不是绝对的，要看人们对计算结果准确度的要求而定。

表 4-2 不同 c/K_a 时用最简式与用近似式计算结果所引起的相对误差

c/K_a	100	200	300	400	500	600
相对误差(%)	5.2	3.7	2.9	2.5	2.2	0.16

极稀或极弱酸的溶液，由于 c 和 K_a 都很小，一般情况下 $cK_a<20K_w$，这时就不能忽略 H_2O 离解出来的 H^+，但因 $c/K_a>500$，则可认为

$$[HB]=c-[B^-]\approx c$$

将此式代入式(4-24)中得

$$[H^+]=\sqrt{K_ac+K_w} \tag{4-28}$$

以上讨论的内容可归纳如下：

当 $cK_a\geqslant 20K_w$，且 $c/K_a\geqslant 500$ 时，用最简式(4-27)计算 H^+ 浓度；

$cK_a\geqslant 20K_w$，但 $c/K_a<500$ 时，用近似式(4-26-a)计算 H^+ 浓度；

$cK_a<20K_w$，但 $c/K_a\geqslant 500$ 时，用式(4-28)计算 H^+ 浓度。

对于一元弱碱溶液：

当 $cK_b\geqslant 20K_w$，$c/K_b<500$ 时

$$[OH^-]=\sqrt{K_b(c-[OH^-])} \tag{4-29}$$

$cK_b\geqslant 20K_w$，$c/K_b\geqslant 500$ 时

$$[OH^-]=\sqrt{K_bc} \tag{4-30}$$

$cK_b<20K_w$，$c/K_b\geqslant 500$ 时

$$[OH^-]=\sqrt{K_bc+K_w} \tag{4-31}$$

【例 4-8】 计算 0.10 mol/L 一氯乙酸($CH_2ClCOOH$)溶液的 pH 值。

解 已知 $c=0.10$ mol/L，$K_a=1.38\times 10^{-3}$。

$$cK_a=0.10\times1.38\times10^{-3}>20K_w$$

$c/K_a=\dfrac{0.10}{1.38\times10^{-3}}<500$，故采用近似式(4-26-a)计算：

$$[H^+]=\frac{-K_a+\sqrt{K_a^2+4K_ac}}{2}$$
$$=\frac{-1.38\times10^{-3}+\sqrt{(1.38\times10^{-3})^2+4\times1.38\times10^{-3}\times0.10}}{2}$$
$$=1.1\times10^{-2}\text{mol/L}$$
$$pH=1.96$$

【例 4-9】计算 0.050 mol/L NH_4NO_3 溶液的 pH 值。

解　已知 NH_3 的 $K_b=1.8\times10^{-5}$，NH_4^+ 的 $K_a=\dfrac{1.0\times10^{-14}}{1.8\times10^{-5}}=5.6\times10^{-10}$。

$$cK_a=0.050\times5.6\times10^{-10}=2.8\times10^{-11}>20K_w$$

$c/K_a=\dfrac{0.050}{5.6\times10^{-10}}>500$，故可用最简式(4-27)计算：

$$[H^+]=\sqrt{K_ac}=\sqrt{0.050\times5.6\times10^{-10}}=5.3\times10^{-6}\text{mol/L}$$
$$pH=5.28$$

【例 4-10】计算 1.0×10^{-4}mol/L HCN 溶液的 pH 值。

解　已知 HCN 的 $K_a=4.9\times10^{-10}$。

$$cK_a=1.0\times10^{-4}\times4.9\times10^{-10}=4.9\times10^{-14}<20K_w$$

$c/K_a=\dfrac{1.0\times10^{-4}}{4.9\times10^{-10}}>500$，故用式(4-28)计算：

$$[H^+]=\sqrt{K_ac+K_w}=\sqrt{4.9\times10^{-10}\times1.0\times10^{-4}+1.0\times10^{-14}}$$
$$=2.4\times10^{-7}\text{mol/L}$$
$$pH=6.62$$

4.4.3　多元酸碱溶液

多元酸(碱)在水溶液中是逐级离解的，精确处理这类复杂体系，在数学上是比较麻烦的。

现以二元弱酸 H_2B 为例来讨论。设其浓度为 c，离解常数为 K_{a_1} 和 K_{a_2}，溶液的质子条件式为：

$$[H^+]=[HB^-]+2[B^{2-}]+[OH^-]$$

根据平衡关系式，得：

$$[H^+]=\frac{[H_2B]K_{a_1}}{[H^+]}+2\frac{[H_2B]K_{a_1}K_{a_2}}{[H^+]^2}+\frac{K_w}{[H^+]} \tag{4-32}$$

将 $[H_2B]=c\delta_{H_2B}=\dfrac{c[H^+]^2}{[H^+]^2+K_{a_1}[H^+]K_{a_1}K_{a_2}}$ 代入上式，整理得：

$$[H^+]^4+K_{a_1}[H^+]^3+(K_{a_1}K_{a_2}-K_{a_1}c-K_w)[H^+]^2-(K_{a_1}K_w+2K_{a_1}K_{a_2}c)[H^+]-K_{a_1}K_{a_2}K_w=0 \tag{4-33}$$

式(4-33)是计算二元弱酸溶液中 H^+ 浓度的精确公式。采用此式计算需解四次方程，十分麻烦。通常将精确式合理简化后作近似计算。

由于体系是酸性溶液，式(4-32)中右边第三项可以忽略，即忽略水的离解；如果再忽略该酸的第二步离解(二元弱酸的第一步离解产生的 H^+，对第二步离解是有抑制作用的。因此第二步离解一般较小)即忽略式(4-32)中右边第二项，相当于二元酸按一元弱酸处理，则式(4-32)可简化成

$$[H^+]=\frac{[H_2B]K_{a_1}}{[H^+]}$$

移项整理后得：

$$[H^+]=\sqrt{K_{a_1}[H_2B]}=\sqrt{K_{a_1}(c-[H^+])}$$

$$[H^+]^2+K_{a_1}[H^+]-K_{a_1}c=0 \quad (近似式) \tag{4-34}$$

使用近似式的判据可按如下方法导出：

当式(4-32)忽略第三项后成为

$$[H^+]=\frac{[H_2B]K_{a_1}}{[H^+]}\left(1+\frac{2K_{a_2}}{[H^+]}\right)$$

如果忽略$\frac{2K_{a_2}}{[H^+]}$即得近似式。显然，欲使近似式计算引起的误差≤5%，必须$\frac{2K_{a_2}}{[H^+]}\leqslant 0.05$，但$[H^+]$是不知道的，一般先以最简式计算$[H^+]$的近似值$[H^+]'$，($[H^+]'=\sqrt{K_{a_1}c}$)，用$[H^+]'$代替$[H^+]$，即使用近似式的判据是：

$$\frac{2K_{a_2}}{\sqrt{K_{a_1}c}}\leqslant 0.05$$

与一元弱酸相似，当 $c/K_{a_1}\geqslant 500$ 时，$[H_2B]\approx c$，则式(4-34)可简化为：

$$[H^+]=\sqrt{K_{a_1}c} \quad (最简式) \tag{4-35}$$

对于多元碱，例如二元碱，当$\frac{2K_{b_2}}{\sqrt{K_{b_1}c}}\leqslant 0.05$ 时，若 $c/K_{b_1}<500$，则

$$[OH^-]=\sqrt{K_{b_1}(c-[OH^-])} \tag{4-36}$$

$c/K_{b_1}\geqslant 500$ 时，则

$$[OH^-]=\sqrt{K_{b_1}c} \tag{4-37}$$

【例 4-11】计算 0.10 mol/L $H_2C_2O_4$ 溶液的 pH 值。

解 $H_2C_2O_4$ 的 $K_{a_1}=5.6\times10^{-2}$，$K_{a_2}=5.1\times10^{-5}$。

$\frac{2K_{a_2}}{\sqrt{cK_{a_1}}}=\frac{2\times5.1\times10^{-5}}{\sqrt{0.10\times5.6\times10^{-2}}}<0.05$，可按一元弱酸处理。

$c/K_{a_1}=\frac{0.10}{5.6\times10^{-2}}<500$，故采用近似式(4-34)计算。

$$[H^+]=\frac{-K_{a_1}+\sqrt{K_{a_1}^2+4K_{a_1}c}}{2}$$

$$=\frac{-5.6\times10^{-2}+\sqrt{(5.6\times10^{-2})^2+4\times5.6\times10^{-2}\times0.10}}{2}$$

$$=5.2\times10^{-2}\,mol/L$$

$$pH=1.28$$

【例 4-12】 计算 0.10 mol/L Na_2S 溶液的 pH 值。

解

$$K_{b_1}=\frac{K_w}{K_{a_2}}=\frac{1.0\times10^{-14}}{1.2\times10^{-13}}=8.3\times10^{-2}$$

$$K_{b_2}=\frac{K_w}{K_{a_1}}=\frac{1.0\times10^{-14}}{8.9\times10^{-7}}=1.1\times10^{-7}$$

$\frac{2K_{b_2}}{\sqrt{cK_{b_1}}}=\frac{2\times1.1\times10^{-7}}{\sqrt{0.10\times8.3\times10^{-2}}}<0.05$，可按一元弱酸处理。

$c/K_{b_1}=\frac{0.10}{8.3\times10^{-2}}<500$，故采用式(4-36)计算。

$$[OH^-]=\frac{-K_{b_1}+\sqrt{K_{b_1}^2+4K_{b_1}c}}{2}$$

$$=\frac{-8.3\times10^{-2}+\sqrt{(8.3\times10^{-2})^2+4\times8.3\times10^{-2}\times0.10}}{2}$$

$$=5.9\times10^{-2}\,mol/L$$

$$pOH=1.23$$

$$pH=12.77$$

4.4.4 两性物质溶液

较重要的两性物质有多元酸的酸式盐(如 $NaHCO_3$、NaH_2PO_4、Na_2HPO_4)、弱酸弱碱盐(如 NH_4Ac、$HCOONH_4$、$(NH_4)_2S$、$(NH_4)_2CO_3$、$(NH_4)_2HPO_4$)和氨基乙酸等。两性物质溶液中的酸碱平衡较为复杂，可根据主要平衡进行近似计算。现以浓度为 c 的 NaHB 为例进行讨论。

PBE：　$[H^+]=[OH^-]+[B^{2-}]-[H_2B]$

代入平衡关系式得：

$$[H^+]=\frac{K_w}{[H^+]}+\frac{[HB^-]K_{a_2}}{[H^+]}-\frac{[H^+][HB^-]}{K_{a_1}}$$

整理得：

$$[H^+]=\sqrt{\frac{K_{a_1}(K_{a_2}[HB^-]+K_w)}{K_{a_1}+[HB^-]}}\quad（精确式）\qquad(4\text{-}38)$$

大多数情况下，HB^- 的酸式离解和碱式离解的倾向都很小，溶液中 HB^- 消耗甚少，可认为 $[HB^-]\approx c$，代入式(4-38)得：

$$[H^+]=\sqrt{\frac{K_{a_1}(K_{a_2}c+K_w)}{K_{a_1}+c}}\quad（近似式 1）\qquad(4\text{-}39)$$

当 $K_{a_2}c\geqslant20K_w$，可忽略水的离解，即忽略式(4-39)中的 K_w，则：

$$[H^+]=\sqrt{\frac{K_{a_1}K_{a_2}c}{K_{a_1}+c}}\quad（近似式 2）\qquad(4\text{-}40)$$

当 $K_{a_2}c<20K_w$，$c\geqslant20K_{a_1}$ 时，式(4-39)中的 K_w 不可忽略，而分母中的 K_{a_1} 可忽略，故式(4-39)可简化如下：

$$[H^+]=\sqrt{\frac{K_{a_1}(K_{a_2}c+K_w)}{c}}\quad（近似式 3）\qquad(4\text{-}41)$$

当 $K_{a_2}c \geqslant 20K_w$，$c \geqslant 20K_{a_1}$ 时，则式(4-39)可简化为：

$$[H^+]=\sqrt{K_{a_1}K_{a_2}} \quad (最简式) \tag{4-42}$$

【例 4-13】 计算 0.05 mol/L NaH_2PO_4 溶液的 pH 值。

解 H_3PO_4 的 $K_{a_1}=10^{-2.16}$，$K_{a_2}=10^{-7.21}$，$K_{a_3}=10^{-12.32}$。

PBE：
$$[H^+]=[OH^-]+[HPO_4^{2-}]+2[PO_4^{3-}]-[H_3PO_4]$$

首先忽略第二级离解，即忽略 $2[PO_4^{3-}]$后代入平衡关系式得

$$[H^+]=\frac{K_w}{[H^+]}+\frac{K_{a_2}[H_2PO_4^-]}{[H^+]}-\frac{[H^+][H_2PO_4^-]}{K_{a_1}}$$

整理得：

$$[H^+]=\sqrt{\frac{K_{a_1}(K_{a_2}[H_2PO_4^-]+K_w)}{K_{a_1}+[H_2PO_4^-]}}$$

因为 $H_2PO_4^-$ 的酸式离解和碱式离解的倾向都很小($K_{a_2}=10^{-7.21}$，$K_{b_3}=10^{-11.84}$)，因此溶液中 $H_2PO_4^-$ 消耗甚少，可认为$[H_2PO_4^-]\approx c$，代入上式得

$$[H^+]=\sqrt{\frac{K_{a_1}(K_{a_2}c+K_w)}{K_{a_1}+c}}$$

$$cK_{a_2}=10^{-1.3}\times 10^{-7.21}>20K_w$$

$$c/K_{a_1}=\frac{10^{-1.3}}{10^{-2.16}}=7.2<20$$

$$[H^+]=\sqrt{\frac{K_{a_1}K_{a_2}c}{K_{a_1}+c}}=\sqrt{\frac{10^{-2.16}\times 10^{-7.21}\times 10^{-1.30}}{10^{-2.16}+10^{-1.30}}}=10^{-4.72}$$

$$pH=4.72$$

【例 4-14】 计算 0.10 mol/L Na_2HPO_4 溶液的 pH 值。

解 由 PBE 同样可以导出$[H^+]$的计算式如下：

$$[H^+]=\sqrt{\frac{K_{a_2}(K_{a_3}c+K_w)}{K_{a_2}+c}}$$

因为 $K_{a_3}c=10^{-12.32}\times 10^{-1}=10^{-13.32}<20K_w$，$c/K_{a_2}>20$，所以

$$[H^+]=\sqrt{\frac{K_{a_2}(K_{a_3}c+K_w)}{c}}=\sqrt{\frac{10^{-7.21}(10^{-12.32}\times 10^{-1}+10^{-14})}{10^{-1}}}=10^{-9.73}$$

$$pH=9.73$$

由以上计算可归纳出两性物质$[H^+]$计算通式：

近似式 1：$[H^+]=\sqrt{\frac{K_{共轭酸}(K_{酸}c+K_w)}{K_{共轭酸}+c}}$

近似式 2：$[H^+]=\sqrt{\frac{K_{共轭酸}K_{酸}c}{K_{共轭酸}+c}}$ 判据：$K_{酸}c\geqslant 20K_w$，$c<20K_{共轭酸}$

近似式 3：$[H^+]=\sqrt{\frac{K_{共轭酸}(K_{酸}c+K_w)}{c}}$ 判据：$K_{酸}c<20K_w$，$C\geqslant 20K_{共轭酸}$

最简式：　$[H^+]=\sqrt{K_{共轭酸}K_{酸}}$　　判据：$K_{酸}\ c\geqslant 20K_w, c\geqslant 20K_{共轭酸}$

式中：$K_{共轭酸}$表示两性物质作为碱时其共轭酸的离解常数；

$K_{酸}$表示两性物质作为酸时的离解常数。

【例 4-15】 计算 0.10 mol/L $HCOONH_4$（甲酸铵）溶液的 pH 值。

解　$HCOONH_4$ 为一元弱酸的铵盐：

$$K_{共轭酸}=K_{HCOOH}=10^{-3.77}$$

$$K_{酸}=K_{NH_4^+}=10^{-9.25}$$

因为　$$cK_{NH_4^+}=0.10\times 10^{-9.25}>20K_w$$

$c>20K_{HCOOH}$，故可按最简式计算：

$$[H^+]=\sqrt{K_{HCOOH}K_{NH_4^+}}=\sqrt{10^{-3.77}\times 10^{-9.25}}=10^{-6.51}$$

$$pH=6.51$$

【例 4-16】 计算 0.10 mol/L 氨基乙酸溶液的 pH 值。

解　氨基乙酸（分子式 NH_2CH_2COOH）在水溶液中以双极离子$^+NH_3CH_2COO^-$形式存在，它既能得到质子起碱的作用，又可失去质子起酸的作用。

$$^+NH_3CH_2COOH \underset{K_{b_2}}{\overset{(-H^+)K_{a_1}}{\rightleftharpoons}} {}^+NH_3CH_2COO^- \underset{K_{b_1}}{\overset{(-H^+)K_{a_2}}{\rightleftharpoons}} NH_2CH_2COO^-$$

氨基乙酸阳离子　　　　氨基乙酸双极离子　　　　氨基乙酸阴离子
"盐"　　　　　　　　　"酸"　　　　　　　　　"根"

通常说的氨基乙酸是指双极离子形式，双极离子是两性物质，作为酸的离解常数是 $K_{a_2}=10^{-9.78}$，作为碱的离解常数是 K_{b_2}，其共轭酸的离解常数 $K_{a_1}=10^{-2.35}$。

根据通式

$$[H^+]=\sqrt{\frac{K_{共轭酸}(K_{酸}\ c+K_w)}{K_{共轭酸}+c}}=\sqrt{\frac{K_{a_1}(K_{a_2}c+K_w)}{K_{a_1}+c}}$$

因为　$$cK_{a_2}=0.10\times 10^{-9.78}>20K_w, c>20K_{a_1}$$

所以　$$[H^+]=\sqrt{K_{a_1}K_{a_2}}=\sqrt{10^{-2.35}\times 10^{-9.78}}=10^{-6.06}$$

$$pH=6.06$$

此外，极弱酸＋极弱碱（如 H_3BO_3+NaAc）、弱酸＋极弱碱（如 HAc＋KF）、弱碱＋极弱酸（如 NH_3+HCN）在酸碱组分之间不发生显著的酸碱反应的混合溶液，都可以用两性物质的$[H^+]$计算通式计算溶液的 pH 值，但公式中的两个 c，分别代表两种物质的浓度，即

$$[H^+]=\sqrt{\frac{K_{共轭酸}(K_{酸}\ c_{酸}+K_w)}{K_{共轭酸}+c_{碱}}}$$

【例 4-17】 计算 0.50 mol/L NaAc＋0.050 mol/L H_3BO_3 混合溶液的 pH 值。

解　已知 $K_{H_3BO_3}=10^{-9.24}$，$K_{HAc}=10^{-4.76}$。

H_3BO_3 和 Ac^- 是属于极弱酸和极弱碱混合液，可以不考虑它们之间的质子传递，按两性物质处理。

$$[H^+]=\sqrt{\frac{K_{共轭酸}(K_{酸}\ c_{酸}+K_w)}{K_{共轭酸}+c_{碱}}}=\sqrt{\frac{K_{HAc}(K_{H_3BO_3}c_{H_3BO_3}+K_w)}{K_{HAc}+c_{Ac^-}}}$$

因为

$$K_{H_3BO_3}c_{H_3BO_3}=10^{-9.24}\times10^{-1.30}>20K_w$$

$$c_{Ac^-}/K_{HAc}=\frac{10^{-0.30}}{10^{-4.76}}>20$$

所以

$$[H^+]=\sqrt{\frac{K_{HAc}K_{H_3BO_3}c_{H_3BO_3}}{c_{Ac^-}}}=\sqrt{\frac{10^{-4.76}\times10^{-9.24}\times10^{-1.30}}{10^{-0.30}}}=10^{-7.50}$$

$$pH=7.50$$

4.4.5 弱酸和强酸的混合溶液

以 HAc 和 HCl 的混合溶液为例,溶液的质子条件式为:

$$[H^+]=[OH^-]+[Ac^-]+c_{HCl}$$

因为溶液为酸性,$[OH^-]$可忽略,上式化简为:

$$[H^+]\approx[Ac^-]+c_{HCl}=\frac{c_{HAc}K_a}{[H^+]+K_a}+c_{HCl}$$

整理后,得到近似式

$$[H^+]=\frac{(c_{HCl}-K_a)+\sqrt{(c_{HCl}-K_a)^2+4K_a(c_{HCl}+c_{HAc})}}{2} \tag{4-43}$$

若 $c_{HCl}>20[Ac^-]$,则忽略$[Ac^-]$,得最简式

$$[H^+]\approx c_{HCl} \tag{4-44}$$

$[Ac^-]$能否忽略,可先采用式(4-44)计算出 H^+ 的近似浓度$[H^+]'$,再根据$[H^+]'$计算出$[Ac^-]'$,然后比较它们的大小,若$[H^+]'>20[Ac^-]'$,则采用式(4-44)计算,否则,用式(4-43)计算。

【例 4-18】 计算 0.10 mol/L HCl 和 1.0 mol/L HAc 混合液的 pH 值。

解 已知$c_{HCl}=0.10$ mol/L,$c_{HAc}=1.0$ mol/L,$K_a=10^{-4.76}$。

先用式(4-44)计算得:

$$[H^+]\approx0.10\ \text{mol/L}$$

$$[Ac^-]=\frac{c_{HAc}K_a}{[H^+]+K_a}=\frac{1.0\times10^{-4.76}}{10^{-1.0}+10^{-4.76}}=10^{-3.76}$$

$[H^+]'>20[Ac]'$,故可采用式(4-44)计算,则:

$$[H^+]\approx0.10\ \text{mol/L}$$

$$pH=1.00$$

4.4.6 两弱酸混合液(HA+HB)

设一元弱酸 HA 和 HB 的浓度分别为 c_{HA} 和 c_{HB},离解常数分别为 K_{HA} 和 K_{HB},则此溶液中质子条件式是:

$$[H^+]=[A^-]+[B^-]+[OH^-]$$

因为溶液为弱酸性，故忽略$[OH^-]$，代入平衡关系式整理得近似式

$$[H^+]=\sqrt{K_{HA}[HA]+K_{HB}[HB]}$$

当两种酸都比较弱时，忽略其离解，$[HA]\approx c_{HA}$，$[HB]\approx c_{HB}$，得最简式

$$[H^+]=\sqrt{K_{HA}c_{HA}+K_{HB}c_{HB}} \tag{4-45}$$

【例 4-19】 计算 0.10 mol/L HAc 和 0.10 mol/L H_3BO_3 混合溶液的 pH 值。

解　已知 HAc 的 $K_a=10^{-4.76}$，H_3BO_3 的 $K_a=10^{-9.24}$，代入式(4-45)中得：

$$[H^+]=\sqrt{0.10\times10^{-4.76}+0.10\times10^{-9.24}}=10^{-2.88}\text{mol/L}$$

$$pH=2.88$$

4.5　酸碱缓冲溶液

4.5.1　缓冲溶液类型

酸碱缓冲溶液是一种能对溶液的酸度起稳定作用的溶液。它不因加入少量酸或少量碱，或被稍加稀释而显著地改变酸度。酸碱缓冲溶液在分析化学中非常重要，它可以用来控制溶液的酸度，也可以在测量溶液 pH 值时作参照标准使用(称为标准缓冲溶液)。

组成缓冲溶液的缓冲剂可分为如下几种类型：

(1)弱酸及其共轭碱

如 $HAc-Ac^-$、$NH_4^+-NH_3$、$H_2PO_4^--HPO_4^{2-}$ 等，主要用于控制溶液的酸度在 pH2～12。

(2)强酸、强碱

如 HCl、NaOH，主要用于控制溶液的 $pH<2$ 或 $pH>12$。

(3)两性物质(酸式盐)

如邻苯二甲酸氢钾等，主要用作标准缓冲溶液。

表 4-3 列出了常用的几种标准缓冲溶液，它们的 pH 值是经过准确实验测得的，目前已被国际上规定作为测定溶液 pH 时的标准参考溶液。

表 4-3　标准缓冲溶液

标准缓冲溶液	pH 标准值(25℃)
饱和酒石酸氢钾(0.034 mol/L)	3.56
0.05 mol/L 邻苯二甲酸氢钾	4.01
0.025 mol/L KH_2PO_4－0.025 mol/L Na_2HPO_4	6.86
0.01 mol/L 硼砂	9.18

表 4-4 列出若干常用于控制溶液酸度(pH＝2～11)的缓冲溶液。

表 4-4 常用缓冲溶液

缓冲溶液的组成	酸的存在形式	碱的存在形式	pK_a
氨基乙酸－HCl	$^+NH_3CH_2COOH$	$^+NH_3CH_2COO^-$	2.35(pK_{a_1})
一氯乙酸－NaOH	$CH_2ClCOOH$	CH_2ClCOO^-	2.86
甲酸－NaOH	HCOOH	$HCOO^-$	3.77
HAc－NaAc	HAc	Ac^-	4.76
六次甲基四胺－HCl	$(CH_2)_6N_4H^+$	$(CH_2)_6N_4$	5.13
NaH_2PO_4－Na_2HPO_4	$H_2PO_4^-$	HPO_4^{2-}	7.21(pK_{a_2})
NH_3－NH_4Cl	NH_4^+	NH_3	9.26
氨基乙酸－NaOH	$^+NH_3CH_2COO$	$NH_2CH_2COO^-$	9.78(pK_{a_2})
$NaHCO_3$－Na_2CO_3	HCO_3^-	CO_3^{2-}	10.25(pK_{a_2})

4.5.2 缓冲溶液 pH 值的计算

1. *一般缓冲溶液*

作为一般控制酸度用的缓冲溶液，因缓冲组分的浓度较大，对计算结果也不要求十分准确，常常采用近似方法处理。

现以浓度为 c_{HB} 的弱酸 HB 及浓度为 c_{B^-} 的共轭碱 NaB 组成的缓冲溶液为例来讨论。

PBE：
$$[H^+]=[OH^-]+[B^-]-c_{B^-}$$

移项
$$[B^-]=c_{B^-}+[H^+]-[OH^-]$$

MBE：
$$[HB]+[B^-]=c_{HB}+c_{B^-}$$

$$\begin{aligned}[HB]&=c_{HB}+c_{B^-}-[B^-]\\&=c_{HB}+c_{B^-}-(c_{B^-}+[H^+]-[OH^-])\\&=c_{HB}-[H^+]+[OH^-]\end{aligned}$$

因为
$$K_a=\frac{[H^+][B^-]}{[HB]}$$

所以
$$[H^+]=K_a\frac{[HB]}{[B^-]}=K_a\frac{c_{HB}-[H^+]+[OH^-]}{c_{B^-}+[H^+]-[OH^-]} \tag{4-46}$$

式(4-46)是计算弱酸及其共轭碱溶液中 H^+ 浓度的精确式。用此式计算时，数学处理比较复杂，因此，常根据具体情况作近似处理。

当溶液为酸性(pH≤6)时，可忽略$[OH^-]$，故式(4-46)简化为

$$[H^+]=K_a\frac{c_{HB}-[H^+]}{c_{B^-}+[H^+]}\quad(近似式1) \tag{4-47}$$

当溶液为碱性(pH≥8)时，可忽略$[H^+]$，故式(4-46)简化为

$$[H^+]=K_a\frac{c_{HB}+[OH^-]}{c_{B^-}-[OH^-]}\quad(近似式2) \tag{4-48}$$

式(4-47)和式(4-48)是计算缓冲溶液中 H^+ 浓度的近似公式。当 $c_{HB}>40[H^+]$、$c_{B^-}>40[H^+]$ 或 $c_{HB}>40[OH^-]$、$c_{B^-}>40[OH^-]$ 时，式(4-47)和式(4-48)可简化为：

$$[H^+]=K_a\frac{c_{HB}}{c_{B^-}}\quad(最简式) \tag{4-49}$$

取负对数得：

$$pH=pK_a+\lg\frac{c_{B^-}}{c_{HB}} \tag{4-49-a}$$

选用公式的判据及计算方法归纳如下：

(1) 先用最简式计算$[H^+]'$，($[H^+]'=K_a\frac{c_{HB}}{c_{B^-}}$)；

(2) 当$[H^+]'\geqslant10^{-6}$ mol/L 时，使用近似式 1〔即式(4-47)〕；若再满足 $100>c_{HB}/c_{B^-}>0.01$，且 $c_{HB}\geqslant40[H^+]'$、$c_{B^-}\geqslant40[H^+]'$，使用最简式(4-49)；

(3) 当$[H^+]'\leqslant10^{-8}$ mol/L 时，使用近似式 2〔即式(4-48)〕；若再满足 $100>c_{HB}/c_{B^-}>0.01$，且 $c_{HB}\geqslant40[OH^-]'$、$c_{B^-}\geqslant40[OH^-]'$，使用最简式(4-49)；

(4) $[H^+]'$在 $10^{-6}\sim10^{-8}$ mol/L 之间时，一般都满足 $c_{HB}\geqslant40[H^+]'$、$c_{B^-}\geqslant40[H^+]'$，只要再满足 $100>c_{HB}/c_{B^-}>0.01$，都可用最简式。

【例 4-20】 计算含有 0.10 mol/L HAc 和 2.0×10^{-3} mol/L NaAc 溶液的 pH 值。(HAc 的 $K_a=10^{-4.76}$)

解　先用最简式求溶液的近似 H^+ 浓度：

$$[H^+]'=K_a\frac{c_{HB}}{c_{B^-}}=10^{-4.76}\times\frac{0.10}{2.0\times10^{-3}}=8.7\times10^{-4}\text{ mol/L}>10^{-6}\text{ mol/L}$$

故可忽略$[OH^-]$，$c_{HAc}>40[H^+]$，但 $c_{Ac^-}<40[H^+]$，故用式(4-47)计算：

$$[H^+]=K_a\frac{c_{HAc}-[H^+]}{c_{Ac^-}+[H^+]}=\frac{0.10}{2.0\times10^{-3}+[H^+]}\times10^{-4.76}$$

解方程得：

$$[H^+]=6.8\times10^{-4}\text{ mol/L}$$
$$pH=3.17$$

2. 标准缓冲溶液

标准缓冲溶液是用来定位 pH 计用的，其 pH 的计算必须准确地与实验值相符。因此计算时，必须校正离子强度的影响，否则理论计算与实验值不相符。

【例 4-21】 考虑离子强度的影响，计算 0.025 mol/L KH_2PO_4－0.025 mol/L Na_2HPO_4 缓冲溶液的 pH 值。

解　经判断该体系应按下式计算：

$$pH=pK_{a_2}+\lg\frac{c_{HPO_4^{2-}}}{c_{H_2PO_4^-}}$$

考虑离子强度的影响：

$$I=\frac{1}{2}\sum c_iZ_i^2=\frac{1}{2}(c_{K^+}\times1^2+c_{Na^+}\times1^2+c_{H_2PO_4^-}\times1^2+c_{HPO_4^{2-}}\times2^2)$$
$$=\frac{1}{2}(0.025+2\times0.025+0.025+0.025\times4)=0.1$$

由附录表 1 和附录表 2 查得 $\gamma_{H_2PO_4^-}=0.77$，$\gamma_{HPO_4^{2-}}=0.355$。

将有关离子活度代入离解方程式得：

$$a_{H^+}=K_{a_2}\frac{a_{H_2PO_4^-}}{a_{HPO_4^{2-}}}=K_{a_2}\frac{\gamma_{H_2PO_4^-}[H_2PO_4^-]}{\gamma_{HPO_4^{2-}}[HPO_4^{2-}]}$$
$$=6.3\times10^{-3}\times\frac{0.77\times0.025}{0.355\times0.025}$$
$$=1.4\times10^{-7}\text{ mol/L}$$
$$pH=-\lg a_{H^+}=6.86$$

4.5.3 缓冲容量和缓冲范围

1. 缓冲容量

一切缓冲溶液，只能在加入少量的强酸或强碱，或适当稀释时，才能保持溶液的 pH 值基本不变。而当加入的强酸浓度接近缓冲体系的共轭碱的浓度，或加入的强碱浓度接近其共轭酸的浓度时，缓冲溶液的缓冲能力即消失。由此可见，缓冲溶液的缓冲能力是有一定限度的。早在 1922 年范斯莱克(Van Slyke)提出以**缓冲容量**作为衡量缓冲溶液缓冲能力大小的尺度。其定义为：向缓冲溶液中加入强碱或强酸使其浓度为 dc_b 或 dc_a，dc_b 或 dc_a 除以 pH 的变化 dpH 称为该缓冲溶液的缓冲容量，其数学表示式为：

$$\beta=\frac{dc_b}{dpH} \quad 或 \quad \beta=-\frac{dc_a}{dpH} \tag{4-50}$$

β 的单位为 mol/L。

由于 β 为正值，加入强酸使溶液的 pH 降低，故在 dc_a 前加一负号。很显然，β 值愈大，缓冲能力愈大。

2. 影响缓冲容量的因素及有关计算

缓冲溶液的 β 值取决于溶液的性质、浓度和 pH 值。根据式(4-50)，结合各种溶液的具体条件，可以推导出 β 值的相应计算公式。

现以 c_{HB}(mol/L) HB－c_{B^-}(mol/L) NaB 体系为例来讨论。设缓冲组分总浓度为 c(mol/L)，则 $c=c_{HB}+c_{B^-}$，当加入 c_b(mol/L) NaOH，CBE 为：

$$[Na^+]+[H^+]=[OH^-]+[B^-]$$

因为

$$[Na^+]=c_b+c_{B^-}$$

所以

$$c_b=-[H^+]+[OH^-]+[B^-]-c_{B^-}$$

$$=-[H^+]+\frac{K_w}{[H^+]}+\frac{cK_a}{[H^+]+K_a}-c_{B^-}$$

对[H^+]求导：

$$\frac{dc_b}{d[H^+]}=-1-\frac{K_w}{[H^+]^2}-\frac{cK_a}{([H^+]+K_a)^2}$$

因为

$$pH=-\lg[H^+]=-\frac{1}{2.30}\ln[H^+]$$

$$\frac{dpH}{d[H^+]}=-\frac{1}{2.30[H^+]}$$

$$\beta=\frac{dc_b}{dpH}=\frac{d[H^+]}{dpH}\cdot\frac{dc_b}{d[H^+]}$$

所以

$$\beta=(-2.30[H^+])\left\{-1-\frac{K_w}{[H^+]^2}-\frac{cK_a}{([H^+]+K_a)^2}\right\}$$

整理得：

$$\beta=2.30\left\{[H^+]+[OH^-]+\frac{cK_a[H^+]}{([H^+]+K_a)^2}\right\} \tag{4-51}$$

此式是计算缓冲容量的精确公式。

由于一般缓冲组分浓度较大，溶液中[H^+]、[OH^-]相对较小，则式(4-51)可简化为近似式

$$\beta=2.30\frac{cK_a[H^+]}{([H^+]+K_a)^2}=2.30c\delta_{HB}\delta_{B^-} \tag{4-52}$$

根据分布系数的定义，可将式(4-52)写成

$$\beta=2.30\frac{[HB][B^-]}{c} \tag{4-53}$$

当 β 为极大值时，将式(4-52)对 $[H^+]$ 求导得：

$$\frac{d\beta}{d[H^+]}=2.30cK_a\frac{([H^+]+K_a)^2-2[H^+]([H^+]+K_a)}{([H^+]+K_a)^4}=2.30cK_a\frac{([H^+]-K_a)}{([H^+]+K_a)^3}=0$$

由上式不难看出，只有当 $[H^+]=K_a$ 时，β 才能达到最大，即 $pH=pK_a$ 时，

$$\beta=\beta_{max}$$

将 $K_a=[H^+]$ 代入式(4-52)得

$$\beta_{max}=2.30c\frac{K_a[H^+]}{([H^+]+K_a)^2}=2.30\frac{c}{4}=0.575c$$

β_{max} 发生在 $K_a=[H^+]$ 处，说明只有当缓冲组分为 1∶1 时，才有最大的缓冲容量。

如果将式(4-52)右边分子、分母同时除以 $[H^+]^2$ 得：

$$\beta=2.30c\frac{\frac{K_a}{[H^+]}}{\left(1+\frac{K_a}{[H^+]}\right)^2}$$

因为 $\frac{K_a}{[H^+]}=\frac{[B^-]}{[HB]}$，代入上式得：

$$\beta=2.30c\frac{\frac{[B^-]}{[HB]}}{\left(1+\frac{[B^-]}{[HB]}\right)^2} \tag{4-54}$$

由式(4-54)可以清楚地看出，缓冲容量 β 与缓冲组分比及总浓度的关系，并且可以很方便地计算出 $[B^-]/[HB]$ 比值不同时相应的 β 值。

$[B^-]/[HB]$	1	0.1	10	0.01	100
β	$0.575c$	$0.190c$	$0.190c$	$0.023c$	$0.023c$

由以上讨论可知：

(1)对于一个给定的缓冲体系，缓冲容量的大小与缓冲物质总浓度 c 有关，c 愈大，缓冲容量愈大。

(2)缓冲容量也与缓冲组分的比 $[B^-]/[HB]$ 有关，总浓度一定时，当 $pH=pK_a$，即 $[B^-]/[HB]=1$ 时，β 有极大值。

式(4-51)也可用于强酸、强碱缓冲容量的计算。在强酸、强碱溶液中，$\frac{cK_a[H^+]}{([H^+]+K_a)^2}=0$，则 $\beta=2.30([H^+]+[OH^-])$。

对于强酸 $[H^+]\gg[OH^-]$，则

$$\beta=2.30[H^+]=2.30c_a$$

对于强碱〔OH^-〕≫〔H^+〕,则

$$\beta=2.30[OH^-]=2.30c_b$$

3. 缓冲范围

如前所述,缓冲组分的浓度比为 1 时,缓冲容量最大,离 1 愈远,缓冲容量愈小,甚至失去缓冲作用。因此,任何缓冲溶液的缓冲作用都有一个有效的 pH 范围。一般而言,浓度比在 10 至$\frac{1}{10}$之间时具有可实用价值的缓冲能力,此浓度比范围所对应的 pH 范围

$$pH=pK_a\pm1 \tag{4-55}$$

称为**缓冲范围**。

例如,HAc－NaAc 缓冲溶液,$pK_a=4.76$,其缓冲范围是 pH＝3.76～5.76。又如,NH_3-NH_4Cl 缓冲溶液,$pK_b=4.75(pK_a=9.25)$,其缓冲范围是 pH＝8.25～10.25。

图 4-5 是 0.1 mol/L HAc 在不同 pH 时的缓冲容量。可见,当 $pH=pK_a=4.76$ 时,即当〔HAc〕:〔Ac^-〕＝1 时,缓冲容量最大($\beta=0.0575$)。

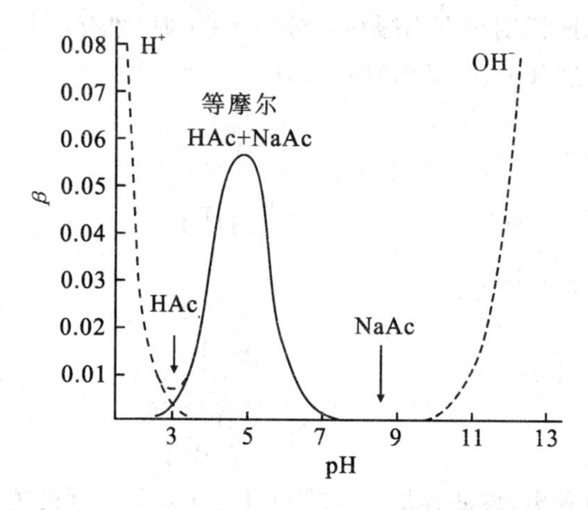

图 4-5 0.10 mol/L HAc 溶液在不同 pH 值的缓冲容量

4.5.4 缓冲溶液的选择

分析化学中用于控制溶液酸度的缓冲溶液很多,通常根据实际情况,选用不同的缓冲溶液,选择的原则是:

(1)缓冲溶液的各组分对分析反应不发生干扰;

(2)缓冲溶液应有较大的缓冲容量;

(3)所用缓冲物质总浓度应当比较大,一般在 0.01～1 mol/L 之间;

(4)所需控制的 pH 值应在缓冲溶液的缓冲范围内。如果缓冲溶液是由弱酸及其共轭碱组成的,则 pK_a 值应尽量与所需控制的 pK_a 值一致,即 $pK_a\approx pH$。

例如,当需要 pH＝5.0 左右的缓冲溶液时,可选择 HAc－NaAc 缓冲体系,因为 $pK_{HAc}=4.76$;亦可选择$(CH_2)_6N_4-HCl$ 缓冲体系,因为$(CH_2)_6N_4$ 的 $pK_b=8.87$,$pK_a=5.13$。

4.6　酸碱指示剂

4.6.1　酸碱指示剂的作用原理

酸碱指示剂一般是有机弱酸或弱碱，它的酸式结构和碱式结构具有不同的颜色，当溶液的 pH 值改变时，指示剂失去质子由酸式变为碱式，或者得到质子由碱式变为酸式，从而引起溶液的颜色变化。

现以甲基橙和酚酞为例来说明指示剂的颜色变化。

甲基橙是一种双色指示剂，它在水溶液中发生如下离解作用和颜色变化：

$$(CH_3)_2\overset{+}{N}{=}C_6H_4{=}N{-}NH{-}C_6H_4{-}SO_3^- \underset{H^+,\ pK_a=3.4}{\overset{OH^-}{\rightleftharpoons}} (CH_3)_2N{-}C_6H_4{-}N{=}N{-}C_6H_4{-}SO_3^-$$

红色（醌式）　　　　　　　　黄色（偶氮式）

由平衡关系可以看出，当溶液 pH＞4.4 时，甲基橙主要以碱式离子存在，溶液显黄色；当溶液的酸度增大时，甲基橙由碱式结构逐渐转变成酸式结构，颜色也逐渐由黄色变为红色。

酚酞是弱的有机碱，在溶液中有如下平衡和颜色变化：

$$\text{无色（内酯式）} \underset{-H_2O}{\overset{+H_2O}{\rightleftharpoons}} \text{无色（C—OH，COOH）} \underset{H^+}{\overset{OH^-}{\rightleftharpoons}}$$

$$\text{无色（C—OH，COO}^-\text{）} \underset{H^+,\ pK_a=9.1}{\overset{OH^-}{\rightleftharpoons}} \text{红色（醌式，COO}^-\text{）} \overset{OH^-}{\rightleftharpoons} \text{无色（羧酸盐式，C—OH，COO}^-\text{）}$$

无色（内酯式）　无色

无色　红色（醌式）碱性溶液中　无色（羧酸盐式）

由平衡关系可以看出，在 pH＜9.1 的溶液中，酚酞主要以各种无色形式存在；在 pH＞9.1 的碱性溶液中，主要为红色的醌式结构。但是在足够浓的碱溶液中，又转化为无色的羧酸盐的三价阴离子。

4.6.2　指示剂的变色点和变色范围

现以 HIn 和 In^- 分别表示指示剂的酸式和碱式形式，在溶液中有下列平衡关系：

$$\underset{(\text{酸式色})}{HIn} \rightleftharpoons H^+ + \underset{(\text{碱式色})}{In^-}$$

$$K_{HIn}=\frac{[H^+][In^-]}{[HIn]} \tag{4-56}$$

$$\frac{[In^-]}{[HIn]}=\frac{K_{HIn}}{[H^+]}$$

式中 K_{HIn}称为指示剂常数。

溶液究竟显示哪一种颜色，决定于浓度比$\frac{[In^-]}{[HIn]}$。改变比值，溶液的颜色随之改变。由式(4-56)可知，$\frac{[In^-]}{[HIn]}$值决定于 K_{HIn}和溶液的 H^+ 浓度。由于在一定温度下，对某一种指示剂来说，K_{HIn}是一个常数，因此$\frac{[In^-]}{[HIn]}$值完全决定于溶液的酸度。当 pH 值改变时，$\frac{[In^-]}{[HIn]}$值随之改变，溶液的颜色就相应地发生改变。需要指出的是，并非$\frac{[In^-]}{[HIn]}$值任何微小的改变都能使人观察到溶液颜色的变化，因为人眼辨别颜色的能力有一定限度。一般来说，当$\frac{[In^-]}{[HIn]}\leqslant\frac{1}{10}$时，只能看到酸式(HIn)颜色；当$\frac{[In^-]}{[HIn]}\geqslant 10$ 时，只能看到碱式(In^-)颜色；当$10>\frac{[In^-]}{[HIn]}>\frac{1}{10}$时，看到的是两者的混合色。

现将指示剂颜色变化与 pH 关系归纳如下：

(1)当$\frac{K_{HIn}}{[H^+]}=\frac{[In^-]}{[HIn]}\leqslant\frac{1}{10}$，$[H^+]\geqslant 10K_{HIn}$，$pH\leqslant pK_{HIn}-1$，溶液呈酸式色；

(2)当$\frac{K_{HIn}}{[H^+]}=\frac{[In^-]}{[HIn]}\geqslant 10$，$[H^+]\leqslant\frac{K_{HIn}}{10}$，$pH\geqslant pK_{HIn}+1$，溶液呈碱式色；

(3)当$\frac{K_{HIn}}{[H^+]}=\frac{[In^-]}{[HIn]}$在 $10\sim\frac{1}{10}$之间，$pH=pK_{HIn}\pm 1$ 时，溶液呈混合色；

(4)当$\frac{K_{HIn}}{[H^+]}=\frac{[In^-]}{[HIn]}=1$，$[H^+]=K_{HIn}$，$pH=pK_{HIn}$，溶液呈色调比相等的混合色。

可见，只有在 $pH=pK_{HIn}\pm 1$ 范围内才能看到指示剂颜色的过渡，故称 $pH=pK_{HIn}\pm 1$ 为指示剂的理论变色范围，简称指示剂的**变色范围**；而在 $pH=pK_{HIn}$时为变色最灵敏的一点，称为指示剂的**变色点**。由于各种指示剂的 pK_{HIn}不同，所以指示剂的变色范围和变色点也不同。

从理论上说，指示剂的变色范围是在 $pK_{HIn}\pm 1$ 范围之内，但是实际上靠人眼观察实际测得指示剂的变色范围与理论变化范围是有区别的。由于人眼对各种颜色的敏感度不同，加上两种颜色相互掩盖，影响观察，所以实际观察结果与理论计算结果有差别。例如，甲基橙的 $pK_{HIn}=3.4$，理论变色范围为 2.4～4.4，而实测变色范围是 3.1～4.4。

指示剂的变色范围愈窄愈好。这样在化学计量点时，pH 稍有改变，指示剂即可由一种颜色变到另一种颜色，变色敏锐，有利于提高测定结果的准确度。

一些常用的酸碱指示剂列于表 4-5 中。

表 4-5　几种常用的酸碱指示剂及其变色范围

指示剂	pH 变色范围	颜色		pK_{HIn}	pT	浓　度
		酸色	碱色			
百里酚蓝(TB)(第一变色范围)	1.2～2.8	红	黄	1.7	2.6	0.1%的 95%乙醇溶液
甲基黄(MY)	2.9～4.0	红	黄	3.3	3.9	0.1%的 95%乙醇溶液
甲基橙(MO)	3.1～4.4	红	黄	3.4	4	1%的水溶液
溴酚蓝(BPB)	3.0～4.6	黄	蓝紫	4.1	4	0.1%的 95%乙醇溶液
溴甲酚绿(BCG)	3.8～5.4	黄	蓝	4.9	4.4	0.1%的 95%乙醇溶液
甲基红(MR)	4.4～6.2	红	黄	5.0	5.0	0.1%的 95%乙醇溶液
溴甲酚紫(BCP)	5.2～6.8	黄	紫		6	0.1%的 95%乙醇溶液
溴百里酚蓝(BTB)	6.0～7.6	黄	蓝	7.3	7	0.1%的 95% 乙醇溶液
中性红(NR)	6.8～8.0	红	黄橙	7.4		0.1%的 95%乙醇溶液
酚红(PR)	6.4～8.2	黄	红	8.0	7	0.1%的 95%乙醇溶液
百里酚蓝(TB)(第二变色范围)	8.0～9.6	黄	蓝	8.9	9	0.1%的 95%乙醇溶液
酚酞(PP)	8.0～10.0	无	红	9.1		1%的 95%乙醇溶液
百里酚酞(TP)	9.4～10.6	无	蓝	10.0	10.0	0.1%的 95%乙醇溶液

在实际滴定中并不需要指示剂从酸色完全变为碱色，而只要看到明显的色变就可以了。通常在指示剂的变色间隔内有一点颜色变化特点明显，如甲基橙当 pH≈4 时呈现显著的橙色，这一点也就是实际的滴定终点，称为指示剂的滴定指数，以 pT 表示。当指示剂的酸色型与碱色型对人的眼睛同样敏感时，则 $pT=pK_{HIn}$。但是在观察这一点时，由于人眼辨别能力的限制，还会有±0.2～±0.5pH 的出入，所以ΔpH=±0.2常常作为目视滴定分辨终点的极限。

4.6.3　影响指示剂变色范围的因素

1. 温度

温度改变时，指示剂常数 K_{HIn} 发生变化，因而指示剂的变色范围也发生变化。一般情况下，温度升高，K_{HIn} 增大。表 4-6 列出几种指示剂的变色范围随温度变化的情况。

表 4-6　温度对指示剂变色范围的影响

指示剂	pH 变色范围		指示剂	pH 变色范围	
	18℃	100℃		18℃	100℃
百里酚蓝	1.2～2.8	1.2～2.6	甲基红	4.4～6.2	4.0～6.0
溴酚蓝	3.0～4.6	3.0～4.5	酚红	6.4～8.0	6.6～8.2
甲基橙	3.1～4.4	2.5～3.7	酚酞	8.0～10.0	8.0～9.2

通常滴定是在室温下进行的，如果必须加热，则标准溶液的标定也应在同样条件下进行。

2. 指示剂用量

指示剂用量的多少，是一个不容忽视的问题。对于双色指示剂来说(例如甲基橙)，指示剂的颜色决定于其酸式和碱式的浓度比〔HIn〕/〔In^-〕，设某双色指示剂的分析浓度为 c，则它的酸式和碱式的浓度比为：

$$\frac{[\mathrm{HIn}]}{[\mathrm{In}^-]}=\frac{c\delta_{\mathrm{HIn}}}{c\delta_{\mathrm{In}^-}}=\frac{\delta_{\mathrm{HIn}}}{\delta_{\mathrm{In}^-}}$$

很明显该比值与分析浓度无关，说明指示剂用量并不影响指示剂的变色范围。但用量过多会使色调的变化迟缓，降低指示剂的灵敏性，而且指示剂本身也会消耗一些滴定剂，带来误差。因此在能看清指示剂颜色变化的条件下，一般用量少一点为佳。

对于单色指示剂，用量过多不但使指示剂灵敏性下降，而且对其变色范围也有影响。例如用 NaOH 滴定 HCl，若以酚酞为指示剂，由无色变成微红，设人眼观察酚酞碱式 In^- 红色的最低浓度为〔In^-〕$_{min}$(mol/L)，可以认为是固定不变的。若溶液中指示剂的总浓度为 c，则：

$$[\mathrm{In}^-]_{\min}=c\delta_{\mathrm{In}^-}=\frac{cK_{\mathrm{HIn}}}{[\mathrm{H}^+]+K_{\mathrm{HIn}}}$$

由于 K_{HIn} 和〔In^-〕$_{min}$ 均为常数，所以 c 愈大，〔H^+〕也愈大，pH 值降低，变色范围向 pH 降低的方向移动，终点就会提前。例如，在 50～100 mL 溶液中加入 2～3 滴 0.1%酚酞，在 pH 为 9 时，即可观察到微红色；而在同样情况下，加入 10～15 滴 0.1%酚酞，则在 pH 为 8 时就出现微红色。因此对于单色指示剂来说，它的用量多少对分析结果影响更大，不容忽视。

3. 离子强度

指示剂颜色的变化，受溶液中 H^+ 活度的影响，根据指示剂的离解平衡

$$\mathrm{HIn} \rightleftharpoons \mathrm{H}^+ + \mathrm{In}^-$$

活度常数

$$K_a^0=\frac{a_{\mathrm{H}^+}a_{\mathrm{In}^-}}{a_{\mathrm{HIn}}}$$

$$a_{\mathrm{H}^+}=K_a^0\frac{a_{\mathrm{HIn}}}{a_{\mathrm{In}}}=K_a^0\frac{\gamma_{\mathrm{HIn}}[\mathrm{HIn}]}{\gamma_{\mathrm{In}^-}[\mathrm{In}^-]}$$

当 $\frac{[\mathrm{HIn}]}{[\mathrm{In}^-]}=1$ 时，即在指示剂理论变色点时：

$$a_{\mathrm{H}^+}=K_a^0\frac{\gamma_{\mathrm{HIn}}}{\gamma_{\mathrm{In}^-}}$$

因为 $\gamma_{HIn}\approx1$，故指示剂的理论变色点为：

$$\mathrm{pH}=-\lg a_{\mathrm{H}^+}=\mathrm{p}K_a^0+\lg\gamma_{\mathrm{In}^-}$$

根据活度系数近似计算公式：

$$-\lg\gamma_i\approx0.5Z_i^2\sqrt{I}$$

可求得指示剂的理论变色点与离子强度的关系：

$$\mathrm{pH}=\mathrm{p}K_a^0-0.5Z_i^2\sqrt{I}$$

可见，增加离子强度时，指示剂的理论变色点向 pH 减小的方向移动，这种现象称为酸移。

如果指示剂的离解平衡为

$$HIn^{+} \rightleftharpoons H^{+} + In$$

则

$$K_a^0 = \frac{a_{H^+} a_{In}}{a_{HIn^+}}$$

$$a_{H^+} = K_a^0 \frac{a_{HIn^+}}{a_{In}} = K_a^0 \frac{\gamma_{HIn^+}[HIn^+]}{\gamma_{In}[In]}$$

则指示剂的理论变色点与离子强度的关系为：

$$pH = pK_a^0 + 0.5Z_i^2\sqrt{I}$$

指示剂的理论变色点向着 pH 增大的方向移动，称为碱移。具有不同电荷的指示剂，其变色点受溶液离子强度的影响不同，它们的 pH 是向增大方向还是向减小方向移动，要作具体分析。

4. 溶剂的影响

溶剂不仅影响指示剂的溶解度，更重要的是影响指示剂的离解常数，致使指示剂的变色范围发生很大变化，例如，甲基橙在水溶液中 $pK_{HIn}=3.4$，在甲醇溶液中 $pK_{HIn}=3.8$，因此在实际工作中应予注意。

4.6.4　混合指示剂

如前所述，指示剂的变色范围愈窄愈好，一般酸碱指示剂的变色范围约 1.5～2 个 pH 单位，这对于反应完全程度较大的滴定体系，如强酸强碱的滴定是适用的，但对某些弱酸弱碱的滴定就显得比较宽了。为了缩小指示剂的变色范围，通常采用混合指示剂。混合指示剂利用颜色之间的互补作用，具有颜色改变较为敏锐、变色范围较狭窄的特点。

混合指示剂可分为两类，一类是由两种或两种以上的酸碱指示剂混合而成的。例如，0.1%溴甲酚绿（变色范围 3.8～5.4）和 0.2%甲基红（变色范围 4.4～6.2）以 3∶1 体积比混合，颜色变化示意图如下：

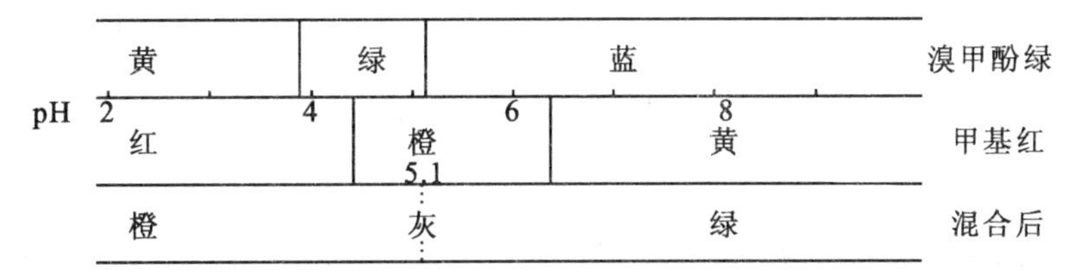

从上图可看出，当 pH<5.1 时，溶液呈橙色（黄＋红）；当 pH>5.1时，溶液呈绿色（蓝＋黄）；pH＝5.1 时，由于绿色和橙色互补，溶液呈灰色。因而在 pH＝5.1 时，颜色变化非常明显。

另一类是由一种不随 H^+ 浓度变化而改变颜色的惰性染料和另一种指示剂混合而成的。例如，甲基橙和靛蓝二磺酸钠（惰性染料）混合，颜色变化示意图如下：

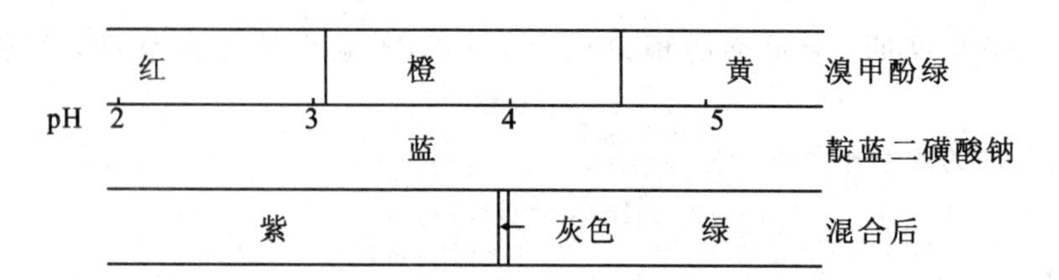

由上图可看出，当溶液 pH 增大时，单一的甲基橙溶液由红色→橙色→黄色，颜色变化不太敏锐；加上靛蓝二磺酸钠后，溶液由紫色→灰色→绿色，颜色变化非常敏锐。

表 4-7 列出若干常用酸碱混合指示剂。

表 4-7 若干常用酸碱混合指示剂

指示剂溶液的组成	变色点 pH	颜色		备注
		酸色	碱色	
1 份 0.1%甲基黄乙醇溶液 1 份 0.1%亚甲基蓝乙醇溶液	3.25	蓝紫	绿	pH=3.2 蓝紫 pH=3.4 绿色
1 份 0.1%甲基橙水溶液 1 份 0.25%靛蓝二黄酸钠水溶液	4.1	紫	黄绿	pH=4.1 灰色
3 份 0.1%溴甲酚绿乙醇溶液 1 份 0.2%甲基红乙醇溶液	5.1	紫红	蓝绿	pH=5.1 灰色 颜色变化极显著
1 份 0.1%溴甲酚绿钠盐水溶液 1 份 0.1%氯酚红钠盐水溶液	6.1	黄绿	蓝紫	pH=5.4 蓝绿 pH=5.8 蓝色 pH=6.0 蓝微带紫 pH=6.2 蓝紫
1 份 0.1%中性红乙醇溶液 1 份 0.1%亚甲基蓝乙醇溶液	7.0	蓝紫	绿	pH=7.0 蓝紫
1 份 0.1%甲酚红钠盐水溶液 3 份 0.1%百里酚蓝钠盐水溶液	8.3	黄	紫	pH=8.2 玫瑰色 pH=8.4 紫色
1 份 0.1%酚酞乙醇溶液 2 份 0.1%甲基绿乙醇溶液	8.9	绿	紫	pH=8.8 浅蓝 pH=9.0 紫色
1 份 0.1%酚酞乙醇溶液 1 份 0.1%百里酚酞乙醇溶液	9.9	无	紫	pH=9.6 玫瑰色 pH=10.0 紫色
2 份 0.1%百里酚酞乙醇溶液 1 份 0.1%茜素黄乙醇溶液	10.2	无	紫	

4.7 酸碱滴定法的基本原理

酸碱滴定法是以酸碱反应为基础的滴定分析方法。在酸碱滴定中最重要的是：(1)判断待测物质能否被准确滴定；(2)了解滴定过程中溶液 pH 值的变化情况；(3)选择合适的指示剂；(4)确定终点误差。

4.7.1 强碱(酸)滴定强酸(碱)

这类滴定的基本反应为：

$$H^+ + OH^- \rightleftharpoons H_2O$$

滴定反应的平衡常数为：

$$K_t = \frac{1}{a_{H^+} a_{OH^-}} = \frac{1}{K_w} = 1.00 \times 10^{14}$$

K_t 称为滴定常数，用它可以衡量滴定反应的完全程度。K_t 愈大，反应进行得愈完全。现以 0.100 0 mol/L NaOH 滴定 20.00 mL 0.100 0 mol/L HCl 为例进行讨论。

1. 滴定曲线

整个滴定过程可分为四个阶段计算溶液的 pH 值。

在滴定过程中，所加滴定剂与被滴组分的物质的量之比，称为滴定分数，用 T 表示：

$$T = \frac{c_{NaOH} V_{NaOH}}{c_{HCl} V_{HCl}}$$

(1)滴定前：溶液的酸度由 HCl 的原始浓度来决定。

$$[H^+] = 0.100\,0 \text{ mol/L}$$

$$pH = 1.00$$

因 $V_{NaOH} = 0.00$，故 $T = 0.00$。

(2)滴定开始至计量点前：溶液的酸度取决于剩余 HCl 的浓度。

$$[H^+] = c_{HCl(剩)} = c_{HCl(原)} \times \frac{V_{HCl} - V_{NaOH}}{V_{HCl} + V_{NaOH}}$$

当滴入 NaOH 溶液 19.98 mL 时，溶液中$[H^+]$为：

$$[H^+] = 0.100\,0 \times \frac{20.00 - 19.98}{20.00 + 19.98} = 5.00 \times 10^{-5} \text{ mol/L}$$

$$pH = 4.30$$

$$T = \frac{19.98}{20.00} = 0.999$$

计量点之前都可按上述通式计算，当然在接近计量点时，由于 HCl 浓度很稀会产生较大误差。

(3)计量点时：滴入 NaOH 溶液 20.00 mL，NaOH 和 HCl 全部反应，溶液呈中性。

$$[H^+] = [OH^-] = 1.00 \times 10^{-7} \text{ mol/L}$$

$$pH = 7.00$$

$$T = \frac{20.00}{20.00} = 1.000$$

(4)计量点后：溶液的酸度取决于过量 NaOH 的浓度。

$$[OH^-] = c_{HCl} \times \frac{V_{NaOH} - V_{HCl}}{V_{NaOH} + V_{HCl}}$$

当滴入 NaOH 溶液 20.02 mL 时，NaOH 过量 0.02 mL，此时溶液$[OH^-]$为：

$$[OH^-] = 0.100\,0 \times \frac{0.02}{20.00 + 0.02} = 5.00 \times 10^{-5} \text{ mol/L}$$

$$pOH = 4.30$$

$$pH = 9.70$$

$$[H^+] = 2.00 \times 10^{-10} \text{ mol/L}$$

$$T = \frac{20.02}{20.00} = 1.001$$

计量点之后都可按此方式计算。

用类似的方法可以计算滴定过程中溶液的 pH 值，结果列于表 4-8 中。

表 4-8 0.100 0 mol/L NaOH 滴定 20.00 mL0.100 0 mol/L HCl 的 pH 变化

加入 NaOH /mL	HCl 被滴定分数(T)	剩余 HCl /mL	过量 NaOH /mL	$[H^+]$/mol·L^{-1}	pH	
0.00	0.00	20.00		1.00×10^{-1}	1.00	
18.00	0.900	2.00		5.26×10^{-3}	2.28	
19.80	0.990	0.20		5.02×10^{-4}	3.30	
19.96	0.998	0.04		1.00×10^{-4}	4.00	
19.98	0.999	0.02		5.00×10^{-5}	4.30	突跃范围
20.00	1.000	0.00		1.00×10^{-7}	7.00	
20.02	1.001		0.02	2.00×10^{-10}	9.70	
20.04	1.002		0.04	1.00×10^{-10}	10.00	
20.20	1.010		0.20	2.00×10^{-11}	10.70	
22.00	1.100		2.00	2.10×10^{-12}	11.70	
40.00	2.000		20.00	3.00×10^{-13}	12.50	

以 NaOH 加入量(或滴定分数)为横坐标，以其对应的 pH 值为纵坐标作图，得到如图 4-6所示的滴定曲线(实线所示)。

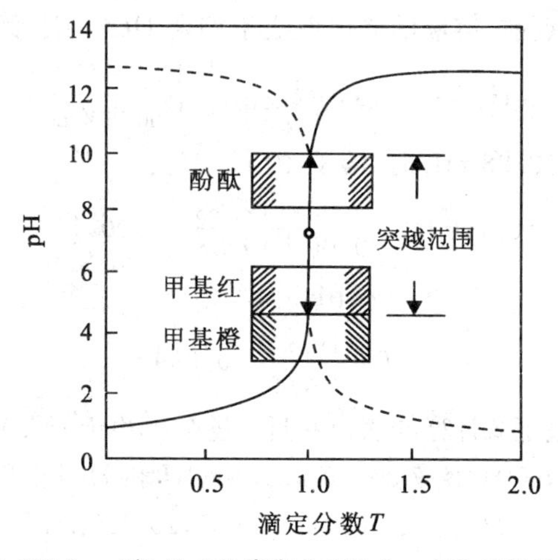

图 4-6 0.100 0 mol/L NaOH 滴定 0.100 0 mol/L HCl 的滴定曲线

从表 4-8 和图 4-6 可以看出，在滴定开始时曲线比较平坦，随着滴定的进行，曲线逐渐向上倾斜，在计量点前后(±0.1%)发生较大的变化，以后曲线又比较平坦。这是因为滴定开始时，溶液中剩余的 HCl 比较多，缓冲容量较大，加入的 NaOH 对溶液的 pH 值改变不大，所以曲线比较平坦。加入的 NaOH 从 0.00 mL 到 19.80 mL，溶液的 pH 值从 1.0 变化到 3.3，只增加了 2.3 个 pH 单位。随着滴定的进行，溶液中 HCl 量减少，缓冲容量下降。当加入的 NaOH 溶液为 19.98 mL(即滴定分数为 0.999)时距计量点仅差 0.02 mL 时，pH 值的变化幅度较前稍有增大，溶液的 pH 为 4.30。这时再加入 1 滴(约 0.04 mL)NaOH，不仅将剩下的半滴 HCl 中和，而且 NaOH 还过量了半滴，这一滴之差使溶液的酸度发生了巨大的变化，pH 由 4.30 急剧增加到 9.70，增大了 5.4 个 pH 单位，溶液由酸性变为碱性。我们把计量点前后 1 滴滴定剂所引起的溶液 pH 值的急剧变化，称为滴定突跃；或者说，在计量点前后±0.1%相对误差范围内溶液 pH 值的突变，称为**滴定突跃**。突跃所包括的 pH 范围称为**滴定突跃范围**。

化学计量点后，再继续加入 NaOH，则进入强碱的缓冲区。溶液的 pH 变化逐渐减小，曲线又比较平坦了。加入 NaOH 为 22.00～40.00 mL 的区间，其 pH 值的改变也只有 0.8 个 pH 单位。

如果用 0.100 0 mol/L HCl 滴定 0.100 0 mol/L NaOH 则情况相似，但 pH 变化方向相反，如图 4-6 中虚线所示。滴定的突跃范围是pH＝9.70～4.30。

2. 指示剂的选择

指示剂的选择主要以滴定突跃范围为依据，凡是变色范围全部或一部分在滴定突跃范围内的指示剂都可以用来指示滴定终定。显然，最理想的指示剂应该恰好在计量点时变色。用 0.100 0 mol/L NaOH 溶液滴定 0.100 0 mol/L HCl 时，其滴定突跃的 pH 范围为4.30～9.70，所以酚酞、甲基红、甲基橙均适用。若以甲基橙为指示剂，溶液颜色由橙色变为黄色时，溶液 pH 为 4.4。从表 4-8 知，未中和的 HCl 小于 0.1%，因此滴定误差不会超过 0.1%。

如果用 0.100 0 mol/L HCl 滴定 0.100 0 mol/L NaOH，可选择酚酞和甲基红作指示剂。若用甲基橙作指示剂，是从黄色滴到橙色(pH＝4.0，在滴定突跃范围 9.70～4.30 之外)，因此将有＋0.2% 的误差。为消除这一误差，可进行指示剂校正。校正方法是取 40 mL 0.050 mol/L NaCl 溶液，加入与滴定时相同量的甲基橙(终点时溶液的情况)，再以 0.100 0 mol/L HCl 溶液滴定至溶液的颜色恰好与被滴定的溶液颜色相同为止，记下 HCl 的用量(称为校正值)。用滴定 NaOH 所消耗的 HCl 量减去此校正值即为 HCl 的准确用量。

3. 影响滴定突跃范围大小的因素

滴定突跃范围的大小与酸碱的浓度有关(见图 4-7 和表 4-9)。从图 4-7 和表 4-9 可以看出，若用 0.010 00 mol/L、0.100 0 mol/L、1.000 mol/L 三种浓度的 NaOH 标准溶液，分别滴定 0.010 00 mol/L、0.100 0 mol/L、1.000 mol/L 的 HCl 溶液，得到的滴定曲线的突跃范围分别为 5.30～8.70、4.30～9.70、3.30～10.70。可见溶液愈浓，突跃范围愈大；溶液愈稀，突跃范围愈小。当酸碱浓度增大到 10 倍时，滴定突跃范围增加两个 pH 单位；相反，若浓度降低到 1/10 时，滴定突跃范围减少两个 pH 单位。因此，指示剂的选择受到浓度的限制。对于 0.010 00 mol/L NaOH 滴定 0.010 00 mol/L HCl，由于突跃范围较小，甲基橙作指示剂就不合适了，可用酚酞，最好用甲基红作指示剂。

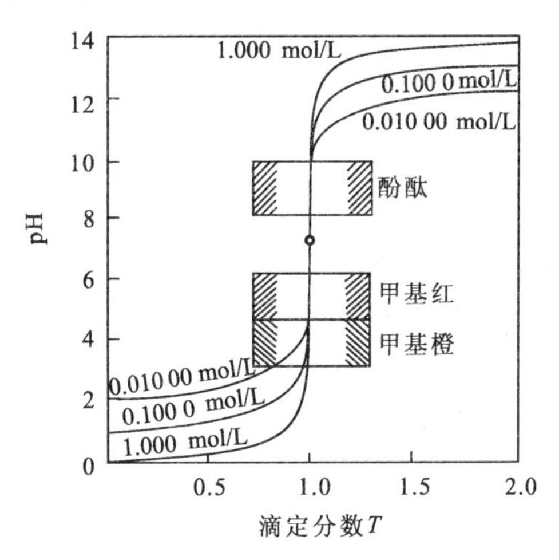

图 4-7　不同浓度 NaOH 滴定不同浓度 HCl 时的滴定曲线

表 4-9　三种不同浓度的 NaOH 溶液分别滴定相应浓度的 HCl 溶液突跃范围

浓度	1.000 mol/L		0.100 0 mol/L		0.010 0 mol/L	
pH / T	突跃范围	ΔpH	突跃范围	ΔpH	突跃范围	ΔpH
99.9 100.0 100.0	3.30 7.00 10.70	7.40	4.30 7.00 9.70	5.40	5.30 7.00 8.70	3.40
指示剂	甲基橙 甲基红 酚酞		甲基橙 甲基红 酚酞		甲基红 酚酞	

从表 4-9 可看出，浓度相差 10 倍，滴定突跃范围相差两个 pH 单位。

4.7.2　强碱滴定一元弱酸

滴定的基本反应为：

$$OH^- + HB \rightleftharpoons B^- + H_2O$$

$$K_t = \frac{[B^-]}{[OH^-][HB]} = \frac{K_a}{K_w}$$

$$H^+ + B \rightleftharpoons HB^+$$

$$K_t = \frac{[HB^+]}{[H^+][B^-]} = \frac{K_b}{K_w} = \frac{1}{K_a}$$

现以 0.100 0 mol/L NaOH 滴定 20.00 mL 0.100 0 mol/L HAc 为例，讨论强碱滴定弱酸的滴定曲线和指示剂的选择。

1. 滴定曲线

和强酸强碱滴定一样，整个滴定过程也可分为四个阶段进行计算。

(1)滴定前：溶液是 0.100 0 mol/L HAc 溶液，因为 $K_a c > 20K_w$，$c/K_a > 500$，则：

$$[H^+] = \sqrt{cK_a} = \sqrt{10^{-1.0} \times 10^{-4.76}} = 10^{-2.88}\ \text{mol/L}$$

$$pH = 2.88$$

$$T = 0.00$$

(2)滴定开始至计量点前：滴加的 NaOH 与 HAc 作用生成 NaAc，同时溶液中还有剩余 HAc，此时溶液组成为 HAc－NaAc，一般情况下其 pH 值按下式计算：

$$pH = pK_a + \lg \frac{c_{Ac^-}}{c_{HAc}}$$

例如，当滴入 NaOH 溶液 19.98 mL 时

$$c_{HAc} = \frac{0.100\ 0 \times 0.02}{20.00 + 19.98} = 5.00 \times 10^{-5}\ \text{mol/L}$$

$$c_{Ac^-} = \frac{0.100\ 0 \times 19.98}{20.00 + 19.98} = 5.00 \times 10^{-2}\ \text{mol/L}$$

代入上式得

$$pH = 4.76 + \lg \frac{5.00 \times 10^{-2}}{5.00 \times 10^{-5}} = 7.76$$

$$T = 0.999$$

(3)化学计量点时：因滴入 NaOH 20.00 mL，此时 HAc 全部被中和生成 NaAc，$c_{NaAc}=0.050\ 00$ mol/L。由于 Ac^- 为一弱碱，根据其在溶液中的离解平衡，可以求得溶液中的 OH^- 浓度。

$c_{Ac^-}K_b>20K_w$，$c_{Ac^-}/K_b=0.050\ 00/5.7\times10^{-10}>500$，所以：

$$[OH^-]=\sqrt{c_{Ac^-}K_b}=\sqrt{0.050\ 00\times5.7\times10^{-10}}=5.35\times10^{-6}\text{mol/L}$$

$$pOH=5.27$$

$$pH=8.73$$

$$T=1.000$$

(4)计量点后：溶液的组成为 NaOH＋NaAc。由于过量 NaOH 的存在，抑制了 Ac^- 的离解，故此时溶液的 pH 值取决于过量 NaOH 的浓度，其 pH 的计算方法与强碱滴定强酸相同。例如，已滴定 NaOH 溶液 20.02 mL 时：

$$[OH^-]=\frac{0.100\ 0\times0.02}{20.00+20.02}=5.00\times10^{-5}\text{mol/L}$$

$$pOH=4.30$$

$$pH=9.70$$

$$T=\frac{20.02}{20.00}=1.001$$

如此逐一计算，结果列于表 4-10 中，并绘制滴定曲线如图 4-8。

表 4-10　0.100 0 mol/L NaOH 滴定 20.00 mL 0.100 0 mol/L HAc 时溶液的 pH 值变化

加入 NaOH /mL	HCl 被滴定分数(T)	剩余 HAc /mL	过量 NaOH /mL	pH	
0.00	0.00	20.00		2.88	
18.00	0.900	2.00		5.71	
19.80	0.990	0.20		6.76	
19.96	0.998	0.04		7.46	
19.98	0.999	0.02		7.76	突跃范围
20.00	1.000	0.00		8.73	
20.02	1.001		0.02	9.70	
20.04	1.002		0.04	10.14	
20.20	1.010		0.20	10.70	
22.00	1.100		2.00	11.70	
40.00	2.000		20.00	12.50	

由图 4-8 可知，与滴定等浓度的 HCl 相比，该滴定曲线的起点高(pH 值为 2.88)，这是因为 HAc 的离解比等浓度的 HCl 小的缘故。滴定开始后，pH 值增加较快，曲线的斜率较大，这是因为加入 NaOH 后，生成少量的 Ac^-，由于 Ac^- 的同离子效应，抑制了 HAc 的进一步离解，使 H^+ 浓度迅速降低，pH 值增加较快。继续滴入 NaOH，NaAc 的浓度不断增加，与溶液中剩余的 HAc 组成缓冲体系，缓冲容量逐渐增大，到 50％的 HAc 被滴定时，溶液中 $[HAc]:[Ac^-]=1$，此时 $pH=pK_a$，溶液的缓冲容量最大，曲线斜率最小。愈接近计量点，[HAc]愈小，缓冲作用愈弱，pH 变化速度又逐渐增大，曲线斜率加大。计量点时，由于滴定产物 Ac^- 是弱碱，所以计量点时溶液的 pH 值为 8.73。计量点后，溶液 pH 值的变化规律与滴定强酸时相似。

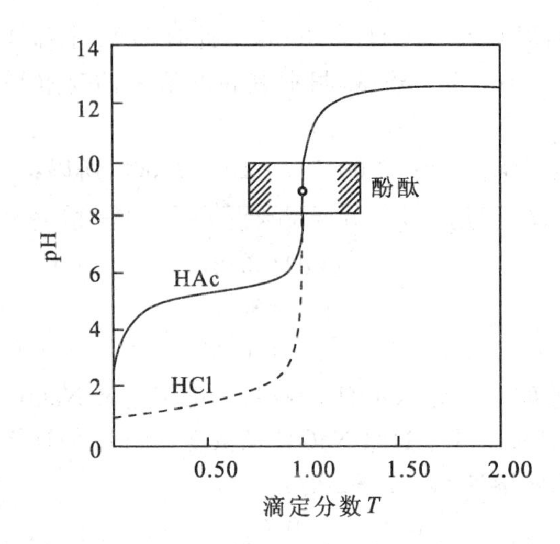

图 4-8 0.100 0 mol/L NaOH 滴定 0.100 0 mol/L HAc 的滴定曲线

2. 指示剂的选择

由表 4-11 看到，强碱滴定弱酸的突跃范围比滴定同样浓度的强酸的突跃范围小得多，而且是处于弱碱性区域。0.100 0 mol/L NaOH 滴定 0.100 0 mol/L HAc 的突跃范围是 7.76～9.70，因此在酸性范围内变色的指示剂如甲基橙、甲基红等都不适用，必须选择在碱性范围内变色的指示剂如酚酞、百里酚酞和百里酚蓝等。

3. 影响滴定突跃范围大小的因素

表 4-11 为强碱滴定弱酸的滴定突跃范围随浓度和强度变化的情况，由所列数据可以看出，影响滴定突跃范围的因素有二：

(1)酸的强度

从表 4-11 可以看出，当酸的浓度一定时，滴定突跃范围与酸的强弱有关，K_a 值愈大即酸愈强时，滴定突跃范围愈大；K_a 值愈小即酸愈弱时，滴定突跃范围愈小。由表 4-11 中数据还可以看出，当 c 不变，滴定突跃范围起点的 pH 值随着 K_a 的增大而减小，K_a 增大到 10 倍，起点减小约 1 个 pH 单位；滴定突跃范围止点的 pH 与 K_a 基本上无关，$\Delta pH_{突跃}$ 增大。

表 4-11 强碱滴定弱酸的滴定突跃范围随浓度和强度的变化

c/mol·L^{-1} / 突跃 pH / pK_a	1.0		1.0×10^{-1}		1.0×10^{-2}	
	范 围	ΔpH	范 围	ΔpH	范 围	ΔpH
5	8.00～11.00	3.00	8.00～10.00	2.00	8.00～9.04	1.04
6	9.00～11.00	2.00	8.96～10.04	1.08	8.79～9.21	0.42
7	9.96～11.02	1.06	9.79～10.21	0.42	8.43～9.57	0.14
8	10.79～11.21	0.42	10.43～10.57	0.14		
9	11.43～11.57	0.14				

(2)浓度

由表 4-11 可以看出，当 K_a 值一定时，浓度愈大，突跃范围愈大；反之则小。另外，当 K_a 不变，改变 c 时，突跃起点的 pH 值基本不变，但滴定突跃范围止点的 pH 值着 c 的增大而增大，c 增大到 10 倍，止点增大 1 个 pH 单位，$\Delta pH_{突跃}$ 增大。

4.能直接准确滴定的条件

由以上讨论可知，强碱滴定弱酸时，当弱酸的 K_a 值较大和浓度较大时，其滴定突跃范围就大；反之则小。滴定突跃的大小可用一元弱酸的浓度 c 和 K_a 的乘积表征。当 cK_a 值一定时，滴定突跃范围的大小基本不变；cK_a 值愈大，突跃范围愈大。如果滴定突跃范围太小，则用指示剂的变色来确定终点就非常困难，因而无法达到准确滴定的目的。

当以指示剂确定终点时，人眼对指示剂变色的判断至少有 ±0.2 个 pH 单位的不确定性。这种由终点观测的不确定性引起的误差称为终点观测误差。终点观测误差是不可避免的，即使所选指示剂的变色点与计量点完全一致，这种观测误差仍然存在。一般要求终点观测误差在 ±0.1% 范围之内，当用指示剂检测终点时，考虑到用指示剂观测终点有 ±0.2 个 pH 单位的不确定性，为使终点与计量点相差 ±0.2 个 pH 单位（即滴定突跃范围至少要有 0.4 个 pH 单位），就必须满足 $cK_a \geqslant 10^{-8}$，这一限制条件可以由表 4-11 的有关数据推导出来。利用这个限制条件能够判断一元弱酸能否被强碱直接准确滴定。$cK_a \geqslant 10^{-8}$ 这一条件称为强碱直接准确滴定一元弱酸的可行性判据。

然而，$cK_a \geqslant 10^{-8}$ 这条判据并不是绝对的，而是相对的、有条件的。它是在规定终点观测的不确定性为 ±0.2 个 pH 单位、允许终点观测误差为 ±0.1% 的前提下确定的。如果终点观测误差要求不同，或确定终点的方法不同，能直接准确滴定的条件也就不同。

应当强调，$cK_a \geqslant 10^{-8}$ 这条界限的提出是仅考虑了由终点观测的不确定性引起的终点观测误差，并没有涉及其他可能的误差。所以不满足 $cK_a \geqslant 10^{-8}$ 这个条件固然无法准确滴定，但满足了这一条件也只是提供了准确滴定的可能性，究竟能否真正实现准确滴定还要看其他误差能否受到适当的控制。例如，还要考虑选择适当的指示剂，从而尽量减小终点误差。

4.7.3　强酸滴定一元弱碱

强酸滴定一元弱碱与强碱滴定一元弱酸的情况类似。以 0.100 0 mol/L HCl 滴定 20.00 mL 0.100 0 mol/L NH_3 为例，其滴定反应为：

$$H^+ + NH_3 \rightleftharpoons NH_4^+$$

$$K_t = \frac{[NH_4^+]}{[H^+][NH_3]} = \frac{1}{K_a} = 10^{9.26}$$

现将滴定过程中 pH 的计算结果列于表 4-12，并将计算结果绘成滴定曲线，如图 4-9 所示。

表 4-12　0.100 0 mol/L HCl 滴定 20.00 mL 0.100 0 mol/L NH_3 的 pH 变化

加入 HCl/mL	滴定分数(T)	pH	
0.00	0.00	11.13	
18.00	0.900	8.30	
19.80	0.990	7.25	
19.96	0.998	6.55	
19.98	0.999	6.25	突跃范围
20.00	1.000	5.28	突跃范围
20.02	1.001	4.30	突跃范围
20.20	1.010	3.30	
22.00	1.100	2.30	
40.00	2.000	1.30	

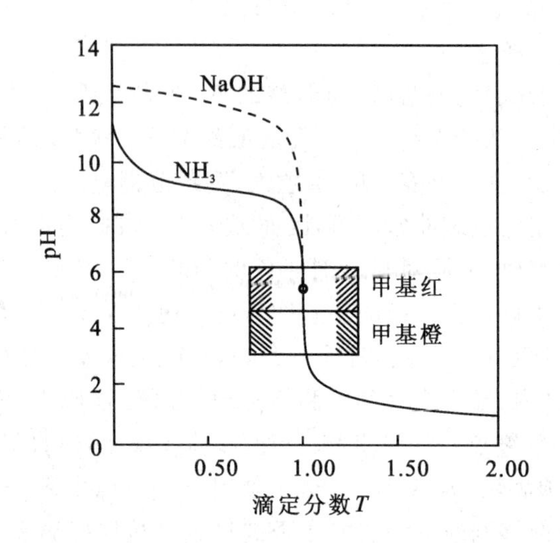

图 4-9 0.100 0 mol/L HCl 滴定 0.100 0 mol/L NH_3 的滴定曲线

1. 指示剂的选择

由表 4-12 和图 4-9 可以看出，用 0.100 0 mol/L 的 HCl 滴定0.100 0 mol/L 的 NH_3，在计量点时 pH 值为 5.28，溶液呈弱酸性，滴定突跃范围为 6.25～4.30，突跃发生在弱酸性范围，因此必须选择在酸性范围内变色的指示剂，甲基红、溴甲酚绿和溴酚篮等是合适的指示剂。

2. 影响滴定突跃范围大小的因素

和弱酸的滴定一样，弱碱的强度(K_b)和浓度(c)都会影响滴定突跃范围。当 K_b 一定，c 增大时，突跃起点的 pH 值基本不变，但突跃止点的 pH 随着 c 的增大而减小，c 增大到 10 倍，止点 pH 减小 1 个单位，$\Delta pH_{突跃}$ 增大。当 c 不变，K_b 增大时，突跃止点的 pH 值基本不变，但突跃起点的 pH 值随着 K_b 的增大而增大，K_b 增大到 10 倍，起点 pH 增大 1 个单位，$\Delta pH_{突跃}$ 增大。

3. 能直接准确滴定的判据

当终点观察的不确定性为±0.2pH 单位、终点观测误差在±0.1%范围内时，能否以强酸直接准确滴定一元弱碱的判据为 $cK_b \geqslant 10^{-8}$。

4.7.4 多元酸和混合酸的滴定

1. 多元酸的滴定

多元酸在水溶液中分步离解，逐级被中和，因此在多元酸滴定中需要解决的问题是：有几个 H^+ 可被准确滴定，能否分步滴定，选什么指示剂，滴定误差有多大。

(1)准确滴定和分步滴定的判断

多元酸被滴定时哪一级 H^+ 满足 $cK_{a_i} \geqslant 10^{-8}$，哪一级 H^+ 就有被准确滴定的可能性，不能满足者，该级 H^+ 就不能被准确滴定。如果两个相邻的 H^+ 都能满足 $cK_{a_i} \geqslant 10^{-8}$，但两个 K 值相差不大，一个 H^+ 还没有被滴定完全，另一个 H^+ 就开始被滴定了，这样就不能形成两个独立的突跃，两个 H^+ 同时被滴定。一般而言，若两个相邻的 K 值之比 $K_n/K_{n+1} \geqslant 10^4$，可以形成两个独立的突跃，两个 H^+ 可以分步被准确滴定（误差<0.5%）。

对于多元酸，例如，二元酸：

①若 $cK_{a_1} \geqslant 10^{-8}$，$cK_{a_2} \geqslant 10^{-8}$，且 $K_{a_1}/K_{a_2} \geqslant 10^4$，则可分步准确滴定，形成两个独立的突跃。

②若 $cK_{a_1} \geqslant 10^{-8}$，$cK_{a_2} \geqslant 10^{-8}$，但 $K_{a_1}/K_{a_2} < 10^4$，不能分步滴定，两个 H^+ 同时被滴定，只能形成一个突跃。

③若 $cK_{a_1} \geqslant 10^{-8}$，$cK_{a_2} < 10^{-8}$，但 $K_{a_1}/K_{a_2} \geqslant 10^4$，只能准确滴定第一级离解出来的 H^+，形成第一个突跃，不能分步滴定。

例如，用 0.100 0 mol/L NaOH 滴定 0.100 0 mol/L H_3PO_4，H_3PO_4 的 $K_{a_1} = 6.9 \times 10^{-3}$，$K_{a_2} = 6.2 \times 10^{-8}$，$K_{a_3} = 4.8 \times 10^{-13}$，$cK_{a_1} > 10^{-8}$，$cK_{a_2} \approx 10^{-8}$，$cK_{a_3} \ll 10^{-8}$，$K_{a_1}/K_{a_2} = 10^{5.1} > 10^4$，$K_{a_2}/K_{a_3} = 10^{5.1} > 10^4$。因此，$H_3PO_4$ 的第一级离解和第二级离解的 H^+ 均可分步滴定，而第三级离解的 H^+ 不能直接滴定。0.100 0 mol/L NaOH 滴定 0.100 0 mol/L H_3PO_4 的滴定曲线如图 4-10 所示。

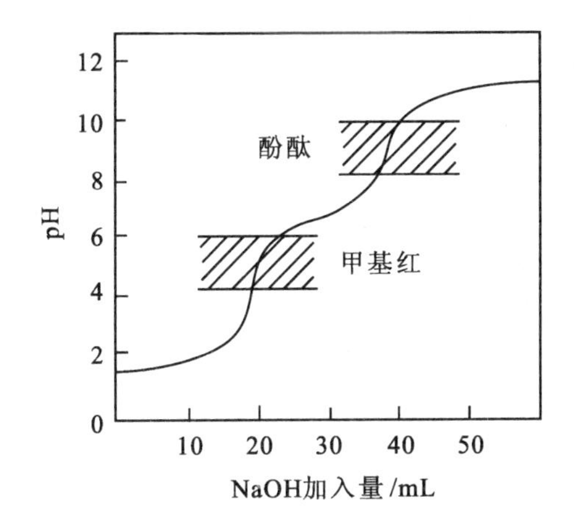

图 4-10　0.100 0 mol/L NaOH 滴定 0.100 0 mol/L H_3PO_4 的滴定曲线

(2)计量点时 pH 值的计算及指示剂的选择

有关多元酸滴定曲线的计算是比较复杂的，因此在实际工作中，通常只计算计量点的 pH 值，以便于选择指示剂。下面以 0.100 0 mol/L NaOH 滴定 0.100 0 mol/L H_3PO_4 为例进行讨论。

第一化学计量点：产物是 NaH_2PO_4，浓度为 0.050 00 mol/L，是两性物质，由于 $cK_{a_2} > 20K_w$，$c < 20K_{a_1}$，pH 值按下式计算：

$$[H^+] = \sqrt{\frac{K_{a_1}K_{a_2}c}{K_{a_1}+c}} = \sqrt{\frac{6.9\times10^{-3}\times6.2\times10^{-8}\times0.050\ 00}{6.9\times10^{-3}+0.050\ 00}} = 1.90\times10^{-5}\ \text{mol/L}$$

$$\text{pH} = 4.71$$

可选用甲基橙、溴酚蓝或溴甲酚绿为指示剂。如用甲基橙作指示剂，滴至 pH≈4.40，终点由红变黄将产生约为−0.5%的误差。如用溴酚蓝，滴至 pH≈4.60，终点由黄变紫，误差约为−0.35%。

第二化学计量点：产物为 Na_2HPO_4，浓度为 0.033 33 mol/L。$cK_{a_3}=0.03333\times4.8\times10^{-13}\approx K_w$，$c>20K_{a_2}$，所以 pH 按下式计算：

$$[H^+]=\sqrt{\frac{K_{a_2}(K_{a_3}c+K_w)}{K_{a_2}+c}}=\sqrt{\frac{6.2\times10^{-8}(4.8\times10^{-13}\times0.03333+1.0\times10^{-14})}{0.03333}}$$
$$=2.20\times10^{-10}\ \text{mol/L}$$

$$pH=9.66$$

选用百里酚酞（变色点 pH≈10.0）作指示剂，终点颜色由无色变为浅蓝色，误差约为+0.2%。

由于 K_{a_3} 太小，$cK_{a_3}\ll10^{-8}$，第三个 H^+ 不能直接滴定，如前所述，可用弱酸强化的办法滴定。

2. 混合酸的滴定

混合酸的组成可能是：弱酸—弱酸；强酸—弱酸；强酸—强酸。

(1)弱酸—弱酸混合

设有两种弱酸 HA 和 HB，它们的离解常数分别为 K_{HA} 和 K_{HB}，浓度分别为 c_{HA} 和 c_{HB}。

若 $c_{HA}K_{HA}\geqslant10^{-8}$，$c_{HB}K_{HB}\geqslant10^{-8}$，且 $c_{HA}K_{HA}/c_{HB}K_{HB}\geqslant10^4$，滴定过程中能形成两个独立的突跃，可以分别滴定这两种酸。

若 $c_{HA}K_{HA}\geqslant10^{-8}$，$c_{HB}K_{HB}\geqslant10^{-8}$，而 $c_{HA}K_{HA}/c_{HB}K_{HB}<10^4$，则不能分别滴定这两种酸，只能滴总量。

若 $c_{HA}K_{HA}\geqslant10^{-8}$，$c_{HB}K_{HB}<10^{-8}$，且 $c_{HA}K_{HA}/c_{HB}K_{HB}\geqslant10^4$，只能形成第一个突跃，故只能准确滴定 HA，不能准确滴定 HB。

根据计量点时溶液的组成，从其质子条件式不难导出计算滴定第一种酸时计量点 pH 的最简式：

$$[H^+]=\sqrt{\frac{c_{HB}K_{HA}K_{HB}}{c_{HA}}} \tag{4-57}$$

若 $c_{HA}=c_{HB}$，则式(4—57)简化为：

$$[H^+]=\sqrt{K_{HA}K_{HB}} \tag{4-58}$$

(2)强酸—弱酸混合

强酸和弱酸的混合酸，能否分别滴定总酸度，则取决于弱酸的强度和两者的浓度。弱酸的强度愈弱（K_a 值愈小），愈有利于滴定强酸，弱酸的强度较强（K_a 值较大），则有利于滴定总酸度。一般来说，强酸的浓度增大，分别滴定的可能性就大，反之就小。

例如用 0.10 mol/L NaOH 滴定 0.10 mol/L HCl 和 0.10 mol/L H_3BO_3 混合液，由于 $K_{H_3BO_3}=10^{-9.24}$，则只能准确 HCl，不能准确滴定混合酸的总量。

用 0.10 mol/L NaOH 滴定 0.10 mol/L HCl 和 0.10 mol/L HAc 混合液，由于 $K_{HAc}=10^{-4.74}$，则不能准确滴定 HCl 分量，只能准确滴定 HCl 和 HAc 的总量。

一般来说，强酸—弱酸的混合酸，若 $K_a=10^{-7}$，可分别滴定两组分；若 $K_a<10^{-7}$，可滴定强酸；若 $K_a>10^{-7}$，可滴定总量。

(3)强酸—强酸混合

对于强酸混合液，若其浓度不是很稀，只能滴定其总酸度。

4.7.5　多元碱的滴定

强酸滴定多元碱与强碱滴定多元酸的情况相似。能否分步滴定？能形成几个滴定突跃，可参照多元酸的滴定进行判断。

现以0.200 0 mol/L HCl 滴定 0.200 0 mol/L Na_2CO_3 为例进行讨论。Na_2CO_3 在水溶液中分级离解：

$$CO_3^{2-} + H_2O \rightleftharpoons HCO_3^- + OH^-$$

$$K_{b_1} = \frac{K_w}{K_{a_2}} = 10^{-3.75}$$

$$HCO_3^- + H_2O \rightleftharpoons H_2CO_3 + OH^-$$

$$K_{b_2} = \frac{K_w}{K_{a_1}} = 10^{-7.62}$$

首先需要判断是否可形成两个独立的突跃。

由于
$$cK_{b_1} = 10^{-0.7} \times 10^{-3.75} = 10^{-4.45} > 10^{-3}$$

$$cK_{b_2} = 10^{-0.7} \times 10^{-7.62} = 10^{-8.32}$$

$$K_{b_1}/K_{b_2} = \frac{10^{-3.75}}{10^{-7.62}} \approx 10^4$$

滴定的准确度稍差，但如果放宽误差的要求（一般 0.5%～1%），则可以认为该滴定能形成两个独立的突跃。

第一计量点：组成为 HCO_3^-（0.100 0 mol/L），是两性物质。

$$K_{a_2} c_{HCO_3^-} = 10^{-10.25} \times 10^{-1} > 20K_w$$

$$c_{HCO_3^-}/K_{a_1} = 10^{5.3} > 20$$

故用最简式计算：

$$[H^+] = \sqrt{K_{a_1} K_{a_2}} = \sqrt{10^{-6.38} \times 10^{-10.25}} = 10^{-8.31}$$

$$pH = 8.31$$

可选用酚酞作指示剂。为了准确判断第一终点，通常采用 $NaHCO_3$ 溶液作参比液，或使用混合指示剂。例如选用甲酚红－百里酚蓝混合指示剂（变色范围 pH 为 8.2～8.4，颜色由粉红变紫），能获得较好的结果，误差约为 0.5%。

第二计量点：溶液是 CO_2 的饱和溶液，常温下 H_2CO_3 的浓度约为 0.040 0 mol/L。H_2CO_3 为二元弱酸可按一元弱酸处理。

因
$$cK_{a_1} = 0.040\,0 \times 10^{-6.38} > 20K_w$$

$$c/K_{a_1} = 0.040\,0 \times 10^{-6.38} > 500$$

故可用最简式计算：

$$[H^+] = \sqrt{cK_{a_1}} = \sqrt{0.040\,0 \times 10^{-6.38}} = 10^{-3.89}\ mol/L$$

$$pH = 3.89$$

可选用甲基橙作指示剂。但是，由于 CO_2 容易形成过饱和溶液，因此滴定过程中生成的 H_2CO_3 只能慢慢转化为 CO_2 放出，致使溶液的酸度略有增大，终点稍出现过早且不敏锐。因此，在滴定接近终点时，可煮沸以除去 CO_2，待溶液冷却后再滴定至终点。

HCl 滴定 Na_2CO_3 的滴定曲线如图 4-11 所示。

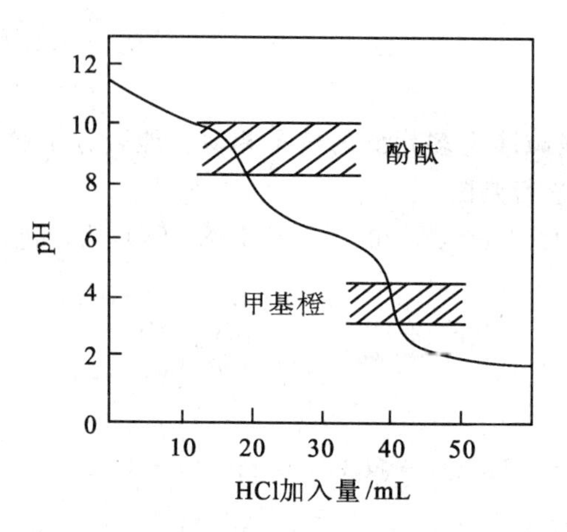

图 4-11 0.100 0 mol/L HCl 滴定 0.100 0 mol/L Na_2CO_3 的滴定曲线

硼砂($Na_2B_4O_7 \cdot 10H_2O$)也可以用 HCl 进行滴定。硼砂的水溶液中 H_3BO_3 和 $H_2BO_3^-$ 的浓度相等。

$$B_4O_7^{2-} + 5H_2O \rightleftharpoons 2H_3BO_3 + 2H_2BO_3^-$$

H_3BO_3 的 $K_a = 5.8 \times 10^{-10}$，非常小，而它的共轭碱 $H_2BO_3^-$ 显较强的碱性。

$$K_b = \frac{K_w}{K_{a_1}} = \frac{10^{-14.0}}{5.8 \times 10^{-10}} = 1.74 \times 10^{-5}$$

如果硼砂的浓度不是很稀，则 $cK_b > 10^{-8}$，所以能用强酸准确滴定。滴定的基本反应是：

$$H_2BO_3^- + H^+ \rightleftharpoons H_3BO_3$$

或

$$B_4O_7^{2-} + 2H^+ + 5H_2O \rightleftharpoons 4H_2BO_3$$

设用 0.100 0 mol/L HCl 滴定 0.050 00 mol/L $Na_2B_4O_7$，滴定前溶液中生成0.100 0 mol/L H_3BO_3 和 0.100 0 mol/L $H_2BO_3^-$，滴定至计量点时，溶液中 $H_2BO_3^-$ 全部转变为 H_3BO_3。但此时溶液体积增大一倍，故 H_3BO_3 的浓度为 0.100 0 mol/L。计量点的 pH 值由 H_3BO_3 决定。由于 $cK_a > 20K_w$，$c/K_a > 500$，故可按一元弱酸的最简式计算 H^+ 浓度。

$$[H^+] = \sqrt{cK_a} = \sqrt{0.100\,0 \times 5.8 \times 10^{-10}} = 7.60 \times 10^{-6}\,\text{mol/L}$$

$$pH = 5.12$$

选用甲基红作指示剂最为合适。

4.7.6 酸碱滴定中 CO_2 的影响

在酸碱滴定中 CO_2 的影响有时是不能忽略的，CO_2 是酸碱滴定中误差的重要来源。CO_2 可以通过很多途径参与酸碱滴定，例如，配制溶液等所使用的蒸馏水中溶有 CO_2；标准碱溶液和用来配制标准溶液的固体碱都会吸收 CO_2；在滴定过程中被滴液也不断吸收 CO_2。

现将的影响分以下三种情况进行讨论。

(1)已标定过的 NaOH 标准溶液，如果保存不当或使用过程中吸收了 CO_2，从而使 NaOH 标准溶液中含有部分 Na_2CO_3。

假设 NaOH 溶液中有 x 摩尔 NaOH 与 CO_2 作用，由反应式可知，则会生成 $\frac{1}{2}$ 摩尔的

Na_2CO_3。

$$\begin{array}{llll} 2\,NaOH & + \; CO_2 = & Na_2CO_3 & + \; H_2O \\ 2 & & 1 & \\ x & & \frac{1}{2}x & \end{array}$$

当用此 NaOH 测定未知酸时：

① 如果采用甲基橙作指示剂(终点时溶液的 pH≈4.0)，终点时溶液中主要存在形式是 H_2CO_3。

NaOH 吸收 CO_2后所产生的 Na_2CO_3与 HCl 反应式是：

$$\begin{array}{lll} 2\,H^+ & + \; CO_3^{2-} & = \; H_2CO_3 \\ 2 & \quad 1 & \\ x & \quad \frac{1}{2}x & \end{array}$$

由反应式可知：消耗 HCl 为 x 摩尔，也就是说，x 摩尔 NaOH 与 CO_2作用后生成的 $\frac{1}{2}x$ 摩尔的 Na_2CO_3，这部分的 Na_2CO_3也消耗 x 摩尔的 HCl，所以此种情况下对 HCl 的滴定结果无影响。

另外从反应的计量关系也可以看出：2NaOH ～ Na_2CO_3 ～2HCl，NaOH 吸收了 CO_2后其有效浓度没有变，所以对 HCl 的测定结果无影响。

② 如果采用酚酞作指示剂，终点时溶液的 pH＝9.0～10.0，终点时溶液中主要存在形式是 HCO_3^-。

此时 NaOH 吸收的 CO_2后所产生 CO_3^{2-} 与 HCl 反应式为：

$$\begin{array}{lll} H^+ & + \; CO_3^{2-} & = \; HCO_3^- \\ 1 & \quad 1 & \\ \frac{1}{2}x & \quad \frac{1}{2}x & \end{array}$$

由反应式可看出：$\frac{1}{2}x$ 的 Na_2CO_3消耗了 $\frac{1}{2}x$ 摩尔的 HCl，HCl 消耗变少了，所以使盐酸的测定结果偏高。

另外从反应的计量关系也可以看出：2NaOH ～ Na_2CO_3 ～HCl，NaOH 吸收了 CO_2后其有效浓度下降了，导致滴定结果偏高。

为避免 CO_2的干扰，在这种情况下，应选用酸性范围变色的指示剂。

(2) 用于配制 HCl 的蒸馏水中溶解了 CO_2

H_2O 吸收了 CO_2后存在如下平衡：

$$CO_2 + H_2O = H_2CO_3$$

$$K = \frac{[H_2CO_3]}{[CO_2]} = 2.6 \times 10^{-3}$$

能与 NaOH 反应的型体是 H_2CO_3(而不是 CO_2)，它在水溶液中仅占 0.3%。

① 若使用甲基橙作指示剂，由于终点时 pH≈4.0，此时 H_2CO_3基本上不被滴定，即 CO_2不消耗 NaOH。

② 若使用酚酞为指示剂，终点时 pH＝9.0～10.0，此时 H_2CO_3 则与 NaOH 反应：

$$H_2CO_3 + NaOH = NaHCO_3 + H_2O$$

从而消耗 NaOH，会造成一些误差。

此外，由于 H_2CO_3 与 NaOH 溶液的反应速度不太快，加之在滴定过程中不断吸收 CO_2，因此，当滴定到粉红色时，稍放置，CO_2 又转变为 H_2CO_3，致使粉红色褪去，这样就得不到稳定的终点。因此，使用酚酞作指示剂时，所用的蒸馏水必须煮沸以除去 CO_2。

(3)配制标准 NaOH 溶液用的固体 NaOH 中含有少量 Na_2CO_3

由于在标定 NaOH 时，所用的基准物都是有机弱酸（如 $H_2C_2O_4 \cdot 2H_2O$、邻苯二甲酸氢钾），因此必须选用酚酞为指示剂，此时 CO_3^{2-} 被中和为 HCO_3^-。

当以此 NaOH 标准溶液滴定未知酸时：

① 若使用酚酞为指示剂，此时 CO_3^{2-} 被中和为 HCO_3^-，则滴定结果不受影响。

② 若使用甲基橙或甲基红为指示剂，此时 CO_3^{2-} 被中和为 H_2CO_3，相当于 NaOH 有效浓度增加了，导致结果偏低。

在酸碱滴定时应配制不含 CO_3^{2-} 的 NaOH 标准溶液，其方法如下：

① 先配成饱和 NaOH 溶液（约 50%）取上层清液，用经过煮沸除去 CO_2 的蒸馏水稀释至所需浓度。

② 在较浓的 NaOH 溶液中加入 $BaCl_2$ 或 $Ba(OH)_2$，以沉淀 CO_3^{2-}，然后取上层清液稀释至所需浓度（在 Ba^{2+} 不干扰测定时才能采用）。

4.8　终点误差

滴定分析时由于滴定终点(ep)与化学计量点(sp)不一致所造成的误差，称为滴定误差或叫终点误差（以 TE 表示）。

$$TE = \frac{\text{终点时过量（或不足量）滴定剂的物质的量}}{\text{计量点时应加入滴定剂的物质的量}} \times 100\%$$

或

$$TE = \frac{\text{终点时剩余被滴物的物质的量}}{\text{原始被滴物的物质的量}} \times 100\%$$

4.8.1　强酸（或强碱）的滴定

以 NaOH 滴定浓度为 c^0_{HCl}、体积为 V^0 的 HCl 为例，讨论如下：

1. 终点在计量点之后

此时 NaOH 过量，设终点时过量 NaOH 的浓度为 c'_{NaOH}，质子条件式为：

$$[H^+] = [OH^-] - c'_{NaOH}$$

则过量 NaOH 的浓度是：

$$c'_{NaOH} = [OH^-] - [H^+]$$

$$TE = \frac{([OH^-]-[H^+])^{ep} V^{ep}}{c^0_{HCl} V^0} \times 100\% = \frac{([OH^-]-[H^+])^{ep} V^{ep}}{c^{sp}_{HCl} V^{sp}} \times 100\%$$

因为一般情况下，$V^{ep}\approx V^{sp}$，代入上式得：

$$TE=\frac{([OH^-]-[H^+])^{ep}}{c_{HCl}^{sp}}\times 100\%$$

式中 c_{HCl}^{sp} 为 HCl 在计量点时的分析浓度。

2. 终点在计量点之前

此时有部分 HCl 未中和，设剩余 HCl 的浓度为 c'_{HCl}，质子条件式为：

$$[H^+]=[OH^-]+c'_{HCl}$$

未被中和的 HCl 浓度为：

$$c'_{HCl}=[H^+]-[OH^-]$$

$$TE=\frac{-([H^+]-[OH^-])^{ep}V^{ep}}{c_{HCl}^{0}V_{HCl}^{0}}\times 100\%=\frac{-([H^+]-[OH^-])^{ep}V^{ep}}{c_{HCl}^{sp}V^{sp}}\times 100\%$$

$$=\frac{-([H^+]-[OH^-])^{ep}}{c_{HCl}^{sp}}\times 100\%=\frac{-([OH^-]-[H^+])^{ep}}{c_{HCl}^{sp}}\times 100\%$$

NaOH 滴定 HCl 终点误差的统一计算公式为：

$$TE=\frac{([OH^-]-[H^+])^{ep}}{c_{HCl}^{sp}}\times 100\% \tag{4-59}$$

若滴定终点在化学计量点之后，pH>7.0，$[OH^-]>[H^-]$，TE 为正值；

若滴定终点在化学计量点之前，pH<7.0，$[OH^-]<[H^+]$，TE 为负值。

为方便记忆，式中用“┌──↓”表示“碱滴酸”。

同理，用 HCl 滴定 NaOH 终点误差公式为：

$$TE=\frac{([H^+]-[OH^-])^{ep}}{c_{NaOH}^{sp}}\times 100\% \tag{4-60}$$

式中 c_{NaOH}^{sp} 为 NaOH 在计量点时的分析浓度，用“┌──↓”表示“酸滴碱”。

【例 4-22】 计算 0.100 0 mol/L NaOH 滴定 0.100 0 mol/L HCl 至甲基橙变黄(pH4.4)和酚酞变红(pH9.0)时的终点误差。

解　由式(4-59)：

$$TE=\frac{([OH^-]-[H^+])^{ep}}{c_{HCl}^{sp}}\times 100\%$$

pH=4.4 时：

$$TE=\frac{10^{-9.6}-10^{-4.4}}{0.050\ 00}\times 100\%=-0.08\%$$

pH=9.0 时：

$$TE=\frac{10^{-5.0}-10^{-9.0}}{0.050\ 00}\times 100\%=0.02\%$$

4.8.2　一元弱酸(碱)的滴定

以 NaOH 滴定浓度为 c_{HB}^{0} 体积为 V^0 的一元弱酸 HB 为例。计量点时溶液的质子条件式为：

$$[H^+]+[HB]=[OH^-]$$

终点在计量点之后时，设过量 NaOH 浓度为 c'_{NaOH}，终点溶液质子条件式为：

$$[H^+]+[HB]=[OH^-]-c'_{NaOH}$$

$$c'_{NaOH}=[OH^-]-[H^+]-[HB]$$

$$TE=\frac{([OH^-]-[H^+]-[HB])^{ep}V^{ep}}{c_{HB}^{sp}V^{ep}}\times 100\%=\frac{([OH^-]-[H^+]-[HB])^{ep}}{c_{HB}^{sp}}\times 100\% \tag{4-61}$$

式中 c_{HB}^{sp} 为 HB 在计量点时的分析浓度，用"⌐↓"表示"碱滴弱酸(HB)"。式(4-61)也适用于终点在计量点前的终点误差的计算。

[HB]可由其分布系数求得：

$$[HB]=c_{HB}^{sp}\delta_{HB}$$

代入式(4-61)中，得：

$$TE=\left(\frac{[OH^-]-[H^+]}{c_{HB}^{sp}}-\delta_{HB}\right)\times 100\%$$

同理，强酸滴定强碱(B^-)的终点误差公式为：

$$TE=\frac{([H^+]-[OH^-]-[B^-])}{c_{B^-}^{sp}}\times 100\%=\left(\frac{[H^+]-[OH^-]}{c_{B^-}^{sp}}-\delta_{B^-}\right)\times 100\% \tag{4-63}$$

【例 4-23】 以 0.100 0 mol/L NaOH 滴定 0.100 0 mol/L HAc，若终点的 pH 值与化学计量点的 pH 值相差±0.5 个 pH 单位，求终点误差。

解 计量点时，$c_{Ac^-}=0.050\ 00$ mol/L。

已知 $K_{Ac^-}=10^{9.24}$，计量点的 pH 由 Ac^- 决定。因 $cK_{Ac^-}>20K_w$，$c_{Ac^-}/K_{Ac^-}>500$，故

$$[OH^-]=\sqrt{c_{Ac^-}\cdot K_{Ac^-}}=\sqrt{0.050\ 00\times 10^{-9.24}}=10^{-5.27}\ \text{mol/L}$$

$$pH=8.73$$

(1)若 $pH_{ep}=8.73-0.5=8.23$，则$[H^+]=10^{-8.23}$ mol/L，$[OH^-]=10^{-5.77}$ mol/L。因$[OH^-]\gg[H^+]$，溶液显碱性，可以忽略$[H^+]$。故

$$TE=\left(\frac{[OH^-]}{c_{HAc}^{sp}}-\delta_{HAc}\right)\times 100\%=\left(\frac{10^{-5.77}}{0.050}-\frac{10^{-8.23}}{10^{-4.76}+10^{-8.23}}\right)\times 100\%$$

$$=(10^{-4.47}-10^{-3.47})\times 100\%=-0.03\%$$

(2)若 $pH_{ep}=8.73+0.5=9.23$，则$[H^+]=10^{-9.23}$ mol/L，$[OH^-]=10^{-4.77}$ mol/L。因$[OH^-]\gg[H^+]$，忽略$[H^+]$。故

$$TE=\left(\frac{[OH^-]}{c_{HAc}^{sp}}-\delta_{HAc}\right)\times 100\%=\left(\frac{10^{-4.77}}{0.050}-\frac{10^{-9.23}}{10^{-4.76}+10^{-9.28}}\right)\times 100\%$$

$$=(10^{-3.47}-10^{-4.47})\times 100\%=0.03\%$$

4.8.3 多元酸的滴定

以浓度为 c^0 mol/L NaOH 滴定浓度为 c^0 mol/L体积为 V^0 mL的 H_3PO_4 为例来讨论滴定至第一、第二终点的终点误差。

1. 滴定至第一计量点后

ep_1 在 sp_1 之后，NaOH 过量，设过量 NaOH 的浓度为 c'_{NaOH}，但可继续中和 $H_2PO_4^-$，生成 HPO_4^{2-}，且 $c_{HPO_4^{2-}}=c'_{NaOH}$，故溶液组成为 $H_2PO_4^- - HPO_4^{2-}$，质子条件式为：

$$[H^+]+[H_2PO_4]=[OH^-]+[HPO_4^{2-}]-c'_{HPO_4^{2-}}+2[PO_4^{3-}]$$

第一计量点时，溶液为弱酸性，因此终点也为弱酸性，$[OH^-]$和$[PO_4^{3-}]$都很小，可以略去，质子条件式可简化为：

$$[H^+]+[H_3PO_4]=[HPO_4^{2-}]-c'_{NaOH}$$

$$c'_{NaOH}=[HPO_4^{2-}]-[H_3PO_4]-[H^+]$$

终点误差表达式为：

$$TE=\frac{c'_{NaOH}V^{ep_1}}{c_{H_3PO_4}^{sp_1}V^{sp_1}}\times 100\%=\frac{[HPO_4^{2-}]-[H^+]-[H_3PO_4]}{c_{H_3PO_4}^{sp_1}}\times 100\% \qquad (4\text{-}64)$$

式(4-64)中，$[HPO_4^{2-}]$、$[H_3PO_4]$表示在第一终点时的平衡浓度，可由其分布系数求得，故

$$TE=\left(\delta_{HPO_4^{2-}}-\delta_{H_3PO_4}-\frac{[H^+]}{c_{H_3PO_4}^{sp_1}}\right)\times 100\% \qquad (4\text{-}65)$$

由于多元酸的分布系数计算比较麻烦，通常可由有关离解平衡关系式代入式(4-64)进行近似计算。

$$[HPO_4^{2-}]=\frac{K_{a_2}[H_2PO_4^-]}{[H^+]}\approx\frac{K_{a_2}c_{H_3PO_4}^{sp_1}}{[H^+]}$$

$$[H_3PO_4]=\frac{[H^+][H_2PO_4^-]}{K_{a_1}}\approx\frac{[H^+]c_{H_3PO_4}^{sp_1}}{K_{a_1}}$$

式(4-64)和(4-65)也适用于 ep_1 在 sp_1 之前的场合。

2. 滴定至第二计量点后

终点溶液组成为 HPO_4^{2-} 和 c'_{NaOH}，溶液质子条件式为：

$$[H^+]+[H_2PO_4^-]+2[H_3PO_4]=[OH^-]+[PO_4^{3-}]-c'_{NaOH}$$

第二计量点时溶液为碱性，$[H^+]$和$[H_3PO_4]$都很小，可以略去，质子条件式可简化为：

$$[H_2PO_4^-]=[OH^-]+[PO_4^{3-}]-c'_{NaOH}$$

$$c'_{NaOH}=[OH^-]+[PO_4^{3-}]-[H_2PO_4^-]$$

第二计量点时消耗 NaOH 的物质的量应当是 H_3PO_4 物质的量的两倍，即：

$$n(OH^-)=2n(H_3PO_4)$$

终点误差表达式为：

$$TE=\frac{c'_{NaOH}V^{sp_2}}{2c_{H_3PO_4}^{sp_2}V^{sp_2}}\times 100\%=\frac{[OH^-]+[PO_4^{3-}]-[H_2PO_4^-]}{2c_{H_3PO_4}^{sp_2}}\times 100\% \qquad (4\text{-}66)$$

$$TE=\frac{1}{2}\left(\frac{[OH^-]}{c_{H_3PO_4}^{sp_2}}+\delta_{PO_4^{3-}}-\delta_{H_2PO_4^-}\right)\times 100\% \qquad (4\text{-}67)$$

式(4-66)和(4-67)也适用于 ep_2 在 sp_2 之前的场合。

为了计算方便，可用有关离解平衡关系式代入式(4-66)做近似计算。

$$[PO_4^{3-}]=\frac{K_{a_3}[HPO_4^{2-}]}{[H^+]}\approx\frac{K_{a_3}c_{H_3PO_4}^{sp_2}}{[H^+]}$$

$$[H_2PO_4^-]=\frac{[H^+][HPO_4^{2-}]}{K_{a_2}}\approx\frac{[H^+]c_{H_3PO_4}^{sp_2}}{K_{a_2}}$$

以上介绍了几种酸碱滴定时体系终点误差的计算公式。对于混合酸或各种碱的滴定，也可以按同样的方法进行处理，只是计算公式稍有不同而已。

【例 4-24】以 0.100 0 mol/L NaOH 滴定 20.00 mL 0.100 0 mol/L H_3PO_4，计算滴定至(1)pH＝4.4(甲基橙指示终点)；(2)pH＝10.0(百里酚酞指示终点)时的终点误差。

解 (1)第一计量点时产物为 $H_2PO_4^-$，$c_{H_2PO_4^-}^{sp_1}=0.050\ 00$ mol/L。由前面计算可知，第一计量点时溶液的 pH 值为 4.71。

当滴至 pH＝4.4 时，$[H^+]=10^{-4.4}$ mol/L，终点在第一计量点之前，此时

$$[HPO_4^{2-}]=\frac{K_{a_2}[H_2PO_4^-]}{[H^+]}=\frac{10^{-7.21}\times 0.050\ 00}{10^{-4.4}}=10^{-4.11}\ \text{mol/L}$$

$$[H_3PO_4]=\frac{[H^+][H_2PO_4^-]}{K_{a_1}}=\frac{10^{-4.4}\times 0.050\ 00}{10^{-2.16}}=10^{-3.54}\ \text{mol/L}$$

代入式(4-64)中，得

$$TE=\frac{[HPO_4^{2-}]-[H^+]-[H_3PO_4]}{c_{H_3PO_4}^{sp_1}}\times 100\%=\frac{10^{-4.11}-10^{-4.4}-10^{-3.54}}{0.050\ 00}\times 100\%=-0.5\%$$

(2)第二计量点时产物为 HPO_4^{2-}，$c_{HPO_4^{2-}}^{sp_2}=0.033\ 33$ mol/L，pH＝9.66。

当滴至 pH＝10.0 时，$[H^+]=10^{-10.0}$ mol/L，终点在第二计量点之后，此时

$$[PO_4^{3-}]=\frac{K_{a_3}[HPO_4^{2-}]}{[H^+]}=\frac{10^{-12.32}\times 0.033\ 33}{10^{-10.0}}=10^{-3.80}\ \text{mol/L}$$

$$[H_2PO_4^-]=\frac{[H^+][HPO_4^{2-}]}{K_{a_2}}=\frac{10^{-10.0}\times 0.033\ 33}{10^{-7.21}}=10^{-4.27}\ \text{mol/L}$$

代入式(4-66)中，得

$$TE=\frac{[OH^-]+[PO_4^{3-}]-[H_2PO_4^-]}{2c_{H_3PO_4}^{sp_2}}\times 100\%=\frac{10^{-4.0}+10^{-3.80}-10^{-4.27}}{2\times 0.033\ 33}\times 100\%=0.3\%$$

4.9 酸碱滴定法的应用

酸碱滴定法既能测定酸和碱以及能与酸或碱起反应的物质，还能间接测定既不是酸又不是碱的某些物质，因此应用很广泛。

4.9.1 混合碱的分析

混合碱一般指 NaOH 和 Na_2CO_3 或 Na_2CO_3 和 $NaHCO_3$ 的混合物，测定混合碱中不同组分的含量，通常有两种方法：双指示剂法和 $BaCl_2$ 法。

1. 双指示剂法

所谓双指示剂法，就是利用两种指示剂进行连续滴定，根据不同指示剂的颜色变化得到两个终点，分别根据各终点时所消耗的 HCl 标准溶液的体积，计算各组分的含量。

(1)烧碱中 NaOH 和 Na_2CO_3 含量的测定

准确称取一定量试样溶解后，先以酚酞为指示剂，用 HCl 标准溶液滴定至红色刚消失，

用去 HCl 的体积为 V_1，这时 NaOH 全部被滴定，而 Na_2CO_3 只被滴定到 $NaHCO_3$。然后加入甲基橙，继续用 HCl 滴定至橙色，又用去的 HCl 体积为 V_2，这时 $NaHCO_3$ 被滴定到 H_2CO_3。由于 Na_2CO_3 被滴定到 $NaHCO_3$ 和 $NaHCO_3$ 被滴定到 H_2CO_3 所消耗的 HCl 的体积是相等的，因此用于滴定 NaOH 的 HCl 体积为 (V_1-V_2)，用于滴定 Na_2CO_3（至 H_2CO_3）的 HCl 体积为 $2V_2$。滴定的过程可图解如下：

$NaOH+Na_2CO_3$ ——加入酚酞

↓ HCl V_1

$NaCl+NaHCO_3$ ——酚酞变成无色后加入甲基橙

↓ HCl V_2

$NaCl+H_2CO_3$ ——甲基橙变色（由黄→橙）

结果计算如下：

$$\omega_{NaOH}=\frac{c(HCl)(V_1-V_2)M(NaOH)}{m_{样}}$$

$$\omega_{Na_2CO_3}=\frac{c(HCl)V_2M(Na_2CO_3)}{m_{样}}$$

（2）纯碱中 Na_2CO_3 和 $NaHCO_3$ 含量的测定

滴定过程可图解如下：

$Na_2CO_3+NaHCO_3$ ——加入酚酞

↓ HCl V_1

$NaHCO_3+NaHCO_3$ ——酚酞变成无色后加入甲基橙

↓ HCl V_2

$NaCl+H_2CO_3$ ——甲基橙变色（由黄→橙）

由图解可知，滴定 Na_2CO_3（至 H_2CO_3）消耗的 HCl 体积为 $2V_1$，试样中 $NaHCO_3$ 消耗的 HCl 体积为 (V_2-V_1)，则计算公式如下：

$$\omega_{Na_2CO_3}=\frac{c(HCl)V_1M(Na_2CO_3)}{m_{样}}$$

$$\omega_{NaHCO_3}=\frac{c(HCl)(V_2-V_1)M(NaHCO_2)}{m_{样}}$$

根据双指示剂的两个终点时消耗的 HCl 体积 V_1 和 V_2 的相对大小来判断未知混合碱的组分，如下表所示。

V_1 和 V_2 的相对大小	试样的组成
$V_1>0, V_2=0$	NaOH
$V_1=0, V_2>0$	$NaHCO_3$
$V_1=V_2>0$	Na_2CO_3
$V_1>V_2>0$	$NaOH+Na_2CO_3$
$V_2>V_1>0$	$Na_2CO_3+NaHCO_3$

2. $BaCl_2$ 法

(1)烧碱中 NaOH 和 Na_2CO_3 含量的测定

准确称取一定量试样，溶解于已除去 CO_2 的蒸馏水中，然后稀释至一定体积，取两等份试液，分别作如下测定：

一份试液用甲基橙作指示剂，用 HCl 标准溶液滴定至橙色，消耗 HCl 的体积为 V_1，此时测的是总碱度。

另一份试液，加入 $BaCl_2$ 溶液，使 Na_2CO_3 转化为微溶的 $BaCO_3$ 沉淀：

$$Ba^{2+}+CO_3^{2-}=BaCO_3\downarrow$$

然后以酚酞作指示剂，用 HCl 标准溶液滴定至终点，消耗 HCl 的体积为 V_2。这时不能用甲基橙作指示剂，因为甲基橙变色时 pH≈4.0，将有部分 $BaCO_3$ 溶解，使滴定结果不准确。

V_2 是滴定 NaOH 所消耗的 HCl 体积，而滴定 Na_2CO_3 所消耗的 HCl 体积是 (V_1-V_2)，故

$$\omega_{NaOH}=\frac{c(HCl)V_2M(NaOH)}{\frac{1}{n}\times m_{样}}$$

$$\omega_{Na_2CO_3}=\frac{\frac{1}{2}c(HCl)(V_1-V_2)M(Na_2CO_3)}{\frac{1}{n}\times m_{样}}$$

(2)纯碱中 Na_2CO_3 和 $NaHCO_3$ 含量的测定

采用 $BaCl_2$ 法测定时，操作方法与烧碱的分析稍有不同。测定时仍分取两等份试液，第一份试液仍以甲基橙为指示剂，用 HCl 滴定 Na_2CO_3 和 $NaHCO_3$ 的含量，消耗的 HCl 体积为 V_1。第二份试液先准确加入过量的 NaOH 标准溶液，将试液中 $NaHCO_3$ 转变成 Na_2CO_3，然后加入 $BaCl_2$ 将 CO_3^{2-} 沉淀为 $BaCO_3$，再以酚酞作指示剂，用 HCl 标准溶液返滴定过量的 NaOH，此时消耗的 HCl 为 V_2，则分析结果可用下式计算。

$$\omega_{NaHCO_3}=\frac{[c(NaOH)V(NaOH)-(c(HCl)V_2)]M(NaHCO_3)}{\frac{1}{n}\times m_{样}}$$

$$\omega_{Na_2CO_3}=\frac{\{c(HCl)V_1-[c(NaOH)V(NaOH)-c(HCl)V_2]\}\times\frac{1}{2}M(Na_2CO_3)}{\frac{1}{n}\times m_{样}}$$

以上两种方法中，双指示剂法比较简便。但由于 Na_2CO_3 被滴定至 $NaHCO_3$ 这一步终点不明显，误差较大。$BaCl_2$ 法虽多几步操作，但较准确。

双指示剂法用 HCl 标准溶液可测定混合磷酸盐。用 NaOH 标准溶液可测定磷酸及其酸式盐($H_3PO_4+NaH_2PO_4$)。示意如下：

H_3PO_4 —[V_1(NaOH), NaOH / 甲基橙]→ NaH_2PO_4 ⇌[上：V_2(NaOH), 百里酚酞, NaOH；下：HCl, 甲基橙, V_2(HCl)] Na_2HPO_4 ←[V(HCl), HCl / 百里酚酞]— Na_3PO_4

由上图可知：

$V_1(NaOH)=V_2(NaOH)$　　组成为 H_3PO_4

$V_1(HCl)=V_2(HCl)$　　组成为 Na_3PO_4

$V_1(NaOH)<V_2(NaOH)$　　组成为 $H_3PO_4+NaH_2PO_4$

$V_1(HCl)<V_2(HCl)$　　组成为 $Na_3PO_4+Na_2HPO_4$

【例 4-25】已知某试样可能含有 Na_3PO_4、Na_2HPO_4 和 NaH_2PO_4，同时含有惰性杂质。称取该试样 2.000 g，用水溶解。当试样溶液用甲基橙作指示剂，以 0.500 0 mol/L HCl 滴定时，需 HCl 32.00 mL。同样质量的试样溶液以百里酚酞作指示剂时，需 0.500 0 mol/L HCl 12.00 mL。问(1)试样的组成是什么？(2)各组分的含量是多少？

解　滴定过程可图解如下：

Na_3PO_4 ——加入百里酚酞

↓ HCl V_1

Na_2HPO_4 ——百里酚酞变色加入甲基橙

↓ HCl V_2

NaH_2PO_4 ——甲基橙变色

(1)由图解可知，只有图解上相邻的两种物质才可能同时存在(即：$Na_3PO_4+Na_2HPO_4$、$Na_2HPO_4+NaH_2PO_4$)。本题中 $V_1=12.00$ mL，$V_2=32.00-12.00=20.00$ mL，$V_2>V_1$，故试样组成为：$Na_3PO_4+Na_2HPO_4$。

(2)各组分的含量如下：

$$\omega_{Na_3PO_4}=\frac{c(HCl)V_1M(Na_3PO_3)}{m_{样}}=\frac{0.500\,0\times12.00\times163.94}{2.000\times1\,000}=0.491\,8$$

或者 $\omega_{Na_3PO_4}=49.18\%$。

$$\omega_{Na_2HPO_4}=\frac{c(HCl)(V_2-V_1)M(Na_2HPO_4)}{m_{样}}=\frac{0.500\,0\times(20.00-12.00)\times141.96}{2.000\times1\,000}=0.284\,0$$

或者 $\omega_{Na_2HPO_4}=28.40\%$。

4.9.2　铵盐中氮的测定

肥料、土壤及许多有机化合物常常需要测定其中氮的含量。对于氮的测定，通常是将试样加以适当处理，使各种氮转化为铵，然后进行测定。常用的方法有蒸馏法和甲醛法。

1. 蒸馏法

将铵盐(如 NH_4Cl、$(NH_4)_2SO_4$ 等)试样溶液置于蒸馏瓶中，加入过量、不计量浓 NaOH，加热使 NH_3 定量蒸馏出来。

$$NH_4^+ + NaOH(浓) \xlongequal{\triangle} NH_3\uparrow + Na^+ + H_2O$$

蒸馏出来的 NH_3 用定量、过量 HCl(或 H_2SO_4)标准溶液吸收，过量的酸以甲基橙或甲基红为指示剂(不能使用酚酞)，用 NaOH 标准溶液返滴，氮的含量用下式计算。

$$\omega_N=\frac{[C(HCl)V(HCl)-C(NaOH)V(NaOH)]A_r(N)}{m_{样}}$$

蒸馏出来的 NH_3 也可用过量、不计量的 H_3BO_3 溶液吸收。

$$NH_3+H_3BO_3=NH_4^+ + H_2BO_3^-$$

再用 HCl 标准溶液滴定生成的 $H_2BO_3^-$ ($pK_{H_2BO_3^-}=4.76$)，选用甲基红为指示剂。

$$H_2BO_3^- + H^+ = H_3BO_3$$

此法的优点是只需一种标准溶液(HCl)。H_3BO_3 在整个过程中不被滴定，其浓度和体积不需很准确，只需保证过量即可。

对于有机含氮化合物，可用浓 H_2SO_4 消煮处理，破坏有机物。为了缩短消煮时间，可加催化剂 $CuSO_4$，并加 K_2SO_4 以提高溶液沸点。试样消化分解完全后，有机物中氮全部转化为 $(NH_4)_2SO_4$，再加浓 NaOH 蒸馏出 NH_3，按上述蒸馏法测定。此法称为 Kjeldehl 定氮法。

2. 甲醛法

甲醛与铵盐反应：

$$4NH_4^+ + 6HCHO = (CH_2)_6N_4H^+ + 3H^+ + 6H_2O$$

生成的 H^+ 和 $(CH_2)_6N_4H^+$ ($pK_a=14.00-8.87=5.13$)，可用 NaOH 标准溶液直接滴定，选酚酞作指示剂。如果试样中含有游离的酸或碱，事先需中和，此时应采用甲基红作指示剂。甲醛中常含有少量甲酸，使用前也应预先中和除去，以酚酞为指示剂。

4.9.3 磷的测定

土壤、矿石等试样中磷的测定，可用酸碱滴定法。试样经处理后，将磷转化为 H_3PO_4，在 HNO_3 介质中，磷酸与钼酸铵反应，生成黄色磷钼酸铵沉淀，其反应为：

$$H_3PO_4 + 12MoO_4^{2-} + 2NH_4^+ + 22H^+ = (NH_4)_2HPO_4 \cdot 12MoO_3 \cdot H_2O + 11H_2O$$

沉淀过滤后，用水洗涤至洗液不显酸性为止。将沉淀溶于定量过量的 NaOH 标准溶液中，然后以酚酞为指示剂，用 HNO_3 标准溶液返滴至红色褪去，其溶解和滴定的总反应式是：

$$(NH_4)_2 \cdot HPO_4 \cdot 12MoO_3 \cdot H_2O + 24OH^- = 12MoO_4^{2-} + HPO_4^{2-} + 2NH_4^+ + 13H_2O$$

由上面总反应式可知，1 摩尔 P 消耗 24 摩尔的 NaOH，即

$$n(P) \Leftrightarrow 24n(NaOH)$$

试样中磷的含量为：

$$\omega_P = \frac{[c(NaOH)V(NaOH) - c(HNO_3)V(HNO_3)] \times \frac{1}{24}A_r(P)}{m_{样}}$$

4.9.4 硅的测定

矿石、岩石、水泥、玻璃、陶瓷、分子筛等都是硅酸盐。硅酸盐试样中 SiO_2 含量的测定，通常采用重量法。重量法比较准确，但费时、费力。硅氟酸钾法比较简便、快速，准确度也能满足一般要求，测定步骤如下：

试样用 KOH 熔融后，转化为可溶性硅酸盐(K_2SiO_3)，在 KCl 存在下，K_2SiO_3 与 HF 作用(或在 HNO_3 溶液中加 KF)，生成难溶的硅氟酸钾(K_2SiF_6)，反应如下：

$$K_2SiO_3 + 6HF = K_2SiF_6 \downarrow + 3H_2O$$

由于沉淀的溶解度较大，加入固体 KCl 以降低其溶解度。沉淀用滤纸过滤，用 KCl－乙醇溶液洗涤后，放回原烧杯中，加入 KCl－乙醇溶液，以 NaOH 溶液中和沉淀吸附的游离酸至

酚酞变红。再加入沸水，使硅氟酸钾水解而释放出 HF。反应如下：

$$K_2SiF_6 + 3H_2O \xrightarrow{\triangle} 2KF + H_2SiO_3 + 4HF$$

用 NaOH 标准溶液滴定释放出的 HF，由消耗的 NaOH 体积计算试样中 SiO_2 的含量。

$$\omega_{SiO_2} = \frac{\frac{1}{4}c(NaOH)V(NaOH) \times M(SiO_2)}{m_{样}}$$

4.9.5 不能直接滴定的弱酸(碱)及中性盐的测定

1. 硼酸的测定

H_3BO_3 是极弱的酸($pK_a = 9.24$)，不能用 NaOH 直接准确滴定。但 H_3BO_3 能与某些多元醇(如甘露醇或甘油)络合，生成离解常数较大的络合酸，后者可用强碱直接滴定。例如 H_3BO_3 与甘露醇形成络合酸，反应如下：

$$H_3BO_3 + \begin{matrix} H \\ | \\ R-C-OH \\ | \\ R-C-OH \\ | \\ H \end{matrix} \rightleftharpoons \left[\begin{matrix} H & & H \\ | & & | \\ R-C-O & & O-C-R \\ | & \quad B \quad & | \\ R-C-O & & O-C-R \\ | & & | \\ H & & H \end{matrix} \right]^- H^+ + 3H_2O$$

生成的络合酸(甘露醇酸)的离解常数为 5.5×10^{-5}，可以用 NaOH 直接滴定，可选用酚酞或百里酚酞为指示剂。

2. 利用离子交换法测定极弱酸、极弱碱及中性盐

利用离子交换剂与溶液中离子的交换作用，一些极弱酸(如 NH_4Cl)、极弱碱(NaF)及中性盐(KNO_3)也可以用酸碱法测定。

例如，NaF 溶液流经强酸型阳离子交换柱，磺酸基上的 H^+ 与溶液中 Na^+ 进行交换反应：

$$R—SO_3^-H^+ + NaF = R—SO_3^-Na^+ + HF$$

置换出的 HF，可用 NaOH 标准溶液滴定。

KNO_3 溶液流经季胺型阴离子交换柱发生如下反应：

$$R—NR_3'—OH + KNO_3 = R—NR_3'—NO_3 + KOH$$

置换出的 KOH，可用标准 HCl 溶液滴定。

4.10 非水酸碱滴定法

4.10.1 概　述

在滴定分析中，除了滴定是在水溶液中完成外，采用性质多样的非水溶剂(有机溶剂)作为滴定介质的一类滴定方法称为非水滴定法。从反应的类型来看，非水滴定同样包括酸碱滴定、络合滴定、氧化还原滴定和沉淀滴定。本节主要介绍非水酸碱滴定法。

酸碱滴定一般是在以水为介质的溶液中进行的，但是，在水溶液中经常会遇到两个不易解决的困难：首先，电离（离解）平衡常数 K 小于 10^{-7} 的弱酸或弱碱，由于它们在水溶液中滴定终点的突跃范围太小，通常无法进行准确滴定，例如：部分有机羧酸、醇、酚、胺、生物碱等；其次，许多有机化合物在水中的溶解度太小，无法形成水溶液，更不可能在水溶液中进行滴定，例如：阿苯达唑、氯硝柳胺、盐酸氯苯胍等。这些困难的存在，使得在水溶液中进行的酸碱滴定受到一定的限制。如果采用各种非水溶剂作为滴定的介质，常常可以克服这种困难，从而扩大酸碱滴定的范畴，因此非水滴定法在有机分析检测中得到了广泛应用。

非水酸碱滴定除具有一般滴定分析所具备的准确、快速等特点外，它的优点是：①能测定难溶于水的有机物；② 离解常数小于 10^{-7} 的在水中不能被直接测定的弱酸或弱碱以及某些盐类；③ 在水中不能被分步滴定的强酸或强碱。

4.10.2 非水滴定的原理

非水介质中酸碱滴定，主要以酸碱质子理论的概念为基础，根据酸碱质子理论：凡能给出质子的物质是酸；能接受质子的物质是碱，它们的关系可用下式表示：

$$\underset{\text{酸}}{HA} \rightleftharpoons \underset{\text{质子}}{H^+} + \underset{\text{碱}}{A^-}$$

在非水溶液中，游离的质子（H^+）不能单独存在，而是与溶剂分子结合成溶剂合质子，酸碱反应的实质是质子的转移，而质子的转移是通过溶剂合质子实现的。

溶剂对酸碱的强度影响很大，非水溶液中的酸碱滴定利用这个原理，使原来在水溶液中不能滴定的某些弱酸或弱碱，经选择适当的溶剂，增强其酸性或碱性后，便可进行滴定。

4.10.3 非水滴定的溶剂

1. 非水溶剂的分类

（1）质子性溶剂

具有较强的给出质子或接受质子能力的溶剂，可分为三种：

①酸性溶剂

具有较强的给出质子能力的溶剂，例如，甲酸、醋酸、丙酸等。其作用是酸性介质，能增强被测碱的强度。此类溶剂的特点是：酸性大于水，碱性小于水，适用于滴定弱碱性物质。

②碱性溶剂

具有较强的接受质子能力的溶剂，例如，乙二胺、乙醇胺、丁胺等。其作用是碱性介质，能增强被测酸的强度，适用于滴定弱碱性物质。

③两性溶剂

既能给出质子、又能接受质子的溶剂，溶剂分子之间有质子的转移，即质子自递作用，例如，甲醇、乙醇等。此类溶剂的特点是：酸性、碱性与水相似，适用滴定不太弱的酸性或碱性物质。

（2）非质子性溶剂

溶剂分子中无转移性质子的溶剂，分为：

①偶极亲质子性溶剂

溶剂分子中无转移性质子，但具有较弱的接受质子的倾向，且具有程度不同的形成氢键的能力，例如，酮类、酰胺类、腈类、吡啶类。此类溶剂适用于滴定弱酸性物质。

②惰性溶剂

溶剂分子中无转移性质子和接受质子的倾向，也无形成氢键的能力。例如，苯、甲苯、氯仿、四氯化碳等。此类溶剂的特点是不参加酸碱反应，常与质子溶剂混用，用来溶解、分散、稀释溶质。

(3)混合溶剂

质子性溶剂与惰性溶剂混合。例如。冰醋酸—醋酐，冰醋酸—苯，苯—甲醇等，此类溶剂的特点是使样品易溶，滴定突跃增大，终点变色敏锐。

2. 溶剂的性质

(1)溶剂的质子自递常数

在非水滴定中，常用的溶剂有冰醋酸、醋酸酐、甲醇、乙醇、二甲基甲酰胺等。在这些溶剂中，有的极难电离(离解)或完全不电离(离解)；有的却和水一样，在溶剂的分子之间有质子的转移，即质子的自递作用使溶剂本身产生离解。如甲醇和冰醋酸在溶剂中有与水相似的离解平衡，生成溶剂化质子：

水溶液　$$H_2O + H_2O = H_3O^+ + OH^-$$

水合质子

$$K_s = K_w = 1.00 \times 10^{-14}$$

醋酸溶液　$$HAc + HAc = H_2Ac^+ + Ac^-$$

醋酸合质子

$$K_s = 3.50 \times 10^{-15}$$

甲醇溶液　$$CH_3OH + CH_3OH = CH_3OH_2{}^+ + CH_3O^-$$

甲醇合质子

$$K_s = 2.00 \times 10^{-17}$$

K_s 被称为溶剂的质子自递常数，或成为溶剂的离子积。它是非水溶剂的重要特性，K_s 愈小(即 pK_s 愈大)，质子自递反应进行的程度愈差，滴定单一组分的准确度就愈高。由于可用的 pH 范围大，还可以连续滴定多种强度不同的酸(碱)的化合物。一些溶剂的 pK_s 值列于表 4-13 中。

表 4-13　一些溶剂的 pK_s 值

溶剂	水	甲醇	乙醇	冰醋酸	醋酸酐	乙腈	乙二胺
pK_s	14.00	16.7	19.1	14.45	14.4	32.2	15.3

我们可以用水和乙醇的比较来说明 pK_s 值的意义，在水中，1 mol/L 的强酸溶液的 pH 值为 0；1 mol/L 的强碱溶液的 pOH 值为 0，即 pH＝14，它们相差 14 个单位。但在乙醇中，从 pH＝0 变化到 $pOC_2H_5 = 0$，它们相差 19.1 个单位，变化范围较大。对于某些在水中由于突跃范围不明显，而不能进行滴定的酸碱物质，在乙醇介质中，滴定的突跃范围会比较大，滴定终点也比较明显，酸碱滴定也就会成为可能。

(2)溶剂的拉平效应和区分效应

由于酸碱在溶液中的解离是通过溶剂接受或给出质子得以实现的,所以物质的酸碱性强弱不仅仅决定于物质的本性,也与溶剂的酸碱性有关。一些酸或碱在某种溶剂中表现出强酸性或强碱性之间的差异,而在另一种溶剂中却表现不出酸碱性的明显差异。如在水溶液中,$HClO_4$ H_2SO_4、HCl、HNO_3都是强酸,它们将质子转移给 H_2O,生成 H_3O^+:

$$HClO_4 + H_2O = H_3O^+ + ClO_4^-$$

$$H_2SO_4 + H_2O = H_3O^+ + HSO_4^-$$ 强度相近

$$HCl + H_2O = H_3O^+ + Cl^-$$

$$HNO_3 + H_2O = H_3O^+ + NO_3^-$$

四种酸在水溶液中全部解离,碱性较强的 H_2O 可全部接受其质子,生成 H_3O^+,水将高氯酸、硫酸、盐酸、硝酸的强度拉平到溶剂化质子(H_3O^+)的水平,使四种酸的强度相同。这种将不同强度的酸(或碱)拉平到溶剂化质子水平,使之强度变为相同的效应被称为拉平效应,具有拉平作用的溶剂被称为拉平溶剂,在此,水是 $HClO_4$、H_2SO_4、HCl、HNO_3的拉平溶剂。

如果在冰醋酸的介质中,它们将质子转移给 HAc,生成 H_2Ac^+:

$$HClO_4 + HAc = H_2Ac^+ + ClO_4^-$$

$$H_2SO_4 + HAc = H_2Ac^+ + HSO_4^-$$ 强度增强

$$HCl + HAc = H_2Ac^+ + Cl^-$$

$$HNO_3 + HAc = H_2Ac^+ + NO_3^-$$

在 HAc 溶液中,由于 HAc 碱性$<H_2O$,在这种情况下,这四种酸就不能全部将质子转移给 HAc,并且在程度上有差别,即给出质子的程度:

$$HClO_4 > H_2SO_4 > HCl > HNO$$

这四种酸的强度能显示其差别来,$HClO_4$的强度最大,这种能够区分酸(或碱)的强弱作用被称为区分效应,具有区分效应的溶剂被称为区分性溶剂,在这里,冰醋酸是这四种酸的区分溶剂。

在非水滴定中,利用拉平效应可以测定混合酸(或碱)的总量,利用区分效应可以分别测定混合酸(或碱)中各组分的含量。

一般而言,惰性溶剂没有明显的酸性和碱性,因此,惰性溶剂没有拉平效应。这样就使得惰性溶剂成为一种很好的区分溶剂。

4.10.4 非水滴定条件的选择

1.溶剂的选择

(1)溶剂的选择原则

依据溶剂酸碱性对被测物酸碱性和对滴定反应的影响选择溶剂,滴定酸时,选择碱性溶剂或偶极亲质子性溶剂。滴定碱时,选择酸性溶剂或惰性溶剂。

(2)溶剂的要求

①溶剂的酸碱性应当有利于滴定反应进行完全;

②溶剂能够溶解试样和滴定反应的产物,当一种溶剂不能溶解时,可以采用混合溶剂;

③溶剂应有一定的纯度,黏度小,挥发性低,易于回收,价格低廉而且安全。

2. 滴定剂的选择

(1)酸性滴定剂

在非水介质中滴定碱时，常用 $HClO_4$－HAc 作滴定剂。

$HClO_4$－HAc 滴定剂用间接法配制，用基准物邻苯二甲酸氢钾标定，以结晶紫指示剂指示终点。

(2)碱性滴定剂

滴定酸时最常用的滴定剂为甲醇钠，甲醇钾等，用基准物苯甲酸标定，以百里酚蓝指示剂指示终点。

4.10.5　滴定终点的确定

确定非水滴定终点的方法基本上有两种，即：电位法和指示剂法。

1. 电位法确定滴定终点

电位法一般是以玻璃电极为指示电极，饱和甘汞电极为参比电极，使用酸度计的电位档来指示滴定过程中溶液的电位(mV)随着滴加滴定剂体积(mL)的增加而发生变化的情况，通过绘制滴定曲线来确定滴定终点。

2. 指示剂法确定滴定终点

用指示剂来确定滴定终点的关键是选用合适的指示剂，而指示剂的选择通常是采用经验的方法来确定的。即在电位滴定的同时，在溶液中加入指示剂，滴定过程中不断地观察电位值和指示剂颜色的变化情况，从而可以确定何种指示剂与电位滴定所确定的滴定终点相符合。

在非水滴定中，通常用于弱酸滴定的指示剂有：百里酚蓝、偶氮紫等；在冰醋酸中滴定弱碱的指示剂有：结晶紫和甲基紫。

思　考　题

1. 什么叫共轭酸碱对？共轭酸碱对的 K_a 与 K_b 之间有什么关系？酸碱反应的实质是什么？

2. 讨论$(NH_4)_2CO_3$ 溶液的酸碱平衡问题，推导其 H^+ 浓度的计算式。

3. 缓冲溶液的缓冲容量的大小与哪些因素有关？在什么条件下缓冲溶液具有最大缓冲容量？

4. 选择缓冲溶液的原则是什么？欲控制 pH＝3.0 的缓冲溶液，现有下列物质，问应选择何种缓冲体系？

(1) —COOH —COOH　(2)$CHCl_2COOH$　(3)CH_3COOH

5. 往$(CH_2)_6N_4$ 溶液中，加入一定量的 HCl 后，是不是缓冲溶液？它的有效 pH 缓冲范围为多少？

6. 何谓指示剂的变色点和变色范围？指示剂的选择原则是什么？化学计量点的 pH 值与选择指示剂有何关系？

7. 指示剂用量过多会带来哪些不利影响？

8. 有人试图用酸碱滴定法来测定 NaAc 的含量，先加入一定量过量标准 HCl 溶液，然后用 NaOH 标准溶液返滴定过量的 HCl。上述操作是否正确？试说明理由。

9. 何谓酸碱滴定的 pH 突跃范围？影响强酸(碱)和一元弱酸(碱)滴定突跃范围的因素有哪些？

10. 将等体积的 pH=3.0 的 HCl 溶液和 pH=10.0 的 NaOH 溶液混合后，溶液的 pH 是多少？

11. 现欲用 Na_3PO_4 与 HCl 配制 pH 为 7.21 的缓冲液，Na_3PO_4 与 HCl 物质的量之比($n_{Na_3PO_4}$ ∶ n_{HCl})应当是多少？

12. 现欲用 H_3PO_4 与 NaOH 配制 pH 为 7.21 的缓冲液，则 H_3PO_4 与 NaOH 物质的量之比($n_{H_3PO_4}$ ∶ n_{NaOH})应当是多少？

13. 下列各物质能否在水溶液中直接滴定？若能，选用何种指示剂？(浓度均为0.10 mol/L)

(1)NH_4Cl　(2)HCN　(3)HCOOH　(4)CH_3NH_2

(5)盐酸羟胺　(6)乙胺　(7)六次甲基四胺　(8)NaAc

14. 下列各物质能否准确分步滴定或分别滴定？

(1)0.10 mol/L 柠檬酸

(2)0.010 mol/L 砷酸

(3)0.10 mol/L 顺丁稀二酸

(4)0.10 mol/L Na_3PO_4

(5)0.10 mol/L H_2S

(6)0.10 mol/L NaOH + 0.10 mol/L $(CH_2)_6N_4$

(7)0.10 mol/L HAc + 0.001 0 mol/L H_3BO_3

(8)0.10 mol/L H_2SO_4 + 0.10 mol/L H_3BO_3

(9)0.10 mol/L 醋酸 + 0.010 mol/L 二氯乙酸

15. 已知某 NaOH 标准溶液在保存过程中吸收了少量的 CO_2，用此溶液标定 HCl 溶液的浓度(用 HCl 滴定 NaOH)，分别以甲基橙和酚酞作指示剂，讨论 CO_2 对测定结果的影响有何不同。

16. 有人以 $Na_2B_4O_7 \cdot 10H_2O$ 作为基准物质标定 HCl，他先将其置于盛有无水 $CaCl_2$ 的干燥器中保存，然后称取此硼砂标定 HCl 溶液。问所标定 HCl 溶液的浓度是偏高还是偏低，或是没有影响？

17. 下列滴定中应该用什么作指示剂？说明理由。

(1)用 0.10 mol/L NaOH 滴定有 NH_4Cl 存在的 0.10 mol/L HCl。

(2)用 0.10 mol/L HCl 滴定有 NaAc 存在的 0.10 mol/L NaOH。

18. 用 0.10 mol/L NaOH 滴定 0.10 mol/L $pK_a=4.0$ 的弱酸的突跃范围为 7.0～9.7，若用 0.10 mol/L NaOH 滴定 0.10 mol/L $pK_a=3.0$的弱酸的突跃范围为多少？

19. 某一磷酸盐试液，可能为 Na_3PO_4、Na_2HPO_4、NaH_2PO_4 或者某两者共存的混合物，用标准盐酸滴定至百里酚酞终点所消耗的盐酸为 V_1 mL，继以甲基橙为指示剂又消耗标准盐酸 V_2 mL，试根据下列 V_1、V_2 判断其组成。

(1)$V_1=V_2$　(2)$V_1<V_2$　(3)$V_1=0, V_2>0$　(4)$V_1=0, V_2=0$

20. 为什么滴定 Na_2CO_3 到 $NaHCO_3$ 终点时，指示剂的变色总是不可能非常明显，滴定的误差可能会高于±0.5%？

21. 某人用标准 HCl 溶液标定 NaOH 溶液，采用甲基橙作指示剂(假设没有指示剂空白)。他用此碱溶液去测定试样中邻苯二甲酸氢钾的含量，采用酚酞作指示剂。他所得的结果将会偏高、偏低还是正确？说明原因。

22. 判断下列情况对测定结果的影响。

(1)标定 NaOH 溶液时，若邻苯二甲酸氢钾中混有邻苯二甲酸。

(2)已知某 NaOH 溶液吸收了 CO_2，有 0.4%的 NaOH 转变成 Na_2CO_3。用此 NaOH 溶液测定 HAc 含量时，会对测定结果产生多大的影响？

23. 设计下列混合物的分析方案。

(1) $HCl+NH_4Cl$ 混合液　　(2)硼酸＋硼砂混合液

(3) $HCl+H_3PO_4$ 混合液　　(4) $H_2SO_4+(NH_4)_2SO_4$ 混合液

(5) $HCl+H_3BO_3$ 混合液　　(6) $Na_2HPO_4+NaH_2PO_4$

(7) NH_3+NH_4Cl　　(8) $HAc+NaAc$　　(9) $NaOH+Na_3PO_4$

习　题

1. 写出下列各酸碱水溶液的质子条件式。

(1) NH_4Cl　　(2) $Na_2C_2O_4$　　(3) Na_3PO_4

(4) $NH_4H_2PO_4$　　(5) $NaNH_4HPO_4$　　(6) $(NH_4)_2CO_3$

(7) NH_4Ac　　(8) $HAc+H_3BO_3$　　(9) $H_2SO_4+HCOOH$

(10) $HCl+NaH_2PO_4$　　(11) $NaH_2PO_4+Na_2HPO_4$

2. 计算下列各溶液的 pH 值。

(1)0.10 mol/L NH_4Cl　　(5.12)

(2)0.025 mol/L HCOOH　　(2.70)

(3)0.10 mol/L H_3BO_3　　(5.12)

(4)0.10 mol/L 三乙醇胺　　(10.38)

(5) 1.0×10^{-4} mol/L HCN　　(6.61)

(6)0.10 mol/L NH_4CN　　(9.28)

(7)0.10 mol/L Na_2S　　(12.78)

(8)0.010 mol/L H_2SO_4　　(1.84)

(9)0.10 mol/L 六次甲基四胺　　(9.06)

3. 计算下列溶液的 pH 值。

(1)50 mL 0.10 mol/L H_3PO_4

(2)50 mL 0.10 mol/L H_3PO_4 +25 mL 0.10 mol/L NaOH

(3)50 mL 0.10 mol/L H_3PO_4 +50 mL 0.10 mol/L NaOH

(4)50 mL 0.10 mol/L H_3PO_4 +75 mL 0.10 mol/L NaOH

((1)1.64；(2)2.29；(3)4.71；(4)7.21)

4. 计算 pH 为 8.00 和 12.00 时 0.10 mol/L KCN 溶液中 CN^- 的浓度。

(4.7×10^{-3} mol/L； 0.10 mol/L)

5. 今有 0.25 mol/L 乳酸溶液 500 mL，需加入多少毫升 0.20 mol/L NaOH 溶液，才能使所得缓冲溶液的 pH 值为 4.10？（乳酸的 $pK_a=3.88$） (390 mL)

6. 欲将 100 mL 0.10 mol/L HCl 溶液的 pH 值从 1.00 增加至 4.46，需加入固体醋酸钠（NaAc）多少克？（忽略溶液体积的变化） (1.2 g)

7. 配制氨基乙酸总浓度为 0.10 mol/L 的缓冲溶液（pH＝2.00）100 mL，需氨基乙酸多少克？需加入 1.0 mol/L 的强酸或强碱多少毫升？ (0.75 g； 7.9 mL)

8. 今由某弱酸 HB 及其共轭碱配制缓冲溶液，已知［HB］＝0.25 mol/L，于此 100 mL 缓冲溶液中加入 200 mg 的固体 NaOH（忽略体积的变化）后，所得溶液的 pH 值为 5.60。问原来所配制的缓冲溶液的 pH 值为多少？（HB 的 $K_a=5.0\times10^{-6}$） (5.45)

9. 25.00 mL 0.400 mol/L H_3PO_4 与 30.00 mL 0.500 mol/L Na_3PO_4 溶液相混合，然后稀释至 100.0 mL，计算此缓冲溶液的 pH 值和缓冲容量。若准确移取上述混合溶液 25.00 mL，需加入多少毫升 1.00 mol/L NaOH 溶液，才能使混合溶液的 pH 值等于 9.00？

(7.81； 0.091 mol/L； 1.15 mL)

10. 用 0.100 0 mol/L NaOH 溶液滴定 0.100 0 mol/L 甲酸溶液，计量点的 pH 是多少？计算以中性红（pH＝7.0）为指示剂时的终点误差。 (8.24； －0.06％)

11. 计算 0.100 0 mol/L NaOH 滴定 0.100 0 mol/L H_3PO_4 至 pH＝5.0 和 pH＝10.0 时的终点误差。 (0.46％； 0.31％)

12. 以 0.100 0 mol/L NaOH 滴定 0.100 0 mol/L HCl 和0.200 0mol/L H_3BO_3 的混合溶液。

(1)计算计量点时溶液的 pH 值。 (5.12)

(2)若滴定终点比计量点高 0.5 个 pH 单位，计算终点误差。 (0.043％)

13. 用 0.200 0 mol/L NaOH 滴定 0.200 0 mol/L HCl 和0.020 00 mol/L HAc 的混合溶液中的 HCl，问：

(1)计量点的 pH 值为多少？ (3.38)

(2)若以甲基橙为指示剂，滴定至 pH＝4.0 时，终点误差为多大？ (1.4％)

14. 用 0.100 0 mol/L NaOH 滴定 20.00 mL 0.100 0 mol/L 羟胺盐酸盐（$NH_3^+OH\cdot Cl$）和 0.100 0 mol/L NH_4Cl 的混合溶液，问：

(1)计量点时溶液的 pH 值为多少？ (7.60)

(2)计量点时有多少 NH_4Cl 参加了反应？ (2.3％)

15. 以 0.20 mol/L NaOH 溶液滴定 0.20 mol/L HAc 和0.40 mol/L H_3BO_3 的混合溶液至 pH 为 6.20，计算终点误差。 (－3.4％)

16. 称取仅含有 Na_2CO_3 和 K_2CO_3 的试样 1.000 g，溶于水后以甲基橙作指示剂，滴至终点时耗去 0.500 0 mol/L HCl 30.00 mL。试计算样品中 Na_2CO_3 和 K_2CO_3 的含量。

(12.05％； 87.95％)

17. 称 0.700 0 g 试样（含有 Na_3PO_4，Na_2HPO_4 或 NaH_2PO_4 及不与酸起反应的杂质），溶于水后，用甲基橙作指示剂，以 0.200 0 mol/L HCl 溶液滴定至终点，耗酸 35.00 mL。同样质量的试样，用百里酚酞作指示剂，需 0.200 0 mol/L HCl 12.50 mL 滴定至终点。计算试样中杂质的百分含量。 (0.89％)

18. 称取混合碱试样 0.683 9 g，以酚酞为指示剂，用 0.200 0 mol/L HCl 标准溶液滴定至终点，用去 23.10 mL。再加甲基橙指示剂，滴定至终点，又用去 26.81 mL。求试样中各组分的含量。 （Na_2CO_3 71.60%； $NaHCO_3$ 9.12%）

19. 一样品仅含 NaOH 和 Na_2CO_3，称取 0.372 0 g 试样，需 40.00 mL 0.150 0 mol/L HCl 溶液滴定达到酚酞变色点，那么以甲基橙为指示剂时还需加入多少毫升 0.150 0 mol/L HCl 溶液可达到甲基橙的变色点？计算试样中 NaOH 与 Na_2CO_3 的百分含量。

（13.33 mL； NaOH 43.02%； Na_2CO_3 56.98%）

20. 现有一含磷样品，称取试样 1.000 g，经处理后，将其中的磷沉淀为磷钼酸铵。用 0.100 0 mol/L NaOH 20.00 mL 溶解沉淀，过量的 NaOH 用 0.200 0 mol/L HNO_3 滴定，以酚酞作指示剂，用去 HNO_3 7.50 mL，计算试样中 P% 和 P_2O_5%。 （0.065%； 0.15%）

21. 取混合（H_2SO_4+H_3PO_4）试液 25.00 mL，稀释至 250 mL。吸取 25.00 mL，用甲基橙作指示剂，以 0.200 0 mol/L NaOH 溶液滴定到终点时需用 18.00 mL。然后加酚酞，继续滴加 NaOH 溶液至酚酞变色，又用去 10.30 mL。求试液中 H_2SO_4 及 H_3PO_4 含量，以 g/mL表示。 （H_2SO_4 0.030 21 g/mL； H_3PO_4 0.080 75 g/mL）

第五章　络合平衡及络合滴定法

络合反应是分析中最常用和最重要的化学反应之一。在定性鉴定和滴定法、重量法、电化学法、光度法等各种定量测定以及分离、掩蔽、解蔽等过程中都会遇到络合反应。络合滴定就是以络合反应为基础的滴定分析方法。络合滴定法已成功地用于合金、矿物岩石、炉渣、无机原材料、工业产品、电镀液、燃料、食品及药物临床等领域的分析。五十多种离子都已有了较成熟的络合滴定测定方法。

由于络合滴定所涉及的络合平衡较为复杂，本章在介绍滴定原理之前，先讨论分析所需要的有关络合平衡的基本知识。

5.1　络合滴定中常用络合剂

5.1.1　重要氨羧络合剂介绍

无机络合剂只有一个配位原子，与金属离子配位时只有一个结合点，所以形成的络合物大都不够稳定。如果金属离子的配位数是 n，则 ML_n 络合物是逐级形成的，络合产物不单一。由于这些原因，在络合滴定中除个别络合剂如 CN^-（与 Ag^+ 络合）、Cl^-（与 Hg^{2+} 络合）外，大多数无机络合剂都不适用。而有机络合剂，其分子中常含有两个或两个以上可键合原子，可与金属离子形成络合比低的、具有环状结构的稳定螯合物，又无逐级络合之虞，因此可用于络合滴定的有机络合剂较多。

被广泛用于络合滴定的有机络合剂（或称螯合剂）是一族含有—$N(CH_2COOH)_2$ 基团的有机化合物，称为**氨羧络合剂**。在氨羧络合剂分子中含有氨氮（$\ddot{N}$，即 :N<）和羧氧（—C(=O)—$\ddot{O}^-$）两种配位原子，前者易与 Co、Ni、Cu、Zn、Cd、Hg 等金属离子配位，后者几乎可与一切高价金属离子配位，致使氨羧络合剂能与绝大多数的金属离子络合。氨羧络合剂的种类繁多，比较重要的有以下几种：

(1)氨三乙酸(nitrilotriacetic acid)

简称 NTA，结构式为：

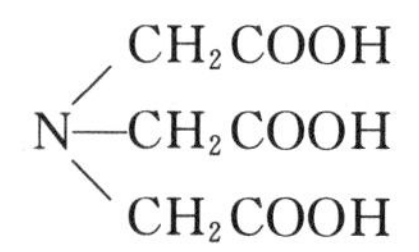

(2)乙二胺四乙酸(ethylene diamine tetraacetic acid)

简称 EDTA,结构式为:

$$\begin{array}{lcr} HOOCH_2C & & CH_2COOH \\ \quad\diagdown & & \diagup\quad \\ & N-CH_2-CH_2-N & \\ \quad\diagup & & \diagdown\quad \\ HOOCH_2C & & CH_2COOH \end{array}$$

(3)乙二胺四丙酸(ethylene diamine tetrapropanic acid)

简称EDTP,结构式为:

$$\begin{array}{lcr} HOOCH_2CH_2C & & CH_2CH_2COOH \\ \quad\diagdown & & \diagup\quad \\ & N-CH_2-CH_2-N & \\ \quad\diagup & & \diagdown\quad \\ HOOCH_2CH_2C & & CH_2CH_2COOH \end{array}$$

(4)1,2－环己二胺四乙酸(cyclohexane diamine tetraacetic acid)

简称 CYDTA 或 DCTA,结构式为:

$$\begin{array}{ccccl} & CH_2 & & & CH_2COOH \\ \diagup & & \diagdown & & \diagup \\ H_2C & & HC-N & & \\ | & & | & \diagdown & \\ | & & | & & CH_2COOH \\ | & & | & & CH_2COOH \\ | & & | & \diagup & \\ H_2C & & HC-N & & \\ \diagdown & & \diagup & & \diagdown \\ & CH_2 & & & CH_2COOH \end{array}$$

(5)二乙三胺五乙酸(diethylene triamine pentaacetic acid)

简称DTPA,结构式为:

$$\begin{array}{lcr} HOOCH_2C & CH_2COOH & CH_2COOH \\ \quad\diagdown & | & \diagup\quad \\ & N-CH_2-CH_2-N-CH_2-CH_2-N & \\ \quad\diagup & & \diagdown\quad \\ HOOCH_2C & & CH_2COOH \end{array}$$

(6)乙二醇双(2-氨基乙醚)四乙酸(ethyleneglycol bis (2-aminoethylether) tetraacetic acid)

简称 EGTA,结构式为:

$$\begin{array}{lcr} HOOCH_2C & & CH_2COOH \\ \quad\diagdown & & \diagup\quad \\ & N-CH_2-CH_2-O-CH_2-CH_2-O-CH_2-CH_2-N & \\ \quad\diagup & & \diagdown\quad \\ HOOCH_2C & & CH_2COOH \end{array}$$

(7)2-羟乙基乙二胺三乙酸(2-hydroxyethylethylene diamine triacetic acid)

简称 HEDTA,结构式为:

$$\begin{array}{lcr} HOH_2CH_2C & & CH_2COOH \\ \quad\diagdown & & \diagup\quad \\ & N-CH_2-CH_2-N & \\ \quad\diagup & & \diagdown\quad \\ HOOCH_2C & & CH_2COOH \end{array}$$

其他氨羧络合剂不再一一例举。其中以 EDTA 应用最为广泛,目前几乎有 95%以上的络合滴定是用 EDTA 作络合剂的,因此通常所谓的络合滴定法主要是指 EDTA 滴定法。

5.1.2 EDTA 在水溶液中的离解平衡

EDTA 为白色晶状固体，相对分子质量 $M_r=292.15$，熔点为 244.5℃，不溶于无水乙醇、丙酮和苯，微溶于水（0.02 g/100 mL 水，22°C）。EDTA 在水溶液中以双极离子形式存在，即两个羧基上的质子转至两个胺氮上。

$$\begin{array}{l} HOOCCH_2 \quad\quad\quad\quad\quad\quad\quad\quad\quad\quad CH_2COO^- \\ \quad\quad\quad\quad {}^+NH—CH_2—CH_2—{}^+NH \\ {}^-OOCCH_2 \quad\quad\quad\quad\quad\quad\quad\quad\quad\quad CH_2COOH \end{array}$$

双极离子于酸性介质中两个失去质子的羧基可以接受两个质子。这样 EDTA 就相当于一个六元酸，以 H_6Y^{2+} 表示。H_6Y^{2+} 有六级离解平衡：

$$H_6Y^{2+} \rightleftharpoons H_5Y^+ + H^+ \quad pK_{a_1}=0.90$$
$$H_5Y^+ \rightleftharpoons H_4Y + H^+ \quad pK_{a_2}=1.60$$
$$H_4Y \rightleftharpoons H_3Y^- + H^+ \quad pK_{a_3}=2.07$$
$$H_3Y^- \rightleftharpoons H_2Y^{2-} + H^+ \quad pK_{a_4}=2.75$$
$$H_2Y^{2-} \rightleftharpoons HY^{3-} + H^+ \quad pK_{a_5}=6.24$$
$$HY^{3-} \rightleftharpoons Y^{4-} + H^+ \quad pK_{a_6}=10.34$$

有 H_6Y^{2+}、H_5Y^+、H_4Y、H_3Y^-、H_2Y^{2-}、HY^{3-} 和 Y^{4-} 七种型体，在不同 pH 的水溶液中七种型体的分布如图 5-1 所示。

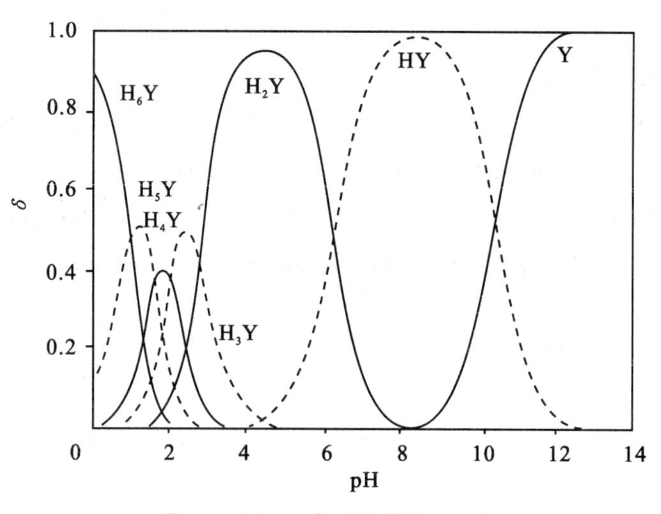

图 5-1 EDTA 各种型体的分布图

在不同 pH 值时，EDTA 的主要存在型体如表 5-1 所示。在 EDTA 各型体与金属离子形成的络合物中，以 Y^{4-} 与金属离子形成的络合物最为稳定，因此溶液的酸度便成为影响“M－EDTA”络合物稳定性的一个重要因素。

由于 EDTA 在水中的溶解度较小，分析上常使用二钠盐 $Na_2H_2Y \cdot 2H_2O$。后者在水中的溶解度为 11.1 g/100 mL 水（25 ℃），也简称为EDTA或称 EDTA 二钠盐。它的饱和水溶液的浓度约为 0.3 mol/L，pH≈4.5，主要型体为 H_2Y^{2-}。

表 5-1　不同 pH 值时，EDTA 的主要存在型体

pH	主要存在型体
<0.90	H_6Y^{2+}
0.90～1.60	H_5Y^{+}
1.60～2.07	H_4Y
2.07～2.75	H_3Y^{-}
2.75～6.24	H_2Y^{2-}
6.24～10.34	HY^{3-}
>10.34	Y^{4-}

5.1.3　金属—EDTA 络合物的分析特性

EDTA 分子中的六个可配位原子(2 个氨氮，4 个羧氧)可以不同方式与金属离子形成含有多个五元环的螯合物，其立体结构如图 5-2 所示。

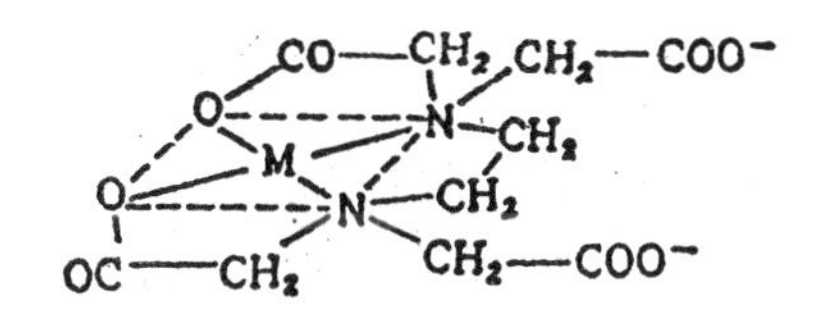

(a)具有4个配位键(在一个平面上)、3个五元环的螯合物

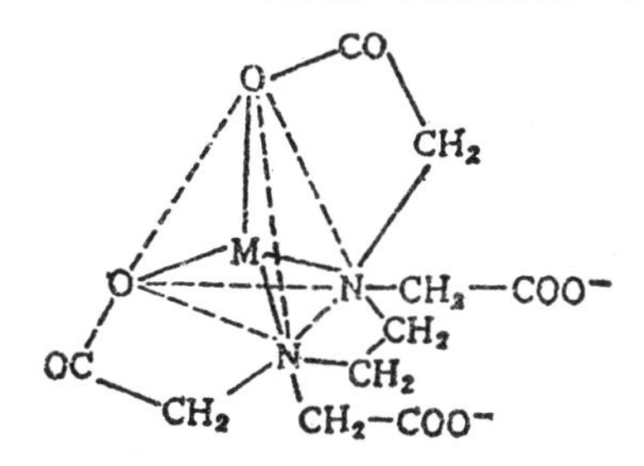

(b)具有4个配位键(四面体结构)、3个五元环的螯合物

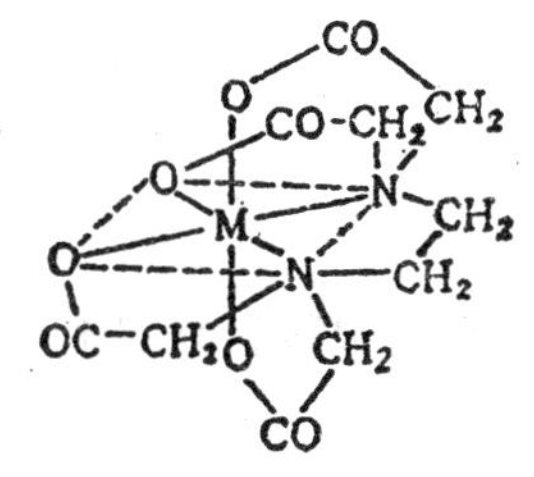

(c)具有6个配位键(八面体结构)、5个五元环的螯合物

图 5-2　金属—EDTA 络合物的立体结构

在水溶液中 EDTA 与不同价态的金属离子一般均按 1∶1 络合，形成 M—Y 型螯合物。

$$M^{2+} + H_2Y^{2-} \rightleftharpoons MY^{2-} + 2H^+$$

$$M^{3+} + H_2Y^{2-} \rightleftharpoons MY^{-} + 2H^+$$

$$M^{4+} + H_2Y^{2-} \rightleftharpoons MY^{+} + 2H^+ \tag{5-1}$$

在酸性介质中可能生成酸式络合物 MHY；在碱性较强时可能生成碱式络合物 M(OH)Y；个别情况下还可能生成 MLY(L 为其他络合剂)。这些络合物的生成可影响络合物的稳定性，但不影响 EDTA 与金属离子的络合比(1∶1)，不妨碍络合滴定的计算。在书写分子式或反应式时一般情况下可省略电荷。

M—Y 螯合物由于含有多个稳定的五元环结构，因此一般具有较高的稳定性。常见金属离子 EDTA 螯合物形成常数请参看附表 4-e。在络合滴定中根据 M—Y 形成常数 K_{MY}(或 $\lg K_{MY}$)的大小，将 M—Y 螯合物分为四组(见表 5-2)。

表 5-2 M—Y 稳定性分组

分组	$\lg K_{MY}$	金属离子
Ⅰ	>20	除 Al^{3+}，稀土离子外，所有的 3、4 价离子及 Hg^{2+}、Sn^{2+}
Ⅱ	12～19	除碱土金属离子、Hg^{2+}、Sn^{2+} 外所有 2 价离子及 Al^{3+} 和稀土离子
Ⅲ	7～11	碱土金属离子和 Ag^{+}
Ⅳ	2.8(Li^{+}) 1.7(Na^{+})	碱金属离子

了解这一分组情况，对选择络合滴定酸度以及判断混合离子滴定时有无干扰等是有帮助的。有关内容将在后面的 5.3.4 节和 5.4.2 节中再作进一步讨论。

多数的 M—Y 螯合物带有电荷，水溶性好，有利于滴定。

无色离子与 EDTA 形成的螯合物是无色的，有颜色离子常形成颜色更深些的螯合物，例如 $Mn^{2+}Y$(紫红)、$Fe^{3+}Y$(黄色)、$Cr^{3+}Y$(深紫色)、NiY(蓝绿色)、CuY(深蓝色)、CoY(紫红色)。

多数金属离子与 EDTA 络合反应速度很快，但个别离子反应较慢，例如在酸性溶液中，Cr^{3+} 与 EDTA 络合，加热至沸时才生成紫色螯合物。室温下，Fe^{3+} 和 Al^{3+} 与 EDTA 络合缓慢，前者需加热，后者需煮沸才能定量络合。

5.2 络合平衡

5.2.1 络合物的形成常数和累积形成常数

1. 形成常数

金属离子 M 与络合剂 L 反应(略去电荷)

$$M + L \rightleftharpoons ML$$

平衡常数为

$$K_{ML}^{0} = \frac{a_{ML}}{a_{M}a_{L}} \tag{5-2}$$

K_{ML}^{0} 称为络合物 ML 的**活度形成常数**。

若以浓度表示则

$$K_{ML}^{c} = \frac{[ML]}{[M][L]} \tag{5-2-a}$$

K_{ML}^{c} 称为**浓度形成常数**，习惯上简称形成常数或称稳定常数简写成 K_{ML}。

对于络合酸的形成(或称络合基的质子化)反应

$$H^{+} + L^{-} \rightleftharpoons HL$$

常用混合形成常数表示平衡的进行程度，即：

$$K_{ML}^{mix}=\frac{[ML]}{[L^-]a_{H^+}} \tag{5-2-b}$$

读者可以自行推导三种常数间的换算关系式。

由于在络合滴定时，溶液的离子强度较高，K^c、K^{mix} 和 K^0 相差较大，故一般不通用。在有关络合滴定参考书中所引用的络合物形成常数，一般是浓度常数值或混合常数值。当需要活度常数时，应对浓度常数进行活度系数校正。

以往常用"不稳定常数"即络合物的离解反应平衡常数表示络合物的(不)稳定程度。

$$K_{不稳}=K_{离解}=\frac{[M][L]}{[ML]}$$

对于 1∶1 络合物：

$$K_{离解}=\frac{1}{K_{形成}}$$

2. 逐级形成常数和累积形成常数

配位数大于 1 的络合物，往往是逐级形成的。例如 ML_n 的形成和离解过程可图示如下：

ML_n 的逐级形成（↓）

$$M+L\rightleftharpoons ML,\ K_1^{形}=\frac{[ML]}{[M][L]}$$

（第 1 级形成常数）

$$ML+L\rightleftharpoons ML_2,\ K_2^{形}=\frac{[ML_2]}{[ML][L]}$$

（第 2 级形成常数）

⋮

$$ML_{n-2}+L\rightleftharpoons ML_{n-1},\ K_{n-1}^{形}=\frac{[ML_{n-1}]}{[ML_{n-2}][L]}$$

〔第 $(n-1)$ 级形成常数〕

$$ML_{n-1}+L\rightleftharpoons ML_n,\ K_n^{形}=\frac{[ML_n]}{[ML_{n-1}][L]}$$

（第 n 级形成常数）

ML_n 的逐级离解（↑）

$$K_n^{离}=\frac{[M][L]}{[ML]}=\frac{1}{K_1^{形}}$$

（第 n 级离解常数）

$$K_{n-1}^{离}=\frac{[ML][L]}{[ML_2]}=\frac{1}{K_2^{形}}$$

〔第 $(n-1)$ 级离解常数〕

⋮

$$K_2^{离}=\frac{[ML_{n-2}][L]}{[ML_{n-1}]}=\frac{1}{K_{n-1}^{形}}$$

（第 2 级离解常数）

$$K_1^{离}=\frac{[ML_{n-1}][L]}{[ML_n]}=\frac{1}{K_n^{形}}$$

（ML_n 第 1 级离解常数）

$K_1^{形}$、$K_2^{形}$、…、$K_n^{形}$ 称为络合物 ML_n 的**逐级形成常数**。

若将逐级形成常数渐次相乘便可得到各级**累积形成常数**，用 β_i 表示。

$$\beta_1=K_1^{形}=\frac{[ML]}{[M][L]}$$

$\beta_2=K_1^{形}\cdot K_2^{形}=\dfrac{[ML_2]}{[M][L]^2}$，称第 2 级累积形成常数：

$$\lg\beta_2=\lg K_1^{形}+\lg K_2^{形}$$

$\beta_3=K_1^{形}\cdot K_2^{形}\cdot K_3^{形}=\dfrac{[ML_3]}{[M][L]^3}$，称为第 3 级累积形成常数：

$$\lg\beta_3 = \lg K_1^{形} + \lg K_2^{形} + \lg K_3^{形}$$

$$\vdots$$

$\beta_n = K_1^{形} \cdot K_2^{形} \cdot \cdots \cdot K_n^{形} = \dfrac{[ML_n]}{[M][L]^n}$，称为第 n 级累积形成常数，或称**总累积形成常数**：

$$\lg\beta_n = \lg K_1^{形} + \lg K_2^{形} + \cdots + \lg K_n^{形} \tag{5-3}$$

5.2.2 各级络合物的分布

从络合物逐级形成的关系式可知，ML_n 络合物各型体平衡浓度分别为：

$$[ML] = \beta_1 [M][L]$$

$$[ML_2] = \beta_2 [M][L]^2$$

$$\vdots$$

$$[ML_n] = \beta_n [M][L]^n$$

$$[ML_i] = \beta_i [M][L]^{i^n} \tag{5-4}$$

设金属离子的分析浓度（也称总浓度）为 c_M，则：

$$\begin{aligned} c_M &= [M] + [ML] + [ML_2] + \cdots + [ML_n] \\ &= [M] + \beta_1[M][L] + \beta_2[M][L]^2 + \cdots + \beta_n[M][L]^n \\ &= [M](1 + \beta_1[L] + \beta_2[L]^2 + \cdots + \beta_n[L]^n) \end{aligned} \tag{5-5}$$

游离的金属离子及各级络合物的分布系数（在金属离子总浓度中占有的分数）分别为：

$$\begin{aligned} \delta_M &= \frac{[M]}{c_M} = \frac{[M]}{[M](1 + \beta_1[L] + \beta_2[L]^2 + \cdots + \beta_n[L]^n)} \\ &= \frac{1}{1 + \beta_1[L] + \beta_2[L]^2 + \cdots + \beta_n[L]^n} \end{aligned} \tag{5-6}$$

$$\begin{aligned} \delta_{ML} &= \frac{[ML]}{c_M} = \frac{\beta_1[M][L]}{[M](1 + \beta_1[L] + \beta_2[L]^2 + \cdots + \beta_n[L]^n)} \\ &= \frac{\beta_1[L]}{1 + \beta_1[L] + \beta_2[L]^2 + \cdots + \beta_n[L]^n} \end{aligned}$$

$$\begin{aligned} \delta_{ML_2} &= \frac{[ML_2]}{c_M} = \frac{\beta_2[M][L]^2}{[M](1 + \beta_1[L] + \beta_2[L]^2 + \cdots + \beta_n[L]^n)} \\ &= \frac{\beta_2[L]^2}{1 + \beta_1[L] + \beta_2[L]^2 + \cdots + \beta_n[L]^n} \end{aligned}$$

$$\vdots$$

$$\begin{aligned} \delta_{ML_n} &= \frac{[ML_n]}{c_M} = \frac{\beta_n[M][L]^n}{[M](1 + \beta_1[L] + \beta_2[L]^2 + \cdots + \beta_n[L]^n)} \\ &= \frac{\beta_n[L]^n}{1 + \beta_1[L] + \beta_2[L]^2 + \cdots + \beta_n[L]^n} \end{aligned} \tag{5-7}$$

可见，各分布系数计算式的分母相同，分子分别依次为分母之一项。分布系数只是游离的络合剂的平衡浓度[L]的函数，与金属离子的总浓度 c_M 无关。

以 lg[L]（或[L]）为横坐标，δ 为纵坐标作图，便得络合物分布图。图 5-3 是铜氨络合物的分布图。

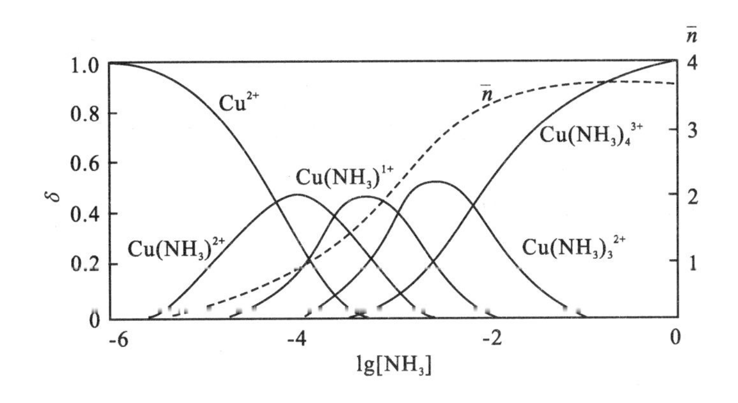

图 5-3 铜氨络合物的分布曲线

由图 5-3 可知，随着〔NH_3〕的增加，Cu^{2+} 与 NH_3 逐级生成$Cu(NH_3)^{2+}$、$Cu(NH_3)_2^{2+}$、$Cu(NH_3)_3^{2+}$，$Cu(NH_3)_4^{2+}$ 络离子。但由于相邻两级络合物的形成常数差别不大，分布曲线明显重叠，故〔NH_3〕在相当大的范围内，某一确定〔NH_3〕值下都有几种络合物同时存在，优势组分的 δ 远小于 1。这是不能用 NH_3 作络合剂滴定 Cu^{2+} 的主要原因，也是许多无机络合剂的通弊。

当然也有例外，如 $Hg^{2+}-Cl^-$ 络合体系，可形成$HgCl^+$、$HgCl_2$、$HgCl_3^-$ 和 $HgCl_4^{2-}$ 络合物，相应的 lg$K$ 依次为 6.74，6.48，1.85，1.00。$Hg^{2+}-Cl^-$ 体系中各络合物的分布曲线如图 5-4 所示。由于 lgK_2 和 lgK_3 差别较大，当 lg〔Cl^-〕在 3～5 之间时 $\delta_{HgCl_2}\approx 1$，可以用 Hg^{2+} 标准液滴定 Cl^-。这是汞量法测定 Cl^- 的依据。由图 5-3 或图 5-4 还可看出，当 pL＝lgK_i 时，ML_{i-1} 和 ML_i 的分布系数相等（两曲线相交）；在 $pL=\frac{1}{2}(\lg K_i+\lg K_{i+1})$时，$ML_i$ 的分布系数最大。lgK_i 与 lgK_{i+1} 相差愈大，δ_i 愈趋近于 1。

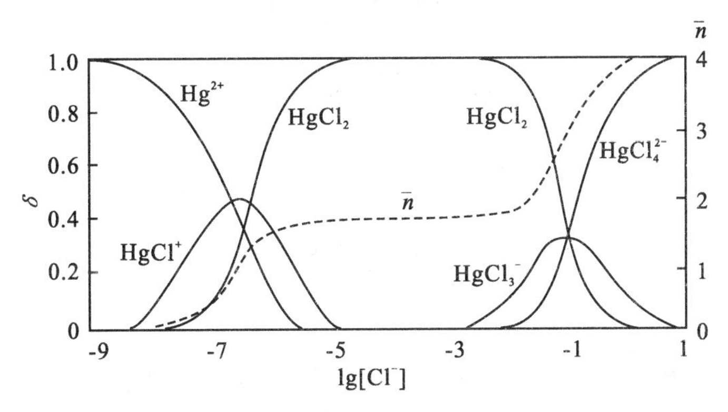

图 5-4 $Hg^{2+}-Cl^-$ 络合体系的分布

5.2.3 副反应和副反应系数

1. 副反应

在络合滴定中，金属离子和 EDTA 的络合反应与可能出现的副反应间的平衡关系可图示如下：

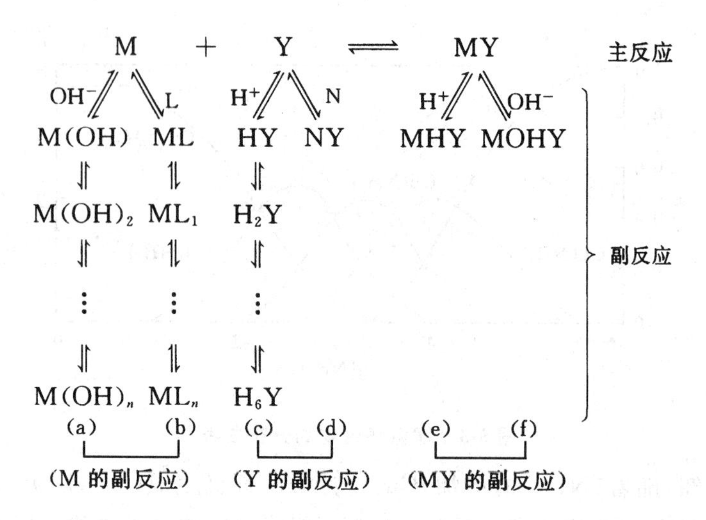

在这些副反应中(a)称为 M 的水解效应,(b)称为络合效应,(a)和(b)都属于 M 的副反应;(c)称为 EDTA 的酸效应,(d)称为共存离子效应,(c)和(d)都属于 Y 的副反应;(e)或(f)是产物 MY 的副反应。各种副反应都会对主反应产生影响,其影响的程度可用**副反应系数**表示。

2. EDTA 的副反应系数 α_Y 和酸效应系数 $\alpha_{Y(H)}$

当 $M+Y \rightleftharpoons MY$ 无任何副反应时,EDTA 只有两种型体:未络合的 Y(即游离的)和产物 MY;如果存在副反应(c)和(d),则 EDTA 就可能有 Y,MY,NY,HY,…,H_6Y 九种型体。设未参加主反应的(除生成 MY 以外的)各种形式的 EDTA 的总和为$[Y']$,则

$$[Y']=[Y]+[NY]+[HY]+\cdots+[H_6Y]$$

而$[Y']$与游离的 EDTA 的平衡浓度$[Y]$之比,称作 **EDTA 的副反应系数**,用 α_Y 表示。

$$\alpha_Y=\frac{[Y']}{[Y]}=\frac{[Y]+[NY]+[HY]+\cdots+[H_6Y]}{[Y]} \tag{5-8}$$

α_Y 表示副反应程度,其值愈大副反应愈严重。

若 $\alpha_Y=1$,则$[Y']=[Y]$,表示 EDTA 无副反应。

$$\begin{aligned}\alpha_Y&=\frac{[Y]+[NY]+[HY]+\cdots+[H_6Y]}{[Y]}+\frac{[Y]}{[Y]}-\frac{[Y]}{[Y]}\\&=\frac{[Y]+[NY]}{[Y]}+\frac{[Y]+[HY]+\cdots+[H_6Y]}{[Y]}-\frac{[Y]}{[Y]}\\&=\alpha_{Y(N)}+\alpha_{Y(H)}-1\end{aligned} \tag{5-8-a}$$

式中 $\alpha_{Y(N)}$ 表示共存离子 N 对 EDTA 的副反应系数(也叫共存离子效应系数);$\alpha_{Y(H)}$ 表示 H^+ 对 EDTA 的副反应系数(也叫酸效应系数);α_Y 也称为 EDTA 的**总副反应系数**。

如果另外还有共存离子 N′,同样可以导出 EDTA 的总副反应系数为:

$$\alpha_Y=\alpha_{Y(N)}+\alpha_{Y(N')}+\alpha_{Y(H)}-2$$

若 EDTA 共有 p 个副反应,则总副反应系数为:

$$\alpha_Y=\underbrace{\alpha_{Y(N)}+\alpha_{Y(N')}+\cdots+\alpha_{Y(H)}}_{\text{共 } p \text{ 项}}-(p-1) \tag{5-8-b}$$

实际上 $p \geqslant 3$ 时,次要的副反应可以忽略,一般只保留 2~3 个主要副反应就可以了。

关于共存离子效应系数 $\alpha_{Y(N)}$ 将在下节中讨论，这里仅对酸效应系系数 $\alpha_{Y(H)}$ 作以下重要讨论。

EDTA 是一六元酸，由 Y^{4-} 出发逐级质子化有如下平衡关系：

$$Y+H \rightleftharpoons HY,\quad \beta_1^H=\frac{[HY]}{[Y][H]},\quad [HY]=\beta_1^H[Y][H]$$

$$HY+H \rightleftharpoons H_2Y,\quad \beta_2^H=\frac{[H_2Y]}{[Y][H]^2},\quad [H_2Y]=\beta_2^H[Y][H]^2$$

$$\vdots \qquad\qquad \vdots \qquad\qquad \vdots$$

$$H_5Y+H \rightleftharpoons H_6Y,\quad \beta_6^H=\frac{[H_6Y]}{[Y][H]^6},\quad [H_6Y]=\beta_6^H[Y][H]^6$$

β_i^H 称为 EDTA **逐级累积质子化常数。**

$$\alpha_{Y(H)}=\frac{[Y]+[HY]+\cdots+[H_6Y]}{[Y]}=\frac{[Y]+\beta_1^H[Y][H]+\cdots+\beta_6^H[Y][H]^6}{[Y]}$$

$$\alpha_{Y(H)}=1+\beta_1^H[H]+\beta_2^H[H]^2+\cdots+\beta_6^H[H]^6 \tag{5-9}$$

可见 EDTA 的酸效应系数 $\alpha_{Y(H)}$ 是溶液中$[H^+]$的函数。酸度高，$\alpha_{Y(H)}$ 就大，由 H^+ 引起的 EDTA 的副反应愈严重。由于 EDTA 的 β_i^H 是一确定值，因此溶液每改变一次 pH 值都对应一个 $\alpha_{Y(H)}$ 值，反之也亦然。

对于任意络合剂 L(L 为弱碱)都有相应的酸效应系数。

$$\alpha_{L(H)}=1+\beta_1^H[H]+\beta_2^H[H]^2+\cdots+\beta_n^H[H]^n \tag{5-9-a}$$

式中 β_i^H 为络合剂 L 逐级质子化常数。

【例 5-1】计算 pH=2.00 和 pH=12.00 时 $\lg\alpha_{Y(H)}$。

解　已知 EDTA 是一六元酸，各级络合酸的形成常数(质子化常数)分别为：

$$K_1=\frac{1}{K_{a_6}}=10^{10.34},\quad K_2=\frac{1}{K_{a_5}}=10^{6.24},\quad K_3=\frac{1}{K_{a_4}}=10^{2.75},$$

$$K_4=\frac{1}{K_{a_3}}=10^{2.07},\quad K_5=\frac{1}{K_{a_2}}=10^{1.60},\quad K_6=\frac{1}{K_{a_1}}=10^{0.90}$$

$$\beta_1^H=K_1=10^{10.34},\quad \beta_2^H=K_1\cdot K_2=10^{16.58},\quad \beta_3^H=K_1\cdot K_2\cdot K_3=10^{19.33},$$

$$\beta_4^H=10^{21.40},\quad \beta_5^H=10^{23.00},\quad \beta_6^H=10^{23.90}$$

pH=2.00 时

$$\begin{aligned}\alpha_{Y(H)}&=1+\beta_1^H[H]+\beta_2^H[H]^2+\cdots+\beta_6^H[H]^6\\&=1+10^{10.34-2}+10^{16.58-4}+10^{19.33-6}+10^{21.40-8}+10^{23.0-10}+10^{23.9-12}\\&=1+10^{8.34}+10^{12.58}+10^{13.33}+10^{13.40}+10^{13.0}+10^{1.90}\approx 10^{13.78}\end{aligned}$$

$$\lg\alpha_{Y(H)}=13.78$$

可见游离的[Y]仅为总浓度的 $1/10^{13.78}$，绝大部分都不同程度的质子化了。

pH=12.00 时

$$\begin{aligned}\alpha_{Y(H)}&=1+10^{10.34-12}+10^{16.58-24}+10^{19.33-36}+10^{21.40-48}+10^{23-60}+10^{23.9-72}\\&=1+10^{-16.6}+10^{-7.42}+10^{-16.67}+10^{-26.6}+10^{-37}+10^{-48.1}\approx 1\end{aligned}$$

说明 pH=12.00 时，EDTA 中的$[Y^{4-}]$几乎等于总浓度。

为方便起见，已将不同 pH 时的 $\lg\alpha_{Y(H)}$ 值算出列于表 5-3，并绘制成 $\lg\alpha_{Y(H)}$－pH 图(也叫做 EDTA 的酸效应曲线，见图 5-5)，以供查用。

表 5-3 EDTA 的 $\lg\alpha_{(H)}$ 值

pH	$\lg\alpha_{Y(H)}$	pH	$\lg\alpha_{Y(H)}$	pH	$\lg\alpha_{Y(H)}$
0.0	23.95	4.2	8.20	8.4	1.95
0.1	23.37	4.3	8.00	8.5	1.85
0.2	22.78	4.4	7.80	8.6	1.75
0.3	22.20	4.5	7.60	8.7	1.65
0.4	22.63	4.6	7.40	8.8	1.55
0.5	21.06	4.7	7.20	8.9	1.46
0.6	20.49	4.8	7.00	9.0	1.36
0.7	19.93	4.9	6.80	9.1	1.26
0.8	19.38	5.0	6.61	9.2	1.17
0.9	18.85	5.1	6.41	9.3	1.08
1.0	18.32	5.2	6.22	9.4	0.99
1.1	17.80	5.3	6.03	9.5	0.90
1.2	17.29	5.4	5.84	9.6	0.81
1.3	16.80	5.5	5.65	9.7	0.73
1.4	16.32	5.6	5.47	9.8	0.65
1.5	15.86	5.7	5.29	9.9	0.57
1.6	15.41	5.8	5.11	10.0	0.50
1.7	14.98	5.9	4.94	10.1	0.14
1.8	14.56	6.0	4.78	10.2	0.38
1.9	14.17	6.1	4.62	10.3	0.32
2.0	13.79	6.2	4.46	10.4	0.27
2.1	13.42	6.3	4.31	10.5	0.23
2.2	13.08	6.4	4.17	10.6	0.19
2.3	12.75	6.5	4.03	10.7	0.16
2.4	12.43	6.6	3.90	10.8	0.13
2.5	12.13	6.7	3.77	10.9	0.11
2.6	11.84	6.8	6.65	11.0	0.09
2.7	11.56	6.9	3.53	11.1	0.07
2.8	11.30	7.0	3.41	11.2	0.06
2.9	11.04	7.1	3.30	11.3	0.05
3.0	10.79	7.2	3.19	11.4	0.04
3.1	10.55	7.3	3.08	11.5	0.03
3.2	10.32	7.4	2.97	11.6	0.02
3.3	10.09	7.5	2.86	11.7	0.02
3.4	9.87	7.6	2.76	11.8	0.02
3.5	9.65	7.7	2.66	11.9	0.01
3.6	9.44	7.8	2.55	12.0	0.01
3.7	9.23	7.9	2.46	12.5	0.00
3.8	9.02	8.0	2.35	13.0	0.00
3.9	8.81	8.1	2.25	13.5	0.00
4.0	8.61	8.2	2.15	14.0	0.00
4.1	8.40	8.3	2.05		

所用常数：$\beta_1^H=10^{10.34}$，$\beta_2^H=10^{16.58}$，$\beta_3^H=10^{19.33}$，$\beta_4^H=10^{21.40}$，$\beta_5^H=10^{23.00}$，$\beta_6^H=10^{23.90}$。

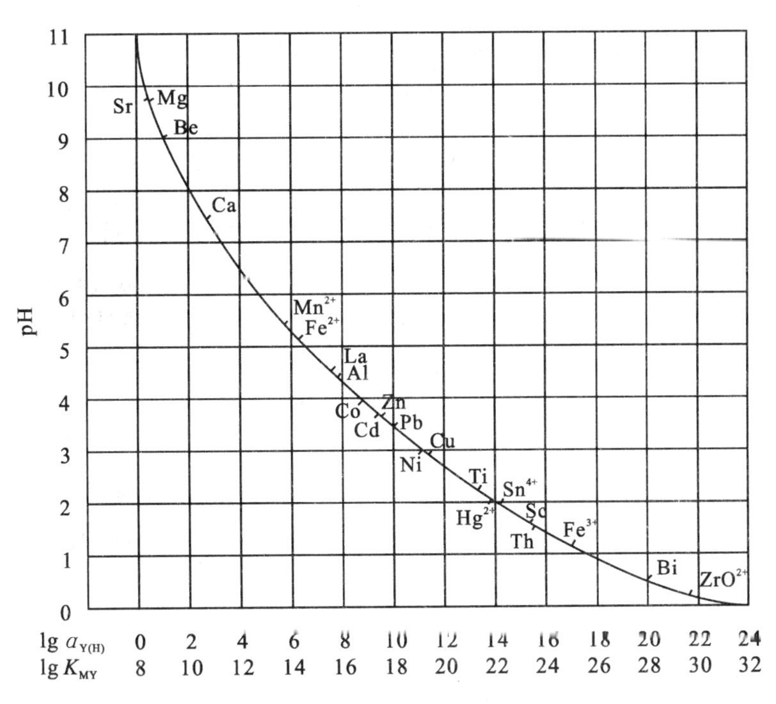

图 5-5　EDTA 酸效应曲线

3. 金属离子的副反应系数 α_M

如前所述金属离子可能有水解副反应(a)和络合副反应(b)，它们对主反应的影响可以用副反应系数 α_M 表示。

设未与 EDTA 络合的(即未生成 MY 的)各种形式的金属离子浓度的总和为[M′]，则金属离子的副反应系数

$$\alpha_M=\frac{[M']}{[M]}=\frac{[M]+[ML]+\cdots+[ML_n]+[MOH]+\cdots+[M(OH)_n]}{[M]}$$

$$=\frac{[M]+[ML]+\cdots+[ML_n]}{[M]}+\frac{[MOH]+\cdots+[M(OH)_n]}{[M]}+\frac{[M]}{[M]}-\frac{[M]}{[M]}$$

$$=\alpha_{M(L)}+\alpha_{M(OH)}-1 \tag{5-10}$$

同理，如果 M 有 p 种副反应，可以导出：

$$\alpha_M=\underbrace{\alpha_{M(L)}+\cdots+\alpha_{M(OH)}}_{p\text{项}}-(p-1) \tag{5-10-a}$$

式中 L 是在络合滴定时加入的缓冲剂或掩蔽剂或辅助络合剂等。$\alpha_{M(L)}$ 称为**络合剂 L 对金属离子的副反应系数**，也称为**络合效应系数**。

$$\alpha_{M(L)}=\frac{[M]+[ML]+\cdots+[ML_n]}{[M]}$$

$$=\frac{[M]+[M][L]\beta_1+[M][L]^2\beta_2+\cdots+[M][L]^n\beta_n}{[M]}$$

$$=1+[L]\beta_1+[L]^2\beta_2+\cdots+[L]^n\beta_n \tag{5-10-b}$$

式中 $\beta_1\sim\beta_n$ 是 M－L 络合物的各级累积形成常数。某些络合物的累积形成常数从附表 4

(b、c、d)中查到。若已知〔L〕就可由式(5-10-b)计算 $\alpha_{M(L)}$ 值。

$\alpha_{M(OH)}$ 称为羟基对金属离子的副反应系数,也称水解效应系数。

$$\alpha_{M(OH)}=\frac{[M]+[MOH]+\cdots+[M(OH)_n]}{[M]}$$
$$=1+[OH]\beta_1^{MOH}+\cdots+[OH]^n\beta_n^{MOH} \qquad (5\text{-}10\text{-}c)$$

式中 β_i^{MOH} 是金属羟基络合物(水解产物)的累积形成常数($\beta_i^{MOH}=\frac{[M(OH)_i]}{[M][OH]^i}$)。某些金属羟基络合物的 $\lg\beta_i^{MOH}$ 值收录在附表 4(a)中。但由于有些金属羟基络合物比较复杂(如形成多核络合物),有关常数也不齐全(不易查到)。因此,$\alpha_{M(OH)}$ 值不全是计算值,有些则是实验值。一些常见离子在不同 pH 值时的 $\lg\alpha_{M(OH)}$ 值收录于附表 6,可直接查用。

【例 5-2】 在 Zn^{2+} —EDTA 的平衡体系中加入 NH_3。

(1)当〔NH_3〕=0.1 mol/L 时,计算 pH=11.0 时 $\lg\alpha_{Zn}$。

(2)当未与 Zn^{2+} 络合的氨的分析浓度 $c_{NH_3+NH_4^+}$ =0.1 mol/L 时,计算 pH=8.0 时的 $\lg\alpha_{Zn}$。(已知 Zn—NH_3 的 $\lg\beta_1\sim\lg\beta_4$ 分别为 2.27,4.61,7.01,9.06;$K_{NH_4^+}^{H}=10^{9.4}$)

解 (1)$\alpha_{Zn}=\alpha_{Zn(NH_3)}+\alpha_{Zn(OH)}-1$

$$\alpha_{Zn(NH_3)}=1+\beta_1[NH_3]+\beta_2[NH_3]^2+\beta_3[NH_3]^3+\beta_4[NH_3]^4$$
$$=1+10^{2.27-1}+10^{4.61-2}+10^{7.01-3}+10^{9.06-4}\approx10^{5.10}$$

查附表 6 得 pH=11.0 时 $\lg\alpha_{Zn(OH)}=5.4$。

$$\alpha_{Zn}=\alpha_{Zn(NH_3)}+\alpha_{Zn(OH)}-1=10^{5.10}+10^{5.4}-1\approx10^{5.6}$$

(2)$\alpha_{NH_3(H)}=1+[H]K_{NH_4^+}^{H}=1+10^{9.4-8}\approx10^{1.4}$

$$[NH_3]=\frac{[NH_3']}{\alpha_{NH_3(H)}}=\frac{10^{-1}}{10^{1.4}}=10^{-2.4}$$

$$\alpha_{Zn(NH_3)}=1+[NH_3]\beta_1+[NH_3]^2\beta_2+[NH_3]^3\beta_3+[NH_3]^4\beta_4$$
$$=1+10^{-0.13}+10^{-0.19}+10^{-0.19}+10^{-0.54}\approx3.32$$

查附表 6 得 pH=8.0 时 $\alpha_{Zn(OH)}\approx0$。

$$\alpha_{Zn}\approx\alpha_{Zn(NH_3)}=3.32$$

4. M—Y 的副反应系数 α_{MHY} 和 α_{MOHY}

在酸度较高时 MY 可能发生的副反应有:

$$MY+H \rightleftharpoons MHY$$

平衡常数为:

$$K_{MHY}^{H}=\frac{[MHY]}{[MY][H]}$$

$$\alpha_{MY(H)}=\frac{[MY']}{[MY]}=\frac{[MY]+[MHY]}{[MY]}=1+\frac{[MHY]}{[MY]}=1+[H^+]K_{MHY}^{H} \qquad (5\text{-}11)$$

在碱性介质中 MY 可能发生的副反应为:

$$MY+OH \rightleftharpoons MOHY$$

$$\alpha_{MY(OH)}=\frac{[MY']}{[MY]}=\frac{[MY][MOHY]}{[MY]}=1+\frac{[MOHY]}{[MY]}=1+[OH]K_{MOHY}^{OH} \qquad (5\text{-}12)$$

在某些情况下有可能生成两种配体的混合络合物,如在氨性介质中,Hg^{2+} 与 EDTA 可形成 $Hg(NH_3)Y$($K_{Hg(NH_3)Y}^{NH_3}=10^{6.4}$),这种情况可认为是 NH_3 对 HgY 的副反应。

$$\alpha_{HgY(NH_3)}=\frac{[HgY]+[Hg(NH_3)Y]}{[HgY]}=1+[NH_3]K_{HgNH_3Y}^{NH_3}$$

5.2.4 条件形成常数

络合平衡　　$M+Y \rightleftharpoons MY$

$$K_{MY}=\frac{[MY]}{[M][Y]}$$

K_{MY}是MY的形成常数，也称为绝对形成常数，它表示一个与外界无关的“孤立”的络合反应进行的程度。实际上的络合反应都是处在一定的具体条件之下，会受到不同程度的副反应的影响，这时主反应的实际进行程度和理想的、与外界无关的反应进行的程度是不一样的。当存在M的副反应时，未参加主反应（未生成MY）的M的浓度是$[M']=[M]+[ML]+\cdots+[M(OH)]+\cdots=\alpha_M[M]$，而不是$[M]$，当有Y的副反应时，未参加主反应的EDTA的浓度是$[Y']=[Y]+[NY]+\cdots+[HY]+\cdots=\alpha_Y[Y]$，而不是$[Y]$；当有MY的副反应时，实际上生成络合物的总浓度是$[MY']=[MY]+[MHY]$或$[MY']=[MY]+[MOHY]$，而不是单一的$[MY]$。因此，反映具体条件下的络合反应的实际进行程度的常数是

$$K'_{MY}=\frac{[MY']}{[M'][Y']} \tag{5-13}$$

K'_{MY}称为络合物MY的**条件形成常数**或叫**表现形成常数**。K'_{MY}是条件的函数，它比K_{MY}更切合实际地反映络合反应进行的程度，了解和掌握条件形成常数的概念是十分重要的。

K'_{MY}与K_{MY}的关系如下：

$$K'_{MY}=\frac{[MY']}{[M'][Y']}=\frac{\alpha_{MY}[MY]}{\alpha_M[M]\alpha_Y[Y]}=K_{MY}\frac{\alpha_{MY}}{\alpha_M\alpha_Y} \tag{5-13-a}$$

$$\lg K'_{MY}=\lg K_{MY}+\lg\alpha_{MY}-\lg\alpha_M-\lg\alpha_Y \tag{5-13-b}$$

可见，$\lg K_{MY}$经过副反应系数校正后便得$\lg K'_{MY}$。

由于上述K'_{MY}是经过M、Y、MY三方面的副反应系数校正后而得的，所以常表示成$K'_{M'Y'(MY)'}$。如果只校正其中的某一（些）项时可分别表示为$K'_{(MY)'}$，$K'_{M'Y'}$，等等。

条件形成常数的总的计算式可写成

$$\lg K'_{M'Y'(MY)'}=\lg K_{MY}+\lg\alpha_{MY}-\lg[\underbrace{\alpha_{M(L)}+\cdots+\alpha_{M(OH)}}_{p\text{项}}-(p-1)]-\lg[\underbrace{\alpha_{Y(N)}+\cdots+\alpha_{Y(H)}}_{p'\text{项}}-(p'-1)] \tag{5-13-c}$$

实际上不可能各种副反应都同时存在，而且有的副反应影响较小，可以忽略。

【例 5-3】 计算pH = 2.0、6.0、10.0时$\lg K'_{AlY}$，已知$\lg K_{AlY}=16.3$，$K_{AlHY}^{H}=10^{2.5}$，$K_{AlOHY}^{OH}=10^{8.1}$。

解　由题意可知，只存在酸度的影响，即

$$\begin{array}{ccccc} Al & + & Y & = & AlY \\ OH^-\diagup & & H^+\diagup & & H^+\diagup\diagdown OH^- \\ Al(OH) & & YH & & AlHY\quad AlOHY \\ \vdots & & \vdots & & \end{array}$$

$$\lg K'_{Al'Y'(AlY')}=\lg K_{AlY}-\lg\alpha_{Al(OH)}-\lg\alpha_{Y(H)}+\lg\alpha_{MY}$$

pH=2.0 时，查得 $\lg\alpha_{Y(H)}=13.8$，$\lg\alpha_{Al(OH)}\approx 0$

$$\lg\alpha_{AlY}=\lg(1+[H]K_{AlHY}^{H})=\lg(1+10^{2.5-2.0})\approx 0.6$$

$$\lg K'_{Al'Y'(AlY')}=16.3-13.8+0.6=3.1$$

pH=6.0 时，查得 $\lg\alpha_{Y(H)}=4.8$，$\lg\alpha_{Al(OH)}=1.3$，

$$\lg\alpha_{AlY}\approx 0$$

$$\lg K'_{Al'Y'(AlY')}=16.3-1.3-4.8=10.2$$

pH=10.0 时，查得 $\lg\alpha_{Y(H)}=0.5$，$\lg\alpha_{Al(OH)}=17.3$

$$\lg\alpha_{AlY}=\lg(1+[OH]K_{AlOHY}^{OH})=\lg(1+10^{8.1-4.1})=4.1$$

$$\lg K'_{Al'Y'(AlY')}=16.3-17.3-0.5+4.1=2.6$$

【例 5-4】 pH=10.0 时用 EDTA 滴定 Hg^{2+}，加入 0.1 mol/L NH_3－0.1 mol/L NH_4^+ 缓冲溶液，问对滴定是否有利？已知，$\lg\alpha_{HgY(NH_3)}=5.4$，$\lg\alpha_{Hg(NH_3)}=15.7$，$\lg K_{HgY}=21.8$，$\lg\alpha_{Hg(OH)}=13.9$，$K_{Hg(OH)Y}^{OH}=10^{4.9}$。

解

$$\begin{array}{ccccc} & Hg & + & Y & = & HgY \\ OH^- & \diagup\diagdown & NH_3 & \diagdown\ H^+ & & OH^-\ \diagup\diagdown\ NH_3 \\ Hg(OH) & Hg(NH_3) & & YH & & HgOHY\quad HgYNH_3 \\ \vdots & \vdots & & \vdots & & \end{array}$$

无缓冲剂时：

$$\lg K'_{HgY}=\lg K_{HgY}-\lg\alpha_{Y(H)}-\lg\alpha_{Hg(OH)}+\lg\alpha_{HgY(OH)}$$
$$=21.8-0.5-13.9+0.95=8.4$$

其中 $$\alpha_{HgY(OH)}=1+[OH]K_{HgOHY}^{OH}=1+10^{4.9-4}=10^{0.95}$$

有缓冲剂时：

$$\lg K'_{HgY}=\lg\alpha_{HgY}-\lg\alpha_{Y(H)}-\lg[\alpha_{Hg(OH)}+\alpha_{Hg(NH_3)}-1]+\lg[\alpha_{HgY(OH)}+\alpha_{HgY(NH_3)}-1]$$
$$=21.8-0.5-\lg[10^{13.9}+10^{15.7}-1]+\lg[10^{0.95}+10^{5.4}-1]$$
$$=21.8-0.5-15.7+5.4=11.0$$

比较两个酸度下的 $\lg K'_{HgY}$ 值可知加入缓冲剂后条件形成常数增大，有利于络合滴定。

5.3 络合滴定基本原理

5.3.1 滴定曲线

1. 滴定过程中 pM′和 pM 的计算

络合滴定时，被滴试液的特征变化是 pM(－lg[M])的变化：随着滴定剂的滴入，被滴溶液中金属离子浓度渐渐减少，pM 渐渐增大，当滴定剂的滴入量和化学计量点相差在±0.1%范围内时，pM 发生突变。以滴定分数或滴定剂体积为横坐标，pM 或 pM′为纵坐标作图便得滴定曲线(参看图 5-6至图 5-9)。

滴定过程中的 pM′和 pM 值可以用简便方法进行计算。例如，用 1.0×10^{-2} mol/L EDTA滴定相同浓度的 M 20.00 mL。假设 $\lg K_{MY}=17.0$，$\lg\alpha_Y=5.0$，$\lg\alpha_M=4.0$，忽略 MY 的副反应并认为在整个滴定过程中 α_M 和 α_Y 不变。

(1)滴定前

$$c_M = [M'] = 1.0\times10^{-2}\,mol/L, pM' = 2.0$$

$$[M] = [M']/\alpha_M$$

$$pM = pM' + lg\alpha_M = 2.0 + 4.0 = 6.0$$

(2)滴定开始至化学计量点之前

溶液中有剩余的金属离子和滴定产物 MY。由于 lgK'_{MY} 较大，剩余的 M 对 MY 的离解又有一定的抑制作用，MY 的离解可以忽略。可按剩余的金属离子的浓度$[M']$计算 pM′或 pM 值。例如，加入 18.00 mL EDTA时

$$[M']_{余} = c_M \times \frac{20.00-18.00}{20.00+18.00} = 5.3\times10^{-4}\,mol/L$$

$$pM' = 3.28$$

$$pM = pM' + lg\alpha_M = 7.28$$

当然在十分接近化学计量点时，剩余的金属离子极少，计算 pM′时应该考虑 MY 的离解，有关内容这里就不讨论了。在一般要求的计算中，化学计量点之前的 pM′或 pM 都可按此方法计算。

(3)化学计量点时

滴入 EDTA 20.00 mL

$$[M']_{sp} = [Y']_{sp}, c_M^{sp} = \frac{1}{2}c_M$$

由于 MY 比较稳定

$$[MY]_{sp} = c_M^{sp} - [M']_{离} \approx c_M^{sp}$$

$$[M']_{sp} = \sqrt{\frac{[MY]_{sp}}{K'_{MY}}} \approx \sqrt{\frac{c_M^{sp}}{K'_{MY}}} \tag{5-14}$$

$$pM'_{sp} = \frac{1}{2}(lgK'_{MY} + pc_M^{sp}) \tag{5-14-a}$$

$$pM'_{sp} = \frac{1}{2}(8.0+2.3) = 5.15$$

$$pM_{sp} = pM'_{sp} + lg\alpha_M = 9.15$$

(4)化学计量点之后

一般情况下，按过量 EDTA 浓度计算$[M']$。

例如，加入 22.00 mL EDTA 时

$$[MY] = c_M\,\frac{20.00}{20.00+22.00} = 4.8\times10^{-3}\,mol/L$$

$$[Y']_{余} = c_Y\,\frac{22.00-20.00}{22.00+20.00} = 4.8\times10^{-4}\,mol/L$$

$$[M'] = \frac{[MY]}{[Y']_{余}\,K'_{MY}} = \frac{4.8\times10^{-3}}{4.8\times10^{-4}\times10^{8.0}} = 1.0\times10^{-7}\,mol/L$$

$$pM' = 7.00, pM = 11.00$$

当然在十分接近化学计量点时，$[M']$的计算应该考虑 MY 的离解，作精确计算。但在一般要求的计算中均可按上述简便方法计算。

按上述方法计算出不同滴定分数时相应的 pM′或 pM，以 T 为横坐标，pM′或 pM 为纵坐标便可绘出滴定曲线。

在有关 pM′或 pM 的计算中以化学计量点时的 pM'_{sp} 或 pM_{sp} 计算为最重要。

2. 影响滴定突跃范围大小的因素

(1)浓度的影响

从上述 pM′的计算可以看出:对于以 pM′－T 表示的滴定曲线,当 K'_{MY} 一定时,金属离子的原始浓度 c_M 愈大,pM′愈小,曲线的前半部分愈低,突跃范围增大,化学计量点位置下移。图 5-6为假设金属离子 M,$\lg K'_{MY}=10$,$c_Y=c_M=10^{-1}\sim10^{-4}$ mol/L 时的一组 pM′－T 曲线。

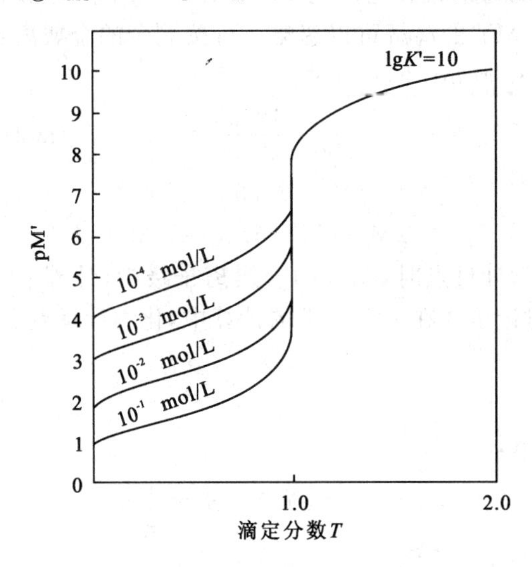

图 5-6 不同浓度的滴定曲线(pM′－T)

($\lg K'_{MY}=10$,$c_Y=c_M$)

(2)K'_{MY} 的影响

当 c_M 一定时,K'_{MY} 增大,曲线的后半部分上移,突跃范围增大,化学计量点位置也上移。图 5-7为 $c_Y=c_M=10^{-2}$ mol/L,$\lg K'_{MY}=2\sim14$ 时的一组 pM′～T 曲线。

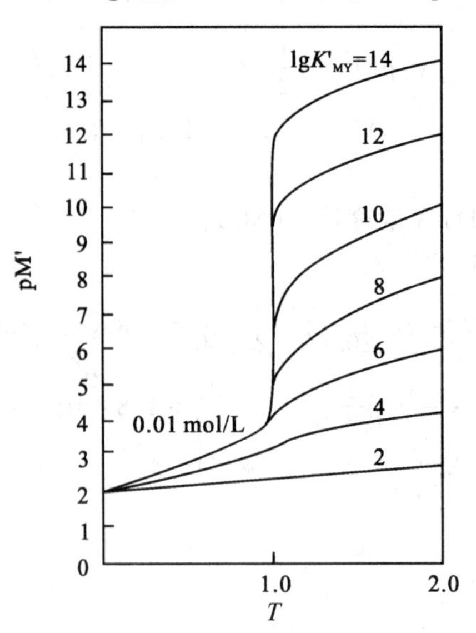

图 5-7 不同 $\lg K'_{MY}$ 的滴定曲线(pM′－T)

($c_Y=c_M=10^{-2}$ mol/L;$\lg K'_{MY}=2\sim14$)

浓度和 K'_{MY} 对 pM～T 曲线的影响与之类同。

络合滴定时，溶液的酸度及掩蔽剂、缓冲剂和其他辅助络合剂的存在都会引起 K'_{MY} 的改变。当忽略 MY 的副反应时，$K'_{MY}=K_{MY}/(\alpha_M\cdot\alpha_Y)$，可见 α_Y 和 α_M 都会引起滴定曲线的变化。对此作下面的具体讨论。

对于用 pM′～T 表示的滴定曲线，α_Y 和 α_M 基本上只影响曲线的后半部分和化学计量点位置，即增大 α_Y 和 α_M，$\lg K'_{MY}$ 变小，曲线后半部分和计量点位置下移，突跃范围变小。对于 pM－T 曲线，α_Y 的影响与对 pM′－T 曲线影响相同，而 α_M 则不仅影响 pM－T 曲线的后半部分(与 α_Y 的影响相同)，还影响前半部分(因为 $pM=pM'+\lg\alpha_M$)，即 α_M 大，pM 增大，曲线前半部分上移，突跃范围变小。有关 α_M 和 α_Y 对滴定曲线的影响可通过图 5-8 和图 5-9 所示的滴定示例给予更清晰的说明。

图 5-8 为 pH6～12 时用 1.0×10^{-2} mol/L EDTA 滴定相同浓度 Ca^{2+} 时的一组滴定曲线。由于在注明的 pH 范围内 $\alpha_{Ca}\approx1$，$\alpha_Y=\alpha_{Y(H)}$，又无其他副反应，pCa′＝pCa，即 pCa′－T 和 pCa－T 曲线一致。当 pH 增大时，α_Y 减小，K'_{MY} 增大，曲线后半部分升高，突跃范围加大，化学计量点位置上移。图 5-9 为在氨性缓冲溶液中用 1.0×10^{-3} mol/L EDTA滴定相同浓度的 Ni^{2+} 时，以 pNi－T 表示的一组滴定曲线。已知 $c_{NH_3+NH_4^+}=0.1$ mol/L。pH 值影响 $[NH_3]$，即影响 $\alpha_{Ni(NH_3)}$，影响pNi($=pNi'+\lg\alpha_{Ni(NH_3)}$)，因此当 pH 增大时，$\alpha_{Ni(NH_3)}$ 增大，pNi 增大，曲线前半部分上移。pH＞10 时缓冲剂基本上都以 NH_3 形式存在，若再增加 pH，$[NH_3]$的改变甚小，对曲线位置影响较小。而在 pH4～6 时缓冲剂基本以 NH_4^+ 形式存在，$\alpha_{Ni(NH_3)}\approx1$，故此三条曲线的前半部分基本重合。曲线的后半部分的位置随 pH 增加而升高，主要是由于 α_Y($=\alpha_{Y(H)}$)的降低比 α_M 的升高更为显著之故。

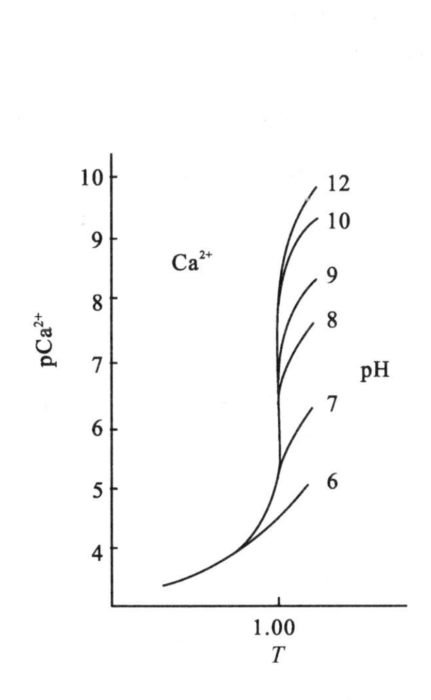

图 5-8　pH6～12 的 EDTA 滴定 Ca^{2+} 的滴定曲线
($c_Y=c_{Ca^{2+}}=1.0\times10^{-2}$ mol/L)

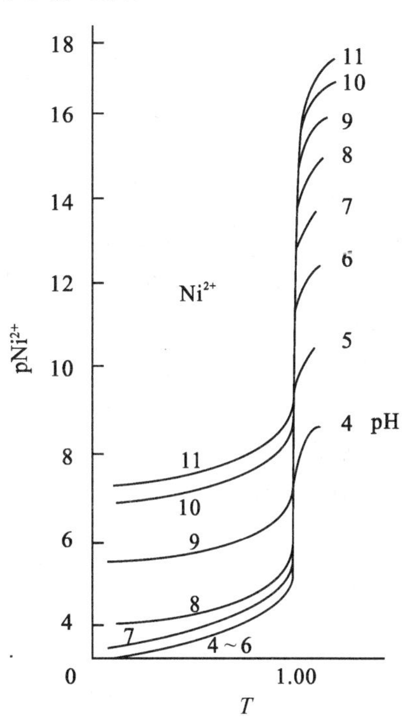

图 5-9　pH4～11 氨性缓冲液中 EDTA 滴定 Ni^{2+} 的滴定曲线($c_Y=c_{Ni^{2+}}=1.0\times10^{-3}$ mol/L)

5.3.2 金属指示剂

络合滴定所用指示剂绝大多数是能与金属离子络合并在一定的 pM(或 pM′)范围内产生颜色变化的物质,因此称为金属指示剂。金属指示剂分为无色金属指示剂和金属显色指示剂两类。无色金属指示剂本身是无色或浅色的,与金属离子络合后生成有色络合物,如滴定 Fe^{3+} 时使用的磺基水杨酸、NH_4SCN 等属此类指示剂;金属显色指示剂本身以及金属—指示剂络合物都是有颜色的,并且在使用条件下两者颜色明显不同。由于金属显色指示剂及其络合物的颜色皆比无色指示剂强,因此使用时前者只需加入少量(10^{-6}～10^{-5} mol/L)指示剂就可清晰看到颜色的变化,而后者需用前者的 10 倍量左右才行。在络合滴定中普遍使用的是金属显色指示剂。

1. 金属显色指示剂的作用原理

滴定之前于试液中加入金属显色指示剂(In)后,如果只生成 1∶1 络合物则有如下络合反应:

$$\underset{}{M} + \underset{(甲色)}{In} \rightleftharpoons \underset{(乙色)}{MIn}$$

试液显络合物 MIn 颜色(乙色),滴加 EDTA 先与游离的 M 络合直至终点时发生置换反应

$$\underset{(乙色)}{MIn} + Y \rightleftharpoons MY + \underset{(甲色)}{In}$$

试液由乙色转变为游离指示剂甲色,表示终点的到达。

2. 金属显色指示剂应具备的条件

(1)In 与 M—In 应有明显的颜色差异。由于一般指示剂是有机弱酸,具有酸碱指示剂的变色性质,颜色随 pH 而变,所以为使络合滴定在终点时颜色变化明显,指示剂必须在适宜的 pH 范围内使用。

(2)In 与 M 的络合反应迅速并有好的可逆性。

(3)M—In 络合物要有适当的稳定性。K'_{MIn} 应小于 K'_{MY},否则终点时 MIn 与 Y 的置换反应不能发生,致使终点推迟或无颜色转变;但若 K'_{MIn} 过小,会使指示剂过早变色,终点提前。因此 M—In 络合物的稳定性必须适宜。

(4)指示剂应具有一定的稳定性以便保存。

3. 指示剂变色点 pM(即 pM_t)及指示剂的选择

指示剂和金属离子的络合反应与其他络合反应一样,受各种副反应的影响。指示剂阴离子是一弱碱,有结合质子的倾向,如果只考虑 In 的酸效应则有:

$$K'_{MIn}=\frac{[MIn]}{[M][In']}=\frac{K_{MIn}}{\alpha_{In(H)}}$$

$$\lg K'_{MIn}=\lg\frac{[MIn]}{[In']}+pM=\lg K_{MIn}-\lg\alpha_{In(H)}$$

在指示剂变色点时,溶液呈色调强度相等的混合色,即$[MIn]=[In']$,$\lg\frac{[MIn]}{[In']}=0$,此时的 pM 用 pM_t 表示

$$pM_t=\lg K'_{MIn'}=\lg K_{MIn}-\lg\alpha_{In(H)} \tag{5-15}$$

若已知 K_{MIn} 和 $\alpha_{In(OH)}$，可通过式(5-15)计算 pM_t 值。一些常见指示剂的 K_{MIn}、pM_t 及其在某些 pH 时的 $\alpha_{In(OH)}$，可在附表 7 中查到。

滴定时所用指示剂应在突跃范围内变色，pM_t 与 pM_{sp} 愈接近愈好。与酸碱指示剂相似，$\lg K_{MIn} \pm 1$ 称为金属指示剂的变色范围。

上述 pM_t 是指在只有指示剂酸效应时，变色点的 pM 值。若还有其他副反应时变色点的 pM 值仍需再作进一步校正。如除有指示剂的酸效应外还有金属离子的副反应时，则变色点的

$$pM' = \lg K'_{M'In'} = \lg K_{MIn} - \lg\alpha_{In(H)} - \lg\alpha_M = pM_t - \lg\alpha_M \qquad (5\text{-}15\text{-}a)$$

4. 指示剂的封闭、僵化现象及消除

络合滴定时，由于 $K'_{MIn} > K'_{MY}$，化学计量点时再滴入 EDTA，MIn 与 Y 的置换反应仍不发生，无颜色的转变，这种现象叫做**指示剂的封闭**。引起指示剂封闭的离子可以是被测离子，也可以是共存离子。如果是被测离子引起的，一般可采用返滴定的方式予以避免，如 Al^{3+} 对二甲酚橙指示剂有封闭作用，可采用返滴定方式测定 Al^{3+} 的含量；如果引起封闭的原因是共存的干扰离子，则应采取掩蔽或预分离的方法予以消除。

有时虽然 $K'_{MIn} < K'_{MY}$，但由于 MIn 的溶解度较小，MIn 与 Y 的置换反应速度缓慢，终点时颜色转变不明显，产生“终点拖尾”现象，这种现象叫做**指示剂的僵化**。出现指示剂僵化现象时可适当加些与水互溶的有机溶剂以增加 MIn 的溶解度，或采用加热的方法加以避免。

金属显色指示剂大多是具有双键的有色化合物，易被阳光、氧化剂、空气分解或发生聚合，特别是在水溶液中不够稳定，易变质失效，不能久存。故有些金属指示剂常与固体 NaCl 或 KCl 混合(重量比1∶100)配成固体混合物，保存在棕色瓶中，可直接加到试液中使用。在配制某些指示剂水溶液时，加入少量抗氧化剂亦可增加稳定性。

5. 常用金属指示剂介绍

目前已被合成的金属指示剂有二百多种。下面介绍几种最常用的金属指示剂。

(1)铬黑 T(eriochrome black T)

化学名称是 1-(1-羟基-2-萘偶氮)-6-硝基-2-萘酚-4-磺酸钠，简称 EBT。它是黑褐色固体粉末，带有金属光泽，溶于水后磺酸基上的 Na^+ 全部离解。其结构式如下：

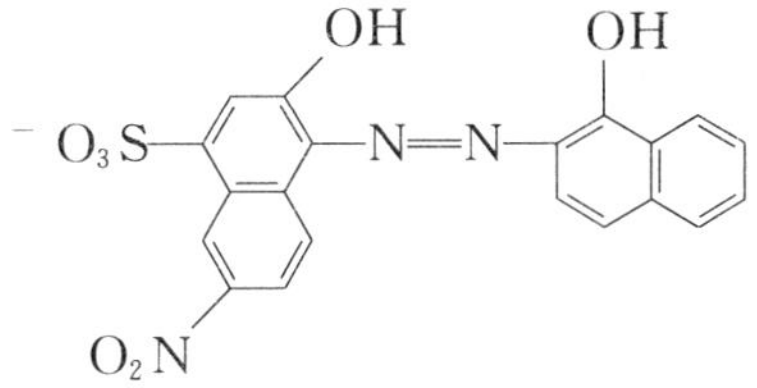

在水溶液中有如下平衡：

$$\underset{(紫红)}{H_2In^-} \xrightleftharpoons{pK_{a_2}=6.3} \underset{(蓝)}{HIn^{2-}} \xrightleftharpoons{pK_{a_3}=11.6} \underset{(橙)}{In^{3-}}$$

pH<6.3 时呈紫红色；pH>11.6 时呈橙色；pH6.3～11.6 间为蓝色。EBT 与金属离子络合物均为红色。因此只有在 pH7～11 范围内 In 和 MIn 的颜色才有明显差别，EBT 才能用于指示终点。

在 pH=10 的缓冲溶液中，EBT 可作为 EDTA 直接滴定 Mg^{2+}、Zn^{2+}、Cd^{2+}、Pb^{2+}、Mn^{2+} 等离子的指示剂，特别适用于 Mg^{2+} 的滴定，终点变色十分敏锐。

EBT 指示 Ca^{2+} 的终点不太理想，可采用“间接指示剂法”加以改善，即在滴定之前于试液中加入少量 Mg－Y 络合物，由于 $\lg K$ 的大小有如下顺序：

$$CaY(10.7) > MgY(8.7) > Mg-EBT(7.0) > Ca-EBT(5.4)$$

当在含 Ca^{2+} 试液中加入少量 Mg－Y 后将发生如下反应：

$$MgY + Ca^{2+} \longrightarrow CaY + Mg^{2+}$$

再加入 EBT 指示剂后生成 Mg－EBT(红色)，终点时颜色的转变来自于如下反应：

$$\underset{(红)}{Mg-EBT} + Y \longrightarrow MgY + \underset{(蓝)}{EBT}$$

变色十分敏锐。并且不影响 Ca^{2+} 与 EDTA 的计量关系。这种方法称为**间接指示剂法**。

如果在滴定 Ca^{2+} 之前，于试液中加入少量的计量的 Mg^{2+}，计算 Ca^{2+} 含量时再予扣除，可同样达到上述效果。

Al^{3+}、Fe^{3+}、Co^{2+}、Ni^{2+}、Cu^{2+}、Ti^{4+} 对铬黑 T 有封闭作用。

(2)钙指示剂(calconcarboxylic acid)

化学名称是 1-(2-羟基-4-磺基-1-萘偶氮)-2-羟基-3-萘甲酸，简称 NN，其结构式如下：

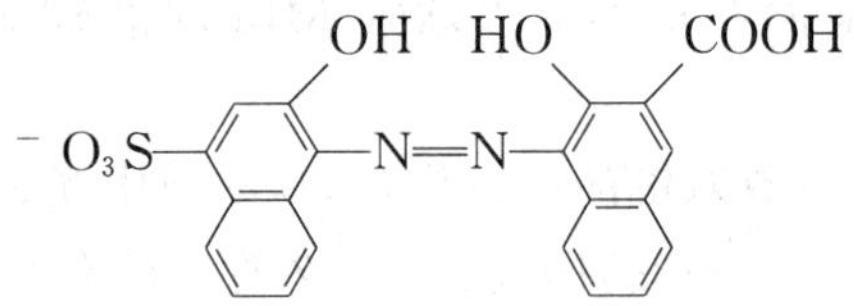

其钠盐为黑紫色粉末，使用方法同 EBT。

在水溶液中有如下平衡：

$$\underset{(酒红)}{H_2In^{2-}} \xrightleftharpoons{pK_{a_3}=9.26} \underset{(蓝)}{HIn^{3-}} \xrightleftharpoons{pK_{a_4}=13.67} \underset{(粉红)}{In^{4-}}$$

pH10～13 指示剂呈蓝色，Ca－NN 络合物为酒红色，用于指示在pH12～13时滴定 Ca^{2+} 的终点，效果较好。

对 NN 指示剂产生封闭的离子与对 EBT 封闭的离子相同。

(3)二甲酚橙(xylenol orange)

化学名称是 3,3′-双〔N,N-二(羧甲基)氨甲基〕-邻-甲酚磺酞。简称 XO，其结构式为：

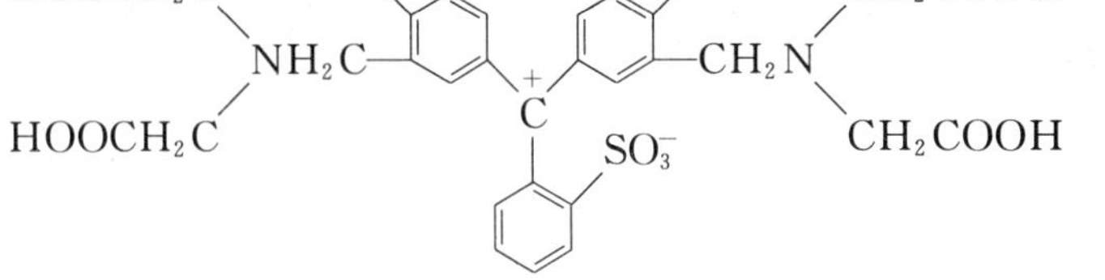

XO 作为多元酸在水溶液中各型体的颜色为：

H_7In^{+} 至 H_3In^{3-} 为黄色，H_2In^{4-} 至 In^{6-} 为红色。

$$\underbrace{H_7In^{+},\cdots,H_3In^{3-}}_{\text{黄色}} \xrightleftharpoons{pK_a=6.3} \underbrace{H_2In^{4-},\cdots,In^{6-}}_{\text{红色}}$$

可见 pH>6.3 时呈红色；pH<6.3 时呈黄色；M－XO 络合物均为红紫色。因此 XO 只能在 pH<6.3 的酸性溶液中使用。

XO 可用于指示 EDTA 直接滴定下列离子的终点：ZrO^{2+}(pH<1)、Bi^{3+}(pH1～2)、Th^{4+}(pH2.3～3.5)、Pb^{2+}、Zn^{2+}、Cd^{2+}、Hg^{2+}、La^{3+}、Y^{3+}、稀土离子(pH5～6)等。

对 XO 有封闭作用的离子有 Fe^{3+}、Al^{3+}、Ni^{2+}、Cu^{2+}、Ti^{4+} 等。

XO 为紫红色粉末，易潮解，水溶液较稳定，一般配成0.2%～0.5%水溶液，可保存 2～3 周。

(4)PAN(1-(2-pyridylazo)-2-naphthol)

化学名称是 1-(2-吡啶偶氮)-2-萘酚，其结构式如下：

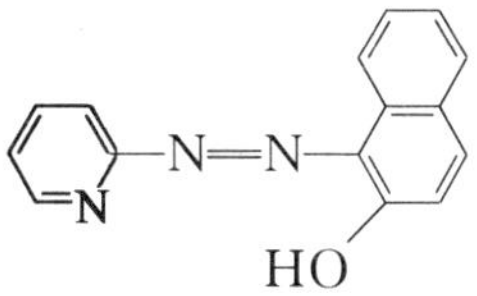

PAN 分子的杂环上的 N 原子，接受质子的形成 H_2In^{+}，在水溶液中有如下平衡：

$$\underset{(\text{黄绿})}{H_2In^{+}} \xrightleftharpoons{pK_{a_1}=1.9} \underset{(\text{黄})}{HIn} \xrightleftharpoons{pK_{a_2}=12.2} \underset{(\text{淡红})}{In^{-}}$$

可见 PAN 在 pH＝1.9～12.2 间为黄色，M－PAN 络合物均为红色。因此 PAN 可在 pH2～12 范围内使用。尽管 PAN 能与许多金属离子生成络合物，但由于 PAN 和 M－PAN 的水溶性较差，终点变色不敏锐，因此在使用上受到一些限制。PAN 主要用于 In^{3+} 和 Th^{4+}(pH2～3)，Cu^{2+}、Zn^{2+}、Cd^{2+}(pH5～6)等离子的直接滴定。用返滴定法测定 Co^{2+}、Ni^{2+}、ZrO^{2+} 等，当选用 Cu^{2+} 标准溶液作返滴定剂时，常用 PAN 作指示剂。

纯 PAN 为橙红色针状晶体，难溶于水，常配成 0.1%乙醇溶液使用。

在实际工作中，比 PAN 更为普遍使用的是 Cu－PAN 指示剂。这种指示剂是由 CuY 和 PAN 组成的一种“间接指示剂”。现以 EDTA 滴定 Ca^{2+} 为例讨论 Cu－PAN 指示剂的作用原理：试液中加入指示剂后，在 CuY、PAN 和 Ca^{2+} 间发生如下置换反应：

$$\underset{(\text{蓝色})}{CuY} + \underset{(\text{黄色})}{PAN} + \underset{(\text{无色})}{Ca^{2+}} \rightleftharpoons \underset{(\text{红色})}{Cu-PAN} + \underset{(\text{无色})}{CaY}$$

试液呈蓝(CuY)和红(Cu－PAN)的混合色，以 EDTA 滴定游离的 Ca^{2+} 至化学计量点，再滴入 EDTA，则

$$Y + Cu-PAN = CuY + PAN$$

溶液变为蓝(CuY)和黄(PAN)的混合色。由指示剂引进的 CuY 在终点时仍被定量地置换了出来，不影响滴定的计量关系。

Cu－PAN 指示剂用手指示 EDTA 直接滴定的离子有：

pH2～3　Bi^{3+}、Th^{4+}、In^{3+}、Fe^{3+}

pH5～6　Cu^{2+}、Zn^{2+}、Cd^{2+}、Mn^{2+}、Pb^{2+}、La^{3+}，稀土离子

pH10　Ca^{2+}、Mg^{2+}

由于 Cu－PAN 可使用的 pH 范围较宽，有利于混合离子的连续滴定，可避免因使用多种指示剂而产生的颜色干扰。

Cu－PAN 指示剂的配制方法：取 0.05 mol/L Cu^{2+} 溶液 40 mL，加 pH5～6 醋酸缓冲液 10 mL，加 0.2%PAN 乙醇溶液 3 滴，加热至 60 ℃，用 EDTA 滴定至蓝紫色变为绿色为止，便可得到约为 0.025 mol/L 的 CuY 溶液，使用前再加入适量的 0.1%PAN 乙醇溶液即得 Cu－PAN指示剂。

(5)其他常用指示剂如表 5-4 所示。

表 5-4　其他几种常用金属指示剂

指　示　剂	终点颜色变化	用于指示用 EDTA 滴定的离子
酸性铬蓝 K (acid chrome blue K) 酸性铬蓝 K-萘酚绿 B (K-B 指示剂)	红→蓝 (绿＋红)→(绿＋蓝)	pH＝10，Mg^{2+}；pH＝12.5，Ca^{2+}
邻苯二酚紫 (pyrocatechoi violet)	pH＜7.8 蓝→黄 pH7.8→9.8 蓝→紫	pH1～2.3，Bi^{3+}；pH2.5～3.5，Th^{4+}（红→黄）；pH5～6，Cu^{2+}、Pb^{2+}；pH9～10，Mg^{2+}、Mn^{2+}、Co^{2+}、Ni^{2+}、Zn^{2+}、Cd^{2+}
紫脲酸胺 (murexide)	pH9.2～10.9 黄→紫	pH8～9，Cu^{2+}、Co^{2+}、Ni^{2+}； pH12～13，Ca^{2+}（红→蓝）
磺基水杨酸 (sulphosalicybr acid)	紫红→无色	pH1.5～3，Fe^{3+}（终点呈 Fe^{3+}Y 黄色）
甲基百里酚蓝 (methy thymol blue)	碱性 蓝→黄 酸性 蓝→黄	pH10～11.5，Mg^{2+}；pH＝12，Ca^{2+}；pH1～2，Bi^{3+}；pH5～6，Cd^{2+}、Pb^{2+}、Zn^{2+}、La^{2+}；pH1～3.5，Th^{4+}、Zr^{4+}

5.3.3　终点误差和准确滴定的判断

1. 误差公式和误差图

对于络合反应 $M+Y \rightleftharpoons MY$，化学计量点时 $[M']_{sp}=[Y']_{sp}$，由于终点时 $[M']_{ep}\neq[Y']_{ep}$，因此而产生的终点误差为

$$TE=\frac{[Y']_{ep}-[M']_{ep}}{c_M^{ep}} \tag{5-16}$$

式中分子表示终点时过量或不足量的 EDTA，也表示剩余或不足量的金属离子；分母为终点时金属离子的分析浓度(等于原始的物质的量按终点体积计算出的浓度)。

设终点 pM'_{ep} 与化学计量点 pM'_{sp} 之差为 $\Delta pM'$，则

$$\Delta pM'=pM'_{ep}-pM'_{sp}$$

$$[M']_{ep}=[M']_{sp}\cdot 10^{-\Delta pM'}$$

再设终点 pY'_{ep} 与化学计量点 pY'_{sp} 之差为 $\Delta pY'$，则

$$\Delta pY'=pY'_{ep}-pY'_{sp}$$

$$[Y']_{ep}=[Y']_{sp}\cdot 10^{-\Delta pY'}$$

所以
$$TE=\frac{[Y']_{ep}-[M']_{ep}}{c_M^{ep}}=\frac{[Y']_{sp}\cdot 10^{-\Delta pY'}-[M']_{sp}\cdot 10^{-\Delta pM'}}{c_M^{ep}} \quad (5\text{-}16\text{-}a)$$

由于终点和化学计量点时 K'_{MY} 近似相等

$$\frac{[MY]_{ep}}{[M']_{ep}[Y']_{ep}}\approx\frac{[MY]_{sp}}{[M']_{sp}[Y']_{sp}}$$

又因为
$$[MY]_{ep}\approx[MY]_{sp}$$

所以
$$[M']_{ep}[Y']_{ep}=[M']_{sp}[Y']_{sp}$$

取负对数并移项

$$p[M']_{ep}-p[M']_{sp}=p[Y']_{sp}-p[Y']_{ep}$$

$$\Delta pM'=-\Delta pY'$$

$$[M']_{sp}=\sqrt{\frac{c_M^{sp}}{K'_{MY}}} \quad 及 \quad c_M^{sp}\approx c_M^{ep}$$

代入式(5-16-a)得

$$TE=\frac{[M']_{sp}(10^{\Delta pM'}-10^{-\Delta pM'})}{c_M^{ep}}=\frac{10^{\Delta pM'}-10^{-\Delta pM'}}{\sqrt{K'_{MY}c_M^{sp}}} \quad (5\text{-}16\text{-}b)$$

式(5-16-b)是络合滴定的误差公式。这一公式十分重要，它总结了 TE 与 K'_{MY} 、c_M 及 $\Delta pM'$ 之间的关系。利用此公式不仅可以计算终点误差，并且在已知 $\Delta pM'$ 和 c_M 时，算出可以满足某一误差要求时允许的最小 K'_M ；在已知 K'_{MY} 和 $\Delta pM'$ 时，可算出允许的最小 c_M；在已知 K'_{MY} 和 c_M 时可算出允许的最大的 $\Delta pM'$。

为了计算方便，设 $f=10^{\Delta pM'}-10^{-\Delta pM'}$，则式(5-16-b)变为

$$TE=\frac{f}{\sqrt{c_M^{sp}K'_{MY}}} \quad (5\text{-}16\text{-}c)$$

某些 $\Delta pM'$ 对应的 f 值列于表 5-5。

表 5-5　$\Delta pM'$ 与 $f=10^{\Delta pM'}-10^{-\Delta pM'}$ 换算表

f ＼ $\Delta pM'$ / $\Delta pM'$	0.00	0.01	0.02	0.03	0.04	0.05	0.06	0.07	0.08	0.09
0.00	0	0.0460	0.0921	0.138	0.184	0.231	0.277	0.324	0.371	0.417
0.10	0.465	0.512	0.560	0.608	0.656	0.705	0.754	0.803	0.853	0.903
0.20	0.954	1.01	1.06	1.11	1.16	1.22	1.27	1.32	1.38	1.44
0.30	1.49	1.55	1.61	1.67	1.73	1.79	1.85	1.92	1.98	2.05
0.40	2.11	2.18	2.25	2.32	2.39	2.46	2.54	2.61	2.69	2.77
0.50	2.85	2.93	3.01	3.09	3.18	3.27	3.36	3.45	3.54	3.63
0.60	3.73	3.83	3.93	4.03	4.14	4.24	4.35	4.46	4.58	4.69
0.70	4.81	4.93	5.06	5.18	5.31	5.45	5.58	5.72	5.86	6.00
0.80	6.15	6.30	6.46	6.61	6.77	6.94	7.11	7.28	7.46	7.63
0.90	7.82	8.01	8.20	8.39	8.59	8.80	9.01	9.23	9.45	9.67
1.00	9.90	10.1	10.4	10.6	10.9	11.1	11.4	11.7	11.9	12.2
1.10	12.5	12.8	13.1	13.4	13.7	14.1	14.4	14.7	15.1	15.4

续表

f ΔpM′ / ΔpM′	0.00	0.01	0.02	0.03	0.04	0.05	0.06	0.07	0.08	0.09
1.20	15.8	16.2	16.5	16.9	17.3	17.7	18.1	18.6	19.0	19.4
1.30	19.9	20.4	20.8	21.3	21.8	22.3	22.9	23.4	23.9	24.5
1.40	25.1	25.7	26.3	26.9	27.5	28.1	28.8	29.5	30.2	30.9
1.50	31.6	32.3	33.1	33.9	34.6	35.5	36.3	37.1	38.0	38.9
1.60	39.8	40.7	41.7	42.6	43.6	44.6	45.7	46.8	47.8	49.0
1.70	50.1	51.3	52.5	53.7	54.9	56.2	57.5	58.9	60.2	61.6
1.80	63.1	64.5	66.1	67.6	69.2	70.8	72.4	74.1	75.8	77.6
1.90	79.4	81.3	83.2	85.1	87.1	89.1	91.2	93.3	95.5	97.7
2.00	1.00×10^2	102	105	107	110	112	115	117	120	123
2.10	126	129	132	135	138	141	145	148	151	155
2.20	158	162	166	170	174	178	182	186	191	195
2.30	2.00×10^2	204	209	214	219	224	229	234	240	245
2.40	251	257	263	269	275	282	288	295	302	309
2.50	316	324	331	339	347	355	363	372	380	389
2.60	398	407	417	427	437	447	457	468	479	490
2.70	501	513	525	537	550	562	575	589	603	617
2.80	631	646	661	676	692	708	724	741	759	776
2.90	794	813	832	851	871	891	912	933	955	977

换算示例：①已知 $\Delta pM'=0.32$，查 $\Delta pM'=0.30$ 与 0.02，得 $f=1.61$；②已知 $f=-1.11$，查 $\Delta pM=-(0.20+0.03)=-0.23$。

将式(5-16-c)取对数，得

$$\lg(TE)=\lg f-\frac{1}{2}\lg(c_{M}^{sp}K'_{MY}) \qquad (5\text{-}16\text{-}d)$$

当 ΔpM 一定时 f 是一定值，从式(5-16-d)可以看出，$\lg(TE)$与$\lg(c_{M}^{sp}K'_{MY})$呈线性关系。若以 $\lg(TE)$为纵坐标，$\lg(c_{M}^{sp}K'_{MY})$为横坐标，便可绘出一条斜率为$-\frac{1}{2}$的直线。选取不同的 $\Delta pM'$可得到一组平行直线。若将图的纵坐标用对数格(不等格)标度，则可直接从纵坐标读出 TE(%)值。这组平行的直线图称为误差图(见图 5-10)。在 TE、ΔpM 和 $\lg(c_{M}^{sp}K'_{MY})$三者之间，若知其二，便可从误差图上查到第三者，十分方便。例如已知 $\Delta pM'=0.2$，$TE=0.1\%$，由误差图可查得$\lg(c_{M}^{sp}K'_{MY})=6$；若已知 $\Delta pM'=0.5$，$\lg(c_{M}^{sp}K'_{MY})=8$，可查得 $TE=0.03\%$；如果$\lg(c_{M}^{sp}K'_{MY})=8$，$TE=0.1\%$则 $\Delta pM'=1$。

【例 5-5】在 pH=10.0 缓冲液中，用 2×10^{-2} mol/L EDTA 滴定2×10^{-2} mol/L Mg^{2+}，计算计量点及偏离计量点±0.1%处的 pMg′和滴定突跃 $\Delta pMg'_{(突)}$，并判断用目视法确定终点能否满足±0.2%的误差要求。

解 查 pH=10.0 时，$\lg\alpha_{Y(H)}=0.50$

$$\lg K'_{MgY}=\lg K_{MgY}-\lg\alpha_{Y(H)}=8.7-0.5=8.2$$

$$\Delta pMg'_{(sp)}=\frac{1}{2}(\lg K'_{MgY}+pc_{Mg}^{sp})=\frac{1}{2}(8.2+2)=5.1$$

sp±0.1%处即 $TE=\pm0.1\%$，根据误差公式

$$\lg f=\lg(TE)+\frac{1}{2}\lg(c_{Mg}^{sp}K'_{MgY})=-3+\frac{8.2-2}{2}=0.1$$

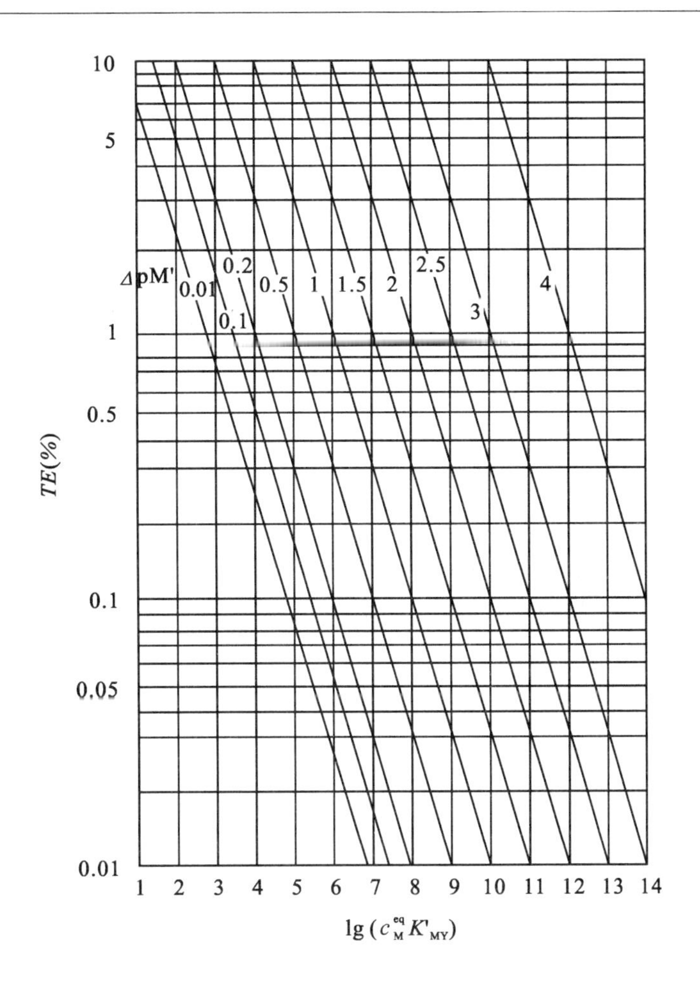

图 5-10　滴定误差图

$$f=1.26\text{，查表 5-4 得 } \Delta pMg'=0.26$$

sp±0.1%处的 pMg' 分别为 $5.1-0.26=4.84$ 和 $5.1+0.26=5.36$。滴定突跃 $\Delta pMg'_{(突)}=0.26\times2=0.52$。

用相同方法可计算当 $TE=\pm0.2\%$ 时 $\Delta pMg'=0.46$，即终点与计量点的 pM' 之差为 0.46 单位。所谓"目视法"即指用指示剂确定终点的方法。由于人的生理局限性所致，在确定滴定终点时一般有±0.2～0.5pM 单位的不确定性，换言之，只有当 pM 改变±(0.2～0.5)个 pM 单位时人们才能确认出指示剂颜色的变化。可见该例中所述的滴定，用目视法确定终点可以满足误差在±0.2%范围之内的要求。

【例 5-6】 在 pH=5.0 的缓冲液中，用 2×10^{-2} mol/L EDTA 滴定 2×10^{-2} mol/L Cd^{2+}，用二甲酚橙作指示剂，求

(1)变色点时终点误差；

(2)若确定终点时还有±0.5pM 单位出入时的终点误差。

解　已知 $\lg K_{CdY}=16.5$，pH=5.0 时 $\lg\alpha_{Y(H)}=6.6$，$pCd_t(Cd-XO)=4.5$。

$$\lg K'_{CdY}=\lg K_{CdY}-\lg\alpha_{Y(H)}=16.5-6.6=9.9$$

$$pCd'_{sp}=\frac{1}{2}(\lg K'_{CdY}+pc^{sp}_{Cd})=\frac{1}{2}(9.9+2)=6.0$$

$$pCd'_{ep}=pCd_t=4.5$$

$$\Delta pCd'=pCd'_{ep}-pCd'_{sp}=4.5-6.0=-1.5$$

$$\lg(c^{sp}_{Cd}K'_{CdY})=\lg 10^{9.9-2}=7.9$$

查误差图得　$TE\approx-0.3\%$。

pCd'_{ep}分别为$4.5-0.5=4.0$和$4.5+0.5=5.0$，则$\Delta pCd'$分别为$4.0-6.0=-2.0$和$5.0-6.0=-1.0$。

查误差图得　$TE\approx-1\%$和$TE\approx-0.1\%$。

【例 5-7】在pH=5.0时，用2×10^{-4} mol/L EDTA滴定相同浓度的Pb^{2+}，用XO作指示剂，计算终点误差。

(1)用醋酸缓冲溶液控制酸度，已知$[Ac^-]=0.4$ mol/L。

(2)用六次甲基四胺—HCl缓冲溶液控制酸度。已知：$\lg K_{PbY}=18.0$；pH=5.0时，$\lg\alpha_{Y(H)}=6.6$；$pM_t(Pb-XO)=7.0$；Pb—Ac络合物的$\lg\beta_1=1.9$，$\lg\beta_2=3.3$；六次甲基四胺基本上不与Pb^{2+}络合。

解　根据题意有平衡：

$$\begin{array}{ccccc} Pb & + & Y & \rightleftharpoons & PbY \\ \downarrow\uparrow Ac^- & & \downarrow\uparrow H^+ & & \\ Pb-Ac & & HY\cdots & & \end{array}\quad 和 \quad \begin{array}{ccccc} Pb & + & In & \rightleftharpoons & PbIn \\ \downarrow\uparrow Ac^- & & \downarrow\uparrow H^+ & & \\ Pb-Ac & & HIn & & \end{array}$$

$$\alpha_{Pb(Ac)}=1+[Ac^-]\beta_1+[Ac^-]^2\beta_2=1+10^{1.9-0.7}+10^{3.3-1.4}\approx10^{2.0}$$

$$\lg K'_{Pb'Y'}=\lg K_{PbY}-\lg\alpha_{Y(H)}-\lg\alpha_{Pb(Ac)}=18.0-6.6-2.0=9.4$$

$$pPb'_{sp}=\frac{1}{2}(\lg K'_{Pb'Y'}+pc^{sp}_{Pb})=\frac{1}{2}(9.4+4)=6.7$$

$$pPb'_{ep}=\lg K'_{Pb'In'}=\lg K_{PbIn}-\lg\alpha_{In(H)}-\lg\alpha_{Pb(Ac)}=pPb_t-\lg\alpha_{Pb(Ac)}=7.0-2.0=5.0$$

$$\Delta pPb'=5.0-6.7=-1.7,$$

$$\lg(c^{sp}_{Pb}K'_{PbY})=9.4-4=5.4$$

查误差图得$TE=-10\%$。

在六次甲基四胺中Pb^{2+}无副反应

$$\lg K'_{PbY}=\lg K_{PbY}-\lg\alpha_{Y(H)}=18.0-6.6=11.4$$

$$pPb'_{sp}=\frac{1}{2}(\lg K'_{PbY}+pc^{sp}_{Pb})=\frac{1}{2}(11.4+4)=7.7$$

$$pPb'_{ep}=\lg K'_{PbIn}=pPb_t=7.0$$

$$\Delta pPb'=7.0-7.7=-0.7$$

$$\lg(c^{sp}_{Pb}K'_{PbY})=11.4-4=7.4$$

查误差图得TE=-0.1%。

可见滴定Pb^{2+}时，应选用六次甲基四胺作缓冲溶液。

2. 准确滴定的判断

能满足指定误差要求的滴定可称为“准确滴定”。如终点误差要求$TE=\pm0.1\%$时，凡终点误差在$-0.1\%\sim0.1\%$范围内的滴定都属准确滴定。

在单一离子的络合滴定中，终点误差往往是指定的。如果$\Delta pM'$也是一已知的确定值时，把TE和$\Delta pM'$值代入误差公式就可求得允许的最小$\lg(c_M^{sp}K'_{MY})$值。该值即为在已知条件（TE和$\Delta pM'$）下准确滴定的判断依据，简称为判据（criterion）。

$$\lg(c_M^{sp}K'_{MY})_{ct}=2\lg\frac{f}{TE} \tag{5-16-e}$$

由于式中的$\lg(c_M^{sp}K'_{MY})$是判据，所以下标"ct"。例如某一滴定$\Delta pM'=\pm0.2$，$TE=\pm0.1\%$时准确滴定的判据为

$$\lg(c_M^{sp}K'_{MY})_{ct}=2\lg\frac{f}{TE}=2\lg\frac{0.954}{0.001}\approx6$$

表明在指定的误差（$\pm0.1\%$）下，当$\Delta pM'=\pm0.2$时，$\lg(c_M^{sp}K'_{MY})$必须大于或等于6，否则就不能准确滴定。

"判据"是随$\Delta pM'$和TE的不同而变的。表5-6为单一离子在某些条件下准确滴定的判据。

表5-6　单一离子准确滴定的判据

$\lg(cK')_{ct}$ / $TE(\%)$ / $\Delta pM'$	0.1	0.2	0.5	1.0
0.2	6.0	5.4	4.6	4.0
0.5	6.9	6.3	5.5	4.9

在络合滴定中一般终点误差要求$|TE|\leqslant0.1\%$，另外目视法观测终点的最小不确定值是$\Delta pM'=\pm0.2$，因此常把这些条件称为"一般条件"。由表5-6可见在一般条件下，单一离子被准确滴定的判据是$\lg(c_M^{sp}K'_{MY})_{ct}=6$。在某些参考书中所述"当$\lg(c_M^{sp}K'_{MY})_{ct}\geqslant6$时才能被准确滴定"是指"一般条件下"的判据。

上述"判据"是将c_M和K'_{MY}作为一个"整体"考虑的，如果c_M也是已知条件时，可将式（5-16-e）写成

$$(\lg K'_{MY})_{ct}=2\lg\frac{f}{TE}-\lg c_M^{sp} \tag{5-16-f}$$

将已知的TE、$\Delta pM'$和c_M代入该试所得$\lg K'_{MY}$也是判据，同样下标"ct"。表5-7中列出了某些条件下的判据$(\lg K'_{MY})_{ct}$值。

表5-7　某些条件下$(\lg K'_{MY})_{ct}$值

条　　件			$(\lg K_{MY})_{ct}$
$TE(\%)$	$\Delta pM'$	$c_M/\text{mol}\cdot\text{L}^{-1}$	
±0.1	±0.2	2×10^{-2}	8
±0.1	±0.2	2×10^{-3}	9
±0.1	±0.5	2×10^{-2}	8.9
±0.1	±0.2	2×10^{-3}	7.4

通常也将$|TE|\leqslant0.1\%$，$\Delta pM'=\pm0.2$，$c_M=2\times10^{-2}\,\text{mol/L}$称为一般条件。由表5-7可见，在一般条件下只有当$\lg K'_{MY}\geqslant(\lg K'_{MY})_{ct}=8$才能被准确滴定。

5.3.4 络合滴定酸度的控制和选择

1. 缓冲剂和辅助络合剂的作用

络合滴定时因为 EDTA 与金属离子的螯合反应不断释放 H^+〔反应式(5-1)〕，溶液酸度随之升高，K'_{MY} 下降，影响滴定突跃和准确度，因此络合滴定需在缓冲液中进行。

某些金属离子在滴定的条件下可能水解生成羟基络合物或沉淀，影响络合反应的速度和程度，因此络合滴定时有时还需加入辅助络合剂，如酒石酸、柠檬酸或氨水等，以防止金属离子的水解。例如在 pH＝10 的氨性缓冲液中，用 EDTA 滴定 Pb^{2+} 或 Zn^{2+} 时，为防止 Pb^{2+} 水解，需加酒石酸作辅助络合剂；对于 Zn^{2+} 则其中的 NH_3 既是缓冲剂又是防止水解的辅助络合剂。

络合滴定时加入辅助络合剂会增加金属离子的副反应，降低条件形成常数，因此必须控制辅助络合剂的用量，使之不影响滴定的准确度。

2. 单一离子滴定的最高酸度和最低酸度

当只考虑 EDTA 的酸效应时(无其他副反应)，单一离子被准确滴定的条件是

$$\lg K'_{MY}=〔\lg K_{MY}-\lg\alpha_{Y(H)}〕\geqslant(\lg K'_{MY})_{ct} \tag{5-17}$$

对于一种确定的金属离子，$\lg K_{MY}$ 为一定值，欲使该金属离子被准确滴定，必须满足式(5-17)，这就必然存在一个最大(允许)的 $\lg\alpha_{Y(H)}$，或说有一最高允许酸度(最小 pH 值)。超此酸度，$\lg\alpha_{Y(H)}$ 过大，不能满足式(5-17)。就不能被准确滴定。这一酸度称为该离子被准确滴定的**最高(允许)酸度**。

确定金属离子滴定的最高酸度的方法有如下两种：

(1)计算法：当 $\lg\alpha_{Y(H)}$ 值在数值上等于 $\lg K_{MY}-(\lg K'_{MY})_{ct}$ 时，所对应的 pH 即为最高酸度。例如，欲求在一般条件下用 EDTA 滴定 Zn^{2+} 的最高酸度，由式(5-17)得

$$\lg\alpha_{Y(H)}=\lg K_{ZnY}-(\lg K'_{ZnY})_{ct}=16.5-8=8.5$$

查表 5-3，得 pH≈4.0，即为 EDTA 滴定 Zn^{2+} 的最高酸度，记为 $pH_{min}=4.0$。

(2)查"酸效应曲线"：从上述最高酸度的计算过程可知，在 $\lg\alpha_{Y(H)}$ 和 $\lg K_{MY}$ 间只差一个常数(判据)。若在酸效应曲线(图 5-5)的 $\lg\alpha_{Y(H)}$ 坐标值上加 $(\lg K'_{MY})_{ct}$ 值(一般条件下加 8)，则曲线原来的 $\lg\alpha_{Y(H)}$ 坐标值即转变成 $\lg K_{MY}$ 的值(见图 5-5 横坐标)。只要根据各金属离子的 $\lg K_{MY}$ 值就可在曲线上确定最高酸度了。

同一种离子在不同条件下，被准确滴定的判据不同，最高酸度亦不同。例如用 EDTA 滴定 Zn^{2+}，当 $|TE|\leqslant0.2\%$ $\Delta pM'=\pm0.2$，$c_{Zn}=2\times10^{-2}$ mol/L 时，$(\lg K'_{MY})_{ct}=7.4$，最高酸度 $pH_{min}=3.7$。

不同的金属离子在同一条件下，由于 $\lg K_{MY}$ 不同，最高酸度也不同。在一般条件下，第Ⅰ组金属离子(见表 5-2)可以在 pH1～3 时被EDTA滴定；第Ⅱ组离子在 pH4～6 时滴定；第Ⅲ组离子在 pH8～10 时滴定；第Ⅳ组离子不能被 EDTA 滴定。

另外，滴定时酸度过低会引起某些金属离子的水解影响滴定的准确度甚至无法进行。因此络合滴定应有一"**最低(允许)酸度**"(或说最高 pH)。

一般认为在无其他辅助络合剂存在时，"最高 pH"就是金属氢氧化物开始沉淀时的 pH。

$$M^{n+}+nOH^-\longrightarrow M(OH)_n\downarrow$$

$$K_{sp}=[M^{n+}][OH^-]^n$$

$$[OH^-]=\sqrt[n]{\frac{K_{sp}}{[M^{n+}]}}\approx\sqrt[n]{\frac{K_{sp}}{c_M}} \tag{5-18}$$

公式中的 c_M 按金属离子的原始浓度计。

仍以 2×10^{-2} mol/L EDTA 滴定 2×10^{-2} mol/L Zn^{2+} 为例，计算最低酸度：

$$[OH^-]=\sqrt{\frac{K_{sp}(Zn(OH)_2)}{c_{Zn^{2+}}}}=\sqrt{\frac{10^{-15.3}}{2\times10^{-2}}}=10^{-6.8}$$

最低酸度 $pH_{max}=14.0-6.8=7.2$，即在一般条件下又无其他辅助络合剂存在时，用 2×10^{-2} mol/L EDTA 滴定 Zn^{2+} 的适宜酸度为pH4.0～7.2。

3. 目视法确定终点时准确滴定的酸度范围和最佳 pH

上述“最高酸度”至“最低酸度”表示在特定的条件下（即 TE、$\Delta pM'$、c_M 都一定，且只考虑 EDTA 的酸效应），在此酸度范围内滴定，可以保证 $\lg K'_{MY}\geqslant(\lg K'_{MY})_{ct}$，并且不水解，常称之为“适宜酸度范围”。

在实际滴定中使用指示剂确定终点时，$\lg K'_{MY}$ 和 ΔpM 均随 pH 而变〔参看式(5-13-b)，式(5-14-a)和式(5-15-a)〕。经计算证明，一般条件下在“最高酸度”和“最低酸度”范围内，终点误差不一定都能满足要求，甚至有时很大，由于 TE 与 pH 的关系较为复杂，为寻找能够满足某一误差要求的酸度范围，常采用列表作图法。该方法的一般过程是：在适宜的酸度范围内，选一些 pH 值“点”，分别计算相应的 $\lg K'_{MY}$、pM'_{ep}、pM'_{sp} 和 TE，并绘出 pM'_{ep}（和 pM'_{sp}）－pH 曲线，$\lg K'_{MY}$－pH 曲线和 TE－pH 曲线。根据所限定的条件即可确定准确滴定的酸度范围和最佳 pH 值。

【例 5-8】 用 2×10^{-2} mol/L EDTA 滴定相同浓度的 Mg^{2+}，用 EBT 作指示剂，终点误差在±0.1%范围内，求准确滴定的酸度范围和最佳 pH。

解　在适宜酸度范围内分别计算出下表所列各值：

pH	8.0	8.5	9.0	9.5	10.0	10.5
$\lg\alpha_{Y(H)}$	2.3	1.8	1.4	0.9	0.5	0.3
$\lg K'_{MY}$	6.4	6.9	7.3	7.8	8.2	8.4
pMg′(sp)	4.2	4.5	4.7	4.9	5.1	5.2
pMg′(ep)	3.4	3.9	4.4	4.9	5.4	5.9
ΔpMg′	−0.8	−0.6	−0.3	0	+0.3	+0.7
TE%	−3.9	−1.3	−0.3	0	+0.12	+0.3

根据表列数据绘出 pMg'_{ep}－pH 曲线、pMg'_{sp}－pH 曲线、$\lg K'_{MgY}$－pH 曲线和 TE－pH 曲线（见图 5-11）。

在图 5-11(a)中，pMg'_{ep} 和 pMg'_{sp} 两线的交点的 pH 值（9.5）即为“最佳 pH”（因 $\Delta pM'=0$，$TE=0$）；由图 5-11(b)可知，当 $|TE|\leqslant0.1\%$时，pH9.3～10.0，即为准确滴定的酸度范围。当所要求的误差改变时，准确滴定的酸度范围必然随之而变。

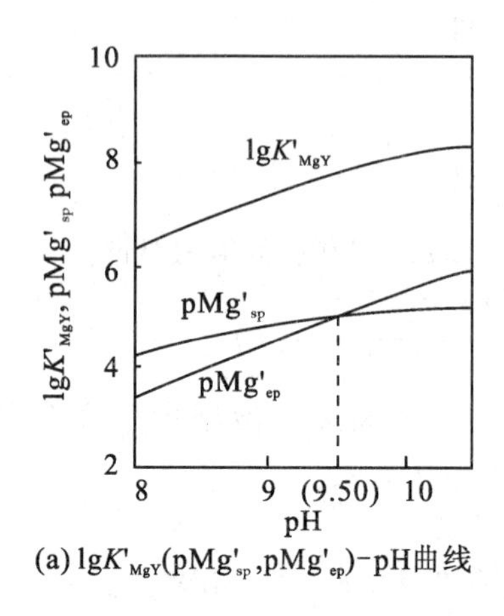

(a) $\lg K'_{MgY}(pMg'_{sp},pMg'_{ep})$-pH曲线

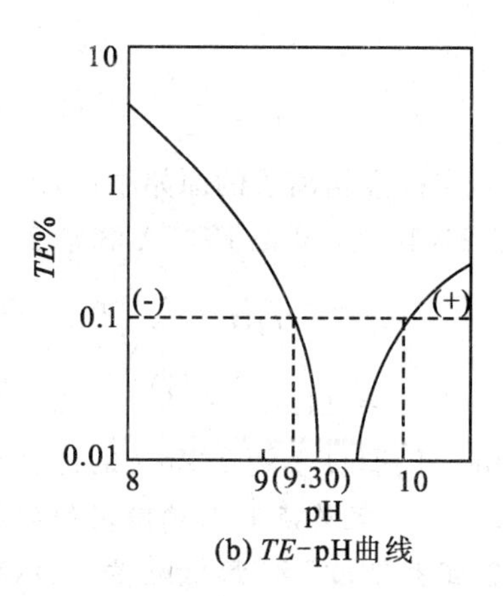

(b) TE-pH曲线

图 5-11　作图法示例

图中曲线标"+"部分误差为正值,标"−"部分为负值

【例 5-9】 用 2×10^{-2} mol/L EDTA 滴定相同浓度的 Zn^{2+},用二甲酚橙作指示剂,要求 $|TE|\leqslant0.1\%$,求准确滴定的酸度范围和最佳 pH 值。

解　在 pH4.0~7.2 范围内选几个 pH 值"点",并按上例方法列表和作图(图 5-12)。

pH	4.0	4.5	5.0	5.5	6.0	6.5	7.0
$\lg\alpha_{Y(H)}$	8.5	7.6	6.6	5.7	4.8	4.0	3.4
$\lg K'_{ZnY}$	8.0	8.9	9.9	10.8	11.7	12.5	13.1
pZn(sp)	5.0	5.5	6.0	6.4	6.9	7.3	7.6
pZn(ep)	~3.3	4.1	4.8	5.7	6.5	7.3	8.0
ΔpM	~−1.7	−1.4	−1.2	−0.7	−0.4	0	+0.4
$TE\%$	~−5	−0.8	−0.2	−0.2	<−0.01	0	<+0.01

图 5-12(a)pZn'_{sp} 线和 pZn'_{ep} 线交点处的 pH 为 6.5,故最佳 pH 值为 6.5。但由于使用二甲酚橙的最高 pH 为 6,而且从 TE−pH 曲线可知,欲使 $TE\leqslant0.1\%$,pH 低限为 5.1,因此二甲酚橙作指示剂准确滴定 Zn^{2+} 的酸度范围为 pH5.1~6.0。这说明使用指示剂确定终点时,选择酸度时不仅要考虑终点误差,也应顾及指示剂的颜色变化。

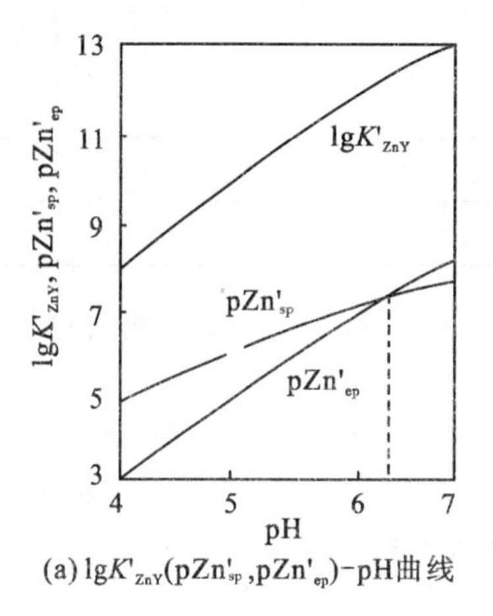

(a) $\lg K'_{ZnY}(pZn'_{sp},pZn'_{ep})$-pH曲线

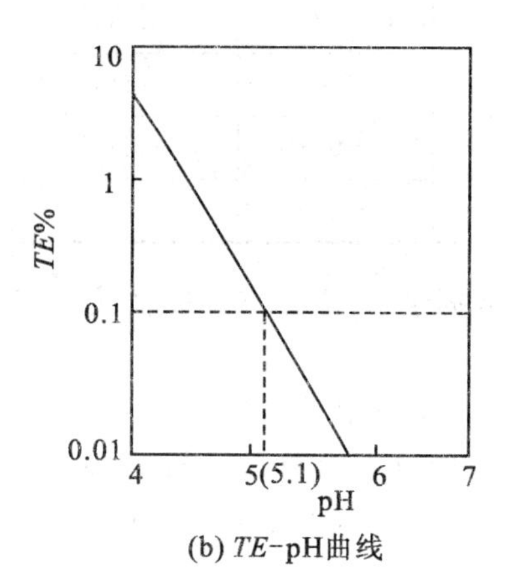

(b) TE-pH曲线

图 5-12　作图法示例

5.4　混合离子的滴定

实际工作中试液里经常含有多种离子，而 EDTA 又能与许多金属离子络合，因此滴定时共存离子往往相互干扰。为便于讨论，假设试液中含有 M 和 N 两种金属离子，它们均可与 EDTA 络合并且 $K'_{MY} > K'_{NY}$ 。滴入 EDTA 后首先被滴定的是 M。那么在滴定 M 时，N 是否干扰？若不干扰，能否在滴定 M 之后继续滴定 N？解决这些问题的最简便、合理的方法是：将干扰离子 N 的影响与 H^+ 的影响一样作为 M 与 Y 络合反应的副反应对待，并把它们的影响程度都“定量地”反映在 K'_{MY} 值上，再根据 K'_{MY} 值讨论 M 滴定的有关问题，而此时的讨论就与前述单一离子的滴定相同了。

5.4.1　M 和 N 共存时 K'_{MY} 与 pH 的关系

1. $\lg\alpha_Y$－pH 曲线

络合反应：

$$\begin{array}{c} M + Y \rightleftharpoons MY \\ \quad\ \ H^+ \Updownarrow\ \Updownarrow N \\ \quad\ \ HY\ \ NY \\ \quad\ \vdots \end{array}$$

在无其他副反应时，$\alpha_Y = \alpha_{Y(H)} + \alpha_{Y(N)} - 1$，只要 $\alpha_{Y(H)}$ 或 $\alpha_{Y(N)}$ 不是很小，那么

$$\alpha_Y \approx \alpha_{Y(H)} + \alpha_{Y(N)} \tag{5-19}$$

$\alpha_{Y(H)}$ 与 pH 关系在 5.2.4 节中已有所述，现再将 EDTA 的酸效应曲线绘入图 5-13(a)中(虚线)。

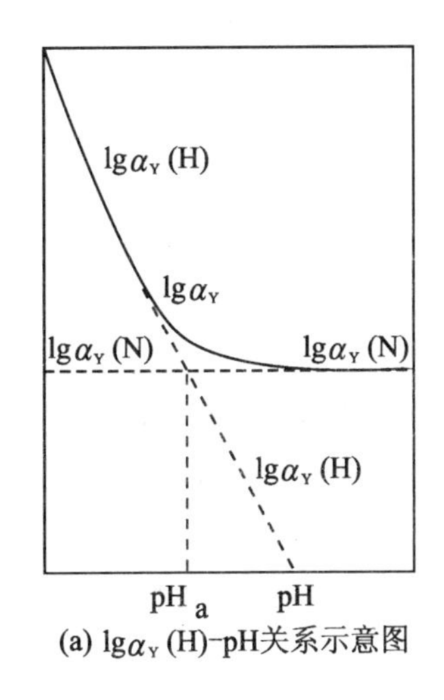

(a) $\lg\alpha_Y$ (H)-pH关系示意图

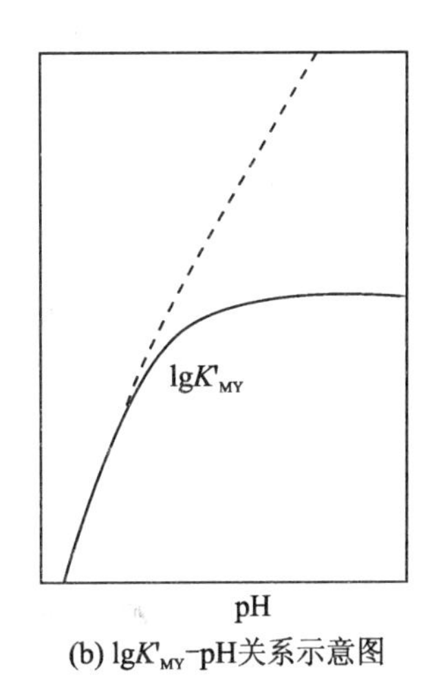

(b) $\lg K'_{MY}$-pH关系示意图

图 5-13　EDTA 的效应曲线图

实线：M 与 N 共存；虚线：仅有 M

由于 $$\alpha_{Y(N)}=1+[N]K_{NY}\approx[N]K_{NY} \tag{5-20}$$
可见，$\alpha_{Y(N)}$与 pH 无关，在图 5-13(a)中 $\lg\alpha_{Y(N)}-pH$ 线应为一水平线。将 $\lg\alpha_{Y(H)}$线和 $\lg\alpha_{Y(N)}$线交点的 pH 标记为 pH_a，根据这两条线便可简便地绘出 $\lg\alpha_Y$ 线。

当 pH 较小时，$\lg\alpha_{Y(H)}>\lg\alpha_{Y(N)}$，$\alpha_{Y(H)}\gg\alpha_{Y(N)}$，式(5-19)可简化为$\alpha_Y\approx\alpha_{Y(H)}$，在该区域内 $\lg\alpha_Y$ 线与 $\lg\alpha_{Y(H)}$线重合。

当 pH 较大时，$\lg\alpha_{Y(N)}>\lg\alpha_{Y(H)}$，$\alpha_{Y(M)}\gg\alpha_{Y(H)}$，式(5-19)可简化为$\alpha_Y\approx\alpha_{Y(N)}$，在此区域内 $\lg\alpha_Y$ 线与 $\lg\alpha_{Y(N)}$线相重。

当 $pH=pH_a$ 时，$\lg\alpha_{Y(H)}=\lg\alpha_{Y(N)}$，$\alpha_Y=2\alpha_{Y(N)}$，$\lg\alpha_Y=\lg\alpha_{Y(N)}+0.3$，表示 $\lg\alpha_Y$ 线通过交点上方 0.3 单位处。连接两个线段和一个点，即可粗略地绘出 $\lg\alpha_Y-pH$ 曲线(见图 5-13(a))。

pH_a 值的计算方法：设滴定 M 时 N 不干扰，则$[N]=c_N^{sp}$，(c_N^{sp} 表示在 M 计量点时 N 的分析浓度)。由于 $pH=pH_a$ 时，$\alpha_{Y(H)}=\alpha_{Y(N)}=[N]K_{NY}=c_N^{sp}K_{NY}$，所以 $\alpha_{Y(H)}$在数值上等于$c_N^{sp}K_{NY}$时所对应的 pH 即为 pH_a 值。

2. $\lg K'_{MY}-pH$ 曲线

图 5-13(b)中虚线是无 N 存在时 $\lg K'_{MY}-pH$ 曲线。当有 N 共存时，由于 $\lg K'_{MY}=\lg K_{MY}-\lg\alpha_Y$，所以：

在 pH 较小时，$\alpha_Y\approx\alpha_{Y(H)}$，$\lg K'_{MY}=\lg K_{MY}-\lg\alpha_{Y(H)}$，此时 $\lg K'_{MY}-pH$ 曲线与无 N 时的 $\lg K'_{MY}-pH$ 线重合。

在 pH 较大时，$\alpha_Y\approx\alpha_{Y(N)}$，所以
$$\begin{aligned}\lg K'_{MY}&=\lg K_{MY}-\lg\alpha_{Y(N)}=\lg K_{MY}-\lg(c_N^{sp}K_{NY})\\&=\lg K_{MY}-\lg K_{NY}+pc_N^{sp}=\Delta\lg K+pc_N^{sp}\end{aligned} \tag{5-21}$$
即在此区域内 $\lg K'_{MY}$ 与两个金属络合物绝对形成常数的对数值之差及共存离子的浓度有关，而与 pH 无关。在图 5-13(b)中为一水平线。

当 $pH=pH_a$ 时，$\alpha_Y=2\alpha_{Y(N)}$，则
$$\begin{aligned}\lg K'_{MY}&=\lg K_{MY}-\lg[2\alpha_{Y(N)}]=\lg K_{MY}-\lg K_{NY}+pc_N^{sp}-0.3\\&=\Delta\lg K+pc_N^{sp}-0.3\end{aligned}$$
即通过水平线下 0.3 单位。

连接两个线段和一个点可粗略绘出 $\lg K'_{MY}-pH$ 曲线。

根据 $\lg K'_{MY}-pH$ 曲线可认为从 pHa 至水解析出沉淀的 pH 范围内，$\lg K'_{MY}$ 有一恒定的、与 pH 无关的最大值(不计较 $pH=pH_a$ 时小于 0.3 单位)。该酸度范围是在 N 存在下滴定 M 的“适宜酸度范围”。一般条件下大多数离子应在该酸度范围内滴定，但也有少数高价态且极易水解的离子，是在小于 pH_a 的 pH 条件下滴定的，例如用 2×10^{-2} mol/L EDTA 滴定相同浓度的 Bi^{3+} 和 Pb^{2+} 混合液中的 Bi^{3+} 时，$\alpha_{Y(H)}=c_{Pb}^{sp}K_{PbY}=10^{18-2}=10^{16}$，$pH_a=1.4$。实际上滴定 Bi^{3+} 一般在 pH≈1.0 的条件下进行。其原因是：(1)在 $pH>pH_a$ 时，Bi^{3+} 水解副反应较为严重，不利于滴定。(2)由于 $\lg K_{BiY}=27.94$，即使在 pH=1.0 时 $\lg K'_{BiY}$ 仍可高达 9.62，完全可以准确滴定，又可提高选择性。

5.4.2 控制酸度分步滴定

1. 控制酸度分步滴定的判断

已知 M 或 N 单独存在时都能被 EDTA 准确滴定，且 $K'_{MY}>K'_{NY}$。当 M 与 N 共存时，能

否首先在较高酸度下滴定 M 而 N 不干扰？能否在 M 被滴定完毕后再调酸度继续滴定 N，实现分步滴定？判断方法归纳如下：

(1)当已知滴定 M 的 $pH \leqslant pH_a$ 时，则 N 的影响可以忽略，如同 M 单独存在一样。即可判定能够分步滴定。

(2)当滴定 M 的 pH 大于 pH_a 值时(即在适宜的酸度范围内滴定时)，N 的影响是主要的，H^+ 的影响可以忽略不计，$\alpha_Y \approx \alpha_{Y(N)}$。

$$\lg K'_{MY} = \Delta\lg K + pc_N^{sp}$$

代入误差公式〔式(5-16-d)〕移项得判据计算式如下：

$$(\Delta\lg K)_{ct} = 2\lg\frac{f}{TE} - \lg\frac{c_M^{sp}}{c_N^{sp}} = 2\lg\frac{f}{TE} - \lg\frac{c_M}{c_N} \tag{5-22}$$

此判据的含意是：在指定的 $\Delta pM'$、TE 和 c_M/c_N 下，M 和 N 共存时准确滴定 M 所允许的最小 $\Delta\lg K$ 值。在滴定时只要 MY 和 NY 绝对形成常数对数值之差 $\Delta\lg K \geqslant (\Delta\lg K)_{ct}$ 就可以在 N 存在下准确滴定 M(尽管此时 N 的影响大于 H^+)。

当 $c_M/c_N = 1$ 时，判据计算式可简化为

$$(\Delta\lg K)_{ct} = 2\lg\frac{f}{TE} \tag{5-22-a}$$

一般条件下(即 $|TE| \leqslant 0.1\%$，$\Delta pM' = \pm 0.2$，$c_M/c_N = 1$)，判据值为

$$(\Delta\lg K)_{ct} = 2\lg\frac{0.954}{0.001} = 6.0$$

一些参考书中以 $\Delta\lg K \geqslant 6$ 作为可分步滴定的条件，实际上是指“一般条件”下的判据。当条件改变时判据值随之而变。在非一般条件下，应按式(5-22)计算具体条件下的判据值后，再作判断。

【例 5-10】用 2×10^{-2} mol/L EDTA 滴定 $Zn^{2+} + Ca^{2+}$ 混合液，判断在一般条件下，适宜酸度范围内能否分步滴定。

(1) $c_{Zn^{2+}} = 2\times10^{-2}$ mol/L，$c_{Ca^{2+}} = 2\times10^{-4}$ mol/L；

(2) $c_{Zn^{2+}} = 2\times10^{-2}$ mol/L，$c_{Ca^{2+}} = 2\times10^{-1}$ mol/L。

解　因为是在适宜酸度下滴定 Zn^{2+}，所以 $pH > pH_a$。

$$(\Delta\lg K)_{ct} = 2\lg\frac{f}{TE} - \lg\frac{c_{Zn^{2+}}}{c_{Ca^{2+}}}$$

(1) $c_{Zn^{2+}}/c_{Ca^{2+}} = 10^2$

$$(\Delta\lg K)_{ct} = 2\lg\frac{f}{TE} - \lg\frac{c_{Zn^{2+}}}{c_{Ca^{2+}}} = 2\lg\frac{0.954}{0.001} - \lg 10^2 = 4.0$$

$$\Delta\lg K_{(实际)} = \lg K_{ZnY} - \lg K_{CaY} = 16.5 - 10.7 = 5.8 > (\Delta\lg K)_{ct}$$

可以分步滴定，即在 Ca^{2+} 存在下首先滴定 Zn^{2+}，而 Ca^{2+} 不干扰。能否再调酸度后继续滴定 Ca^{2+}，则属 Ca^{2+} 单一离子滴定的问题。

(2) $c_{Zn^{2+}}/c_{Ca^{2+}} = 0.1$

$$(\Delta\lg K)_{ct} = 2\lg\frac{f}{TE} - \lg\frac{c_{Zn^{2+}}}{c_{Ca^{2+}}} = 2\lg\frac{0.954}{0.001} - \lg 0.1 = 7.0$$

$$\Delta\lg K_{(实际)} = 5.8 < (\Delta\lg K)_{ct}$$

Ca^{2+} 干扰 Zn^{2+} 的测定，不能实现分步滴定。

在实际工作中，一般可以根据 K_{MY} 的分组（表 5-2），粗略地估计混合离子滴定的干扰情况：在通常条件下，滴定第Ⅰ组离子，第Ⅲ组不干扰，第Ⅱ组离子在浓度不很高时一般也不干扰；滴定第Ⅱ组离子时，第Ⅲ组不干扰，第Ⅰ组干扰；滴定第Ⅲ组离子时，第Ⅰ、Ⅱ组离子干扰。同一组离子在滴定时相互干扰。

2. 在 N 共存时滴定 M 的最佳酸度

上述"适宜酸度范围"（即 $pH_a \sim pH_{水解}$），仅仅是依据"具有最大 $\lg K'_{MY}$ "而提出的，并未考虑指示剂问题，亦未考虑 $\Delta pM'$ 随酸度而变的影响，因此在"适宜酸度范围"内终点误差不一定均能符合要求。为求得在 N 共存时准确滴定 M 的酸度范围和最佳 pH，如同处理单一离子那样，可采用列表作图法（请看例 5-11）。

【例 5-11】 用 2×10^{-2} mol/L EDTA 滴定相同浓度的 $Zn^{2+}+Mg^{2+}$ 混合液中的 Zn^{2+}，(1)判断一般条件下在适宜酸度范围内能否分步滴定；(2)计算滴定 Zn^{2+} 的"适宜酸度范围"；(3)计算用 XO 作指示剂，$|TE|\leqslant 0.1\%$ 时准确滴定 Zn^{2+} 的酸度范围和最佳 pH。

解 (1) $(\Delta \lg K)_{ct}=2\lg \dfrac{f}{TE}=6.0$

$$\Delta \lg K_{(实际)}=\lg K_{ZnY}-\lg K_{MgY}=16.5-8.7=7.8>(\Delta \lg K)_{ct}$$

可以分步滴定，即先在较高酸度下滴定 Zn^{2+}，而 Mg^{2+} 不干扰。Zn^{2+} 滴定完毕再调 pH 继续滴定 Mg^{2+}，而 Mg^{2+} 能否被准确滴定则纯属单一离子滴定的问题。

(2)适宜酸度的高限

$$\alpha_{Y(H)}=c_{Mg}^{sp}K_{MgY}=10^{8.7-2}=10^{6.7}$$

对应的 $pH=pH_a=3.8$。

适宜酸度的低限，即水解生成 $Zn(OH)_2$ 沉淀时的 pH：

$$[OH^{-1}]=\sqrt{\frac{K_{sp}[Zn(OH)_2]}{c_{Zn}}}=\sqrt{\frac{10^{-15.3}}{2\times10^{-2}}}=10^{6.8}$$

$$pH=7.2$$

所以适宜酸度为 pH3.8～7.2。

(3)在 pH3.8～7.2 间计算某些 pH 时的 pZn'_{ep}，pZn'_{sp}，$\lg K'_{ZnY}$ 和 TE，并列表、作图。

pH	3.0	4.5	5.0	5.5	6.0	6.5	7.0
$\lg K'_{ZnY}$ $(\lg K_{ZnY}-\lg\alpha_{Y(H)})$	4.0	9.8	9.8	9.8	9.8	9.8	9.8
pZn'_{sp} $[\frac{1}{2}(\lg K'_{ZnY}+pc_{Zn}^{ep})]$		5.9	5.9	5.9	5.9	5.9	5.9
pZn'_{ep} $[=pZn_t(XO)]$		4.1	4.8	5.7	6.5	7.3	8.0
$\Delta pM'$ $[pZn'_{ep}-pZn'_{sp}]$		−1.8	−1.1	−0.2	+0.6	+1.4	+2.1
$TE(\%)$		−1.0	−0.2	−0.02	+0.06	+0.4	+2

由图 5-14 可见 pH5.1～6.3 范围内滴定 Zn^{2+} 时，$TE\leqslant 0.1\%$，是准确滴定的酸度范围。$pH=5.6$ 时，$TE=0$，为最佳酸度。

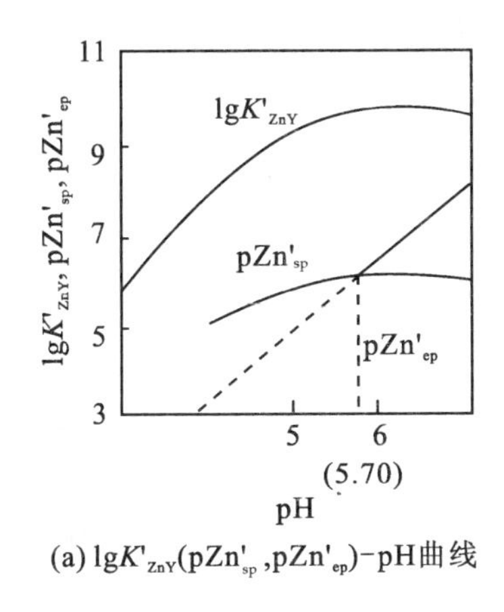

(a) $\lg K'_{ZnY}(pZn'_{sp}, pZn'_{ep})$-pH曲线

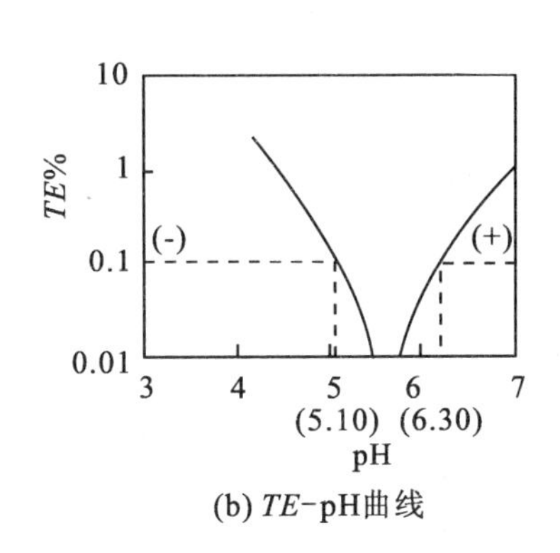

(b) TE-pH曲线

图 5-14　EDTA 滴定 $Zn^{2+}+Mg^{2+}$ 中 Zn^{2+} 曲线

3. 分步滴定时指示剂的选择

在混合离子分步滴定时，应注意指示剂的选择。为避免颜色的干扰，一般不使用两种以上的金属显色（双色）指示剂指示不同的终点。当必须使用两种指示剂时，第一种应该是无色金属指示剂（单色），即第一个终点时变为无色或浅色，不干扰第二种指示剂变色的可见度。最理想的是只用一种指示剂指示各终点。例如，$Pb^{2+}-Bi^{3+}$ 混合液的分步滴定只使用二甲酚橙一种指示剂；$Th^{4+}-La^{3+}$（或 La 系其他离子）混合液用偶氮胂为指示剂 pH～2 时滴定 Th^{4+}，再于 pH＝5 的六次甲基四胺缓冲液中滴定 La^{3+}。

5.4.3　选用适当的络合剂实现分步滴定

络合滴定最常用的络合剂是 EDTA，其效能无可非议。但由于各种氨羧络合剂的络合能力不同，与各种离子形成的络合物稳定性也不相同（见附表 4(e)），所以利用它们在络合能力上的差异，选用适当的络合剂，有可能改善络合滴定的选择性，消除干扰。例如在 Mg^{2+} 存在下用 EDTA 测定 Ca^{2+} 时，Mg^{2+} 有干扰。为消除干扰，需在 pH＝12 时将 Mg^{2+} 沉淀为 $Mg(OH)_2$ 后再滴定 Ca^{2+}。若改用 EGTA 作滴定剂，由于 $\Delta\lg K=\lg K_{Ca-L}-\lg K_{Mg-L}=11.0-5.2=5.8$，可以在 Mg^{2+} 存在下直接滴定 Ca^{2+}。又如，由下列有关 $\lg K$ 值

M：	Cu^{2+}	Zn^{2+}	Cd^{2+}	Mn^{2+}
$\lg K_{MY}$：	18.8	16.5	16.5	14.0
$\lg K_{M-EDTP}$：	15.4	7.8	6.0	4.7

可以看出，用 EDTA 滴定 Cu^{2+} 时，Zn^{2+}、Cd^{2+}、Mn^{2+} 都有干扰；若改用EDTP（乙二胺四丙酸）作滴定剂就可以直接滴定 Cu^{2+} 而 Zn^{2+}，Cd^{2+}，Mn^{2+} 不干扰。可见某些氨羧络合剂所具有的一些特性，EDTA 并不具备。因此除 EDTA 以外的其他氨羧络合剂在络合滴定中仍占有一定的位置。

5.4.4　利用掩蔽和解蔽剂进行滴定

对混合离子试液进行选择性滴定或分步滴定都要受一定条件的限制。当不具备可行的条件时，为提高络合滴定的选择性，常用的最简便也是较有成效的方法是利用掩蔽剂消除干

扰或利用掩蔽—解蔽的方法进行分步滴定。关于掩蔽和解蔽的作用，将于下节介绍。

5.5 络合滴定中的掩蔽和解蔽作用

5.5.1 掩蔽作用

1. 常用掩蔽方法

掩蔽是在试液中直接加入一种能和干扰离子反应的物质，使游离的干扰离子的浓度降至不再与络合剂反应，失去干扰能力。加入的这种物质叫做**掩蔽剂**。根据掩蔽剂与干扰离子的化学反应类型，掩蔽方法分为如下三种：

(1)沉淀掩蔽法

加入的掩蔽剂可使干扰离子沉淀并在不分出沉淀的条件下滴定被测离子，这种方法叫做**沉淀掩蔽法**。例如 Ca^{2+} 和 Ba^{2+} 干扰 Mg^{2+} 的滴定，如果将 Ca^{2+} 沉淀为草酸盐，Ba^{2+} 沉淀为硫酸盐或铬酸盐，那么在不滤出沉淀的条件下，即可用 EDTA 直接滴定 Mg^{2+}。又如在 Mg^{2+} 存在下，pH>12 时用 EDTA 滴定 Ca^{2+}，此时 Mg^{2+} 生成 $Mg(OH)_2$ 沉淀，不干扰 Ca^{2+} 的测定，也属沉淀掩蔽法。

在实际工作中，沉淀掩蔽法应用并不普遍，主要原因是在沉淀过程中，常有被测离子共沉淀，而使结果偏低。如果指示剂被共沉淀则会影响终点变色。

(2)氧化还原掩蔽法

加入掩蔽剂使干扰离子氧化或还原成另一价态，新价态的离子不与 EDTA 络合或络合能力差，从而消除干扰，这种方法叫做**氧化还原掩蔽法**。例如 $K_{Fe^{2+}Y}$ 比 $K_{Fe^{3+}Y}$ 约小 11 个量级，Fe^{3+} 可在酸性介质中被抗坏血酸或盐酸羟胺还原为 Fe^{2+}，这样即可消除 Fe^{3+} 对滴定 Zr^{4+}、Th^{4+}、Bi^{3+} 等离子的干扰。Cr^{3+} 在碱性介质中被 H_2O_2 氧化成 CrO_4^{2-}，后者不与 EDTA络合，故可消除 Cr^{3+} 对滴定某些离子的干扰。

(3)络合掩蔽法

加入掩蔽剂与干扰离子络合生成稳定络合物，从而消除干扰，这种掩蔽方法叫做**络合掩蔽法**。由于该法较前述两种掩蔽法应用更为广泛，因此下面对络合掩蔽法作进一步的讨论。

2. 络合掩蔽效果的评价

在 M 和 N 的混合试液中，加入 N 的掩蔽剂 A 以消除 N 对 M 的干扰，掩蔽效果的评价可归纳为以下步骤：

(1)根据滴定 M 的 pH 查 $\lg\alpha_{Y(H)}$；

(2)根据加入的掩蔽剂(A)的量计算试液中残留 N 的浓度(用$[N]_{残}$表示)，再根据$[N]_{残}$计算 $\alpha_{Y(N)}$；

(3)判断

若 $\lg\alpha_{Y(H)}>\lg\alpha_{Y(N)}$ ($\alpha_{Y(H)}\gg\alpha_{Y(N)}$)，则表明 N 的干扰已经消除，掩蔽成功。

当 $\lg\alpha_{Y(H)}<\lg\alpha_{Y(N)}$ 时，尽管 N 的影响大于 H^+ 的影响，但仍需进一步证明在$[N]_{残}$存在下，$\lg K'_{NY}$ 是否大于“判据”，或终点误差是否符合要求，才可判定掩蔽是否成功。必要时还应证明残留的 N 是否仍可与指示剂显色。

判断残留 N 能否与指示剂显色的方法是：从附表 7 查得 N 在指示剂变色点的 pN_t，若 $pN_t < pN_{残}$，则不显色；否则仍可显色。

【例 5-12】 在 pH＝5.5 时用 2×10^{-2} mol/L EDTA 滴定相同浓度的 $Zn^{2+}+Al^{3+}$ 混合液中的 Zn^{2+}，加 KF 掩蔽 Al^{3+}。已知终点时〔F^-〕$=10^{-2}$ mol/L，问 Al^{3+} 能否被掩蔽？已知 $\lg K_{AlY}=16.1$，$\lg K_{ZnY}=16.5$；Al－F络合物的 $\lg\beta_4=17.7$，$\lg\beta_5=19.4$，$\lg\beta_6=19.7$。

解　$\alpha_{Al(F)}=1+[F]^4\beta_4+[F]^5\beta_5+[F]^6\beta_6=1+10^{17.7-8}+10^{19.4-10}+10^{19.7-12}\approx10^{10}$

$$[Al]_{残}=\frac{c_{Al}^{sp}}{\alpha_{Al(F)}}=\frac{10^{-2}}{10^{10}}=10^{-12}\ \text{mol/L}$$

$$\alpha_{Y(Al)}=1+[Al]K_{AlY}=1+10^{16.1-12}\approx10^{4.1}$$

查 pH＝5.5 时 $\lg\alpha_{Y(H)}=5.6$

$$\alpha_{Y(H)}>\alpha_{Y(Al)}$$

可见加 KF 后 Al^{3+} 的干扰已经基本消除，至于 Zn^{2+} 能否被准确滴定则决定于 H^+ 的影响。

【例 5-13】 pH＝5.5 时，二甲酚橙作指示剂用 2×10^{-2} mol/L EDTA滴定浓度皆为 2×10^{-2} mol/L 的 Zn^{2+} 和 Cd^{2+} 混合液中的 Zn^{2+}，加 KI 掩蔽 Cd^{2+}，已知终点时〔I^-〕＝1.0 mol/L。(1)试评价掩蔽效果，Cd^{2+} 是否仍与 XO 显色；(2)计算终点误差；(3)计算化学计量点时 $\sum_{i=1}^{6}[H_iY]$。已知 $\lg K_{ZnY}=16.5$，$\lg K_{CdY}=16.5$，Cd－I 络合物 $\lg\beta_1=2.4$，$\lg\beta_2=3.4$，$\lg\beta_3=5.0$，$\lg\beta_4=6.2$。

解　$\alpha_{Cd(I)}=1+[I]\beta_1+\cdots+[I]^4\beta_4=1+10^{2.4}+10^{3.4}+10^{5.0}+10^{6.2}\approx10^{6.2}$

$$[Cd^{2+}]_{残}=\frac{c_{Cd}^{sp}}{\alpha_{Cd(I)}}=\frac{10^{-2}}{10^{6.2}}=10^{-8.2}$$

由于 pH＝5.5 时，Cd－XO 的 $pM_t=5.0<pCd_{残}(=8.2)$，所以残余 Cd^{2+} 已不与 XO 显色。

$$\alpha_{Y(Cd)}=1+[Cd]K_{CdY}=1+10^{16.5-8.2}\approx10^{8.3}$$

pH＝5.5 时，$\alpha_{Y(H)}=10^{5.6}\ll\alpha_{Y(Cd)}$

$$\lg K'_{ZnY'}=\lg K_{ZnY}-\lg\alpha_{Y(Cd)}=16.5-8.3=8.2$$

$$pZn'_{sp}=\frac{1}{2}(\lg K'_{ZnY'}+pc_{Zn}^{sp})=\frac{1}{2}(8.2+2)=5.1$$

$$pZn_{ep}=pZn_t=5.7,\ \Delta pM'=5.7-5.1=0.6$$

$$TE=\frac{f}{\sqrt{c_{Zn}^{sp}K'_{ZnY}}}=\frac{3.73}{10^{3.1}}=0.3$$

掩蔽基本成功。化学计量点时，$[Y']=[Zn^{2+}]=10^{-5.1}$，

$$[Y]=\frac{[Y']}{\alpha_{Y(Cd)}}=\frac{10^{-5.1}}{10^{-8.3}}=10^{-13.4}$$

$$\sum_{i=1}^{6}[H_iY]=\alpha_{Y(H)}[Y]=10^{-13.4+5.6}=10^{-7.8}\ \text{mol/L}$$

3. 常用络合掩蔽剂

络合掩蔽剂应具有以下性质：

①掩蔽剂与干扰离子生成的络合物应比滴定剂与干扰离子生成的络合物稳定。

②掩蔽剂与干扰离子络合物应为无色或浅色。

③加入掩蔽剂后，试液 pH 不应有太大的变化。

④掩蔽剂不应影响测定的准确度。

络合掩蔽剂种类繁多，最常用的有如下几种：

(1)氰化钾(钠)

KCN 是一种有效的掩蔽剂。由于 HCN 是一极弱酸且有剧毒，因此 KCN 只能(也必须)在碱性介质中使用，否则不仅无掩蔽效果(为什么?)更会引起**中毒**。

在 pH>8 的碱性介质中，CN^- 能与 Hg^{2+}、Cd^{2+}、Zn^{2+}、Co^{2+}、Ni^{2+}、Ag^+、Cu^{2+}、Fe^{3+}、Fe^{2+} 及铂族金属离子生成稳定络合物，且都比相应的 EDTA 络合物稳定得多。在碱性介质中用 EDTA 滴定碱土、稀土、Mn^{2+}、Pb^{2+} 等离子时，可以用 KCN 掩蔽上述离子。在碱性介质中加入少量 KCN 可以消除痕量 Co^{2+}、Ni^{2+}、Cu^{2+} 等共存离子对 EBT 指示剂的封闭作用。

CN^- 与 Cu^{2+} 反应时 Cu^{2+} 被还原为 Cu^+ 后形成 $Cu(CN)_4^{3-}$，由于 KCN 是在碱性介质中使用的，Fe^{3+} 和 Fe^{2+} 都会因析出沉淀而不与 CN^- 络合，若先加辅助络合剂(如酒石酸)，再调至碱性，Fe(Ⅲ)和Fe(Ⅱ)仍留在溶液中，再加入 KCN 可形成络合物。$Fe(CN)_6^{3-}$ 为深红色，具有氧化性，量多时可将指示剂氧化，所以 KCN 只能掩蔽 5mg 以下的 Fe^{3+}；$Fe(CN)_6^{4-}$ 是浅黄色的，KCN 可掩蔽 100mg 以下的 Fe^{2+}。

尽管 KCN 是重金属的有效掩蔽剂，但在络合滴定中较少使用，主要原因是它的毒性和对环境的污染。在实际工作中，若有可能，尽量用其他掩蔽剂代之。

(2)氟化铵(钠或钾)

HF 是中强酸，pH>5 时主要型体是 F^-，因此作为掩蔽剂氟化物应在弱酸或碱性介质中使用。它可以掩蔽 Al^{3+}、Ti^{4+}、Sn^{4+}、Be^{2+}、Zr^{4+}、Hf^{4+} 等离子，也可以沉淀掩蔽稀土、碱土等离子。如 pH=5.5，二甲酚橙作指示剂，EDTA 滴定 Zn^{2+} 时可用 NH_4F 掩蔽 Al^{3+}、Ti^{4+}、Sn^{4+} 和稀土离子。

F^- 与 Fe^{3+} 生成无色 FeF_6^{3-}(溶液褪色)，只有在大量的 NH_4F 存在时才能掩蔽少量 Fe^{3+}。在钾盐存在下 F^- 可与 Fe^{3+} 形成 K_3FeF_6 沉淀，使 Fe^{3+} 被掩蔽。例如 pH=10 时在钾盐存在下，用 F^- 掩蔽 Al^{3+}、Fe^{3+}、Ti^{4+}、稀土、碱土等离子，以 EBT 作指示剂，用 EDTA 可以直接滴定 Zn^{2+} 或 Cd^{2+}。

(3)三乙醇胺($N(CH_2CH_3OH)_3$，用 TEA 表示)

三乙醇胺也称三羟乙胺，为无色粘稠液体，常配制成 1∶4 水溶液使用。三乙醇胺是一弱碱，作为掩蔽剂应在碱性介质使用，否则形成共轭酸 $H^+N(CH_2CH_2OH)_3$ 使络合能力下降。

三乙醇胺可掩蔽 Fe^{3+}、Al^{3+}、Ti^{4+}、Sn^{4+} 和少量 Mn^{2+}。例如 pH=10 时用 TEA 掩蔽上述离子后可用 EDTA 直接滴定 Ca^{2+}、Mg^{2+}、Zn^{2+}、Cd^{2+}、Pb^{2+} 及某些稀土离子。

TEA 掩蔽 Mn^{2+} 时，在无还原剂存在时易形成 Mn(Ⅱ)－TEA 络合物，该络合物能使铬黑 T 指示剂分解，因此不能用铬黑 T 作指示剂，而只能选择其他指示剂，例如，用 TEA 掩蔽 Fe^{3+}、Al^{3+}、Mn^{2+} 后在pH>10的溶液中用紫脲酸铵作指示剂可以用 EDTA 直接滴定 Ni^{2+}。

使用 TEA 掩蔽 Fe^{3+}、Al^{3+} 等高价离子时，应在酸性介质中加入 TEA，然后再调至碱性，从而避免 Fe^{3+}、Al^{3+} 因水解而不易被掩蔽的弊病。

(4)巯基乙酸($HSCH_2COOH$,用 TGA 表示)

在氨性介质中巯基乙酸可与 Ag^+、Bi^{3+}、Cd^{2+}、Hg^{2+}、Cu^{2+}、Pb^{2+}、Zn^{2+}、Sn^{4+} 等生成可溶性无色或浅色络合物,这些络合物均不被EDTA分解,因此络合滴定时可用巯基乙酸掩蔽上述离子。例如,在氨性介质中用 TGA 掩蔽上述离子后,可用 EDTA 直接滴定 Ca^{2+} 和 Mg^{2+}。巯基乙酸与 Fe^{3+} 生成深红色络合物,加入三乙醇胺后变成浅黄色,因此 TGA 和 TEA 可联合掩蔽 Fe^{3+}。例如测定铜—镍合金中的镍含量时,可以用 TGA 掩蔽 Cu^{2+},并同时使用 TEA 联合掩蔽 Al^{3+} 和 Fe^{3+}。

巯基乙酸在碱性介质中是重金属的强力掩蔽剂,可代替有剧毒的 KCN,但因为它有令人讨厌的臭味,对皮肤和眼睛也有一定的刺激作用,因而限制了它的应用。

(5)邻二氮菲($C_{12}H_8N_2$,用 phen 表示)

邻二氮菲在弱酸性(pH3～7)介质中可掩蔽 Zn^{2+}、Cd^{2+}、Co^{2+}、Ni^{2+}、Mn^{2+}、Cu^{2+} 等离子。例如,pH=5.5 时用六次甲基四胺作缓冲剂,用二甲酚橙作指示剂,用 phen 掩蔽上述离子后,可以用 EDTA 直接滴定 Pb^{2+},或用 Pb^{2+} 标准溶液返滴定测 Al^{3+}。

(6)其他常用掩蔽剂

①KI

由于 HI 是强酸,所以 KI 作为掩蔽剂使用时溶液的酸度不受限制。KI 常用于掩蔽 Pb^{2+}、Cd^{2+}、Hg^{2+} 等离子。例如,pH=3 时用 KI 掩蔽 Pb^{2+},用二甲酚橙作指示剂,可以用 EDTA 直接滴定 Th^{4+};pH=5,KI 掩蔽 Cd^{2+},二甲酚橙作指示剂,可用 EDTA 直接滴定 Zn^{2+};pH=8,KI 掩蔽 Hg^{2+},紫脲酸铵或邻苯二酚紫作指示剂,EDTA 可直接滴定 Cu^{2+}。

②乙酰丙酮($CH_3COCH_2COCH_3$)

pH5～6 时可用乙酰丙酮掩蔽 Al^{3+}、Fe^{3+}、Be^{2+}、Pb^{2+}、UO_2^{2+} 等离子。乙酰丙酮与 Fe^{3+} 的络合物呈红色,和 UO_2^{2+} 的络合物呈黄色干扰目视法滴定,可用硝基苯萃取消除有色络合物的干扰。乙酰丙酮与 Pd^{2+}、Be^{2+}、Mo(Ⅵ)生成白色沉淀一般不干扰测定。

③硫脲〔$SC(NH_2)_3$〕

在酸性介质中可掩蔽 Cu^{2+} 和 Hg^{2+}。例如用硫脲掩蔽 Cu^{2+} 后,pH=5 时可用 Pb^{2+} 标准溶液返滴定法测定 Fe^{3+};pH=2 时,XO 作指示剂,用 Th^{4+} 标准溶液返滴定法可测定铜合金中的锡;pH5～6,PAN 作指示剂在热溶液中用 EDTA 滴定 Zn^{2+}。

用硫脲掩蔽 Cu^{2+} 时宜加入些还原剂(如抗坏血酸)将 Cu^{2+} 还原为 Cu^+ 后再与硫脲络合更为稳定。

④柠檬酸〔$HOOCCH_2C(OH)(COOH)CH_2COOH$〕和酒石酸〔$HOOCCH(OH)CH(OH)COOH$〕

柠檬酸在 pH6.5～7.5 可掩蔽 Bi^{3+}、Fe^{3+}、Cr^{3+}、Sn^{4+}、Ti^{4+}、Th^{4+}、Zr^{4+}、UO_2^{2+} 等离子,然后用 EDTA 滴定 Cu^{2+}、Cd^{2+}、Hg^{2+}、Pb^{2+}、Zn^{2+}。

酒石酸在 NH_3 性介质中可掩蔽 Sn^{4+}、Fe^{3+}、Al^{3+}、Cr^{3+}、Th^4 等离子,然后用 EDTA 滴定 Mn^{2+}。

柠檬酸和酒石酸常用作辅助络合剂,以防止 Al^{3+}、Fe^{3+}、Cr^{3+}、Ti^{4+}、Pb^{2+} 等离子水解。

5.5.2 解蔽作用

解蔽是指在试液中加入一种称作为解蔽剂的试剂,以解除业已存在的掩蔽作用。使被掩蔽了的离子重新释放出来，恢复正常的反应能力。可见解蔽是掩蔽的对立过程，因此解蔽方法自然是针对掩蔽方法而行的。下面介绍几个常见的解蔽实例。

1. 沉淀掩蔽法的解蔽

如前所述，为测定 Ca^{2+}，在 pH～12 时共存的 Mg^{2+} 沉淀为 $Mg(OH)_2$ 而被掩蔽。若仍需测 Mg^{2+}，则可在 Ca^{2+} 滴定完成后，加入适当的酸和缓冲剂，调 pH8～10，$Mg(OH)_2$ 溶解，Mg^{2+} 被解蔽可继续滴定。

2. 氧化一还原掩蔽法的解蔽

例如，为了解蔽用抗坏血酸掩蔽的 Fe^{3+}，可加入适当氧化剂，将 Fe^{2+} 氧化成 Fe^{3+} 后，即可进行 Fe^{3+} 的滴定。

3. 络合掩蔽法的解蔽

(1)用 Ag^+ 解蔽 $Hg(SCN)_4^{2-}$ 中的 Hg^{2+}

例如 Bi^{3+} 与 Hg^{2+} 混合液的测定，常于混合液中加入 SCN^- 生成 $Hg(SCN)_4^{2-}$ 后使 Hg^{2+} 被掩蔽，在 pH～1 时，用 EDTA 滴定 Bi^{3+}，然后加入 $AgNO_3$ 使 Hg^{2+} 解蔽：

$$\underset{(\lg\beta_4=3.4)}{Hg(SCN)_4^{2-}} + 2Ag^+ \longrightarrow \underset{(\lg\beta_2=10)}{2Ag(SCN)_2^-} + Hg^{2+}$$

再于 pH～2 时滴定 Hg^{2+}。过量的 Ag^+ 不被 EDTA 滴定($\lg K_{AgY}=7.2$)。

(2)甲醛解蔽 $Zn(CN)_4^{2-}$ 和 $Cd(CN)_4^{2-}$ 中的 Zn^{2+} 和 Cd^{2+}

例如，铜合金中 Zn(或 Cd)和 Pb 的测定，试样用硝酸溶解后，在 pH～10 的氨性缓冲液中加 KCN，由于生成 $Cu(CN)_4^{3-}$ ($\lg\beta_4=30.3$)、$Zn(CN)_4^{2-}$ ($\lg\beta_4=16.7$)或 $Cd(CN)_4^{2-}$ ($\lg\beta_4=18.9$)，使相应的离子被掩蔽，用 EBT 作指示剂 EDTA 滴定 Pb^{2+}。之后加甲醛解蔽 Zn^{2+} 或 Cd^{2+}，其反应如下：

$$Zn(CN)_4^{2-} + 4HCHO + 4H_2O = Zn^{2+} + 4H_2\overset{\overset{\displaystyle OH}{|}}{C}{-}CN + 4OH^-$$

或

$$Cd(CN)_4^{2-} + 4HCHO + 4H_2O = Cd^{2+} + 4H_2\overset{\overset{\displaystyle OH}{|}}{C}{-}CN + 4OH^-$$

可继续用 EDTA 滴定 Zn^{2+} 或 Cd^{2+}。而 $Cu(CN)_4^{3-}$ 及其他氰化物不被解蔽。

甲醛还可以除去过量的 CN^-：

$$CN^- + HCHO + H_2O \longrightarrow HOCH_2CN + OH^-$$

(3)用 H_2O_2 解蔽巯基乙酸或硫脲络合物中的金属离子

例如，Cu^{2+} 和 Zn^{2+} 混合液中 Cu^{2+} 和 Zn^{2+} 的测定，在酸性介质中加入硫脲掩蔽 Cu^{2+}，在六次甲基四胺缓冲液(pH5～6)中，以二甲酚橙作指示剂，用 EDTA 滴定 Zn^{2+} 后，加入 H_2O_2 解蔽 Cu^{2+}，即可继续滴定 Cu^{2+}。

在混合离子的测定中，常灵活运用掩蔽和解蔽相配合的方法达到分步滴定的目的。

5.6 络合滴定方式

5.6.1 直接滴定法

金属离子与EDTA(或其他氨羧络合剂)的反应若能符合滴定分析对化学反应的要求(见2.2节)并有合适的指示剂,就可以用直接法进行滴定。直接滴定法迅速、简便,引入误差的因素少。因此,在可能的条件下尽量采用直接滴定法。目前已有四十余种离子可用EDTA直接滴定,其中常见的离子如下:

pH1～2:Zr^{4+}(XO)、Bi^{3+}(XO);

pH2～3.5:Fe^{3+}(磺基水杨酸,紫→黄,40～50 ℃)、Th^{4+}(XO)、Ga^{3+}(邻苯二酚紫,蓝→黄)、In^{3+}(XO)、Tl^{3+}(XO,60～80 ℃)、Hg^{2+}(PAN,XO);

pH5～6:Cu^{2+}(PAN)、Pb^{2+}(XO)、Zn^{2+}或Cd^{2+}(XO)、稀土离子(XO)、Sn^{2+}(甲基百里酚蓝)、Mn^{2+}(XO,酒石酸)、Fe^{2+}(甲基百里酚蓝)。

pH9～10:Hg^{2+}(EBT)、Sr^{2+}(EBT+Mg－EDTA)、Ba^{2+}(甲基百里酚蓝)、Pb^{2+}(EBT,酒石酸)、Mn^{2+}(EBT,羟胺防止氧化)、Cu^{2+}(紫脲酸铵)、Zn^{2+}或Cd^{2+}(EBT)、Ni^{2+}(紫脲酸胺或邻苯二酚紫,缓慢滴定),后4种离子以NH_3为辅助络合剂以防止水解。

pH12:Ca^{2+}(钙指示剂)

在直接滴定中有些离子与EDTA络合缓慢,需要加热促进反应。例如Fe^{3+}宜在40～50 ℃时滴定,Zr^{4+}宜在90～100 ℃下滴定。

5.6.2 返滴定法

当金属离子与EDTA反应缓慢,或在适宜的酸度下水解副反应严重,或无适当指示剂时,不宜用直接法滴定,可采用返滴定法,即在待测试液中加入一定量并过量的EDTA,待充分络合后,再用另一种金属离子标准溶液滴定剩余的EDTA,从而测得待测金属离子的含量。例如Al^{3+}的测定,由于以下原因不能使用直接滴定法:

(1)Al^{3+}与EDTA络合速度缓慢,需在过量EDTA存在下,煮沸才能络合完全。

(2)Al^{3+}易水解,在最高允许酸度(pH～4.1)时,其水解副反应已相当明显,并可能形成多核羟基络合物如$[Al_2(H_2O)_6(OH)_3]^{3+}$、$[Al_3(H_2O)_6(OH)_6]^{3+}$等。这些多核络合物不仅与EDTA络合缓慢,并可能影响Al与EDTA的络合比,对滴定十分不利。

(3)在酸性介质中Al^{3+}对最常用的指示剂二甲酚橙有封闭作用。

由于以上原因Al^{3+}一般都采用返滴定法测定,其步骤如下:试液中先加入一定量过量的EDTA标准溶液,在pH～3.5时煮沸2～3 min,使络合完毕。冷至室温,调pH5～6,在HAc—NaAc缓冲溶液中,以二甲酚橙作指示剂,用Zn^{2+}标准溶液返滴定。

用返滴定法测定的常见离子还有Ti^{4+}、Sn^{4+}(它们易水解且无适宜指示剂)和Cr^{3+}、Co^{2+}、Ni^{2+}(它们与EDTA络合速度缓慢)。Ti^{4+}的测定可在酸性介质中,在H_2O_2存在下加过量EDTA形成稳定络合物($Ti-H_2O_2-EDTA$,$\lg K=20.4$),以二甲酚橙作指示剂,用Bi^{3+}(pH1～2)或Pb^{2+}(pH5～5.5)返滴定;Sn^{4+}则可以二甲酚橙指示剂pH2～2.5用Th^{4+}

返滴定；Cr^{3+} 可在酸性介质中加过量 EDTA 煮沸5～10 min，以二甲酚橙为指示剂，用 Bi^{3+}、Th^{4+}、Zn^{2+} 等标准溶液返滴定；Co^{2+} 和 Ni^{2+} 则以二甲酚橙指示剂，用 Pb^{2+} 返滴定。

返滴定法应具备如下条件：

(1)在滴定的条件下 MY 的稳定性应等于或略高于 NY(M 为被测离子，N 为返滴定剂)，即 $K'_{MY} \geqslant K'_{NY}$，否则会发生如下置换反应而使结果偏低：

$$N + MY \rightleftharpoons NY + M$$

如果 MY 具有一定的化学惰性(不仅形成速度慢，离解速度亦慢)则对返滴定更为有利。

(2)EDTA 络合剂过量一般不超过 100%。

(3)指示剂应对返滴定剂 N 变色敏锐。

常用的返滴定剂有 Bi^{3+}(XO，pH1～2)、Th^{4+}(XO，pH2.5～3.5)、Cu^{2+}(PAN，加热，pH3.5～6，且 EDTA 不宜过量太多以防 CuY 的蓝色影响终点的判断)、Pb^{2+} 或 Zn^{2+}(XO，pH5～6；或 EBT，pH～10 氨性缓冲液)、Mg^{2+}(EBT，pH=10)等。

5.6.3 置换滴定法

1. 置换金属离子

如果被测离子 M 的 MY 不够稳定，不能直接滴定，但 M 可定量地将 NL 络合物中的 N 置换出来，而 N 可用 EDTA 滴定，从而间接测得 M 的含量。这种置换滴定方式可用如下反应式表示。

$$M + NL = ML + N$$
$$N + Y = NY$$

例如，络合滴定法测定 Ag^+，由于 $\lg K_{AgY} = 7.3$，不能用 EDTA 直接滴定。但在试液中加入过量的 $Ni(CN)_4^{2-}$ 后可发生如下反应：

$$2Ag^+ + Ni(CN)_4^{2-} = 2Ag(CN)_2^- + Ni^{2+}$$

在 pH=10 的氨性缓冲液中，用紫脲酸铵作指示剂，游离出来的 Ni^{2+} 可用 EDTA 直接滴定，从而测得 Ag^+ 的含量。

2. 置换 EDTA

将被测离子和干扰离子全部与 EDTA 络合后加入选择性较高的络合剂(L)，将 MY 中的 Y 定量地置换出来：

$$MY + L = ML + Y$$

再用金属离子标准溶液滴定置换出来的 EDTA，间接得 M 的含量。常见示例如下：

(1)用苦杏仁酸置换 $Ti^{4+}-Y$ 或 $Sn^{4+}-Y$ 中的 Y

为便于讨论，将苦杏仁酸(mandelie acid)简写为 Ma，则

$$Ti^{4+} - Y + Ma = Ti - Ma + Y$$
$$Sn^{4+} - Y + Ma = Sn - Ma + Y$$

再用金属离子标准溶液滴定置换出来的 EDTA，从而得 Ti^{4+} 或 Sn^{4+} 的含量。

例如，在 Al^{3+} 和 Ti^{4+} 共存时测定 Ti^{4+}，其过程示意如下：

$$\begin{matrix} Al^{3+} \\ Ti^{4+} \end{matrix} + \underset{(过量)}{Y} \longrightarrow \begin{matrix} Al-Y \\ Ti-Y \end{matrix} \xrightarrow[\text{加苦杏仁酸}]{\text{用 }Zn^{2+}\text{ 滴定法除去剩余 Y 后}} \begin{matrix} Al-Y \\ Ti-Ma + Y \end{matrix} \swarrow \text{用 }Zn^{2+}\text{ 标液滴定}$$

乳酸、苹果酸和酒石酸也可以置换 $Sn^{4+}-Y$ 中的 Y；乳酸还可置换 $Ti^{4+}-Y$ 中的 Y，但以苦杏仁酸的效果最好。

(2)用 F^- 置换 $Al-Y$、$Sn^{4+}-Y$、$Ti^{4+}-Y$、$Th^{4+}-Y$、$Zr^{4+}-Y$ 和 $Hf^{4+}-Y$ 中的 Y，再用金属离子标准溶液滴定置换出来的 EDTA。

如上例中在测定 Ti^{4+} 之后欲再测 Al^{3+}，可另取一等份试液，按下示过程测定：

$$\begin{matrix} Al^{3+} \\ Ti^{4+} \end{matrix} + \underset{(\text{过量})}{Y} \rightarrow \begin{matrix} Al-Y \\ Ti-Y \end{matrix} \xrightarrow[\text{加 } F^-]{\text{用 } Zn^{2+} \text{ 滴定法除去剩余 Y 后}} \begin{matrix} AlF_6^{3-} \\ TiF_6^{2-} \end{matrix} + \overset{\downarrow \text{用 } Zn^{2+} \text{ 标液滴定}}{Y}$$

得 Al^{3+} 和 Ti^{4+} 的合量，从中减去 Ti 的含量(上例结果)，便得 Al 的含量。

5.6.4　间接滴定法

间接滴定法主要用于某些阴离子或某些与 EDTA 络合能力很差的阳离子的测定，其过程简述如下：将被测离子用含 N 离子的试剂定量地沉淀为组成固定的沉淀，将沉淀过滤，洗涤后溶解，然后用 EDTA 滴定 N。由于被测离子与 N 有一确定的计量关系，从而间接测得被测离子含量。例如欲测 PO_4^{3-} 的含量，将 PO_4^{3-} 定量地沉淀为 $MgNH_4PO_4 \cdot 6H_2O$，经过滤、洗涤后溶于酸，通过滴定 Mg^{2+} 得到 PO_4^{3-} 含量。又如 Na^+ 和 K^+ 的测定，将 K^+ 沉淀为 $K_2NaCo(NO_3)_6 \cdot 6H_2O$ 用 EDTA 滴定 Co^{2+}，间接得 K^+ 含量；将 Na^+ 沉淀为 $NaZn(UO_2)_3Ac_9 \cdot 9H_2O$后滴定 Zn^{2+}，得 Na^+ 含量。

5.6.5　EDTA 滴定混合离子试液示例

人们通过多种滴定方式的组合并配合掩蔽、解蔽等方法，可用EDTA滴定多种离子的混合物，应用实例不胜枚举。本节只列举几个有代表性例子试图使读者了解如何正确、灵活的运用基本理论，拟定滴定方案。

示例 1　Fe^{3+}、Al^{3+} 和 TiO^{2+} 混合试液

该体系常见于硅酸盐(如岩石、水泥等)的系统分析，并已有多种较成功的测定方法。这里仅选一种方法介绍如下：

将试液调 pH≈2，以磺基水杨酸作指出剂，加热到 40～50 ℃用EDTA滴定 Fe^{3+}，终点由紫色变为淡黄色($Fe^{3+}Y$ 颜色)。当 Al^{3+}、TiO^{2+} 含量不太高时不干扰 Fe^{3+} 的测定。继续加入过量并计量的EDTA，调 pH3.5，煮沸使 Al^{3+} 和 TiO^{2+} 与 EDTA 定量络合。冷却后用六次甲基四胺调至 pH5～6，加二甲酚橙指示剂，用 Zn^{2+} 标准溶液返滴定过量的 EDTA，即可得 Al^{3+} 和 TiO^{2+} 的合量；加过量的苦杏仁酸，置换 TiY 中的 EDTA，用 Zn^{2+} 标准溶液滴定置换出来的 EDTA，即得 TiO^{2+} 的含量，差减得 Al 的含量。

示例 2　Bi^{3+}、Pb^{2+} 和 Sn^{4+} 混合试液

该体系见于铅合金分析，试液在 pH～1 时，以二甲酚橙作指示剂，用 EDTA 滴定 Bi^{3+} 得 Bi 含量；继续加入过量并计量的 EDTA，用六次甲基四胺调试液 pH5～6，再用 Zn^{2+} 标准溶液返滴定过量的 EDTA，即得 Pb 和 Sn 总量；加 NH_4F(或苦杏仁酸)置换 SnY 中的 EDTA并用 Pb^{2+} 标准溶液滴定，得 Sn 含量；差减得 Pb^{2+} 含量。

示例 3　$Cu^{2+}+Zn^{2+}+Hg^{2+}$ 混合试液

试液中加入过量并计量的 EDTA，用六次甲基四胺调 pH5～6，以二甲酚橙作指示剂，

用 Zn^{2+} 标准溶液返滴定过量的 EDTA，得三种离子的合量；加足够量的 KI 以置换 HgY 中的 EDTA(CuY 不被置换)，再用 Zn^{2+} 标准溶液滴定置换出来的 EDTA，得 Hg 含量；另取 1 份试液在弱酸性介质中加硫脲掩蔽 Cu^{2+} 和 Hg^{2+}，用六次甲基四胺调 pH 5～6，以二甲酚橙作指示剂，用 EDTA 滴定 Zn^{2+}，得 Zn^{2+} 含量；差减得 Cu^{2+} 含量。

5.7 EDTA 标准溶液的配制和标定

按照国家标准规定，经过严格提纯后的 EDTA 二钠盐($Na_2H_4Y \cdot 2H_2O$)可以作为基准物，但一般分析纯 EDTA 不是基准物，应该用间接法配制标准溶液。标定 EDTA 的基准物质及其处理方法和标定条件列于表 5-8。

表 5-8 标定 EDTA 常用基准物质和标定条件

基准物质	处 理 方 法	标 定 条 件
$CaCO_3$	110 ℃干燥，溶于少量 HCl 中	pH12，钙指示剂、紫脲酸铵、钙黄绿素或百里酚酞络合剂
ZnO	(800±50)℃灼烧 30 min，溶于 1∶1 HCl	pH5.5，XO 或 pH10 氨性缓冲液，铬黑 T
Zn	室温干燥器中，溶于 1∶1 HCl	同上
Cu	室温干燥器中，浓 HNO_3 溶解，煮沸除 NO_2	pH5～6 醋酸缓冲液，PAN，60 ℃

选用不同的基准物质标定同一种 EDTA 溶液时，由于标定的条件不同，标定的结果也可能不尽一样，因此一般应该使标定与滴定的条件尽量一致。例如，若在 EDTA 溶液中混有微量的 Zn^{2+} 和 Ca^{2+}，在酸性介质中（pH5～6）标定此溶液（如用 Zn 作基准物）只有 Zn^{2+} 影响其滴定度而 Ca^{2+} 不影响；如果在碱性条件下标定（如用 $CaCO_3$ 作基准物），Zn^{2+} 和 Ca^{2+} 都影响 EDTA 的滴定度；两种方法标定的结果是有差别的。若用此标准溶液在 pH5～6 时滴定被测离子（如 Zn^{2+}，Pb^{2+} 等），按前一标定结果计算含量不会引起误差，而按后一标定结果计算含量时则会引起误差（结果偏高？还是偏低?）；相反在碱性介质中用此标准溶液时，用后一标定结果不会引起误差，而用前一标定结果则会引起误差（偏高？偏低?）。

思 考 题

1. EDTA 及 M－EDTA 络合物有哪些特性？
2. 为什么不能用 NH_3 水滴定 Cu^{2+}？
3. 络合滴定时为什么要使用缓冲溶液和辅助络合剂？试举例说明。
4. 如何用 EDTA 酸效应曲线确定单一离子滴定的最高酸度？
5. 讨论影响 EDTA 络合滴定曲线突跃范围大小的因素。
6. 解释下列名词或术语：

(1)Cu－PAN 指示剂。

(2)指示剂的封闭和僵化作用。

(3)一般条件下单一离子滴定的最高(允许)酸度,准确滴定的酸度范围和最佳酸度。

(4)两种混合离子试液中,滴定第一种离子的适宜酸度范围,准确滴定的酸度范围和最佳 pH 值。

7. 金属指示剂应具备哪些条件?选用金属指示剂的依据是什么?

8. 络合滴定时返滴定法可以解决哪些困难?

9. 比较酸碱和络合滴定的滴定曲线,说明它们的异同点。

10. 指明判据:

(1)一般条件下单一离子可准确滴定;

(2)控制酸度分步滴定混合离子 M 和 N。

11. 为什么说用不同基准物质标定的 EDTA 结果会有不同?举例说明如何避免由此而产生的误差。

12. 已标定好的 EDTA 溶液,若长期保存在软玻璃瓶中,会溶解 Ca^{2+},若用它去滴定铁,则测得铁含量将偏高、偏低还是无影响?

13. 用 EDTA 滴定含有少量 Fe^{3+} 的 Ca^{2+}、Mg^{2+} 试液时,用三乙醇胺、KCN 都可以掩蔽 Fe^{3+},但抗坏血酸或盐酸羟胺则不能掩蔽 Fe^{3+},而在 pH≈1 左右滴定有少量 Fe^{3+} 存在的 Bi^{3+} 时,恰恰相反,抗坏血酸或盐酸羟胺可掩蔽 Fe^{3+},而三乙醇胺、KCN 则不能掩蔽 Fe^{3+},试简要说明原因。

14. 拟定络合滴定法测定混合试液中各组分含量的方案。要求:(1)不预分离;(2)写明滴定方式、主要条件(如酸度、缓冲剂、加热等)、指示剂、滴定剂、掩(解)蔽剂。

(1)$Zn^{2+}+Pb^{2+}$　(2)Zn^{2+}+EDTA　(3)$Fe^{3+}+Al^{3+}+Ca^{2+}+Mg^{2+}$

(4)$Bi^{3+}+Pb^{2+}+Cd^{2+}$　(5)$Mg^{2+}+Zn^{2+}+Cu^{2+}$　(6)$Pb^{2+}+Sn^{4+}+Cu^{2+}$

(7)$Bi^{3+}+Al^{3+}+Pb^{2+}$　(8)$Al^{3+}+Zn^{2+}+Mg^{2+}$　(9)Ca^{2+}+EDTA　(10)$Al^{3+}+Sn^{4+}$

习　题

1. 计算络合物的形成常数。

(1)已知 $Cu(NH_3)_4^{2+}$ 离子的各级不稳定常数为 $K_1^{不}=7.4\times10^{-3}$、$K_2^{不}=1.3\times10^{-3}$、$K_3^{不}=3.2\times10^{-4}$、$K_4^{不}=7.1\times10^{-5}$,计算累积形成常数的对数 $\lg\beta_3$。　(10.53)

(2)$Cd(CN)_4^{2-}$ 络合物的各级形成常数为 $K_1^{形}=3.2\times10^6$、$K_2^{形}=1.3\times10^5$、$K_3^{形}=4.1\times10^4$、$K_4^{形}=3.5\times10^3$,计算总形成常数(或称总累积形成常数)。　(19.78)

2. 已知 0.10 mol/L 铜氨离子溶液中游离 NH_3 的浓度为 1.0×10^{-3}mol/L,计算此溶液中 $c_{NH_3+NH_4^+}$ 和 $\delta_{Cu(NH_3)_3^{2+}}$。　(0.25 mol/L,0.50)

3. 在铜氨络合物的水溶液中,若 $Cu(NH_3)_4^{2+}$ 的浓度是 $Cu(NH_3)_3^{2+}$ 的浓度的 100 倍,那么 NH_3 在水溶液中的平衡浓度应为多少?　($100\beta_3/\beta_4$ 或 0.78 mol/L)

4. 将 20.00 mL 0.100 mol/L $AgNO_3$ 溶液加到 20.00 mL 0.250mol/L NaCN 溶液中,已知混合液的 pH=11.0,Ag-CN 络合物的 $\lg\beta_2=21.1$,计算$[Ag^+]$、$[CN^-]$和$[Ag(CN)_2^+]$(注:由于 NaCN 相对过量,Ag^+ 完全变为 $Ag(CN)_2^+$ 且无 $Ag[Ag(CN)_2]\downarrow$ 生成)。　(6.4×10^{-20},2.5×10^{-2},5×10^{-2})

5. 计算副反应系数。

(1)pH＝5.5 时，$\lg\alpha_{Y(H)}$ 等于多少？〔Y〕在 EDTA 总浓度中占有的分数是多少？

$(5.65, 10^{-5.65})$

(2)计算 10^{-2} mol/L 氨三乙酸(NTA，用 H_3A 代表)在 pH＝3.5 时的 $\alpha_{A(H)}$ 和〔A^{3-}〕(NTA 的 $pK_{a_1}=1.97$，$pK_{a_2}=2.57$，$pK_{a_3}=9.81$)。 $(10^{6.36}, 10^{-8.36})$

(3)pH＝9.0，$c_{NH_3+NH_4^+}=0.10$ mol/L 时，$\alpha_{Cu(NH_3)}$ 是多少？已知 $K^H_{NH_4^+}=10^{9.4}$；Cu－NH_3 络合物 $\lg\beta_1\sim\lg\beta_4$ 分别为 4.13，7.61，10.48，12.59。 $(10^{6.5})$

(4)pH＝9.26 的氨性缓冲液中，除络合外的缓冲剂的总浓度 $c_{NH_3+NH_4^+}=0.20$ mol/L，〔$C_2O_4^{2-}$〕＝0.10 mol/L，计算 α_{Cu}。已知 Cu－C_2O_4 络合物 $\lg\beta_1$ 和 $\lg\beta_2$ 分别为 4.5、8.9，Cu－OH络合物的 $\lg\beta_1=6$，Cu－NH_3络合物 $\lg\beta_1\sim\lg\beta_4$ 同上题。 $(10^{8.33})$

6. 计算 $\lg K'_{MY}$ 值。

(1)pH＝5.0，求 $\lg K'_{ZnY}$。

(2)pH＝5.0 和 pH＝10.0 时，求 $\lg K'_{AlY}$。

(3)pH＝10.0，求 $\lg K'_{Mg-EBT}$。

(4)pH＝2.0，〔Fe^{2+}〕＝0.01 mol/L，求 $\lg K'_{Fe^{3+}-Y}$。

(5)pH＝9.0，$c_{NH_3+NH_4^+}=0.20$ mol/L，$c_{CN^-}=10^{-5}$ mol/L，$K^H_{NH_4^+}=10^{9.4}$，$K^H_{HCN}=10^{9.31}$，求 $\lg K'_{NiY}$。

(6)在浓度皆为 2×10^{-2} mol/L 的 $Zn^{2+}+Cd^{2+}$ 混合液中加入等体积的 2×10^{-2} mol/L EDTA，已知混合液 pH＝6，并含有游离酒石酸根离子〔Tart〕＝0.1 mol/L，Cd－Tart 络合物 $\lg\beta_1=2.8$，Zn－Tart 络合物 $\lg\beta_1$ 和 $\lg\beta_2$ 分别为 2.4 和 8.32。计算 $\lg K'_{CdY}$。

((1)9.9；(2)9.1，2.4；(3)5.4；(4)11.3；(5)7.82；(6)6.48)

7. Cd^{2+} 与 OH^-、NH_3、CN^- 均可生成络合物，当 pH＝10.5，$c_{NH_3+NH_4^+}=0.5$ mol/L，$c_{HCN+CN^-}=10^{-3}$ mol/L 时，求：

(1)α_{Cd}；

(2)$\lg K'_{CdY}$；

(3)Cd^{2+} 浓度为 2.0×10^{-2} mol/L 时用相同浓度 EDTA 滴至化学计量点时，〔Cd^{2+}〕。

$(10^{6.83}; 9.47; 10^{-12.57})$

8. 用 2.0×10^{-2} mol/L EDTA 滴定同浓度的 Cu^{2+} 和 Ag^+ 混合液中的 Cu^{2+}，终点时 pH＝10，未与金属络合的 $c_{NH_3+NH_4^+}=0.20$ mol/L，若要求终点误差 $|TE|\leqslant0.2\%$，那么计量点时最大允许 ΔpCu 是多大？ (0.7)

9. 用计算的方法判断含 Fe^{3+}、Zn^{2+} 和 Mg^{2+} 浓度分别为 2.0×10^{-3} mol/L、4.0×10^{-3} mol/L 和 1.0×10^{-2} mol/L 试液能否用控制酸度的方法以相同浓度的EDTA分别滴定？要求 $|TE|\leqslant0.1\%$，$\Delta pM=\pm0.2$。 (可以)

10. 用 2.0×10^{-3} mol/L EDTA 滴定同浓度的 Ca^{2+}，若 pH＝11.0，终点误差要求 $|TE|\leqslant0.1\%$，计算滴定突跃；若 pH＝8.0 时滴定，能否用指示剂确定终点？

(6.0～7.6，不能)

11. pH＝5.0 时，以二甲酚橙作指示剂，以 2.0×10^{-2} mol/L EDTA滴定浓度皆为 2.0×10^{-2} mol/L Pb^{2+}、Zn^{2+}、Ca^{2+} 混合液中的 Pb^{2+}，用邻二氮菲(phen)掩蔽 Zn^{2+}。若终点时过量的 phen 总浓度为 10^{-2} mol/L，试评价 Zn^{2+} 被掩蔽的效果，并计算终点误差(忽略加入掩蔽剂后体积变化)。已知 Zn－phen 络合物 $\lg\beta_3=17.6$，phen 质子化常数 $\lg K^H_{phen}=5.0$，pH＝5.0时，$\lg\alpha_{Y(H)}=6.6$，Pb－XO 的 $pPb_t(XO)=7.0$。 (成功，4.5×10^{-2})

第六章　氧化还原平衡及氧化还原滴定法

氧化还原滴定法是以氧化还原反应为基础的滴定方法。氧化还原反应是参与反应的氧化剂和还原剂之间的电子传递的过程。如第四、五章所述，酸碱反应和络合反应都只是离子或分子之间的相互结合，反应历程简单，大多可瞬间完成。而氧化还原反应则不然，特别是当电子传递的数目大于1时，其电子往往是分步转移的，反应历程较为复杂。有时还要涉及氧化剂或还原剂电子层结构或离子存在状态的变化。有不少氧化还原反应虽然有可能进行得相当完全，但反应速度很慢，或有副反应相伴，或当条件变化时主反应方向迥然不同。因此在进行氧化还原滴定时，必须注意掌握适宜的反应条件，加快反应速度，防止副反应发生，以保证主反应按着既定方向定量完成。

氧化还原滴定法是滴定分析中应用最广泛的方法之一。可以以直接滴定方式测定一些具有氧化或还原性质的物质，也可以以间接滴定方式测定某些不具有氧化还原性质的物质；不仅可以测定无机物，也广泛用于有机物的测定。

6.1　氧化还原平衡

6.1.1　能斯特方程

氧化还原反应可用如下通式表示：

$$n_2' O_1 + n_1' R_2 = n_2' R_1 + n_1' O_2$$

式中 O_1 和 O_2，R_1 和 R_2 分别表示“1”和“2”两种物质的氧化态和还原态，n_1' 和 n_2' 为反应式中的系数。反应是由 O_1/R_1 和 O_2/R_2 两个电对组成的。两电对的半反应式分别为

$$O_1 + n_1 e \rightleftharpoons R_1$$

$$O_2 + n_2 e \rightleftharpoons R_2$$

对于任何一个可逆的氧化还原电对*

$$O + ne \rightleftharpoons R$$

当达到平衡时，其电极电位与氧化态、还原态活度之间的关系遵循能斯特(Nernst)方程

$$E_{O/R} = E^{\theta}_{O/R} + \frac{RT}{nF}\ln\frac{a_O}{a_R} \tag{6-1}$$

式中：$E_{O/R}$——可逆电对 O/R 的电极电位(势)；

R——摩尔气体常数：8.314 J・K^{-1}・mol^{-1}；

T——热力学温度；

---

* 可逆电对是指正、反两个方向互为可逆且达成平衡的速度都很快的电对。

F——法拉第常数：96 500 C·mol^{-1}；

n——半反应的电子转移数；

a_O 和 a_R——分别为氧化态(O)和还原态(R)的活度；

$E^{\theta}_{O/R}$——电对 O/R 的标准电极电位(势)，表示当 $a_O=a_R=1$ mol/L 时电对的电位。

25℃时能斯特方程可用下式表示：

$$E_{O/R}=E^{\theta}_{O/R}+2.3\times\frac{8.314(\mathrm{J\cdot K^{-1}\cdot mol^{-1}})\times 298(\mathrm{K})}{n\times 96\ 500(\mathrm{C\cdot mol^{-1}})}\lg\frac{a_O}{a_R}$$

$$E_{O/R}=E^{\theta}_{O/R}+\frac{0.059}{n}\lg\frac{a_O}{a_R} \tag{6-1-a}$$

由能斯特方程可知，增大氧化态的活度或减小还原态的活度会使电极电位升高；降低氧化态的活度或增大还原态的活度将使电极电位降低。

当氧化态或还原态是金属或固体时，其活度等于1；有 H^+ 或 OH^- 参加的半反应，H^+ 或 OH^- 的活度应表示在活度项中，例如：

$$TiO^{2+}+2H^++e \rightleftharpoons Ti^{3+}+H_2O$$

$$E_{TiO^{2+}/Ti^{3+}}=E^{\theta}_{TiO^{2+}/Ti^{3+}}+0.059\lg\frac{a_{TiO^{2+}}a^2_{H^+}}{a_{Ti^{3+}}}$$

$$AgCl_{(固)}+e \rightleftharpoons Ag^++Cl^-$$

$$E_{AgCl/Ag}=E^{\theta}_{AgCl/Ag}+0.059\lg\frac{1}{a_{Cl^-}}$$

如果电对是不可逆的，那么用能斯特方程计算得到的电极电位和实测结果会有较大的差别。

6.1.2　条件电位及其影响因素

1. 条件电位

将 $a_O=\gamma_O[O]$ 和 $a_R=\gamma_R[R]$ 代入式(6-1-a)并整理得

$$E_{O/R}=E^{\theta}_{O/R}+\frac{0.059}{n}\lg\frac{\gamma_O}{\gamma_R}+\frac{0.059}{n}\lg\frac{[O]}{[R]}$$

上式表明溶液的离子强度影响电极电位。若还有其他副反应时，例如有络合物生成、沉淀的生成及酸效应等，氧化态或还原态的平衡浓度亦将受到影响，从而影响电极电位，即

$$E_{O/R}=E^{\theta}_{O/R}+\frac{0.059}{n}\lg\frac{\gamma_O}{\gamma_R}+\frac{0.059}{n}\lg\frac{[O']/\alpha_O}{[R']/\alpha_R}$$

$$E_{O/R}=E^{\theta}_{O/R}+\frac{0.059}{n}\lg\frac{\gamma_O}{\gamma_R}+\frac{0.059}{n}\lg\frac{\alpha_R}{\alpha_O}+\frac{0.059}{n}\lg\frac{[O']}{[R']} \tag{6-1-b}$$

此时上式右侧最后一项已转换成“分析浓度”项。第2、3两项随介质条件而变，当条件一定时，第1、2、3三项之和为一常数，用 $E^{\theta'}_{O/R}$ 表示，则

$$E^{\theta'}_{O/R}=E^{\theta}_{O/R}+\frac{0.059}{n}\lg\frac{\gamma_O}{\gamma_R}+\frac{0.059}{n}\lg\frac{\alpha_R}{\alpha_O} \tag{6-1-c}$$

$E^{\theta'}_{O/R}$ 称为电对 O/R 的条件电位，也称为形式电位。将式(6-1-c)代入式(6-1-b)，则能斯特方程可表示如下：

$$E_{O/R}=E^{\theta'}_{OR}+\frac{0.059}{n}\lg\frac{[O']}{[R']} \tag{6-1-d}$$

由上式可知，在某确定条件下，当氧化态的分析浓度（[O']）和还原态的分析浓度（[R']）都为 1 mol/L 时，电对的电极电位即为条件电位。

条件电位与标准电位的关系如同条件常数 K' 和活度常数 K^0 之间的关系一样。标准电极电位经过活度系数和各种副反应系数校正后就是条件电位。条件电位反映了电对的氧化态（或还原态）的实际氧化（或还原）能力，用它来处理实际问题，如判断反应方向、顺序、程度则更为准确。由式（6-1-d）可知，只要知道具体条件下的 $E^{\theta'}_{OR}$ 及分析浓度，就可十分方便地计算电极电位。

从理论上说，只要知道活度系数 γ 和副反应系数 a，即可由式（6-1-c）算出 $E^{\theta'}$ 值。实际上特别是当溶液的离子强度较大时，准确地算出 γ 值是较困难的；副反应系数在所需的各种条件下又往往查不到或很难计算，此外可能还有些意想不到的复杂影响因素，因此有时计算 $E^{\theta'}$ 较为困难。但根据条件电位的概念，它可以用实验的方法直接测得。一般的分析化学手册都列出一些电对在某些条件下的条件电位，可以直接查用。但各种各样的条件不可能一一列出，实用时若查不到所需条件下的条件电位，可选用近似条件下的条件电位代之。本书附表 9 列出了一些氧化还原电对的条件电位。

2. 影响条件电位的因素

由式（6-1-c）可以看到，$E^{\theta'}$ 值的大小与 E^{θ} 有关，因此也就与温度有关。在常温下，$E^{\theta'}$ 受溶液离子强度、各种副反应及酸度的影响。

（1）离子强度

式（6-1-c）中右边第 2 项为活度系数项，表示溶液离子强度对条件电位的影响。同一电对，离子强度不同时 $E^{\theta'}$ 就不一样。表 6-1 列出了不同离子强度下 $Fe(CN)_6{}^{3-}/Fe(CN)_6{}^{4-}$ 电对的 $E^{\theta'}$ 值。$Fe(CN)_6^{3-}/Fe(CN)_6^{4-}$ 电对的标准电位 $E^{\theta}=0.355$ V。由表列数据可以看到，离子强度愈大 $E^{\theta'}$ 与 E^{θ} 差别愈大；在离子强度小的溶液中两者相似，此时离子强度的影响可以忽略，可以用浓度代替活度。由于活度系数往往不易准确计算，而且各种副反应的影响一般又都大大超过离子强度的影响，因此在以下的讨论中，一般均忽略离子强度的影响作近似计算。

表 6-1　不同离子强度下 $Fe(CN)_6{}^{3-}/Fe(CN)_6{}^{4-}$ 电对 $E^{\theta'}$ 值

I	0.000 64	0.001 6	0.012 8	0.112	0.32	1.6
$E^{\theta'}$/V	0.361 9	0.366 4	0.381 4	0.409 4	0.427 6	0.458 6

（2）络合物的形成

式（6-1-c）右边第 3 项反映了氧化态和还原态副反应系数对 $E^{\theta'}$ 的影响。若体系中共存有络合剂 L，可形成络合物 OL、OL_2、…和 RL、RL_2、…。

$$\begin{array}{ccc} O & +ne \rightleftharpoons & R \\ \Big\| L & & \Big\| L \\ OL & & RL \\ \vdots & & \vdots \end{array}$$

忽略离子强度影响时，根据式（6-1-c），有

$$E^{\theta'}=E^{\theta}+\frac{0.059}{n}\lg\frac{\alpha_{R(L)}}{\alpha_{O(L)}}$$

式中

$$\alpha_{O(L)}=1+[L]\beta_1^O+[L]^2\beta_2^O+\cdots$$

$$\alpha_{R(L)}=1+[L]\beta_1^R+[L]^2\beta_2^R+\cdots$$

【例 6-1】 忽略离子强度的影响，计算 pH=1，0.1 mol/L EDTA 溶液中 Fe^{3+}/Fe^{2+} 电对的条件电位。

解 已知 $E^{\theta}_{Fe^{3+}/Fe^{2+}}=0.771V$，$\lg K_{Fe^{3+}Y}=25.1$，

$\lg K_{Fe^{2+}Y}=14.3$，pH=1 时 $\alpha_{Y(H)}=10^{18.01}$

$$[Y]=c_Y/\alpha_{Y(H)}$$

$$E^{\theta'}_{Fe^{3+}/Fe^{2+}}=E^{\theta}_{Fe^{3+}/Fe^{2+}}+0.059\lg\frac{\alpha_{Fe^{2+}(Y)}}{\alpha_{Fe^{3+}(Y)}}=E^{\theta}_{Fe^{3+}/Fe^{2+}}+0.059\lg\frac{1+[Y]K_{Fe^{2+}Y}}{1+[Y]K_{Fe^{3+}Y}}$$

$$=0.771+0.059\lg\frac{1+10^{14.3-18.01-1}}{1+10^{25.1-18.1-1}}=0.412\ V$$

这里，氧化态 Fe^{3+} 和 EDTA 的络合作用强于还原态，致使条件电位低于标准电极电位，Fe^{3+} 的氧化能力下降。通常情况下氧化态的络合能力多是强于还原态，但也有个别例外。当还原态络合能力强于氧化态时，条件电位高于标准电极电位，氧化态的氧化能力提高。在分析中往往利用加入络合剂的方法改变电对的电极电位。

(3)溶液的酸度

在有含氧酸根参加的半反应中，H^+ 或 OH^- 参与电子的传递，其活度应包括在能斯特方程之中。因此介质酸度的变化将引起 $E^{\theta'}$ 的改变。这类电对的半反应可用如下通式表示：

$$O+mH^++ne\rightleftharpoons R+\frac{m}{2}H_2O$$

忽略离子强度的影响，能斯特方程为

$$E_{O/R}=E^{\theta}_{O/R}+\frac{0.059}{n}\lg\frac{[O][H^+]^m}{[R]}$$

当无其他副反应时

$$E_{O/R}=E^{\theta}_{O/R}-\frac{0.059}{n}m\cdot pH+\frac{0.059}{n}\lg\frac{[O']}{[R']} \tag{6-2}$$

根据条件电位的概念：当 $[O']=[R']=1$ mol/L 时电对的电位即为 $E^{\theta'}$，所以

$$E^{\theta'}_{O/R}=E^{\theta}_{O/R}-\frac{0.059}{n}\cdot m\cdot pH \tag{6-2-a}$$

公式(6-2)和(6-2-a)分别表示了电位和条件电位与 pH 值的关系。当含氧酸根的氧化态和还原态各自只有一种型体时(如酸性介质中 ClO_4^-/ClO_3^- 电对)只要电对是可逆的就可使用式(6-2)或(6-2-a)计算电位或条件电位。但有些含氧酸在不同酸度范围内存在的型体不同，这时就应按其主要型体推导出不同酸度范围内的电位或条件电位与 pH 的关系式。例如 As(Ⅴ)/As(Ⅲ)电对就属这类情况：H_3AsO_4 ($pK_{a_1}=2.2$，$pK_{a_2}=7.0$，$pK_{a_3}=11.5$) 和 $HAsO_2$ ($pK_a=9.2$) 都是弱酸，在不同的酸度范围内 As(Ⅴ)和 As(Ⅲ)有不同的存在型体，半反应也就不同，应分别导出不同酸度范围内的电位和条件电位与 pH 的关系式。当 pH<2.2时，As(Ⅴ)的主要型体为 H_3AsO_4，As(Ⅲ)主要型体是 $HAsO_2$，半反应式为：

$$H_3AsO_4+2H^++2e\rightleftharpoons HAsO_2+2H_2O$$

查得 $E^{\theta}_{H_3AsO_4/HAsO_2}=0.56$ V，在此酸度范围内能斯特方程为：

$$E=E^{\theta}_{H_3AsO_4/HAsO_2}+\frac{0.059}{2}\lg\frac{[H_3AsO_4][H^+]^2}{[HAsO_2]} \tag{6-3}$$

在无其他副反应时，电位与 pH 的关系式为：

$$E=E^{\theta}_{H_3AsO_4/HAsO_2}-\frac{0.059}{2}\times2\times pH+\frac{0.059}{2}\lg\frac{[H_2AsO_4]}{[HAsO_2]} \tag{6-3-a}$$

$$E^{\theta'}_{As(V)/As(III)}=E^{\theta}_{H_3AsO_4/HAsO_2}-0.059pH \tag{6-3-b}$$

当 pH2.2～7.0 范围内时，As(Ⅴ)主要型体为 $H_2AsO_4^-$，As(Ⅲ)仍为 $HAsO_2$，半反应式为：

$$H_2AsO_4^- + 3H^+ + 2e \rightleftharpoons HAsO_2 + 2H_2O$$

因为　$[H_3AsO_4]=\frac{[H_2AsO_4^-][H^+]}{K_{a_1}}$

代入式(6-3)得

$$E=E^{\theta}_{H_3AsO_4/HAsO_2}+\frac{0.059}{2}\lg\frac{[H_2AsO_4^-][H^+]^3}{K_{a_1}[HAsO_2]}$$

$$E=E^{\theta}_{H_3AsO_4/HAsO_2}-\frac{0.059}{2}\times3\times pH-\frac{0.059}{2}\lg K_{a_1}+\frac{0.059}{2}\lg\frac{[H_2AsO_4^-]}{[HAsO_2]}$$

根据条件电位概念

$$E^{\theta'}_{As(V)/As(III)}=E^{\theta}_{H_3AsO_4/HAsO_2}-0.09pH-\frac{0.059}{2}\lg K_{a_1}=0.62-0.09pH$$

用同样方法可以导出其他酸度范围内的电位和条件电位与 pH 关系式，列于表 6-2 中。

表 6-2　As(Ⅴ)/As(Ⅲ)电对半反应式及 $E^{\theta'}$－pH 关系

pH	半反应式及 $E^{\theta'}$－pH 关系式
＜2.2	$H_3AsO_4+2H^++2e \rightleftharpoons HAsO_2+2H_2O$ $E^{\theta'}=0.56-0.06pH$
2.2～7.0	$H_2AsO_4^-+3H^++2e \rightleftharpoons HAsO_2+2H_2O$ $E^{\theta'}=0.62-0.09pH$
7.0～9.2	$HAsO_4^{2-}+4H^++2e \rightleftharpoons HAsO_2+2H_2O$ $E^{\theta'}=0.83-0.12pH$
9.2～11.5	$HAsO_4^{2-}+3H^++2e \rightleftharpoons AsO_2^-+2H_2O$ $E^{\theta'}=0.56-0.09pH$
＞11.5	$AsO_4^{2-}+4H^++2e \rightleftharpoons AsO_2^-+2H_2O$ $E^{\theta'}=0.91-0.12pH$

【例 6-2】忽略离子强度的影响，判断$[H^+]=1$ mol/L 和 pH＝8 时下述反应方向。

$$H_3AsO_4+3I^-+2H^+ \rightleftharpoons HAsO_2+I_3^-+2H_2O$$

已知：H_3AsO_4 的 $pK_{a_1}=2.2$，$pK_{a_2}=7.0$，$pK_{a_3}=11.5$，$pK_a(HAsO_2)=9.2$，$E^{\theta}_{I_3^-/I^-}=0.545$ V，$E_{H_3AsO_4/HAsO_2}=0.56$ V。

解　　$[H^+]=1$ mol/L，pH＝0

$$E^{\theta'}_{As(V)/As(III)}=E^{\theta}_{H_3AsO_4/HAsO_2}-0.06pH=0.56\ V$$

由于 I_3^-/I^- 电对的电位基本不受酸度的影响，所以

$$E^{\theta'}_{I_3^-/I^-}=E^{\theta}_{I_3^-/I^-}=0.545\ V$$

可见 H_3AsO_4 的氧化性强于 I_3^-，因此反应向右进行。

pH＝8 时

$$E^{\theta'}_{As(V)/As(III)}=0.83-0.12pH=0.83-0.96=-0.13\ V$$

而 $E^{\theta'}_{I_3^-/I^-}$ 仍为 0.545 V，此时 I_3^- 的氧化性强于 As(Ⅴ)，反应向左进行(实际上 pH=8 时，反应式应写成：$HAsO_2+I_3^-+2H_2O=HAsO_4^{2-}+3I^-+4H^+$)。在分析实际中这两个相反方向的反应都可以用来测定砷的含量。

某些不可逆的含氧酸电对，如

$$MnO_4^-+8H^++5e \rightleftharpoons Mn^{2+}+4H_2O$$

不遵守能斯特方程，但它的电极电位仍随介质酸度的增大而增高。

从表面上看 Fe^{3+}/Fe^{2+} 电对的电极电位基本上不受[H^+]的影响，但是当 pH 稍大时由于水解作用则会产生以下半反应：

$$Fe(OH)_3+3H^++e \rightleftharpoons Fe^{2+}+3H_2O$$

这时酸度就会影响电对的电极电位，有关问题的进一步讨论较为复杂，已超出本书范围，不再赘述。

(4)沉淀的生成

在电对平衡体系中加入一种可以与氧化态或还原态生成沉淀的沉淀剂时，会由于游离的氧化态或还原态的浓度变化而引起电极电位的变化。例如加入的是还原态的沉淀剂 X 时，

$$\begin{array}{rl} O+ne \rightleftharpoons & R \\ & \Big\updownarrow X \\ & RX\downarrow \end{array}$$

忽略离子强度的影响且无其他副反应时，

$$E_{O/R}=E^{\theta}_{O/R}+\frac{0.059}{n}\lg\frac{[O]}{[R]}=E^{\theta'}_{O/R}+\frac{0.059}{n}\lg\frac{[O'][X']}{K_{sp}(RX)}$$

$$E_{O/R}=E^{\theta}_{O/R}-\frac{0.059}{n}\lg K_{sp}(RX)+\frac{0.059}{n}\lg([O'][X']) \qquad (6\text{-}4)$$

按条件电位概念，当[O′]=[X′]=1 mol/L 时，电对 O/R 的电位即为条件电位，因此

$$E^{\theta'}_{O/R}=E^{\theta}_{O/R}-\frac{0.059}{n}\lg K_{sp}(RX) \qquad (6\text{-}4\text{-}a)$$

如果沉淀剂 X 的浓度为已知时，可将沉淀剂浓度项并入条件电位的表达式，所以

$$E^{\theta'}_{O/R}=E^{\theta}_{O/R}+\frac{0.059}{n}\lg\frac{[X']}{K_{sp}(RX)} \qquad (6\text{-}4\text{-}b)$$

同理，在有氧化态的沉淀剂(X)存在时条件电位可用下式表示：

$$E^{\theta'}_{O/R}=E^{\theta}_{O/R}+\frac{0.059}{n}\lg K_{sp}(OX) \qquad (6\text{-}4\text{-}c)$$

当[X]值为已知时

$$E^{\theta'}_{O/R}=E^{\theta}_{O/R}+\frac{0.059}{n}\lg\frac{K_{sp}(OX)}{[X']} \qquad (6\text{-}4\text{-}d)$$

【例 6-3】忽略离子强度的影响，证明在 I^- 存在下，$E^{\theta'}_{Cu^{2+}/Cu^+}$ 等于 $E^{\theta}_{(Cu^{2+}+I^-)/CuI}$，并说明碘量法测铜的原理。已知 $E^{\theta}_{Cu^{2+}/Cu^+}=0.17$ V，$K_{sp}(CuI)=1.1\times10^{-12}$。

解 由于 I^- 是 Cu^+ 的沉淀剂，根据式(6-4-c)

$$\begin{aligned} E^{\theta'}_{Cu^{2+}/Cu^+}&=E^{\theta}_{Cu^{2+}/Cu^+}-0.059\lg K_{sp}(CuI) \\ &=0.17-0.059\lg(1.1\times10^{-12}) \\ &=0.88\ V \end{aligned}$$

由附表 8 查得 $E^{\theta}_{(Cu^{2+}+I^-)/CuI}=+0.88$ V。可见 $E^{\theta}_{Cu^{2+}/Cu^+}$ 正好等于下列半反应的标准电位：

$$Cu^{2+}+I^-+e \rightleftharpoons CuI\downarrow$$

这是因为在 I^- 存在下的 Cu^{2+}/Cu^+ 电对与 $(Cu^{2+}+I^-)/CuI$ 电对实属同一体系，只是用了两种不同的表达方式而已。由于形成了 CuI 沉淀，游离 Cu^+ 浓度下降，条件电位升高，并远大于 $E^{\theta}_{I_3^-/I^-}$，Cu^{2+} 足以氧化 I^-，且反应是定量完成的，可用于 Cu^{2+} 的测定。

6.1.3　氧化还原反应的完全程度

与其他反应一样，氧化还原反应的完全程度也是用平衡常数的大小来衡量的。氧化还原反应的平衡常数同有关电对的电位有关。

设氧化还原反应为

$$n_2'O_1+n_1'R_2=n_2'R_1+n_1'O_2$$

有关的半反应式为（假设 O_1/R_1，O_2/R_2 均为可逆电对）

$$O_1+n_1e \rightleftharpoons R_1$$

$$O_2+n_2e \rightleftharpoons R_2$$

n_1 和 n_2 是两个电对的电子转移数，而 n_1' 和 n_2' 则为氧化还原反应式中的系数（是化学计量数的绝对值）。当 n_1 和 n_2 间无大于 1 的公因数时 $n_1=n_1'$，$n_2=n_2'$，若有大于 1 的公因数并设最大公因数为 A 时，则 $n_1'=n_1/A$，$n_2'=n_2/A$。

只有当 $E_{O_1/R_1}>E_{O_2/R_2}$ 时，上述氧化还原反应才能向右进行。随着反应的进行，E_{O_1/R_1} 不断下降，E_{O_2/R_2} 逐渐上升直至 $E_{O_1/R_1}=E_{O_2/R_2}=E_{体系}$ 时，便达成了氧化还原平衡，在平衡时，若忽略离子强度的影响，则

$$E^{\theta}_{O_1/R_1}+\frac{0.059}{n_1}\lg\frac{[O_1]}{[R_1]}=E^{\theta}_{O_2/R_2}+\frac{0.059}{n_2}\lg\frac{[O_2]}{[R_2]}$$

$$E^{\theta}_{O_1/R_1}+\frac{0.059}{n_1n_2/A}\lg\frac{[O_1]^{n_2'}}{[R_1]^{n_2'}}=E^{\theta}_{O_2/R_2}+\frac{0.059}{n_1n_2/A}\lg\frac{[O_2]^{n_1'}}{[R_2]^{n_1'}}$$

移项，

$$\frac{(E^{\theta}_{O_1/R_1}-E^{\theta}_{O_2/R_2})n_1n_2/A}{0.059}=\lg\frac{[O_2]^{n_1'}[R_1]^{n_2'}}{[O_1]^{n_2'}[R_2]^{n_2'}}=\lg K \tag{6-5}$$

式中 n_1n_2/A 为两个电对电子转移数的最小公倍数。

如果用条件电位代替标准电极电位，则得条件平衡常数 K'

$$\lg\frac{[O_2']^{n_1'}[R_1']^{n_2'}}{[O_1']^{n_2'}[R_2']^{n_1'}}=\lg K'=\frac{(E^{\theta'}_{O_1/R_1}-E^{\theta'}_{O_2/R_2})n_1n_2/A}{0.059} \tag{6-5-a}$$

可见，氧化还原反应的平衡常数（或条件常数）的大小直接由氧化剂和还原剂两个电对的标准电极电位（或条件电位）之差来决定，差值愈大，K（或 K'）值愈大，反应愈趋完全。

从滴定分析的要求来看，反应的完全程度应在 99.9% 以上，这样才能使因为反应的不完全而产生的误差的绝对值≤0.1%。这一条件如何反映在对有关两个电对的 E^{θ}（或 $E^{\theta'}$）差值的要求上呢？下面按几种不同情况进行讨论。

(1) $n_1=n_2=1$ 时，反应式为：

$$O_1+R_2=O_2+R_1$$

$$\lg K'=\lg\frac{[R_1'][O_2']}{[O_1'][R_2']}=\lg(10^3\times10^3)=6$$

即当 $\lg K'\geqslant6$ 时反应才能完成 99.9%，符合定量分析要求。此时两个电对的条件电位差 $\Delta E^{\theta'}$ 为

$$\Delta E^{\theta'}=E_2^{\theta'}-E_1^{\theta'}=\frac{0.059\lg K'}{n_1n_2/A}=0.059\times6=0.354\ \text{V}$$

即当 $\Delta E^{\theta'}\geqslant0.354$ V 时才符合定量分析要求。

(2)当 $n_1=n_2=2$ 时，反应式同样为：

$$O_1+R_2=O_2+R_1$$

$$\lg K'=\lg\frac{[R_1'][O_2']}{[O_1'][R_2']}=\lg(10^3\times10^3)=6$$

与“(1)”一样，只有当 $\lg K'\geqslant6$ 才符合定量分析要求，但是

$$\Delta E^{\theta'}=\frac{0.059\lg K'}{n_1n_2/A}=\frac{0.059\times6}{2}=0.177\ \text{V}$$

即符合要求。

(3)当 $n_1=1, n_2=2$ 时，反应式为：

$$2O_1+R_2=2R_1+O_2$$

$$\lg K'=\lg\frac{[R_1']^2[O_2']}{[O_1']^2[R_2']}=\lg[(10^3)^2\times10^3]=9$$

$\lg K'\geqslant9$ 才能定量完成。

$$\Delta E^{\theta'}=\frac{0.059\times9}{2}=0.266\ \text{V}$$

才符合要求。

6.1.4 化学计量点电位的计算

氧化还原反应

$$n_2'O_1+n_1'R_2=n_2'R_1+n_1'O_2$$

是由 $O_1+n_1e\rightleftharpoons R_1$ 和 $O_2+n_2e\rightleftharpoons R_2$ 两个半反应组成，如果两个电对均为可逆电对，则两电对的能斯特方程分别为：

$$E_1=E_1^{\theta'}+\frac{0.059}{n_1}\lg\frac{[O_1']}{[R_1']}$$

$$E_2=E_2^{\theta'}+\frac{0.059}{n_2}\lg\frac{[O_2']}{[R_2']}$$

两式分别乘 n_1 和 n_2 并相加，得

$$n_1E_1+n_2E_2=n_1E_1^{\theta'}+n_2E_2^{\theta'}+0.059\lg\frac{[O_1']}{[R_1']}+0.059\lg\frac{[O_2']}{[R_2']}$$

化学计量点时，因为

$$E_{sp}=E_1=E_2$$

所以

$$(n_1+n_2)E_{sp}=n_1E_1^{\theta'}+n_2E_2^{\theta'}+0.059\lg\frac{[O_1'][O_2']}{[R_2'][R_1']}$$

根据化学反应式可知化学计量点时

$$\frac{[O_1']}{[R_2']}=\frac{n_2}{n_1}$$

$$\frac{[O_2']}{[R_1']}=\frac{n_1}{n_2}$$

因此

$$E_{sp}=\frac{n_1E_1^{\theta'}+n_2E_2^{\theta'}}{n_1+n_2} \tag{6-6}$$

当 $n_1=n_2$ 时

$$E_{sp}=\frac{1}{2}(E_1^{\theta'}+E_2^{\theta'})$$

应该注意，只有当参与反应的两个电对都属对称电对*时才能用式(6-6)计算化学计量点电位。当反应中含不对称电对时，应根据具体情况按同样方法导出化学计量点电位的计算式。例如，由

$$O_1+n_1e \rightleftharpoons aR_1 (不对称电对)$$

$$O_2+n_2e \rightleftharpoons R_2 (对称电对)$$

组成的氧化还原反应

$$n_2'O_1+n_1'R_2=an_2'R_1+n_1'O_2$$

将两电对的能斯特方程分别乘 n_1 和 n_2 并相加，而且因为 $E_{sp}=E_1=E_2$，所以

$$(n_1+n_2)E_{sp}=n_1E_1^{\theta'}+n_2E_2^{\theta'}+0.059\lg\frac{[O_1'][O_2']}{[R_2'][R_1']^a}$$

根据化学反应式，化学计量点时

$$\frac{[O_1']}{[R_2']}=\frac{n_2}{n_1}$$

$$\frac{[O_2']}{[R_1']}=\frac{n_1}{an_2}$$

$$\lg\frac{[O_1'][O_2']}{[R_2'][R_1']^a}=\lg(\frac{n_1n_2}{n_1an_2[R_1']^{(a-1)}})=\lg\frac{1}{a[R_1']^{(a-1)}}$$

所以

$$E_{sp}=\frac{n_1E_1^{\theta'}+n_2E_2^{\theta'}}{n_1+n_2}+\frac{0.059}{n_1+n_2}\lg\frac{1}{a[R_1']^{(a-1)}}$$

可见此时 E_{sp} 还与还原剂浓度有关。

【例 6-4】用 0.100 0 mol/L $Na_2S_2O_3$ 滴定 0.050 0 mol/L I_2 溶液(含 1 mol/L KI)，计算化学计量点的电位，已知 $E^{\theta'}_{I_3^-/I^-}=0.545$ V，$E^{\theta'}_{S_4O_6^{2-}/S_2O_3^{2-}}=0.08$ V。

解　$$2S_2O_3^{2-}+I_3^-=S_4O_6^{2-}+3I^-$$

它由如下两个不对称电对组成：

$$I_3^-+2e \rightleftharpoons 3I^-$$

$$S_4O_6^{2-}+2e \rightleftharpoons 2S_2O_3^{2-}$$

能斯特方程分别为：

---

* 在电对的半反应式中，氧化态和还原态的系数相等的电对为对称电对(可用通式 $O+ne \rightleftharpoons R$ 表示)如 Fe^{3+}/Fe^{2+} 电对，MnO_4^-/Mn^{2+} 电对等。如果系数不等则为不对称电对(可用 $O+ne \rightleftharpoons aR$ 表示，式中的 a 为常数)，如 $Cr_2O_7^{2-}/Cr^{3+}$ 电对，该电对的半反应式为 $Cr_2O_7^{2-}+14H^++6e \rightleftharpoons 2Cr^{3+}+7H_2O$。

$$E_{I_3^-/I^-}=E^{\theta'}_{I_3^-/I^-}+\frac{0.059}{2}\lg\frac{[I_3^{-\prime}]}{[I^{-\prime}]^3}$$

$$E_{S_4O_6^{2-}/S_2O_3^{2-}}=E^{\theta'}_{S_4O_6^{2-}/S_2O_3^{2-}}+\frac{0.059}{2}\lg\frac{[S_4O_6^{2-\prime}]}{[S_2O_3^{2-\prime}]^2}$$

分别乘以 2 并相加，在化学计量点时

$$4E_{sp}=2E^{\theta'}_{I_3^-/I^-}+2E^{\theta'}_{S_4O_6^{2-}/S_2O_3^{2-}}+0.059\lg\frac{[I_3^{-\prime}][S_4O_6^{2-\prime}]}{[I^{-\prime}]^3[S_2O_3^{2-\prime}]^2}$$

$$[I^{-\prime}]=\frac{0.05\times 3}{2}+\frac{1.0-0.05}{2}=0.55\ \text{mol/L}$$

$$[S_4O_6^{2-\prime}]=c_{S_2O_3^{2-}}\times\frac{1}{2}\times\frac{1}{2}=0.025\ \text{mol/L}$$

$$\lg K'=\frac{(E^{\theta'}_{I_3^-/I^-}-E^{\theta'}_{S_4O_6^{2-}/S_2O_3^{2-}})\frac{n_1n_2}{A}}{0.059}=\frac{(0.545-0.08)\times 2}{0.059}=15.76$$

$$\lg\frac{[S_4O_6^{2-\prime}][I^{-\prime}]^3}{[I_3^{-\prime}][S_2O_3^{2-\prime}]^2}=\lg\frac{0.025\times 0.55^3}{[I_3^{-\prime}](2[I_3^{-\prime}])^2}=15.76$$

$$[I_3^{-\prime}]=5.6\times 10^{-7}\text{mol/L}$$

$$[S_2O_3^{2-\prime}]=2[I_3^{-\prime}]=1.13\times 10^{-6}\text{mol/L}$$

$$E_{sp}=\frac{0.545+0.08}{2}+\frac{0.059}{4}\lg\frac{5.6\times 10^{-7}\times 0.025}{(0.55)^3\times(1.13\times 10^{-6})^2}=0.384\ \text{V}$$

6.2 控制氧化还原滴定反应速度的常见方法

一些氧化还原反应从平衡常数上看可以进行得十分完全，但反应速度却很慢，如：

$$2Ce^{4+}+AsO_3^{3-}+H_2O=AsO_4^{3-}+2Ce^{3+}+2H^+$$

平衡常数 $K=10^{30}$，然而反应速度极慢，若无催化剂存在，实际上反应并不发生。决定氧化还原反应速度较慢的原因是多方面的，如在电子传递过程中受到溶剂分子或各种共存离子的阻碍；电子传递时有时会涉及电子层结构的改变，特别是有多个电子传递的反应，其电子的传递都是分步进行的。在一系列的电子传递过程中，只要有一步进行得缓慢，就会影响到总反应速度。例如：

$$H_2O_2+2I^-+2H^+=I_2+2H_2O$$

实际上是分三步完成的：

$$I^-+H_2O_2=IO^-+H_2O\quad(慢)$$

$$IO^-+H^+=HIO\quad(快)$$

$$HIO+I^-+H^+=I_2+H_2O\quad(快)$$

第一步反应最慢，它决定了总的反应速度。

由此可知反应速度的大小主要决定于反应自身的性质和历程，但是客观条件也会在很大程上影响反应速度。影响反应速度的主要外部因素有反应物的浓度、温度和催化剂等。控制好这些因素可加快反应速度，以适应滴定分析的要求。

6.2.1 增加反应物浓度

滴定分析中有时可以通过增加反应物浓度来提高氧化还原反应速度。如用 $K_2Cr_2O_7$

作基准物标定 $Na_2S_2O_3$ 溶液的浓度，其反应如下：

$$Cr_2O_7^{2-}+6I^-+14H^+=2Cr^{3+}+3I_2+7H_2O$$

$$I_2+2S_2O_3^{2-}=2I^-+S_4O_6^{2-}\text{（滴定反应）}$$

由于第一步反应速度较慢，所以需加入过量 KI 和提高溶液的酸度（约 0.4 mol/L HCl）以加快反应速度。

但是采用增加反应物浓度来提高反应速度的方法，只适用于滴定前的一些反应。

6.2.2 提高反应温度

溶液温度每升高 10℃，反应速度一般可增加 2～3 倍。滴定分析中有时可以用加热的方法提高反应速度。例如：

$$2MnO_4^-+5C_2O_4^{2-}+16H^+=2Mn^{2+}+10CO_2+8H_2O$$

常温下反应速度缓慢，不适用于滴定分析。若温度升至 70～80℃，反应可大大加快，能够顺利地进行滴定。

并非所有情况都可用升温的方法来提高反应速度，如 $K_2Cr_2O_7$ 与 KI 反应，升温会引起 I_2 的挥发。又如某些还原剂（Fe^{2+}、Sn^{2+} 等）加热时易被空气中的氧氧化。在此种情况下只能采用其他方法提高反应速度。

6.2.3 利用催化或自催化作用

催化剂可以改变反应历程，降低反应的活化能，使反应加速。例如前述 Ce^{4+} 与 As(Ⅲ) 的反应，加入少量 KI 做催化剂，反应就可很快地进行，其反应历程大致可经如下几步：

$$Ce^{4+}+I^-\rightarrow I+Ce^{3+}$$

$$2I\rightarrow I_2$$

$$I_2+H_2O\rightarrow HOI+H^++I^-$$

$$AsO_3^{3-}+HOI\rightarrow AsO_4^{3-}+H^++I^-$$

各步反应均很快。三个反应式相加便得总反应式。该反应用于以 As_2O_3 为基准物标定 Ce^{4+} 溶液的浓度。

MnO_4^- 与 $C_2O_4^{2-}$ 在酸性溶液中的反应开始时速度较慢，随着反应的进行愈来愈快。这是由于反应产物 Mn^{2+} 起催化作用所致。这种由反应产物起催化作用的现象称为**自催化作用**。关于 Mn^{2+} 的自催化作用的原因有不同的解释，其中一种解释认为反应按下列三步进行：

$$Mn(Ⅶ)+Mn(Ⅱ)\rightarrow Mn(Ⅵ)+Mn(Ⅲ)$$

$$Mn(Ⅵ)+Mn(Ⅱ)\rightarrow 2Mn(Ⅳ)$$

$$Mn(Ⅳ)+Mn(Ⅱ)\rightarrow 3Mn(Ⅲ)$$

Mn(Ⅲ)与 $C_2O_4^{2-}$ 生成一系列络合物，如 $MnC_2O_4^+$、$Mn(C_2O_4)_2^-$、$Mn(C_2O_4)_3^{3-}$ 等，它们再分解为 Mn(Ⅱ)和 CO_2。

6.2.4 防止诱导反应

某些氧化还原反应，在一般情况下虽有反应的可能（K'较大），但因反应速度非常缓慢而实际上并不进行。但当有另一反应共存时则可诱发原来反应的进行。例如 MnO_4^- 与 Cl^- 的反应，通常情况下几乎不进行，但当溶液中有 Fe^{2+} 存在时，则因 MnO_4^- 与 Fe^{2+} 的反应而诱发了 MnO_4^- 与 Cl^- 反应的进行。这种由于一个氧化还原反应诱发引起另一氧化还原

反应进行的现象称为**诱导作用**。在该诱导作用中

$$MnO_4^- + 5Fe^{2+} + 8H^+ = Mn^{2+} + 5Fe^{3+} + 4H_2O$$

称为**诱导反应**(inducing reaction),

$$2MnO_4^- + 10Cl^- + 16H^+ = 2Mn^{2+} + 5Cl_2 + 8H_2O$$

称为**受诱反应**(induced reaction)。Fe^{2+} 称为**诱导体**;Cl^- 称为**受诱体**;MnO_4^- 称为**作用体**。

诱导反应与催化反应不同,诱导体参与反应后变成了其他形态,而催化剂在反应前后,其形态和数量都不改变。

诱导作用的发生常常是由于诱导反应中形成的活化中间体(可能是自由基或中间价态的物质)与原来反应中的另一物质进行反应所致。该例中可能是由 Fe^{2+} 还原 MnO_4^- 形成的具有较高活性的中间价态的锰(如 Mn(Ⅵ)、Mn(Ⅲ)等)将 Cl^- 氧化成 Cl_2,从而发生了诱导作用。

在稀 HCl 介质中用 $KMnO_4$ 滴定 Fe^{2+} 时,会因 Cl^- 的受诱氧化而增加 $KMnO_4$ 的消耗,引起正误差。为防止这一不利的诱导作用,可在滴定前加入 $MnSO_4-H_3PO_4-H_2SO_4$ 混合液(也称为 Zimmermann Reinhardt 溶液,简称 Z-R 试剂)。它的作用可解释如下:Mn(Ⅱ)迅速将各高价态的锰还原至 Mn(Ⅲ),同时大量的 Mn(Ⅱ)的存在以及 H_3PO_4 对 Mn(Ⅲ)的络合作用都可使 Mn(Ⅲ)/Mn(Ⅱ)电对的电位降低,因此 Mn(Ⅲ)只能氧化 Fe^{2+} 而不能氧化 Cl^-。

6.3 氧化还原滴定基本原理

6.3.1 滴定曲线

在氧化还原滴定过程中被滴试液的特征变化是电位的变化,因此滴定曲线通常是以滴定分数为横坐标,电位为纵坐标绘制的。电位值可以用实验的方法测得,也可用能斯特方程计算得到,但后一方法只有当两个半反应都是可逆时,所得曲线才与实测结果一致。

1. 用计算方法绘制滴定曲线

现以在 1 mol/L H_2SO_4 介质中用 0.100 0 mol/L Ce^{4+} 滴定20.00 mL 0.100 0 mol/L Fe^{2+} 为例,计算滴定过程中不同阶段时的电位值,并绘制滴定曲线。

滴定前试液中$[Fe^{2+\prime}]\approx 0.1$ mol/L,$[Fe^{3+\prime}]\neq 0$ 但很小又不知其值,因此不能计算电位。在滴定曲线上这一点也无法绘出。滴定一旦开始,溶液中就存在了两个电对,并发生了如下反应:

$$Ce^{4+} + Fe^{2+} \rightleftharpoons Ce^{3+} + Fe^{3+}$$

由于两个电对都是可逆电对,滴定过程中都能即时达到平衡,因此有如下关系:

$$E = E_{Ce^{4+}/Ce^{3+}} = E_{Fe^{3+}/Fe^{2+}}$$

并遵守能斯特方程

$$E = E^{\theta\prime}_{Fe^{3+}/Fe^{2+}} + 0.059\lg\frac{[Fe^{3+\prime}]}{[Fe^{2+\prime}]} = E^{\theta\prime}_{Ce^{4+}/Ce^{3+}} + 0.059\lg\frac{[Ce^{4+\prime}]}{[Ce^{3+\prime}]}$$

可见自滴定开始以后的各点，都可根据具体情况选用一个便于计算的电对计算电位。

(1)滴定开始至化学计量点前

在此阶段滴入的 Ce^{4+} 为不足量，几乎全部转化为 Ce^{3+}，〔$Ce^{4+\prime}$〕极小又不易求得，不宜采用铈电对计算电位；而〔Fe^{3+}〕可以根据滴入的 Ce^{4+} 的量求得。〔Fe^{2+}〕则可根据原始的 Fe^{2+} 量减去生成的 Fe^{3+} 量求得，因此可用铁电对的能斯特方程方便地算出电位值。

例如滴入了 19.98 mL Ce^{4+} 标液时，$T=0.999$，有 99.9%的 Fe^{2+} 变成了 Fe^{3+}，剩余的 Fe^{2+} 为 0.1%，所以

$$E=E^{\theta'}_{Fe^{3+}/Fe^{2+}}+0.059\lg\frac{[Fe^{3+\prime}]}{[Fe^{2+\prime}]}=E^{\theta'}_{Fe^{3+}/Fe^{2+}}+0.059\lg\frac{99.9}{0.1}=0.68+0.18=0.86\ \text{V}$$

这正是滴定曲线突跃的始点。

推广上述计算方法，当用氧化剂(O_1)滴定还原剂(R_2)时，化学计量点之前(即 $0<T<1$ 时)都可按下式计算电位。

$$E=E^{\theta'}_1+\frac{0.059}{n_2}\lg\frac{T}{1-T} \tag{6-7}$$

(2)化学计量点时

按式(6-6-a)计算化学计量点电位，即

$$E_{sp}=\frac{1}{2}(E^{\theta'}_{Ce^{4+}/Ce^{3+}}+E^{\theta'}_{Fe^{3+}/Fe^{2+}})=\frac{1}{2}(1.44+0.68)=1.06\ \text{V}$$

(3)化学计量点后

由于 Fe^{2+} 已被定量地氧化成 Fe^{3+}，〔$Fe^{2+\prime}$〕不易求得，而生成的 Ce^{3+} 和过量的 Ce^{4+} 的浓度都易求得，因此可方便地按铈电对计算电位，如加入 20.02 mL Ce^{4+} 时，体系的电位为：

$$E=E^{\theta'}_{Ce^{4+}/Ce^{3+}}+0.059\lg\frac{[Ce^{4+\prime}]}{[Ce^{3+\prime}]}=1.44+0.059\lg\frac{0.1}{100}=1.44-0.18=1.26\ \text{V}$$

这正是滴定曲线突跃的止点。

推广以上计算方法，以氧化剂(O_1)滴定还原剂(R_2)时，化学计量点以后(即 $T>1$ 时)都可按下式计算电位，

$$E=E^{\theta'}_1+\frac{0.059}{n_1}\lg\frac{T-1}{T} \tag{6-8}$$

表 6-3 列出了该滴定体系的电位值。根据这些值绘制成图 6-1 之滴定曲线。

从滴定曲线的计算公式〔式(6-7)和式(6-8)〕可以看出，滴定突跃的大小基本上与浓度无关，而与两个电对的条件电位之差有关，$\Delta E^{\theta'}$ 大，$\Delta E_{突}$ 则大。

由于该滴定反应中两个电对的电子转移数相等(均为 1)，所以 E_{sp} 正好位于突跃范围的正中间，滴定曲线在化学计量点前后是对称的。若两电对的电子转移数不相等时，E_{sp} 就不居于突跃范围的正中，而是偏近于按电子转移数大的电对计算电位的一侧。如在 0.5 mol/L H_2SO_4 介质中 $KMnO_4$ 滴定 Fe^{2+}，$E^{\theta'}_{MnO_4^-/Mn^{2+}}=1.51$ V，$n_1=5$；$E^{\theta'}_{Fe^{3+}/Fe^{2+}}=0.68$ V，$n_2=1$；$\Delta E_{突}=1.47\sim0.86$ V，$E_{sp}=1.37$ V，偏近于按锰电对计算的曲线部分(上部)。

因为铈电对和铁电对都是可逆电对，所以用计算方法绘制的滴定曲线与实测结果是一致的。如果滴定反应涉及不可逆电对时，理论计算所得的滴定曲线与实测滴定曲线常有差别。例如 $KMnO_4$ 滴定 Fe^{2+}，化学计量点之前是按 Fe^{3+}/Fe^{2+} 电对计算电位值，由于属可逆

表 6-3　0.100 0 mol/L Ce^{4+} 滴定 0.100 0 mol/L Fe^{2+} 的电位(1 mol/L H_2SO_4)

Ce^{4+}标液滴入体积/mL	滴定分数 T	$\frac{[Fe^{3+\prime}]}{[Fe^{2+\prime}]}$	$\frac{[Ce^{4+\prime}]}{[Ce^{3+\prime}]}$	E/V	
2.00	0.10	1/9		0.62	
10.00	0.50	1		0.68	
18.00	0.90	9		0.74	
19.80	0.99	99		0.80	
19.98	0.999	999		0.86	突跃范围
20.00	1.00			1.06	突跃范围
20.02	1.001		10^{-3}	1.26	突跃范围
20.20	1.01		10^{-2}	1.32	
22.00	1.10		10^{-1}	1.38	
40.00	2.00		1	1.44	

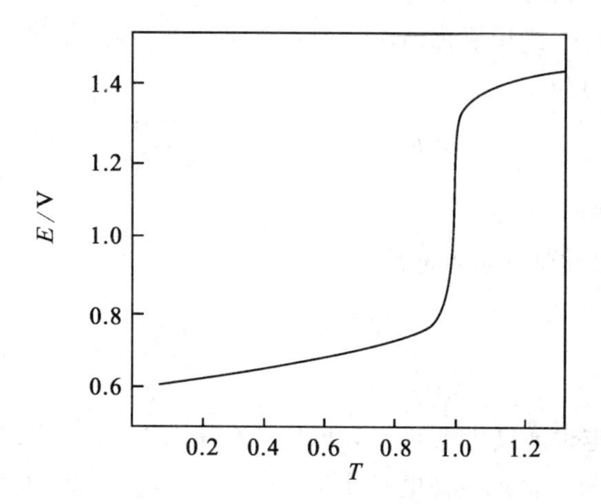

图 6-1　0.100 0 mol/L Ce^{4+} 滴定 0.100 0 mol/L Fe^{2+} 的滴定曲线(1 mol/L H_2SO_4)

电对,实测电位值与理论计算值一致,所以由两种方法得到的滴定曲线前半部分一样;化学计量点之后的电位是根据 MnO_4^-/Mn^{2+} 电对计算的,由于该电对是不可逆电对,理论计算值与实测值有差别,所以由两种方法得到的滴定曲线的后半部分不一致,如图 6-2 所示。

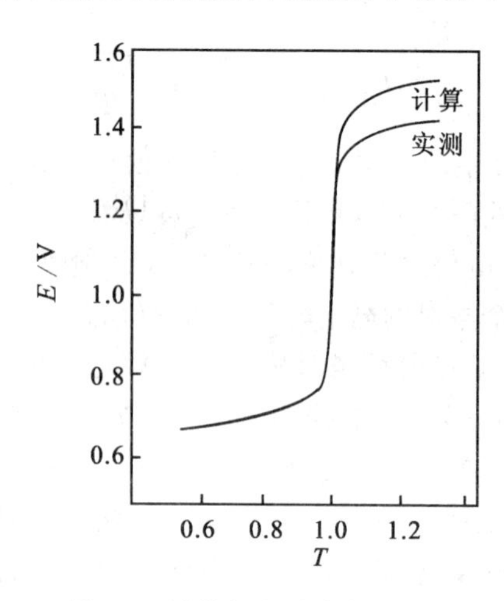

图 6-2　计算与实测滴定曲线比较

6.3.2 氧化还原滴定中的指示剂

氧化还原滴定所用的指示剂有如下几类。

1. 自身指示剂

利用滴定剂或被滴物质本身的颜色变化来指示滴定终点，无需另加指示剂，称为自身指示剂(法)。例如在酸性介质中用 $KMnO_4$ 滴定 Fe^{2+} 或 $C_2O_4^{2-}$ 等浅色或无色还原剂时，还原产物 Mn^{2+} 颜色又很浅，在化学计量点后只要有很少量的过量的 $KMnO_4$($\sim 2\times10^{-6}$ mol/L)就能使溶液呈淡紫红色，指示终点的到达，过量的 $KMnO_4$ 所产生的误差可以控制得很小。

2. 特殊指示剂(或称显色指示剂)

一些物质若能与滴定剂或被滴物质发生灵敏的可逆显色反应，就可作为指示剂，称为特殊指示剂。如用 Fe^{3+} 标准溶液滴定 Ti^{3+}，可选用特殊指示剂 SCN^-，终点时稍过量的 Fe^{3+} 可与 SCN^- 生成红色络合物，指示终点到达。另一个十分重要的示例是淀粉，它可与 I_3^- 形成深蓝色络合物，用以确定碘量法的终点，灵敏度极高，I_3^- 的浓度为 10^{-5} mol/L 时即可显蓝色，该显色反应的可逆性好，终点变色敏锐。但是淀粉指示剂敏锐程度与淀粉的质量有关。为防止淀粉变质，在配制时可加入少许碘化汞作防腐剂。

3. 氧化还原指示剂

在氧化还原滴定中使用最多的是氧化还原指示剂。这类指示剂具有氧化还原性质，其氧化态和还原态的颜色不同。在滴定过程中，指示剂也随之发生氧化还原反应，由于氧化态和还原态浓度比的变化引起溶液颜色的变化，从而指示终点。

氧化还原指示剂的半反应可用下式表示：

$$\underset{(\text{甲色})}{In(O)} + ne \rightleftharpoons \underset{(\text{乙色})}{In(R)}$$

若半反应是可逆的，则

$$E=E_{In}^{\theta'}+\frac{0.059}{n}\lg\frac{[In'(O)]}{[In'(R)]} \tag{6-9}$$

与酸碱指示剂相似：

当$\frac{[In'(O)]}{[In'(R)]}\geqslant 10$ 时，显甲色，$E\geqslant E_{In}^{\theta'}+\frac{0.059}{n}$；

当$\frac{[In'(O)]}{[In'(R)]}\leqslant\frac{1}{10}$时，显乙色，$E\leqslant E_{In}^{\theta'}-\frac{0.059}{n}$；

当$\frac{[In'(O)]}{[In'(R)]}=1$ 时，为变色点，$E=E_{In}^{\theta'}$。

指示剂的变色范围(区间)为 $E_{In}^{\theta'}\pm\frac{0.059}{n}$V。

实际上，由于两种形态的颜色强度常有较大的区别，致使指示剂变色点电位与 $E_{In}^{\theta'}$ 常略有出入。表 6-4 列出一些常用的氧化还原指示剂。

选择指示剂时，应使指示剂在突跃范围之内变色，指示剂变色点的电位尽可能与化学计量点相一致。如在 0.5 mol/L H_2SO_4 中，用 Ce^{4+} 滴定 Fe^{2+}，已知 $E_{sp}=1.06$ V，$\Delta E_{突}$ 0.86～1.26 V，查表 6-4，选择邻二氮菲一亚铁为最适宜，也可选用邻苯氨基苯甲酸。若选二苯胺

表 6-4 一些常用氧化还原指示剂

指示剂	颜色		$E^{\ominus'}_{In}$/V pH=0
	还原态	氧化态	
次甲基兰	无色	蓝	0.53
二苯胺	无色	紫	0.76
二苯胺磺酸钠	无色	紫红	0.85
邻苯胺基苯甲酸	无色	紫红	0.89
邻二氮菲—亚铁	红	浅蓝	1.06
硝基邻二氮蓝—亚铁	紫红	浅蓝	1.25

磺酸钠则会使终点提前。又如在 1 mol/L H_2SO_4 介质中，用 $K_2Cr_2O_7$ 滴定 Fe^{2+}，已知 $\Delta E_{突}$ 0.86～1.02 V，选用邻苯胺基苯甲酸为宜，选用邻二氮菲－亚铁则变色太迟，选用二苯胺磺酸钠终点提前；但是若在 1 mol/L 的 $H_2SO_4-H_3PO_4$ 混合酸介质中，由于 H_3PO_4 与 Fe^{3+} 的较强的络合作用可使 $E^{\ominus'}_{Fe^{3+}/Fe^{2+}}$ 降至 0.44 V，$\Delta E_{突}$ 为 0.62～0.99 V，所以此时二苯胺磺酸钠成为适宜的指示剂，邻苯胺基苯甲酸仍能适用。

6.3.3 终点误差

大多数氧化还原反应进行得十分完全，又有灵敏的指示剂，因此一般终点误差较小。另外，不少有实用意义的电对是不可逆的，计算出的误差与实际也不太相符。由于以上原因，氧化还原滴定终点误差的理论计算不像酸碱滴定和络合滴定中的那么突出。本节仅对氧化还原滴定误差的计算公式作简单推导。

设以氧化剂 O_T 滴定还原剂 R_X，反应式为：

$$n'_X O_T + n'_T R_X = n'_X R_T + n'_T O_X$$

半反应式为：

$$O_T + n_T e \rightleftharpoons R_T \quad 和 \quad O_X + n_X e \rightleftharpoons R_X$$

化学计量点时

$$n(n'_X O_T) = n(n'_T R_X)$$

$$TE = \frac{终点时过量(或不足量)滴定剂物质的量(以\ n'_X O_T\ 为单元)}{被测物质原始物质的量(以\ n'_T R_X\ 为单元)}$$

$$= \frac{[c(n'_X O_T)^{ep} - c(n'_T R_X)^{ep}]V^{ep}}{c(n'_T O_X)^{sp} V^{sp}}$$

因为

$$V^{ep} \approx V^{sp}$$

所以

$$TE = \frac{c(n'_X O_T)^{ep} - c(n'_T R_X)^{ep}}{c(n'_T O_X)^{sp}}$$

若用 R_T 滴定氧化剂 O_X，反应式

$$n'_X R_T + n'_T O_X = n'_X O_T + n'_T R_X$$

同理可导出

$$TE = \frac{c(n'_X R_T)^{ep} - c(n'_T O_X)^{ep}}{c(n'_T R_X)^{sp}}$$

比较关于 TE 的两个计算式，可得通式

$$TE=\frac{(\text{滴定剂浓度}-\text{被滴物浓度})^{ep}}{(\text{被滴物产物浓度})^{sp}} \tag{6-10}$$

式中各浓度的基本单元为反应式系数乘以反应单元。

【例 6-5】 用 0.100 0 mol/L Ce^{4+} 滴定 0.100 0 mol/L Fe^{2+} 至二苯胺磺酸钠变色，计算终点误差。已知：$E^{\theta'}_{Fe^{3+}/Fe^{2+}}=0.68$ V，$E^{\theta'}_{Ce^{4+}/Ce^{3+}}=1.44$ V，$E^{\theta'}_{In}=0.85$ V。

解

$$c(O_X)^{sp}=c(Fe^{3+})^{sp}=0.05\ \text{mol/L}$$

$$E_{ep}=0.85=E^{\theta'}_{Ce^{4+}/Ce^{3+}}+0.059\lg\left(\frac{[Ce^{4+\prime}]}{[Ce^{3+\prime}]}\right)^{ep}=1.44+0.059\lg\frac{[Ce^{4+\prime}]^{ep}}{0.05}$$

$$c(O_T)^{ep}=c(Ce^{4+})^{ep}=5.0\times10^{-12}\ \text{mol/L}$$

$$E_{ep}=0.85=E^{\theta'}_{Fe^{3+}/Fe^{2+}}+0.059\lg\left(\frac{[Fe^{3+\prime}]}{[Fe^{2+\prime}]}\right)^{ep}=0.68+0.059\lg\frac{0.05}{[Fe^{2+\prime}]^{ep}}$$

$$c(R_x)^{ep}=c(Fe^{2+})^{ep}=6.6\times10^{-5}\ \text{mol/L}$$

$$TE=\frac{c(O_T)^{ep}-c(R_X)^{ep}}{c(O_X)^{sp}}=\frac{5.0\times10^{-12}-6.6\times10^{-5}}{0.05}=-0.13\%$$

6.4 氧化还原预处理

6.4.1 氧化还原预处理的重要性

氧化还原滴定时，被测物的价态往往不适于滴定（例如没有合适的滴定剂或被测物是多种价态的混合物）。为了顺利地进行滴定，滴定之前必须将被测物氧化或还原成一种可滴定的价态。这种在滴定之前的氧化或还原处理称为氧化还原预处理。

例如 Ce^{3+} 或 Cr^{3+} 的测定，它们的氧化态 Ce(Ⅳ)或 Cr(Ⅵ)都是强氧化剂，因此很难找到一种适合于作标准溶液的滴定剂能将 Ce^{3+} 或 Cr^{3+} 快速、定量地氧化。但可以预先用 $(NH_4)_2S_2O_8$ 或 $NaBiO_3$ 等强氧化剂将 Ce^{3+} 或 Cr^{3+} 定量地氧化成 Ce^{4+} 或 $Cr_2O_7^{2-}$，剩余的 $(NH_4)_2S_2O_8$ 或 $NaBiO_3$ 用煮沸或过滤的方法除去后，再用另一还原剂（如 Fe^{2+}）标准溶液滴定，便可得铈或铬的含量。

又如，VO^{2+} 在酸性介质中当有 Cr^{3+} 存在时可被 $KMnO_4$ 氧化成 VO_3^-。Cr^{3+} 可在碱性介质中被 $KMnO_4$ 氧化成 CrO_4^{2-}。剩余的 $KMnO_4$ 可用 $NaNO_2$ 除去，反应式为

$$2MnO_4^-+5NO_2^-+6H^+=2Mn^{2+}+5NO_3^-+3H_2O$$

过量的 NO_2^- 可加脲素分解，反应如下：

$$2NO_2^-+CO(NH_2)_2+2H^+=2N_2+CO_2+3H_2O$$

基于上述性质可拟定一个测定铬和钒含量的步骤：在酸性介质中加过量的 $KMnO_4$ 使 VO^{2+} 氧化成 VO_3^-；加入脲素，小心滴加 $NaNO_2$ 至 $KMnO_4$ 红色刚刚褪去（先加脲素可防止 VO_3^- 被 NO_2^- 还原），用 Fe^{2+} 标准溶液滴定，得钒含量；再调溶液至碱性，补加 $KMnO_4$ 使 Cr^{3+} 变成 CrO_4^{2-}，酸化后加脲素和 NO_2^- 并重复上述步骤，测得铬的含量。

6.4.2 预氧化还原反应的必备条件

预氧化还原反应必须具备下列条件：

(1)预处理中必须能将欲测组分定量地转化成一种特定的价态；

(2)预氧化还原反应必须迅速；

(3)剩余的预氧化剂或预还原剂必须易于完全除去；

(4)预氧化还原反应应具有足够的选择性，避免样品中其他组分的干扰。例如钛铁矿中铁的测定，一般应选用 $SnCl_2$ 作预还原剂，若错选用金属锌作预还原剂，则测得的是钛铁含量。

6.4.3 常用的预氧化剂和预还原剂

预处理中常用的氧化剂和还原剂列于表 6-5 和表 6-6 中。

表 6-5 预处理中常用的氧化剂

氧化剂	反应条件	主要用途	过量试剂除去方法
$(NH_4)_2S_2O_8$	酸性 银催化	$Mn^{2+}\xrightarrow{H_3PO_4}MnO_4^-$ $Ce^{3+}\rightarrow Ce^{4+}$ $Cr^{3+}\rightarrow Cr_2O_7^{2-}$ $VO^{2+}\rightarrow VO_3^-$	煮沸分解
$NaBiO_3$	HNO_3 介质	$Mn^{2+}\rightarrow MnO_4^-$ $Cr^{3+}\rightarrow Cr_2O_7^{2-}$ $Ce^{3+}\rightarrow Ce^{4+}$	过滤除去
$KMnO_4$	酸性介质 碱性介质	$VO^{2+}\xrightarrow{Cr^{3+}}VO_3^-$ $Ce^{3+}\rightarrow Ce^{4+}$ $Cr^{3+}\rightarrow CrO_4^{2-}$	先加脲素后滴加 $NaNO_2$
$HClO_4$	浓、热	$Mn^{2+}\xrightarrow{H_2P_2O_7^{2-}}Mn(H_2P_2O_7)_3^{3-}$ $Cr^{3+}\rightarrow Cr_2O_7^{2-}$ $VO^{2+}\rightarrow VO_3^-$	稀释，冷却即失去氧化能力
Cl_2 或 Br_2	酸性、中性	$I^-\rightarrow IO_3^-$	煮沸除去，或加苯酚除溴
H_2O_2	碱性	$Cr^{3+}\rightarrow CrO_4^{2-}$	煮沸分解(Ni^{2+} 催化)

表 6-6 预处理中常用的还原剂

还原剂	反应条件	主要用途	过量试剂除去方法
$SnCl_2$	酸、热	$Fe^{3+}\rightarrow Fe^{2+}$ Mo(Ⅵ)→Mo(Ⅴ) As(Ⅴ)→As(Ⅲ) U(Ⅵ)→U(Ⅳ)	用 $HgCl_2$ 氧化
$TiCl_3$	酸性	$Fe^{3+}\rightarrow Fe^{2+}$	稀释，Cu^{2+} 催化空气氧化
联胺		As(Ⅴ)→As(Ⅲ) Sb(Ⅴ)→Sb(Ⅲ)	加浓 H_2SO_4 煮沸
锌汞齐还原器	酸性	$Fe^{3+}\rightarrow Fe^{2+}$ $VO_3^-\rightarrow$ V(Ⅱ) Sn(Ⅳ)→Sn(Ⅱ) Ti(Ⅳ)←Ti(Ⅲ)	
银还原器	HCl 介质	$Fe^{3+}\rightarrow Fe^{2+}$	

金属作还原剂时，常装在柱内使用，称为还原器。试液由柱上方以一定的流速通过还原器，流出时欲测组分已被还原至一定价态。还原器可连续使用多次，较为方便。常见的还原器有用锌汞齐装填的琼斯(Jones)还原器和用金属银填装的银还原器。由于 Zn－Hg 的还原能力较强所以选择性较差。由还原器还原的产物若易被空气氧化，为得到准确的测定结果，可以在惰性气氛（如 CO_2 或 N_2 气流）保护下滴定，或将还原柱流出液直接接收于过量的 $FeCl_3$ 溶液之中。如 Ti（Ⅳ）经过还原器后流出的含 Ti（Ⅲ）溶液直接流入 $FeCl_3$ 溶液中，将发生如下反应：

$$Ti^{3+} + Fe^{3+} = Ti^{4+} + Fe^{2+}$$

该反应能定量地完成，生成的 Fe^{2+} 在空气中远比 Ti^{3+} 稳定，用 $K_2Cr_2O_7$ 标准溶液滴定 Fe^{2+}，可间接得到钛的含量。

银还原器也叫做瓦尔登(Walden)还原器，它是将金属银装于柱中，浸于 HCl 溶液中。由于 Ag 的还原能力较 Zn 差，所以选择性较好。例如 Fe(Ⅲ)可被银还原器还原成 Fe(Ⅱ)，但 Cr(Ⅵ)和 Ti(Ⅳ)不被还原。

6.5　几种重要的氧化还原滴定方法

氧化还原的滴定剂可以是氧化剂如 $KMnO_4$、$K_2Cr_2O_7$、$Ce(SO_4)_2$、$KBrO_3$、I_2，也可以是还原剂如 $Na_2S_2O_3$、$FeSO_4$ 等，可供选用的滴定剂较多。氧化还原滴定就是按照所用滴定剂来分类的。本节介绍几种常见的氧化还原滴定方法。

6.5.1　高锰酸钾法

1. 简介

高锰酸钾是一种强氧化剂，它的氧化能力及还原产物都与溶液的酸度有关。在强酸性溶液中，MnO_4^- 被还原为 Mn^{2+}，表现为强氧化剂：

$$MnO_4^- + 8H^+ + 5e \rightleftharpoons Mn^{2+} + 4H_2O$$

$$E^\theta = 1.51\ V$$

在弱酸性、中性或弱碱性溶液中，MnO_4^- 被还原为 MnO_2，氧化性减弱：

$$MnO_4^- + 2H_2O + 3e \rightleftharpoons MnO_2 + 4OH^-$$

$$E^\theta = 0.60\ V$$

在强碱性溶液中，MnO_4^- 被还原为 MnO_4^{2-}，表现为较弱的氧化性：

$$MnO_4^- + e \rightleftharpoons MnO_4^{2-}$$

$$E^\theta = 0.56\ V$$

应用时可根据被测物的性质采用不同酸度，但必须严格地控制反应所需酸度以保证滴定反应自始至终按照预定的方式进行。

高锰酸钾法应用广泛，在酸性介质中可直接滴定许多还原性物质，如 Fe(Ⅱ)、As(Ⅲ)、Sb(Ⅲ)、W(Ⅴ)、U(Ⅳ)、H_2O_2、$C_2O_4^{2-}$、NO_2^-，也可以通过 MnO_4^- 与 $C_2O_4^{2-}$ 的反应间接测定一些不具有氧化还原性质的物质如 Ca^{2+}、Th^{4+}；在中性或弱碱性介质中可以测定 S^{2-}、SO_3^{2-}、$S_2O_3^{2-}$；在强碱性介质中可测定某些有机物质。

$KMnO_4$ 本身具有鲜明的紫红色，在酸性介质中滴定无色或浅色溶液时无需另加指示剂（自身指示剂法）。

该法的缺点是，固体 $KMnO_4$ 试剂及其溶液不够稳定，不能用直接法配制标准溶液，也不宜长期保存。测定的选择性也较差。

2. 高锰酸钾标准溶液的配制和标定

高锰酸钾溶液会慢慢分解，反应如下：

$$4KMnO_4+2H_2O=4MnO_2+4KOH+3O_2\uparrow$$

MnO_2、$MnO(OH)_2$ 及酸都能加速这一反应。因此分解产物 MnO_2 若不能及时除去，分解速度会愈来愈快。市售的 $KMnO_4$ 试剂中常含有少量 MnO_2 等杂质，蒸馏水中含有的少量有机物可与 $KMnO_4$ 作用析出 $MnO(OH)_2$，为了获得稳定 $KMnO_4$ 标准溶液，应按下法配制：先称取稍多于理论量的固体 $KMnO_4$，溶解在一定体积的蒸馏水中，加热煮沸，然后在近沸条件下保持 1 h，使还原性物质全被氧化，冷却后用微孔玻璃漏斗滤除 $MnO(OH)_2$ 等沉淀；也可以在室温下放置 2～3 天，然后过滤。过滤后的 $KMnO_4$ 溶液保存在磨口棕色瓶中，置于暗处。由于稀的 $KMnO_4$ 溶液稳定性更差，因此当需要使用低于 0.002 mol/L $KMnO_4$ 标准溶液时，应在临用前将 0.02 mol/L 溶液用二次蒸馏水稀释并同时标定和使用。

标定 $KMnO_4$ 溶液的基准物很多，如 $Na_2C_2O_4$、$H_2C_2O_4\cdot 2H_2O$、As_2O_3 和纯铁丝，其中最常用的是 $Na_2C_2O_4$，标定反应如下：

$$2MnO_4^-+5C_2O_4^{2-}+16H^+=2Mn^{2+}+10CO_2\uparrow+8H_2O$$

标定时必须严格控制条件。

（1）温度为 75～85℃

温度过低，反应速度太慢，温度过高，部分 $H_2C_2O_4$ 分解，

$$H_2C_2O_4=CO_2\uparrow+CO\uparrow+H_2O$$

使标定结果偏高。标定时通常用水浴加热，以便于控制反应温度。

（2）酸度为 0.5～1 mol/L H_2SO_4

酸度过低，有部分 MnO_4^- 还原为 MnO_2，酸度过高会促使 $H_2C_2O_4$ 分解。由于 Cl^- 可被 MnO_4^- 氧化，故不能用盐酸控制酸度；HNO_3 具有氧化性，可能干扰 MnO_4^- 与还原性物质的反应，故也不能使用 HNO_3。通常使用 H_2SO_4 作为酸性介质。

（3）开始时滴定速度要慢

开始滴定时，$KMnO_4$ 与 $H_2C_2O_4$ 的反应速度较慢，特别是滴入第一滴 $KMnO_4$ 时，浅红色可能数分钟不褪，须待红色褪去后再滴入下一滴，不然加入的 $KMnO_4$ 溶液来不及与 $C_2O_4^{2-}$ 反应，即在热的酸性溶液中发生分解，影响标定的准确度。

$$4MnO_4^-+12H^+\rightarrow 4Mn^{2+}+5O_2\uparrow+6H_2O$$

随着滴定的进行，产物 Mn^{2+} 增多，对滴定反应产生催化作用，滴定速度随之加快。

3. 应用示例

（1）H_2O_2 的测定

在酸性介质中可用 $KMnO_4$ 标准溶液直接滴定 H_2O_2，滴定反应如下：

$$2MnO_4^-+5H_2O_2+6H^+=2Mn^{2+}+5O_2\uparrow+8H_2O$$

碱金属及碱土金属的过氧化物，也可采用同样方法测定。

(2)Ca^{2+}的测定

高锰酸钾法测定 Ca^{2+} 属间接滴定法，其步骤如下：先用 $C_2O_4^{2-}$ 将 Ca^{2+} 全部沉定为 $Ca_2C_2O_4$，

$$Ca^{2+}+C_2O_4^{2-}=CaC_2O_4\downarrow$$

沉淀经过滤、洗涤后溶于稀 H_2SO_4，然后用 $KMnO_4$ 标准溶液滴定，间接测得 Ca^{2+} 的含量。

凡能与 $C_2O_4^{2-}$ 定量地生成沉淀的金属离子，如 Th^{4+} 和稀土离子，都可用上述方法测定。

(3)软锰矿中 MnO_2 的测定

高锰酸钾法测定 MnO_2 属于返滴定法。在含 MnO_2 试样中加入过量、计量的 $Na_2C_2O_4$ 或 $H_2C_2O_4\cdot 2H_2O$，再加入 H_2SO_4 并在水浴上加热，发生如下反应：

$$MnO_2+C_2O_4^{2-}+4H^+=Mn^{2+}+2CO_2\uparrow+2H_2O$$

待反应完全后，用 $KMnO_4$ 标准溶液返滴定剩余的 $C_2O_4^{2-}$，可得 MnO_2 含量。

此法也可用于测定 PbO_2 的含量。

(4)某些有机化合物的测定

在碱性溶液中高锰酸钾法可以测定某些具有还原性的有机物(如甘油、甲酸、甲醇等)。其步骤如下：将含甘油，(或甲酸或甲醇)试样加入到一定量的，过量的碱性(2 mol/L NaOH) $KMnO_4$ 标准溶液中，发生如下反应：

$$\underset{\text{OH}}{\underset{|}{H_2C}}-\underset{\text{OH}}{\underset{|}{CH}}-\underset{\text{OH}}{\underset{|}{CH_2}}+14MnO_4^-+20OH^-=3CO_3^{2-}+14MnO_4^{2-}+14H_2O$$

$$HCOO^-+2MnO_4^-+3OH^-=CO_3^{2-}+2MnO_4^{2-}+2H_2O$$

$$CH_3OH+6MnO_4^-+8OH^-=CO_3^{2-}+6MnO_4^{2-}+6H_2O$$

待反应完全后，将溶液酸化，用还原剂标准溶液滴定剩余的 MnO_4^-，计算有机物的含量。

此法还可用于甲醛、苯酚、酒石酸、柠檬酸、水杨酸、葡萄糖等有机物的测定。

6.5.2　重铬酸钾法

1. 简介

重铬酸钾是一种常用的氧化剂，在酸性介质中有相当强的氧化性，其半反应如下：

$$Cr_2O_7^{2-}+14H^++6e\rightleftharpoons 2Cr^{3+}+7H_2O$$

$$E^\theta=1.33\ V$$

重铬酸钾法与高锰酸钾法相比有如下特点：

(1)$K_2Cr_2O_7$ 易提纯，也较稳定，在 140～150℃ 干燥后，可作为基准物质直接配制标准溶液；

(2)$K_2Cr_2O_7$ 标准溶液非常稳定，可以长期保存，使用时无需重新标定；

(3)滴定反应速度较快，可在常温下滴定，也不需要加催化剂；

(4)$K_2Cr_2O_7$ 的氧化能力没有 $KMnO_4$ 强，室温下不与 Cl^- 作用，故可在 HCl 溶液中滴定 Fe^{2+}，但当 HCl 浓度较大或煮沸时，少部分 $K_2Cr_2O_7$ 可被 Cl^- 还原。

(5)虽然 $Cr_2O_7^{2-}$ 本身显橙色，但颜色不深，并且它的还原产物 Cr^{3+} 是绿色的，对橙色有一定的掩盖作用，所以需要外加指示剂，如二苯胺磺酸钠、邻苯胺基苯甲酸。

2. 应用示例

(1)铁矿石中全铁的测定

重铬酸钾法测定矿石中全铁含量的方法是一公认的标准方法。矿样一般都用热浓 HCl 溶解，用 $SnCl_2$ 将 Fe(Ⅲ)还原为 Fe(Ⅱ)，再用 $HgCl_2$ 氧化剩余 $SnCl_2$。此时溶液中析出 Hg_2Cl_2 丝状白色沉淀。然后在 1～2 mol/L $H_2SO_4-H_3PO_4$ 介质中，以二苯胺磺酸钠为指示剂，用 $K_2Cr_2O_7$ 标准溶液滴定全部 Fe(Ⅱ)。$H_2SO_4-H_3PO_4$ 的作用：①提供必需的酸度条件；② H_3PO_4 与 Fe^{3+} 形成稳定的 $Fe(HPO_4)_2^-$，使Fe(Ⅲ)/Fe(Ⅱ)电位下降，降低滴定突跃的起点，使二苯胺磺酸钠成为合适的指示剂；③形成无色的 $Fe(HPO_4)_2^-$，有利于终点的观察。如果选用邻苯胺基苯甲酸作指示剂，在$[H^+]=1$ mol/L 时，可不必加 H_3PO_4。

从保护环境出发，为避免使用剧毒的 $HgCl_2$，近年来提倡用“无汞测铁法”：先用 $SnCl_2$ 还原大部分 Fe(Ⅲ)，再用 $TiCl_3$ 继续还原。剩余的 $TiCl_3$ 可使 Na_2WO_4 还原为蓝色，以指示 Fe(Ⅲ)还原完毕。稍过量的 $TiCl_3$ 在 Cu^{2+} 催化下加水稀释，用氧氧化而被除去，也可滴加 $K_2Cr_2O_7$ 溶液至蓝色刚好褪去，再在 H_3PO_4 存在下，以二苯胺磺酸钠为指示剂，用 $K_2Cr_2O_7$ 标准溶液滴定。

(2) NO_3^- 的测定

重铬酸钾法可用返滴定的方式测定 NO_3^-。在浓 H_2SO_4 介质条件下，试样中加入一定量的过量 Fe^{2+} 标准溶液

$$3Fe^{2+}+NO_3^-+4H^+=3Fe^{3+}+NO\uparrow+2H_2O$$

待反应完全后，以邻苯胺基苯甲酸为指示剂，用 $K_2Cr_2O_7$ 标准溶液返滴定剩余的 Fe^{2+}，可求得 NO_3^- 的含量。

为加快 NO_3^- 和 Fe^{2+} 的反应，可加入少量固体 NaCl 作催化剂。

6.5.3 碘量法

碘量法是利用 I_2 的氧化性和 I^- 的还原性来进行滴定的方法。固体 I_2 在水中的溶解度很小(25℃饱和溶液浓度为 1.2×10^{-2} mol/L)，I_2 有较强的挥发性，所以在分析化学中通常使用碘和碘化钾的混合液，此时 I_2 在溶液中以 I_3^- 形式存在。碘的氧化还原半反应如下式：

$$I_3^-+2e \rightleftharpoons 3I^- \qquad E^\theta=0.545\ V$$

由于 $E^\theta_{I_3^-/I^-}$ 与 $E^\theta_{I_2/I^-}$ 值十分接近，为简便起见有时可以将 I_3^- 简写成 I_2。

由标准电位值可见，I_3^- 是一较弱的氧化剂，I^- 是一中等强度的还原剂，因此碘量法可以分为直接碘量法和间接碘量法两类。

1. 直接碘量法

(1)简介

直接碘量法是利用 I_3^- 的氧化性进行滴定的方法，即用 I_3^- 标准溶液直接滴定还原性物质，因此也叫作碘滴定法。

由于 I_3^- 的氧化能力较弱，所以直接碘量法的应用有限，可以测定的离子有 $S_2O_3^{2-}$、SO_3^{2-}、S^{2-}、Sn^{2+}、SbO_3^{3-}、AsO_3^{2-} 等以及抗坏血酸、硫醇类、酚类等有机物。滴定时用淀粉作指示剂。直接碘量法应在酸性或中性介质中进行，因为在碱性介质中(pH>9)I_2 发生歧化，反应如下：

$$3I_2+6OH^-=IO_3^-+5I^-+3H_2O$$

(2)碘标准溶液的配制和标定

经升华提纯的碘可以直接配制标准溶液。但由于 I_2 的挥发性强,准确称量有一定的困难,加之挥发的碘对分析天平有腐蚀作用,因此通常采用间接法配制。配制时,在托盘天平上称取一定量的 I_2,溶于少量 KI 浓溶液中,待 I_2 全部溶解后稀释至一定体积,配制好的溶液应保存在棕色磨口瓶中。

标定碘溶液最常用的基准物是 As_2O_3,由于 As_2O_3 难溶于水易溶于碱,故先将其溶于碱溶液中,

$$As_2O_3+6OH^-=2AsO_3^{3-}+3H_2O$$

溶解后再调至 pH～8,用待标定的碘溶液滴定。

$$AsO_3^{3-}+I_2+H_2O=AsO_4^{3-}+2I^-+2H^+$$

也可以用已标定过的 $Na_2S_2O_3$ 溶液确定其浓度。

2.间接碘量法

(1)简介

间接碘量法是利用 I^- 的还原性进行测定的方法。其步骤是:用过量的 KI 与待测的氧化性物质反应定量地生成 I_2,再用 $Na_2S_2O_3$ 标准溶液滴定生成的 I_2,从而间接得到氧化性物质的含量。因此间接碘量法又称为滴定碘法。

与直接法相比间接碘量法的应用较广,这是因为 I^- 是中等强度的还原剂之故。凡可以直接氧化 I^- 的物质都可用间接碘量法测定,例如 MnO_4^-、$Cr_2O_7^{2-}$、IO_3^-、NO_2^-、H_2O_2、Cu^{2+}、Cl_2、Br_2、OCl^-、PbO_2。由于 I_3^-/I^- 电对的可逆性好,$S_2O_3^{2-}$ 与 I_2 的反应速度快、定量关系确定,加之使用灵敏度高的淀粉指示剂,因此间接碘量法的准确度高。

(2)间接碘量法的操作条件

①必须在中性或弱酸性介质中进行。酸度过高 I^- 可被氧化,

$$4I^-+O_2+4H^+=2I_2+2H_2O$$

也会促使 $S_2O_3^{2-}$ 分解,

$$S_2O_3^{2-}+2H^+=SO_2+S+H_2O$$

碱度过高时 I_2 会发生歧化反应,并且 $S_2O_3^{2-}$ 与 I_2 的反应会有副反应发生。

$$S_2O_3^{2-}+4I_2+10OH^-=2SO_4^{2-}+8I^-+5H_2O$$

②KI 应适当过量。

KI 过量的目的是:加快 I^- 与待测物的反应速度,保证定量完成,增加 I_2 的溶解度以减少 I_2 的挥发。但 KI 用量过多不仅造成浪费,还会增加 I^- 被氧化的机会和速度。一般溶液中 KI 约为 4%为宜。

③温度不能高。

通常在室温下进行滴定。温度过高促使 I_2 的挥发、I^- 的氧化和 $Na_2S_2O_3$ 的分解,并可降低淀粉指示剂的变色敏锐程度。

④避免光照。

光照可催化 I^- 的氧化,加快 $Na_2S_2O_3$ 分解。

⑤试液加入 KI 后,不宜放置过久,反应完毕后即可滴定,减少 I_2 的挥发和 I^- 被氧化。

⑥淀粉指示剂不宜久存,以防变质。用 $Na_2S_2O_3$ 滴定 I_2 时,应在大量 I_2 被滴定后接近

终点时(溶液呈淡黄色)才可加入指示剂，否则大量的 I_3^- 与淀粉形成蓝色化合物，不易与 $S_2O_3^{2-}$ 反应，给滴定带来误差。

综上所述，间接碘量法的误差来源主要是 I_2 的挥发和 I^- 的氧化以及 $Na_2S_2O_3$ 的分解。操作时应严格遵守各项条件方可得到准确结果。

(3)硫代硫酸钠标准溶液的配制和标定

市售的硫代硫酸钠($Na_2S_2O_3 \cdot 5H_2O$)通常纯度不够，且易风化，不能作基准物。必须用标定法配制。标定 $Na_2S_2O_3$ 的基准物有 $K_2Cr_2O_7$、$KBrO_3$、KIO_3、纯铜等，$K_2Cr_2O_7$ 最常用。标定步骤如下：在酸性溶液中($[H^+]$约为 0.4mol/L)，$K_2Cr_2O_7$ 与过量 KI 反应生成与 $K_2Cr_2O_7$ 计量相当的 I_2，放置 3～5 min 使反应完全后，用水稀释以降低酸度，在弱酸性条件下用待标定的 $Na_2S_2O_3$ 溶液滴定生成的 I_2。准确计算 $Na_2S_2O_3$ 溶液的浓度。用 KIO_3 作基准物质时，由于 KIO_3 与 KI 可在较低酸度下很快反应，因此不必放置，可立即滴定。但由于 KIO_3 基准物价格较贵且摩尔质量较小，故不常使用。

$Na_2S_2O_3$ 溶液不够稳定，易分解，浓度逐渐改变。其分解的主要原因如下：

①水中微生物的作用。

$$Na_2S_2O_3 \xlongequal{\text{微生物}} Na_2SO_3 + S$$

②水中 CO_2 的作用。

$$S_2O_3^{2-} + CO_2 + H_2O = HCO_3^- + HSO_3^- + S$$

③空气中氧的作用。

④$Na_2S_2O_3$ 见光易分解。

基于上述原因，配制 $Na_2S_2O_3$ 标准溶液通常采用下述步骤：称取比计算用量稍多的 $Na_2S_2O_3 \cdot 5H_2O$ 试剂，溶于新煮沸(除去水中的 CO_2 并灭菌)并已冷却的蒸馏水中，加入少量 Na_2CO_3，保持弱碱性以抑制微生物的生长，于棕色瓶中放置数天后，标定其浓度。这样配制的溶液比较稳定。如果发现溶液变浑，则应过滤后再标定其浓度，严重时应弃去重配。

3.碘量法的误差来源

(1)I_2 的挥发

防止办法：① 加入过量 KI，$I_2 \rightarrow I_3^-$；② 室温下进行滴定；③ 滴定使不要剧烈摇动。

(2)I^- 被空气中的氧氧化

防止办法：① 酸度不要太高；② 析出 I_2 后立即滴定；③ 滴定速度适当快此。

4.碘量法应用示例

(1)间接碘量法测定铜

在弱酸性介质中，Cu^{2+} 与 I^- 发生如下反应：

$$2Cu^{2+} + 5I^- = 2CuI\downarrow + I_3^-$$

这里 I^- 既是还原剂(Cu(Ⅱ)→Cu(Ⅰ))，又是沉淀剂(生成 $CuI\downarrow$)，还是络合剂(生成 I_3^-)。反应生成的 I_3^-(即 I_2)用 $Na_2S_2O_3$ 标准溶液滴定，淀粉作指示剂，得铜的含量。

Cu^{2+} 与 I^- 反应的适宜酸度为 pH3～4。若 pH 过高 Cu^{2+} 会发生水解；若酸度过高则由于 Cu(I)的存在 I^- 易被空气中的氧氧化。CuI 沉淀易吸附 I_2 会使结果偏低，为减少 CuI 对 I_2 的吸附，可在接近终点时(绝大部分 I_2 已被 $Na_2S_2O_3$ 还原，碘一淀粉蓝色很浅时)加入 KSCN 溶液，使 CuI 转化为溶解度更小的 CuSCN。

$$CuI\downarrow + SCN^- = CuSCN\downarrow + I^-$$

由于 CuSCN 对 I_2 的吸附力很弱，原被 CuI 吸附的 I_2 则可在沉淀的转换过程中释放出来，从而提高测定结果的准确度。KSCN 不能过早加入，因为在大量 I_2 存在时 SCN^- 会使部分 I_2 还原而引起误差。

Fe(Ⅲ)可以氧化 I^-，所以干扰铜的测定。加入 NH_4HF_2 使 F^- 与 Fe^{3+} 生成稳定络合物 FeF_6^{3-}，以降低 Fe(Ⅲ)/Fe(Ⅱ)电对的电位，从而消除干扰。同时 HF_2^- 实际上是一共轭酸碱对，兼可控制滴定所需的酸度(pH3～4)。

若先将 Cu^{2+} 络合，则不会再氧化 I^-。再酸化时络合物被破坏，Cu^{2+} 仍可与 I^- 反应。利用此性质可以进行 Cu^{2+} 和其他组分的联合测定。例如含 MnO_4^-(或 BrO_3^-、IO_3^-)和 Cu^{2+} 混合试液的分析，可先加柠檬酸盐与 Cu^{2+} 生成不甚稳定的络合物，在稀醋酸溶液中，用间接碘量法测 MnO_4^-(或 BrO_3^-、IO_3^-)，而后加入 H_2SO_4 破坏铜的络合物，再测定 Cu^{2+}。

(2)间接碘量法测定钡

在 HAc～NaAc 缓冲溶液中，用过量 K_2CrO_4 将待测 Ba^{2+} 沉淀为 $BaCrO_4$

$$CrO_4^{2-} + Ba^{2+} = BaCrO_4\downarrow$$

沉淀经过滤洗涤后，用稀盐酸溶解，并使 CrO_4^{2-} 转化为 $Cr_2O_7^{2-}$，加入过量 KI 使之定量生成 I_2，用 $Na_2S_2O_3$ 滴定，从而间接得 Ba^{2+} 的含量。用同样方法可以测定 Sr^{2+}、Pb^{2+}(沉淀为铬酸盐)以及 Th^{4+}(沉淀为高碘酸盐)等金属离子。

(3)漂白粉中有效氯的测定

漂白粉的主要成分是次氯酸钙和氯化钙(通常写成 Ca(OCl)Cl)及一些氧化钙等。其中具有氧化能力的是次氯酸盐。通常用有效氯的含量来表示漂白粉的质量，所谓有效氯是指漂白粉在酸化时放出的氯。

$$Ca(OCl)Cl + 2H^+ = Ca^{2+} + Cl_2 + H_2O$$

有效氯的测定步骤是：在漂白粉的溶液中加入 KI，随后酸化，发生如下反应：

$$OCl^- + 2H^+ + 2I^- = I_2 + Cl + H_2O$$

再用 $Na_2S_2O_3$ 标准溶液滴定生成的 I_2，得有效氯的含量。

(4)直接碘量法测定 S^{2-} 或 H_2S

在酸性介质中可用 I_2 标准溶液滴定 S^{2-}，反应如下：

$$H_2S + I_3^- = S + 3I^- + 2H^+$$

用淀粉指示终点。

滴定不能在碱性介质中进行，否则部分 S^2 会氧化成 SO_4^{2-}

$$S^{2-} + 4I_2 + 8OH^- = SO_4^{2-} + 8I^- + 4H_2O$$

并且 I_2 也会发生歧化。测定气体中的 H_2S 时，为避免 H_2S 挥发，可用 Cd^{2+} 或 Zn^{2+} 的氨性溶液吸收。然后再加入一定量的、过量的 I_2 标准溶液，用 HCl 将溶液酸化后，用 $Na_2S_2O_3$ 标准溶液滴定剩余的 I_2。用淀粉作指示剂。

(5)卡尔－费休(Karl Fischer)法测定微量 H_2O

此方法原理是：I_2 氧化 SO_2 时需要一定量的水：

$$I_2 + SO_2 + H_2O \rightleftharpoons 2HI + H_2SO_4$$

加入吡啶以中和生成的 H_2SO_4，可使平衡向右移动，此时反应式可写成：

$$C_5H_5N\cdot I_2 + C_5H_5NSO_2 + C_5H_5N + H_2O \rightarrow 2C_5H_5NH^+I^- + C_5H_5NSO_3$$

生成的 $C_5H_5NSO_3$ 不稳定，易与水发生如下副反应：

$$C_5H_5NSO_3 + H_2O \rightarrow C_5H_5NH^+ HSO_4^-$$

消耗一部分水，因而干扰测定。加入甲醇可防止上述副反应，反应式为：

$$C_5H_5NSO_3 + CH_3OH \rightarrow C_5H_5NHSO_4CH_3$$

用 Py 表示吡啶，总的反应可简写成：

$$I_2 + SO_2 + H_2O + CH_3OH + 3Py \rightleftharpoons 2PyH^+ I^- + PyHSO_4CH_3$$

由以上讨论可知，滴定用的标准溶液是含有 I_2、SO_2、C_5H_5N 及 CH_3OH 的混合液，称为费休试剂。试剂呈深棕色，与水作用呈黄色。测定时将试样溶于无水甲醇中，然后用费休试剂滴定，当溶液出现微弱棕色即为终点。费休试剂的标定可以用标准的水一甲醇溶液或用稳定的结晶水合物为基准物质。

费休试剂的最大缺点是不稳定，在保存过程中易吸水或发生如下反应：

$$I_2 + SO_2 + H_2O + CH_3OH + 3Py = 2PyH^+ I^- + PyHSO_4CH_3$$

若改用双试剂法，可基本上克服此缺点。所谓双试剂即将费休试剂分成为两种溶液：C_5H_5N、CH_3OH、SO_2 组成一种溶液，将样品引入此溶液中；另一种是碘的甲醇溶液。该溶液比较稳定，作为滴定剂用。

卡尔一费休法可以直接测定各种有机物中的水的含量，也可以根据各反应生成水或消耗水的量间接测定多种有机物。卡尔一费休法属于非水滴定法，所用容器必须干燥。

6.5.4 其他氧化还原滴定方法

1. 铈量法

铈量法是以 Ce^{4+} 为氧化剂的滴定方法。Ce^{4+} 在酸性介质中是强氧化剂，它的唯一的还原产物是 Ce^{3+}，半反应式为

$$Ce^{4+} + e \rightleftharpoons Ce^{3+} \qquad E^\theta = 1.61V$$

半反应的可逆性较好。

铈量法的特点如下：

(1) Ce^{4+} 的氧化能力强

在 H_2SO_4 介质中 Ce^{4+} 的氧化能力稍次于 $KMnO_4$，一般能用 $KMnO_4$ 滴定的物质都可用 $Ce(SO_4)_2$ 滴定。在 $HClO_4$ 介质中 Ce^{4+} 可氧化多种有机物如甘油、柠檬酸、葡萄糖等。

(2) 反应简单，副反应少

Ce^{4+} 的还原反应是单电子反应，没有中间价态的形成，也不伴随诱导反应。在 HCl 介质中可直接用 Ce^{4+} 滴定 Fe^{2+}。

(3) 标准溶液可用基准物 $Ce(SO_4)_2 \cdot 2(NH_4)_2SO_4 \cdot 2H_2O$ 或 $Ce(NO_3)_4 \cdot 2NH_4NO_3$ 直接配制，无需标定。如果需要标定，可用草酸钠、硫酸亚铁铵、纯铁丝等做基准物质。配制好的标准溶液十分稳定，可长期保存，甚至加热也不会分解。

(4) 有好的指示剂

邻二氮菲一亚铁是铈量法的理想指示剂，变色敏锐，可逆性好。Ce^{4+} 为黄色，Ce^{3+} 为无色，故也可作自身指示剂，但灵敏度较差。

铈量法的缺点：试剂价格较贵，并且 $Ce(SO_4)_2$ 与某些还原剂的反应速度较慢。

Ce^{4+} 易水解，不适于中性及碱性介质中的滴定。

2. 溴酸钾法

溴酸钾法是以 $KBrO_3$ 作氧化剂的滴定方法。溴酸钾在酸性溶液中是一强氧化剂，半反应式为：

$$BrO_3^- + 6H^+ + 6e \rightleftharpoons Br^- + 3H_2O \qquad E^\theta = 1.44\ V$$

可以用 $KBrO_3$ 标准溶液直接滴定的还原性物质有 As(Ⅲ)、Sb(Ⅲ)、Fe(Ⅱ)、Tl(Ⅰ)、H_2O_2 等。在酸性介质中滴定时可用甲基橙或甲基红作指示剂。其变色原理是：在酸性溶液中甲基橙或甲基红呈红色，用 $KBrO_3$ 标准溶液滴定到达化学计量点后稍过量的 $KBrO_3$，使指示剂氧化破坏，溶液褪色即为终点。由于在变色时指示剂的结构发生了变化，因此颜色变化不能复原，也称为不可逆指示剂。在滴定时应尽量避免滴定剂的局部浓度过大，防止终点过早出现。最好是在接近终点时再加指示剂，并十分小心地滴至终点。为证明终点是否已真正到达，可再补加少量指示剂，若不能立即褪色，说明未到终点，可继续小心滴至终点。

$KBrO_3$ 极易提纯，经 180℃烘干后可直接配制标准溶液。也可以用滴定碘法进行标定。

在实际中应用较多的是用 $KBrO_3$ 代替 Br_2 作标准溶液测定一些有机物质。其原理和步骤是：Br_2 可以与一些有机物定量地发生取代反应。但 Br_2 在水溶液中不稳定，不能作标准溶液，而 $KBrO_3$ 和相对过量的 KBr 的混合液，只要一经酸化就可发生如下反应：

$$BrO_3^- + 5Br^- + 6H^+ = 3Br_2 + 3H_2O$$

生成与 BrO_3^- 计量相当的 Br_2，相当于 Br_2 的标准溶液。例如苯酚的测定，在试液中加入一定量过量的 $KBrO_3$－KBr 标准溶液，酸化后生成的 Br_2 与苯酚反应如下：

$$C_6H_5\text{—OH} + 3Br_2 = (2,4,6\text{-}Br_3C_6H_2)\text{—OH} + 3HBr$$

反应完成后，加入过量 KI，使之与剩余的 Br_2 反应定量地生成 I_2：

$$Br_2 + 2I^- = I_2 + 2Br$$

再用 $Na_2S_2O_3$ 标准溶液滴定生成的 I_2，根据 $Na_2S_2O_3$ 的用量和 $KBrO_3$ 总量求得苯酚的含量。

6.6　氧化还原滴定结果的计算示例

关于滴定分析结果的计算已于第二章作过介绍。但由于氧化还原滴定往往需要预处理，反应步骤较多，有些测定又需多种滴定方式相结合，致使某些滴定结果的计算较为麻烦。本节再列举几个示例，作为2.2节有关内容的补充。

【例 6-6】 测定某试样中锰和钒的含量。称取试样 1.000 g，溶解后还原为 Mn^{2+} 和 VO^{2+}，用 0.020 00 mol/L $KMnO_4$ 标准溶液滴定，用去2.50 mL。加入焦磷酸(使 Mn^{3+} 形成稳定络合物 $Mn(H_2P_2O_7)_3^{3-}$)，继续用上述 $KMnO_4$ 滴定生成的 Mn^{2+} 和原有的 Mn^{2+}，用去 4.00 mL。计算试样中锰和钒的含量。

解　有关反应式：

$$5VO^{2+} + MnO_4^- + 6H_2O = 5VO_3^- + Mn^{2+} + 120H^+ \qquad ①$$

$$MnO_4^- + 4Mn^{2+} + 8H^+ = 5Mn^{3+} + 4H_2O \quad ②$$

$$Mn^{3+} + 3H_4P_2O_7 = Mn(H_2P_2O_7)_3^{3-} + 6H^+ \quad ③$$

设第一次消耗的 MnO_4^- 的物质的量为 $n(MnO_4^-)_1$，$n(MnO_4^-)_1 = 0.020\ 00 \times 2.500 \times 10^{-3}$ mol；第二次消耗的 MnO_4^- 为 $n(MnO_4^-)_2$，$n(MnO_4^-)_2 = 0.020\ 00 \times 4.00 \times 10^{-3}$ mol。

根据式①有

$$n(5VO^{2+}) = n(MnO_4^-)_1$$

$$\omega_V = \frac{5n(MnO_4^-)_1 A_r(V)}{m_{样}}$$

$$= \frac{5 \times 0.020\ 00 \times 2.50 \times 10^{-3} \times 50.94}{1.000}$$

$$= 0.012\ 7 \overset{(或)}{=} 1.27\%$$

根据式②则

$$4n(MnO_4^-)_2 = n(Mn^{2+})_{总} = n(Mn^{2+})_{生} + n(Mn^{2+})_{原}$$

由式①得

$$n(Mn^{2+})_{生} = n(MnO_4^-)$$

$$n(Mn^{2+})_{原} = 4n(MnO_4^-)_2 - n(Mn^{2+})_{生} = 4n(MnO_4^-)_2 - n(MnO_4)$$

$$\omega_{Mn} = \frac{[4n(MnO_4^-)_2 - n(MnO_4^-)_1]A_r(Mn)}{m_{样}}$$

$$= \frac{(4 \times 0.020\ 00 \times 4.00 - 0.020\ 00 \times 2.50) \times 10^{-3} \times 54.94}{1.000}$$

$$= 0.014\ 8 \overset{(或)}{=} 1.48\%$$

【例 6-7】 称取含 Pb_2O_3 试样 1.234 g，用 20.00 mL 0.250 0 mol/L $H_2C_2O_4$ 溶液处理，Pb(Ⅳ)还原为 Pb(Ⅱ)。试液用 NH_3 水调至中性，使 Pb(Ⅱ)定量沉淀为 PbC_2O_4。过滤，滤液酸化后用 10.00 mL 0.040 00 mol/L 的 $KMnO_4$ 滴定；PbC_2O_4 沉淀用酸溶解后需用 30.00 mL上述 $KMnO_4$ 溶液滴定。计算试样中 PbO 及 PbO_2 的含量。

解 有关反应式：

$$PbO + H_2C_2O_4 = Pb^{2+} + C_2O_4^{2-} + H_2O(\text{未消耗 } C_2O_4^{2-}) \quad ①$$

$$PbO_2 + H_2C_2O_4 = Pb^{2+} + 2CO_2\uparrow + 2H_2O \quad ②$$

$$Pb_{总}^{2+} + C_2O_4^{2-} \xlongequal{中性} PbC_2O_4\downarrow \quad ③$$

$$PbC_2O_4 + 2H^+ = Pb^{2+} + H_2C_2O_4 \quad ④$$

$$5H_2C_2O_4 + 2MnO_4^- + 6H^+ = 2Mn^{2+} + 10CO_2\uparrow + 8H_2O(\text{滴定反应}) \quad ⑤$$

由式⑤可知

$$n(5H_2C_2O_4) = n(2MnO_4^-)$$

由式②可知

$$n(PbO_2) = n(H_2C_2O_4)_{还}$$

由式②、③可知用于 Pb(Ⅳ)生成 PbC_2O_4 所需的 $n(H_2C_2O_4) = n(H_2C_2O_4)_{还}$。

$$n(H_2C_2O_4)_{总} = n(PbC_2O_4)_{沉淀} + n(H_2C_2O_4)_{余} + n(H_2C_2O_4)_{还}$$

$$n(PbO_2) = n(H_2C_2O_4)_{还} = n(H_2C_2O_4)_{总} - n(PbC_2O_4)_{沉淀} - n(H_2C_2O_4)_{余}$$

$$=(20.00\times0.2500-\frac{5}{2}\times30.00\times0.04000-\frac{5}{2}\times10.00\times0.04000)\times10^{-3}$$

$$=1.000\times10^{-3}\text{mol}$$

$$\omega_{PbO_2}=\frac{n(PbO_2)M(PbO_2)}{m_{样}}=\frac{1.000\times10^{-3}\times239.2}{1.234}=0.1938\overset{(或)}{=}19.38\%$$

$$\omega_{PbO}=\frac{[n(PbC_2O_4)_{沉淀}-n(H_2C_2O_4)_{还}]M(PbO)}{m_{样}}$$

$$=\frac{2.000\times10^{-3}\times223.2}{1.234}=0.3618\overset{(或)}{=}36.18\%$$

【例 6-8】称取苯酚试样 0.500 5 g，用 NaOH 溶解后用水准确稀释至 250 mL。移取 25.00 mL试液于碘瓶中，加入 $KBrO_3-KBr$ 标准溶液25.00 mL 及 HCl，使苯酚溴化为三溴苯酚。加入 KI 溶液，使未起反应的 Br_2 还原并定量地析出 I_2，然后用 0.100 8 mol/L 的 $Na_2S_2O_3$ 标准溶液滴定，用去 15.05 mL(V_1)。另取 25.00 mL $KBrO_3-KBr$ 标准溶液，加入 HCl 及 KI 溶液，析出的 I_2 用上述 $Na_2S_2O_3$ 标准溶液滴定，用去40.20 mL(V_0)。计算试样中苯酚的百分含量。

解　有关反应式为：

$$KBrO_3+5KBr+6HCl=6KCl+3Br_2+3H_2O \quad ①$$

$$C_6H_5OH+3Br_2=C_6H_2Br_3OH+3HBr \quad ②$$

$$Br_2+2KI=I_2+2KBr \quad ③$$

$$I_2+2Na_2S_2O_3=2NaI+Na_2S_4O_6 \quad ④$$

根据式②、③、④可知

$$1\,苯酚 \Leftrightarrow 3Br_2 \Leftrightarrow 3I_2 \Leftrightarrow 6S_2O_3^{2-}$$

第一步所用去的 $Na_2S_2O_3(V_1)$相当于苯酚溴化后剩余的 Br_2，第二步用去的 $Na_2S_2O_3$ 相当于总的 Br_2。

$$n(苯酚)=n(6S_2O_3^{2-})=\frac{1}{6}c(S_2O_3^{2-})(V_0-V_1)$$

$$\omega_{酚}=\frac{m_{酚}}{m_{样}}=\frac{\frac{1}{6}c(S_2O_3^{2-})(V_0-V_1)M(苯酚)}{m_{样}}$$

$$=\frac{\frac{1}{6}\times0.1008\times(40.20-15.05)\times10^{-3}\times94.11}{0.5005\times\frac{1}{10}}$$

$$=79.45\%$$

【例 6-9】移取乙二醇试液 25.00 mL，加入 0.116 0 mol/L $KMnO_4$ 的碱性溶液 50.00 mL，反应完全后，酸化并加入 0.491 3 mol/L 的 $Na_2C_2O_4$ 溶液 25.00 mL，此时所有的高价锰均还原至 Mn^{2+}，以0.116 0 mol/L $KMnO_4$溶液滴定过量的 $Na_2C_2O_4$，终点时消耗2.30 mL。计算试液中乙二醇的浓度。

解

$$\begin{matrix}H_2C-OH\\ |\\ H_2C-OH\end{matrix}+10MnO_4^-+14OH^-=10MnO_4^{2-}+2CO_3^{2-}+10H_2O \quad ①$$

尽管 MnO_4^{2-} 在酸化后歧化，但仍属锰自身间的电子转移，因此Mn(Ⅵ)无论歧化与否，

它被 $C_2O_4^{2-}$ 还原成 Mn^{2+} 的计量关系与②式相同：

$$MnO_4^{2-}+2C_2O_4^{2-}+8H^+=Mn^{2+}+4CO_2\uparrow+4H_2O \quad ②$$

$$2MnO_4^-+5C_2O_4^{2-}+16H^+=2Mn^{2+}+10CO_2\uparrow+8H_2O \quad ③$$

由式③可知

$$MnO_4^- \Leftrightarrow \frac{5}{2}C_2O_4^{2-}$$

即

$$n(MnO_4^-)=\frac{2}{5}n(C_2O_4^{2-})$$

由式②和③可知

$$MnO_4^{2-} \Leftrightarrow 2C_2O_4^{2-} \Leftrightarrow \frac{4}{5}MnO_4^-$$

根据式①可知

$$1\ 乙二醇 \Leftrightarrow 2MnO_4^-$$

即

$$n(乙二醇)=\frac{1}{2}n(MnO_4^-)$$

$$c_{乙二醇}=\frac{n(乙二醇)}{V_{样}}=\frac{\frac{1}{2}[n(MnO_4^-)_{总}-\frac{2}{5}n(C_2O_4^{2-})]}{V_{样}}$$

$$=\frac{\frac{1}{2}[0.116\,0\times(50.00+2.30)-\frac{2}{5}\times0.491\,3\times25.00]}{25.00}$$

$$=0.023\,08\ mol/L$$

思 考 题

1. 为什么要采用条件电位这一概念，它受哪些因素影响？

2. 在氧化还原滴定时，常采用哪些手段提高反应速度？举例说明。

3. 决定氧化还原滴定突跃的因素有哪些？举例说明 $\Delta E_{突}$ 与 $\Delta E^{\Theta'}$ 的区别和联系。

4. 如何计算氧化还原滴定突跃范围？是否化学计量点电位都居于突跃的正中间？

5. 氧化还原滴定前，为什么往往需要预处理？预处理所用氧化剂或还原剂应具备哪些条件？

6. 在氧化还原预处理时，为除去剩余的 $KMnO_4$、$(NH_4)_2S_2O_8$、$NaBiO_3$、$SnCl_2$ 等预氧化还原剂，常采用什么方法？

7. 试说明氧化还原指示剂的变色原理、变色范围和选择原则。

8. $K_2Cr_2O_7$ 法测定矿石中全铁含量时加入 $H_2SO_4-H_3PO_4$ 有何作用？

9. 试比较选用 $KMnO_4$、$K_2Cr_2O_7$ 和 $Ce(SO_4)_2$ 作滴定剂测定矿石中全铁含量时的优缺点。

10. 为什么用 $Na_2S_2O_3$ 滴定 I_2 时，要在酸性条件下进行，而用 I_2 滴定 $Na_2S_2O_3$ 则不能在酸性介质中进行？

11. 为什么在中性介质中可以用直接碘法滴定 As(Ⅲ)，而在酸性溶液中又可用间接碘量法测定 As(Ⅴ)?

12. 碘量法的主要误差来源是什么?为什么碘量法不适宜在高酸度或高碱度介质中进行?

13. 如何配制稳定性较好的 $Na_2S_2O_3$ 标准溶液?

14. 碘量法测铜时,加 KI 有何作用?加 NH_4HF_2 有何作用?加 KSCN 有何作用?

15. 间接碘量法中,如果 $Na_2S_2O_3$ 滴过了头,能否用 $K_2Cr_2O_7$ 回滴?为什么?

16. 为测定 MnO_2 含量,在 HCl 溶液中加 KI,有反应:

$$MnO_2+4H^++2I^-=I_2+Mn^{2+}+2H_2O$$

用 $Na_2S_2O_3$ 标准溶液滴定析出的 I_2,可得 MnO_2 含量。若有 Fe^{3+} 共存,则对测定有干扰,经实验证明,用 H_3PO_4 代替 HCl 时,Fe^{3+} 则不干扰。为什么?

17. 用氧化还原滴定法,拟定测定下列混合物中两物质含量的步骤。要求写明主要步骤、滴定剂、指示剂、介质条件及预处理过程。

(1) $AsO_4^{3-}-AsO_3^{3-}$　(2) $Cr^{3+}-Fe^{3+}$　(3) $MnSO_4-MnO_2$(固体试样)

(4) $Sn^{4+}+Fe^{3+}$　(5) $H_2O_2+Fe^{3+}$　(6) $Mn^{2+}+Cr^{3+}$

习　题

1. 忽略离子强度的影响,计算 Hg^{2+}/Hg_2^{2+} 电对在 $[CN^-]=0.1$ mol/L 溶液中的条件电位。已知 $E^\theta_{Hg^{2+}/Hg_2^{2+}}=0.907$ V,$pK_{sp}(Hg_2(CN)_2)=39.3$,Hg^{2+} 与 CN^- 的络合物的 $\lg\beta_4=41.4$。

($E^{\theta'}=-0.199$ V)

2. 已知在 1 mol/L H_2SO_4 介质中,邻二氮菲(用 ph 表示)与 Fe(Ⅱ)和 Fe(Ⅲ)的络合物稳定常数之比 $K(Fe(Ⅱ)-ph_3)/K(Fe(Ⅲ)-ph_3)=2.8\times10^6$。忽略离子强度的影响,计算 Fe(Ⅲ)/Fe(Ⅱ)的条件电位。(忽略邻二氮菲的酸效应),并与例 6-1 比较作出结论。

($E^{\theta'}=1.15$V)

3. 忽略离子强度的影响,计算 pH=1,5 和 9 时 As(Ⅴ)/As(Ⅲ)电对的条件电位。

(0.50 V,0.18 V,−0.25 V)

4. 在 1 mol/L HCl 介质中,$E^{\theta'}_{Fe^{3+}/Fe^{2+}}=0.68$ V,$E^{\theta'}_{Sn^{4+}/Sn^{2+}}=0.14$ V。计算在此条件下,反应 $2Fe^{3+}+Sn^{2+}=Sn^{4+}+2Fe^{2+}$ 的条件平衡常数及化学计量点时反应进行的完全程度。

($\lg K'=18.31$,$[Fe^{2+}]/[Fe^{3+}]=1.3\times10^6$)

5. 将等体积,均含有 1 mol/L H_2SO_4 的 0.60 mol/L Fe^{2+} 溶液和0.20 mol/L Ce^{4+} 溶液相混合,反应达到平衡后,Ce^{4+} 的浓度为多少?已知在 1 mol/L H_2SO_4 中 $E^{\theta'}_{Ce^{4+}/Ce^{2+}}=1.44$ V,$E^{\theta'}_{Fe^{3+}/Fe^{2+}}=0.68$ V。　($c_{Ce^{4+}}=6.0\times10^{-15}$ mol/L)

6. 根据 $E^\theta_{Hg_2^{2+}/2Hg}$ 和 Hg_2Cl_2 的 K_{sp},计算 $E^\theta_{Hg_2Cl_2/2Hg}$。如果溶液中 Cl^- 的浓度为0.010 mol/L,$Hg_2Cl_2/2Hg$ 电对的电位为多少?　(0.265 V,0.383 V)

7. 用 0.100 0 mol/L $Na_2S_2O_3$ 溶液滴定 0.050 00 mol/L I_2 溶液(含 1 mol/L KI),计算滴定至 50%和 150%时体系的电位。已知 $E^\theta_{I_3^-/I^-}=0.545$ V,$E^{\theta'}_{S_4O_6^{2-}/S_2O_3^{2-}}=0.08$ V。

(0.507 V,0.13 V)

8. 计算在 H_2SO_4 介质中,用 0.100 0 mol/L Ce^{4+} 滴定 0.100 0 mol/L Fe^{2+} 溶液时,化学计

量点的电位及突跃范围。已知 $E^{\theta'}_{Fe^{3+}/Fe^{2+}}=0.68\ V$，$E^{\theta'}_{Ce^{4+}/Ce^{2+}}=1.44\ V$。

(1.06 V，0.86～1.26 V)

9. 根据所给数据计算 0.100 0 mol/L Fe^{3+} 滴定 0.05 mol/L Sn^{2+} 的突跃的起始点电位。已知化学计量点时电位为 0.32 V，计量点后过量0.1%时电位为 0.50 V。 (0.23 V)

10. 1 mol/L HCl 介质中，以 0.10 mol/L Fe^{3+} 滴定 0.050 mol/L Sn^{2+}，若选次甲基蓝为指示剂，计算终点误差。($E^{\theta'}_{Fe^{3+}/Fe^{2+}}=0.70\ V$，$E^{\theta'}_{Sn^{4+}/Sn^{2+}}=0.14\ V$，$E^{\theta'}_{In}=0.53\ V$)

(0.13%)

11. 称取 1.000 0 g 卤化物的混合物，溶解后稀释至 500 mL。吸取50.00 mL试液，加过量溴水将 I^- 氧化成 IO_3^-，煮沸除去过量的 Br_2。冷却后，加入过量 KI，然后用 19.26 mL 0.050 00 mol/L $Na_2S_2O_3$ 滴定。计算试液中 KI 的含量。 (26.64%)

12. 称取制造油漆的颜料红丹(Pb_3O_4)0.100 0 g，用盐酸溶解后加热并加入 0.02 mol/L $K_2Cr_2O_7$ 25 mL，析出 $PbCrO_4$ 沉淀($2Pb^{2+}+Cr_2O_7^{2-}+H_2O=2PbCrO_4\downarrow+2H^+$)，冷却、过滤，将 $PbCrO_4$ 用 HCl 溶解，加过量 KI 后用 0.100 0 mol/L $Na_2S_2O_3$ 溶液滴定，终点时消耗 12.00 mL，计算 Pb_3O_4 含量。 (91.41%)

13. 有 25.00 mL KI 溶液，用 10.00 mL 0.050 00 mol/L KIO_3 溶液处理后，煮沸除去 I_2，冷却后加入 KI 溶液，使之与剩余的 KIO_3 反应，然后将溶液调至中性。析出的 I_2 用 0.100 8 mol/L $Na_2S_2O_3$ 滴定，用去21.14 mL。计算 KI 溶液的浓度。 (0.028 97 mol/L)

14. 称取含 Na_2S 试样 0.100 0 g，溶于水，在酸性条件下，加入过量的 0.020 00 mol/L $KMnO_4$ 标液 25.00 mL，此时 S^{2-} 被氧化为 SO_4^{2-}，反应完全后酸化，此时有 MnO_2 生成并有过量 MnO_4^-，再加入过量 KI 还原 MnO_4^- 与 MnO_2 为 Mn^{2+}，析出的 I_2 消耗了 0.100 0 mol/L $Na_2S_2O_3$ 标准溶液 15.00 mL。计算 Na_2S 含量。 (9.76%)

15. 称取含铝试样 0.100 0 g，溶解后调 pH≈9，加稍过量的 8-羟基喹啉(O_X)将试样中铝完全沉淀为 $Al(O_X)_3$，沉淀经过滤、洗涤后溶于 2 mol/L HCl 中，加入 15.00 mL 的 0.120 0 mol/L $KBrO_3$ + 1 mol/L KBr 混合液，使 O_X 溴化，再加入过量 KI，还原剩余的 Br_2，最后用0.100 0 mol/L $Na_2S_2O_3$ 10.00 mL 滴定。计算试样中铝的含量。 (22.03%)

16. 为测定硅酸岩中铁、铝、钛含量，称取试样 0.605 0 g，除去 SiO_2 后，用氨水沉淀铁、铝、钛为氢氧化物沉淀。沉淀经灼烧转化成为氧化物，质量为 0.412 0 g，再将沉淀用 $K_2S_2O_7$ 熔融，浸取液定容于 100 mL 容量瓶中。移取 25.00 mL 试液通过锌汞还原器，此时 Fe(Ⅲ)→Fe(Ⅱ)，Ti(Ⅳ)→Ti(Ⅲ)。还原液流入 Fe^{3+} 溶液中，滴定时消耗了 0.013 88 mol/L $K_2Cr_2O_7$ 10.05 mL。另移取 25.00 mL 试液用 $SnCl_2$ 还原 Fe^{3+} 后，再用上述 $K_2Cr_2O_7$ 溶液滴定，消耗了 8.02 mL。计算试样中 Fe_2O_3、Al_2O_3、TiO_2 的含量。

(35.26%，23.91%，8.93%)

17. 将 As_2O_3 + As_2O_5 及惰性物质的混合物溶解，在 pH=8 的溶液中用 0.025 00 mol/L I_2 标准溶液滴定，消耗 20.00 mL，然后将所得溶液酸化至强酸性，加入过量 KI，生成的 I_2 需要 30.50 mL 的 $Na_2S_2O_3$ 滴定(1.00 mL $Na_2S_2O_3$ 相当于 0.010 00 mmol $KH(IO_3)_2$)。计算试样中 As_2O_3 与 As_2O_5 各为多少克。 (0.049 54 g，0.152 8 g)

第七章　沉淀溶解平衡及沉淀滴定法

7.1　沉淀溶解平衡

7.1.1　固有溶解度和溶解度

在难溶化合物 MA 与其饱和溶液共处的体系中，有如下平衡关系：

$$MA(S) \overset{(\text{I})}{\rightleftharpoons} MA\,(H_2O) \overset{(\text{II})}{\rightleftharpoons} M^+ + A^-$$

式中 MA (S) 为未溶解的固体 MA；MA (H_2O) 和 M^+、A^- 为溶解了的 MA，其中 MA (H_2O)可以是分子形式也可以是离子对 M^+A^- 形式存在。整个体系存在(Ⅰ)和(Ⅱ)两个平衡，前者是固－液两相间的溶解平衡，后者是液相中的离解平衡。

当温度一定时，(Ⅰ)和(Ⅱ)均达成平衡时，平衡常数用 S° 表示，$\dfrac{a_{MA}(H_2O)}{a_{MA}(S)} = S^\circ$，

$$a_{MA}(S) = 1\text{（纯固体的活度等于 1）}$$

$$S^\circ = a_{MA}(H_2O) = \gamma_{MA}[MA] \tag{7-1}$$

忽略离子强度影响时，则

$$S^\circ \approx [MA] \tag{7-1-a}$$

S° 称为难溶化合物 MA 的**固有溶解度**或称为分子溶解度。

总溶解度：

$$S = S^\circ + [M] = S^\circ + [A^-]$$

7.1.2　活度积、溶度积和条件溶度积

1. *活度积*

平衡(Ⅱ)有如下关系式：

$$K_d^\circ = \frac{a_{M^+}\ a_{A^-}}{a_{MA}(H_2O)} \tag{7-2}$$

K_d° 是 MA 的离解常数。将式(7-1)代入式(7-2)得

$$a_{M^+}\ a_{A^-} = K_d^\circ S^\circ = K_{ap} \tag{7-3}$$

K_{ap} 是只随温度而变的热力学常数，称为**活度积**。有时也用 K_{sp}° 表示活度积。

2. *溶度积*

由于
$$a_{M^+}a_{A^-} = [M^+][A^-]\gamma_{M^+}\gamma_{A^-}$$

所以

$$\frac{K_{ap}}{\gamma_{M^+}\gamma_{A^-}} = [M^+][A^-] = K_{sp} \tag{7-3-a}$$

K_{sp} 称为难溶化合物 MA 的**溶度积**，对于 M_mA_n 型难溶化合物

$$K_{sp}=[M^{a+}]^m[A^{b-}]^n \tag{7-3-b}$$

K_{sp}是一个浓度常数，只有当温度和离子强度都不变时才是一常数。

当离子强度不大时，可以用 K_{ap}值代替 K_{sp}值(附表 10 中 $I=0$ 一栏数据即为 K_{ap}值)。离子强度较大时(如有强电解质存在时)应将 K_{ap}换算成该条件下的 K_{sp}值或以 $I=0.1$ 时的 K_{sp}值代用，才更接近实际情况。

在无其他平衡存在的条件下，难溶化合物 MA(1：1 型)在水中的总溶解度 S 应为其固有溶解度 $S°$与 M^{a+}(或 A^{b-})浓度之和，即

$$S=S°+[M^{a+}]=S°+[A^{b-}]$$

【例 7-1】在水中 2,4,6－三氯苯酚的溶解度为 4.0×10^{-3} mol/L，$K_d^c=1.0\times10^{-6}$，忽略离子强度的影响，计算固有溶解度和溶度积。

解 $$Cl_3C_6H_2OH(S)\rightleftharpoons Cl_3C_6H_2OH(H_2O)\rightleftharpoons Cl_3C_6H_2O^-+H^+$$

$$S=S°+[H^+]$$

$$K_d^c=\frac{[H^+]^2}{S°}=\frac{[H^+]^2}{S-[H^+]}=1.0\times10^{-6}$$

$$[H^+]=6.3\times10^{-5}\text{ mol/L}$$

$$S°=S-[H^+]=4.0\times10^{-3}-6.3\times10^{-5}\approx4.0\times10^{-3}\text{ mol/L}$$

可见该化合物的溶解度主要决定于其固有溶解度。

$$K_{sp}=[H^+]^2=(6.3\times10^{-5})^2=4.0\times10^{-9}$$

不同物质的固有溶解度及其在总浓度中占有的比例是不同的。一些溶解度很小的化合物，其饱和溶液的浓度低，离解度大，溶液中的 MA 分子近于 100%离解。此时 $S°$在总溶解度中占有的分数很小，可以近似地认为总溶解度只由离子的浓度来决定。如 AgCl 的饱和溶液的浓度很小，尽管 $AgCl(H_2O)$的 $K_d=3.9\times10^{-4}$(不算很大)，但 AgCl 近于 100%的离解，$S°_{AgCl}=2.3\times10^{-7}$，$[Ag^+]=\sqrt{K_{sp}}=1.3\times10^{-5}$ mol/L，因此计算溶解度时，$S°$可以忽略不计。此外 AgBr、AgI、$AgIO_3$ 和一些水合氧化物(如 $Fe(OH)_3$、$Zn(OH)_2$ 等)及硫化物(如 HgS、CuS、CdS 等)的固有溶解度也都很小，加上一些有关数据不够完善，因此在普通的分析计算中(除特别指明者外)，一般无机难溶盐都不考虑固有溶解度。

M_mA_n 型无机难溶盐的溶度积和溶解度之间有如下关系：

$$M_mA_n(S)\rightleftharpoons mM^{a+}+nA^{b-}$$

$$[M^{a+}]=mS,[A^{b-}]=nS$$

$$K_{sp}=[M^{a+}]^m[A^{b-}]^n=(mS)^m(nS)^n$$

$$S=\sqrt[m+n]{\frac{K_{sp}}{m^mn^n}} \tag{7-4}$$

3. 条件溶度积

在沉淀的溶解平衡体系中，若有如下所示的副反应时，

$$\begin{array}{ccccc} M_mA_n(S) & \rightleftharpoons & m\,M^{a+} & + & n\,A^{b-} \\ & \mathrm{OH^-}\swarrow\!\!\nearrow & \searrow\!\!\nwarrow \mathrm{L} & & \updownarrow \mathrm{H^+} \\ & M(OH) & ML & & HA \\ & \vdots & \vdots & & \vdots \end{array}$$

溶液中金属离子的总浓度(忽略各离子电荷)可表示如下：

$$[M'] = MOH + \cdots + ML + \cdots$$

酸根离子的总浓度可用下式表示：

$$[A'] = [A] + [HA] + \cdots$$

因此

$$K_{sp} = [M]^m [A]^n = \left(\frac{[M']}{a_M}\right)^m \left(\frac{[A']}{a_A}\right)^n$$

$$[M']^m [A']^n = K_{sp} a_M^m a_A^n = K'_{sp} \tag{7-5}$$

K'_{sp}随介质的条件(如酸度、络合剂等)而变，称为**条件溶度积**。条件溶度积反映具体条件下溶解平衡的实际程度。条件溶度积与溶度积间的关系如同络合平衡中条件常数与绝对常数的关系是一样的。

在忽略固有溶解度，考虑副反应的影响时难溶化合物 M_mA_n 的溶解度为：

$$S = \sqrt[m+n]{\frac{K'_{sp}}{m^m n^n}} \tag{7-6}$$

7.1.3 影响沉淀溶解度的因素及溶解度计算

许多分析方法如重量分析法、沉淀滴定法、沉淀分离法以及无机离子的系统鉴定方法都是以沉淀反应为基础的。沉淀的溶解度直接影响着上述方法的准确度和灵敏度。了解影响溶解度的因素，寻找理想的沉淀条件是十分重要的。

1. 同离子效应

在沉淀溶解平衡体系中，加入含有与沉淀相同的离子的电解质，可使沉淀的溶解度降低，这种现象称为**同离子效应。**

由 7.1.2 中所示的 M_mA_n 溶解平衡式可知 M_mA_n 的溶解度(忽略 $S°$)为

$$S = \frac{[M']}{m}$$

将式(7-5)移项，并代入上式得

$$S = \frac{1}{m}\sqrt[m]{\frac{K'_{sp}}{[A']^n}}$$

若在该溶解平衡体系中，加入浓度为 c_A 的同离子 A，一般情况下只要 c_A 不是很小，由 M_mA_n 溶解产生的 A 可以忽略不计，此时

$$[A'] \approx c_A$$

则

$$S = \frac{1}{m}\sqrt[m]{\frac{K'_{sp}}{c_A^n}} \tag{7-7}$$

式(7-7)即为考虑 A 的同离子效应时，M_mA_n 溶解度的计算式。

【例 7-2】在沉淀 $BaSO_4$ 时，(1)如果加入的 Ba^{2+} 与 SO_4^{2-} 的量相等；(2)如果在溶液中加入过量的 SO_4^{2-}，并使 $[SO_4^{2-}] = 0.010$ mol/L，分别计算 $BaSO_4$ 的溶解度。已知 $K_{sp}(BaSO_4) = 1.07 \times 10^{-10}$。

解 (1) $S = \sqrt{K_{sp}} = \sqrt{10^{-9.91}} = 10^{-4.98}$ mol/L

（2）
$$S=[Ba^{2+}]$$
$$[SO_4^{2-}]=0.010+S\approx 0.010\ mol/L$$
$$S=\frac{K_{sp}}{[SO_4^{2-}]}=10^{-7.97}\ mol/L$$
由于同离子效应使溶解度大大降低。

分析中常常利用同离子效应来降低沉淀的溶解度。如重量分析中为减少因沉淀的溶解而产生的误差，须使用过量的沉淀剂；洗涤沉淀时往往需要加入含有构晶离子的电解质。

2. 盐效应（也称活度效应）

在难溶化合物的溶解平衡体系中，加入适量的强电解质（如 KNO_3、$NaNO_3$），可使难溶化合物的溶解度增大，这种现象称为沉淀溶解平衡中的**盐效应**。产生盐效应的原因可解释如下：对于 M_mA_n 型难溶化合物
$$S=\sqrt[m+n]{\frac{K_{sp}}{m^m n^n}}=\sqrt[m+n]{\frac{K_{ap}}{m^m n^n(\gamma_M)^m(\gamma_A)^n}}$$
因为 K_{ap} 是只与温度有关的热力学常数，在一定温度下，加入电解质后，离子强度增大，活度系数（γ）减少，所以溶解度（S）随之增大。这就是产生盐效应的原因。

【例 7-3】 计算 AgCl 在 0.1 mol/L $NaNO_3$ 溶液中的溶解度比在纯水中的溶解度增大多少？

解 设 AgCl 在纯水中的溶解度为 S_1，在 $NaNO_3$ 中溶解度为 S_2，则
$$S_1=\sqrt{K_{sp}(AgCl)}=\sqrt{1.77\times 10^{-10}}=1.3\times 10^{-5}\ mol/L$$
$NaNO_3$ 溶液中的离子强度为：
$$I=\frac{1}{2}(c_{Na^+}\times 1^2+c_{NO_3^-}\times 1^2+c_{Ag^+}\times 1^2+c_{Cl^-}\times 1^2)$$
由于 AgCl 的溶解度很小，c_{Ag^+} 和 c_{Cl^-} 忽略不计，
$$I=\frac{1}{2}(c_{Na^+}\times 1^2+c_{NO_3^-}\times 1^2)=\frac{1}{2}(0.1\times 1^2+0.1\times 1^2)=0.1$$
已知 Ag^+ 的 $\mathring{a}=3$，Cl^- 的 $\mathring{a}=3$，得
$$\gamma_{Ag^+}=\gamma_{Cl^-}=0.76$$
$$S_2=\sqrt{\frac{K_{sp}}{\gamma_{Ag}\gamma_{Cl^-}}}=\sqrt{\frac{1.77\times 10^{-10}}{0.76^2}}=1.8\times 10^{-5}\ mol/L$$
$$\frac{S_2-S_1}{S_1}\times 100\%=\frac{1.8\times 10^{-5}-1.3\times 10^{-5}}{1.3\times 10^{-5}}\times 100\%=38\%$$
与在纯水中相比，溶解度增加了 38%。

如前所述，在重量法中为降低沉淀的溶解度应加入过量沉淀剂。但在产生同离子效应（使溶解度下降）的同时也必然存在着盐效应。盐效应会消弱由同离子引起的溶解度降低的效果。表 7-1 列出 $PbSO_4$ 在 Na_2SO_4 溶液中溶解度变化情况。

表 7-1　$PbSO_4$ 在不同浓度 Na_2SO_4 溶液中的溶解度

Na_2SO_4 /mol·L^{-1}	0	0.001	0.01	0.02	0.04	0.10	0.20	0.35
$PbSO_4$ /mmol·L^{-1}	0.15	0.024	0.016	0.014	0.013	0.016	0.019	0.023

表 7-1 所列数据表明，当溶液中 Na_2SO_4 浓度较小时，同离子效应起主导作用，使 $PbSO_4$ 的溶解度随 Na_2SO_4 浓度的增加而下降。随着 Na_2SO_4 浓度的增加盐效应逐渐明显，同离子效应被逐渐抵偿，当 Na_2SO_4 在 0.01～0.1 mol/L 范围内变化时 $PbSO_4$ 的溶解度变化很小。当 Na_2SO_4 浓度大于 0.1 mol/L 时，$PbSO_4$ 溶解度随 Na_2SO_4 浓度增大而增大。其主要原因可能是形成了 $Pb(SO_4)_2^{2-}$ 之故。由此可见重量法中沉淀剂的用量不可过量太多，以防止沉淀的溶解度增大。

一般而言，盐效应对溶解度的影响不及同离子效应明显，特别是当沉淀的溶解度较小，介质离子强度也不太大，而且构晶离子的电荷又不高时，盐效应的影响不十分明显，可以忽略。

3. 酸效应

酸度对难溶化合物的影响较为复杂，有时也是很严重的。这与难溶物的性质有关，例如难溶弱酸（$SiO_2 \cdot nH_2O$、$WO_3 \cdot nH_2O$ 等），易溶于碱而难溶于酸；而两性物质如 $Al_2O_3 \cdot nH_2O$ 既可溶于酸，又可溶于碱，在近中性（pH6.5～7.5）介质中溶解度最小；难溶弱酸盐的溶解度则随介质酸度的增大而加大。下面将着重讨论酸度对难溶弱酸盐溶解度的影响。

从 7.1.2 节 M_mA_n 溶解平衡式可以看到，当酸度较低时，M^{a+} 可能水解生成羟基络合物；当酸度较高时，A^{b-} 可能质子化生成相应的弱酸。两种副反应均会影响 M_mA_n 的溶解度。由于金属离子水解可能生成一系列的羟基络合物，加之有关数据不全，定量处理较为复杂，有关内容本书不再深入讨论。当介质的酸度不十分低时水解副反应较小，往往忽略不计，此时阴离子的质子化则是影响难溶弱酸盐溶解度的主要因素，下面举例说明阴离子质子化对溶解度的影响。

【例 7-4】 计算 CaC_2O_4 在 pH＝8.0 和 2.0 时的溶解度。已知 $K_{sp}(CaC_2O_4)=10^{-8.64}$，$H_2C_2O_4$ 的 $pK_{a_1}=1.25$，$pK_{a_2}=4.29$。（忽略离子强度的影响）

解　pH＝8.0 时，

$$\alpha_{C_2O_4^{2-}(H)} \approx 1, K_{sp} \approx K'_{sp}$$

$$S=\sqrt{K'_{sp}}=\sqrt{10^{-8.64}}=4.8\times10^{-5}\,\text{mol/L}$$

pH＝2.0 时，

$$\alpha_{C_2O_4^{2-}(H)}=1+\beta_1[H^+]+\beta_2[H^+]^2=1+10^{4.29-2}+10^{5.54-4}=10^{2.36}$$

$$K'_{sp}=K_{sp}\alpha_{C_2O_4^{2-}(H)}=10^{-8.64+2.36}=10^{-6.28}$$

$$S=\sqrt{K'_{sp}}=\sqrt{10^{-6.28}}=7.2\times10^{-4}\,\text{mol/L}$$

与 pH＝8.0 相比 pH＝2.0 时溶解度增大了一个量级。

【例 7-5】 忽略离子强度的影响，计算 CaF_2 的溶解度。(1)在 pH＝2.0 水溶液中；(2)在 pH＝2.0 并含 $c_{HF+F^-}=0.05$ mol/L 的水溶液中。已知 $K_{sp}(CaF_2)=3.4\times10^{-11}$，$pK_a(HF)=3.17$。

解　(1)

$$\alpha_{F(H)}=1+[H^+]K_{HF}^{H}=1+10^{3.17-2.0}=10^{1.20}$$

$$K'_{sp}=K_{sp}\alpha_{F(H)}^2=10^{-10.47+2\times1.20}=10^{-8.07}$$

$$S=\sqrt[m+n]{\frac{K'_{sp}}{m^m n^n}}=\sqrt[3]{\frac{10^{-8.07}}{4}}=1.29\times10^{-3}\,\text{mol/L}$$

(2)既有酸效应，又有同离子效应。

$$[F']=c_{HF+F^-}+2S\approx c_{HF+F^-}=0.05\ \text{mol/L}$$

$$S=\frac{1}{m}\sqrt[m]{\frac{K'_{sp}}{[F']^n}}=\frac{K'_{sp}}{[F']^2}=\frac{10^{-8.07}}{0.05^2}=3.4\times10^{-6}\text{mol/L}$$

4.阴离子的水解效应

某些弱酸难溶盐，如碳酸盐(如 Ag_2CO_3)、硫化物(如 Ag_2S、CuS 等)，由于相应的酸很弱，这些阴离子(酸根)在纯水中要水解，移动水的离解平衡，特别是当弱酸的最后一级离解常数很小时，阴离子的第一级水解相当完全。例如

$$Ag_2S\,(S)\rightleftharpoons 2Ag^+ + S^{2-}$$

$$(\text{II})\Big\Downarrow\ H_2O\overset{(\text{I})}{\rightleftharpoons}H^+ + OH^-$$

$$HS^- + OH^-$$

阴离子(S^{2-})的水解与上述酸性介质使阴离子质子化的实质是相同的，都是阴离子质子化，只不过前者的质子来自于 H_2O(移动了水的离解平衡)，后者的质子来自于酸(酸性介质)。因此对溶解度的影响效果也是一致的，都能使溶解度增大。现举例说明由于阴离子的水解对溶解度的影响。

【例 7-6】忽略离子强度的影响，考虑阴离子的水解，计算 Ag_2S 和 $PbCO_3$ 在纯水中的溶解度。已知 $K_{sp}(Ag_2S)=6\times10^{-50}$；$K_{sp}(PbCO_3)=8\times10^{-14}$；$H_2S$ 的 $pK_{a_1}=7.05$，$pK_{a_2}=12.92$；H_2CO_3 的 $pK_{a_1}=6.37$，$pK_{a_2}=10.32$。

解 计算溶解度需知 K'_{sp}，为此应先求溶液的 pH。

(1)Ag_2S

由上述 Ag_2S 溶解平衡式可知，溶液中的$[OH^-]$是由 H_2O 的离解平衡(Ⅰ)和 S^{2-} 的水解平衡(Ⅱ)共同提供的。根据 Ag_2S 的水解反应式

$$Ag_2S(S)+H_2O\rightleftharpoons 2Ag^+ + HS^- + OH^-$$

(忽略第二步水解)

$$K_{水解}=[Ag^+]^2[HS^-][OH^-]=[Ag^+]^2\times\frac{[H^+][S^{2-}]}{K_{a_2}}\times\frac{K_w}{[H^+]}=\frac{K_{sp}K_w}{K_{a_2}}$$

因为

$$[OH^-]=[HS^-]=\frac{1}{2}[Ag^+]$$

$$K_{水解}=(2[OH^-])^2[OH^-][OH^-]=\frac{K_{sp}K_w}{K_{a_2}}=\frac{10^{-49.2}\times10^{-14}}{10^{-12.9}}=10^{-50.3}$$

$$[OH^-]=10^{-12.7}\text{mol/L}$$

可见，因 S^{2-} 水解所产生的$[OH^-]$远小于 H_2O 的离解所产生的$[OH^-]$($=10^{-7}$)。因此溶液的 pH≈7。

$$\alpha_{S(H)}=1+10^{-7+12.9}+10^{-14+20.0}\approx10^{6.3}$$

$$K'_{sp}(Ag_2S)=K_{sp}(Ag_2S)\alpha_{S(H)}$$

$$S=\sqrt[3]{\frac{K'_{sp}(Ag_2S)}{4}}=\sqrt[3]{\frac{10^{-49.2+6.3}}{4}}=3.2\times10^{-15}\text{mol/L}$$

若不考虑 S^{2-} 的水解，则

$$S=\sqrt[3]{\frac{K_{sp}}{4}}=\sqrt[3]{\frac{10^{-49.2}}{4}}=2.5\times10^{-17}\text{mol/L}$$

可见，由于 S^{2-} 的水解，Ag_2S 的溶解度增大了两个数量级。

(2)$PbCO_3$

水解反应如下式：

$$PbCO_3(S)+H_2O \rightleftharpoons Pb^{2+}+HCO_3^-+OH^-$$

$$K_{水解}=[Pb^{2+}][HCO_3^-][OH^-]=\frac{K_{sp}K_w}{K_{a_2}}=\frac{10^{-13.1-14}}{10^{-10.32}}=10^{-16.78}$$

$$[OH^-]=\sqrt[3]{10^{-16.78}}=10^{-5.59}$$

可见 CO_3^{2-} 水解累积的$[OH^-]$远大于水离解的$[OH^-]$，所以溶液的 pH≈8.41。

$$\alpha_{CO_3^{2-}(H)}=1+10^{-8.41+10.32}+10^{-16.32+16.69}=10^{1.91}$$

$$K'_{sp}=K_{sp}\alpha_{CO_3^{2-}(H)}=10^{-13.1+1.91}=10^{11.19}$$

$$S=\sqrt{K'_{sp}}=\sqrt{10^{-11.9}}=2.5\times10^{-6}\text{mol/L}$$

若不考虑 CO_3^{2-} 水解，则 $S=\sqrt{K_{sp}}=\sqrt{10^{-13.1}}=2.8\times10^{-7}$ mol/L，说明阴离子水解使得$PbCO_3$的溶解度增大了一个数量级。

5. 络合效应

在难溶化合物的溶解平衡体系中，加入络合剂可使溶解度增大，这种作用称为络合效应。

【例 7-7】计算在 0.010 mol/L EDTA，pH＝10.00 溶液中 $BaSO_4$ 的溶解度。已知 $K_{sp}(BaSO_4)=10^{-9.2}$；$\lg K_{BaY}=7.8$；$\lg K^{H}_{HSO_4^-}=1.8$；pH＝10.00时 $\lg\alpha_{Y(H)}=0.45$。

解

$$\alpha_{Ba(Y)}=1+[Y]K_{BaY}=1+\frac{[Y']}{\alpha_{Y(H)}}K_{BaY}$$

$$[Y']=[Y]+[HY]+\cdots+[H_6Y]=0.010-[BaY]$$

由于

$$\lg K'_{BaY}=10^{7.8-0.45}=10^{7.35}$$

所以

$$[BaY]\gg[Ba^{2+}]$$

$$S=[BaY]+[Ba^{2+}]\approx[BaY]$$

$$[Y']=0.010-S$$

$$\alpha_{Ba(Y)}=1+(0.010-S)\times10^{7.82-0.45}\approx(0.010-S)\times10^{7.35}$$

$$\alpha_{SO_4^{2-}(H)}=1+10^{1.8-10.0}\approx1$$

$$K'_{sp}=K_{sp}\alpha_{Ba(Y)}\alpha_{SO_4(H)}\approx K'_{sp}\alpha_{Ba(Y)}$$

$$S=\sqrt{K'_{sp}}=\sqrt{10^{-9.2}(0.010-S)\times10^{7.35}}$$

解一元二次方程得

$$S=4\times10^{-3}\text{mol/L}。$$

有时沉淀剂本身也是络合剂，如 Cl^- 既是 Ag^+ 的沉淀剂，又是络合剂。同离子效应可使 AgCl 的溶解度减小，络合效应又可使溶解度增大。究竟哪一个效应影响更大，这与$[Cl^-]$的大小有关。$[Cl^-]$对 AgCl 的溶解度的影响如图 7-1 所示。

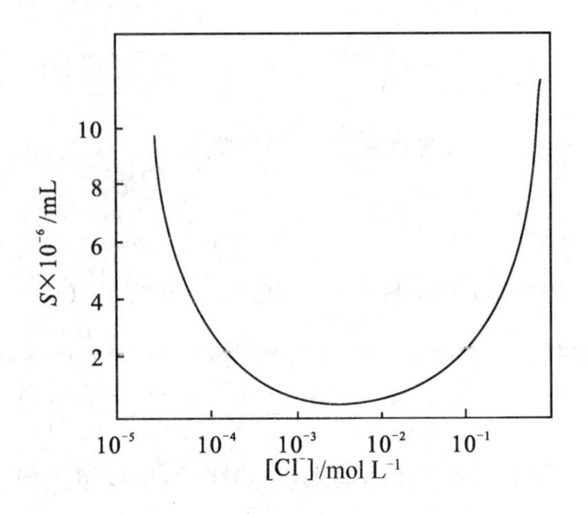

图 7-1 AgCl 的溶解度与〔Cl^-〕的关系

当〔Cl^-〕较小时，同离子效应占优势，随〔Cl^-〕增大溶解度呈下降趋势；经过最低值后，继续增大〔Cl^-〕时，络合效应占了优势，溶解度转为增加趋势。因此当沉淀剂又是络合剂时，应避免加入太过量的沉淀剂。

【例 7-8】 计算 AgCl 在 0.010 mol/L HCl 溶液中的溶解度和 AgCl 溶解度的极小值及此时 Cl^- 的浓度。已知 $K_{sp}(AgCl)=10^{-9.7}$，Ag－Cl 络合物 $\lg\beta_2=5.3$，$S^\circ_{AgCl}=2.3\times10^{-7}$ mol/L。

解 $S=[Ag^{+\prime}]=[Ag^+]+[AgCl]+[AgCl_2^-]+[AgCl_3^{2-}]+[AgCl_4^{3-}]$

根据题示数据，第 3、4 级络合物可忽略不计，故

$$S=[Ag^+]+[AgCl]+[AgCl_2^-]=\frac{K_{sp}}{[Cl^-]}+S^\circ+K_{sp}\beta_2[Cl^-]$$

$$=10^{-9.7}/10^{-2}+2.3\times10^{-7}+10^{-9.7}\times10^{5.3}\times10^{-2}=6.5\times10^{-7}\text{ mol/L}$$

将上式对〔Cl^-〕求导则

$$\frac{dS}{d[Cl^-]}=-\frac{K_{sp}}{[Cl^-]^2}+K_{sp}\beta_2$$

令

$$\frac{dS}{d[Cl^-]}=0$$

则

$$-\frac{K_{sp}}{[Cl^-]^2}+K_{sp}\beta_2=0$$

解方程得

$$[Cl^-]_{min}=\beta_2^{-0.5}=10^{5.3\times(-0.5)}=2.2\times10^{-3}\text{ mol/L}$$

$$S_{min}=\frac{K_{sp}}{\beta_2^{-0.5}}+S^\circ+K_{sp}\beta_2^{0.5}=S^\circ+2K_{sp}\beta_2^{-0.5}$$

$$=2.3\times10^{-7}+2\times10^{-9.7+2.65}=4.1\times10^{-7}\text{ mol/L}$$

6. 其他影响因素

(1)温度的影响

大多数难溶化合物的溶解度随温度升高而增大，但不同化合物溶解度增大程度不一样，如图 7-2 所示。

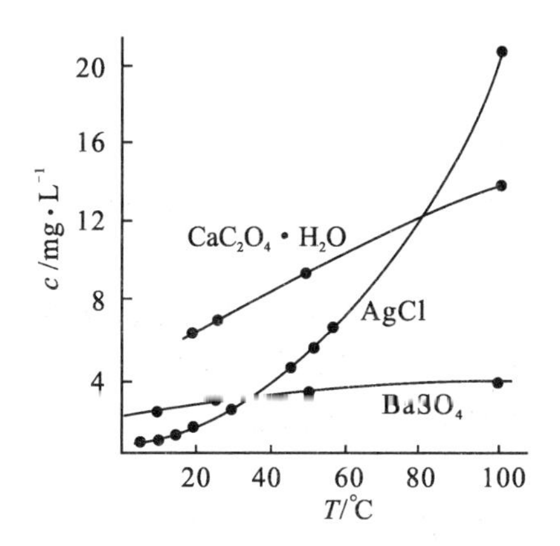

图 7-2　温度对几种难溶化合物溶解度的影响

分析时，由于某些原因（见第八章）往往需要在热溶液中进行沉淀。为减少沉淀因溶解而造成的损失，应放置冷却后再过滤、洗涤。当然对于溶解度极小或温度对溶解度影响不大的沉淀，可以趁热过滤。

(2)溶剂的影响

大多数无机盐易溶于水而难溶于有机溶剂。在重量分析时，有时可以在水溶液中加入一定量的可与水互溶的有机溶剂（如乙醇、丙酮）以降低沉淀的溶解度。当加入有机溶剂时也会减少干扰组分的溶解度，从而可增加杂质的共沉淀量，因此应该适当的控制有机溶剂的用量。

(3)沉淀颗粒大小的影响

同种沉淀，小颗粒沉淀比大颗粒沉淀的溶解度要大。这是因为，在相同质量的条件下，小颗粒沉淀的总表面积比大颗粒沉淀的总表面积大，而沉淀溶解平衡从微观上看是在溶液与沉淀相互接触的界面上发生的，沉淀的总表面积越大，与溶液接触的机会就越多，沉淀溶解的量也就越多。例如，$BaSO_4$ 沉淀颗粒半径为 0.05μm 时，溶解度为 6.7×10^{-4} mol/L，而当颗粒半径为 0.01μm 时，溶解度增大为 9.3×10^{-4} mol/L，增大约 39%。因此在沉淀重量法中，应尽可能地获得大颗粒沉淀。

7.2　沉淀滴定法

沉淀滴定法是以沉淀反应为基础的滴定方法。作为沉淀滴定基础的沉淀反应必须具备如下条件：

(1)沉淀反应速度大，没有过饱和现象；

(2)沉淀反应必须按着一个固定的反应式定量地完成，生成的沉淀溶解度小；

(3)有合适的指示剂；

(4)沉淀对杂质的吸附不妨碍终点的观察。

事实上能满足上述条件的沉淀反应并不多。沉淀滴定中最常用的沉淀反应是：

$$Ag^+ + X^- \rightleftharpoons AgX\downarrow$$

式中 X^- 为 Cl^-、Br^-、I^- 或 SCN^-。以生成难溶银盐的沉淀反应为基础的沉淀滴定法，也称为**银量法**。本节仅介绍银量法。

7.2.1 滴定曲线

以 0.100 0 mol/L $AgNO_3$ 滴定 20.00 mL 0.100 0 mol/L NaCl 为例来讨论滴定曲线的绘制。

滴定开始后，随着滴定剂的加入不断生成 AgCl 沉淀，试液中$[Cl^-]$不断下降，$[Ag^+]$不断增加。由于 $K_{sp}=[Cl^-][Ag^+]$，所以滴定曲线可以用 $pCl^- - T$ 关系图表示，也可以用 $pAg^+ - T$ 关系图表示。下面用计算的方法描绘用 $pAg^+ - T$ 表示的滴定曲线。将滴定过程分为三个阶段：

(1)滴定开始至化学计量点之前，可根据剩余的$[Cl^-]$计算 pAg^+ 值。例如加入19.98 mL $AgNO_3$ 时，$T=0.999$：

$$[Cl^-]_{余}=0.1\times\frac{0.02}{20+19.98}=0.1\times5\times10^{-4}=5\times10^{-5}\ \text{mol/L}$$

$$[Ag^+]=\frac{K_{sp}(AgCl)}{[Cl^-]_{余}}=\frac{1.8\times10^{-10}}{5\times10^{-5}}=10^{-5.4}\ \text{mol/L}$$

$$pAg^+=5.4(\text{突跃起点})$$

(2)化学计量点时：

$$[Cl^-]=[Ag^+]=\sqrt{K_{sp}(AgCl)}=\sqrt{1.8\times10^{-10}}=10^{-4.9}\ \text{mol/L}$$

$$pAg^+=4.9$$

(3)化学计量点之后，按过量 Ag^+ 计算 pAg^+ 值。例如加入 20.02 mL $AgNO_3$ 时，$T=1.001$：

$$[Ag^+]=0.1\times\frac{0.02}{20+20.02}=0.1\times5\times10^{-4}=10^{-4.3}\ \text{mol/L}$$

$$pAg^+=4.3(\text{突跃止点})$$

按此方法计算的某些 T 值所对应的 pAg^+ 值列于表 7-2，并以此绘出图 7-3(2)所示的滴定曲线。

由图 7-3 可以看出，K_{sp}愈小滴定突跃范围愈大(曲线(1)与(2)相比)；浓度愈大滴定突跃范围也愈大(曲线(2)与(3)相比)。

银量法根据所用指示剂的不同，分为莫尔法、佛尔哈德法和法扬司法三种方法。

表 7-2 用 0.100 0 mol/L $AgNO_3$ 滴定 0.100 0 mol/L NaCl 时的 pAg^+ 值变化

V_{AgNO_3}/mL	T	pAg^+
18.00	0.90	7.4
19.80	0.99	6.4
19.98	0.999	5.4 } 滴定突跃
20.00	1.000	4.9 } 滴定突跃
20.02	1.001	4.3 } 滴定突跃
20.20	1.01	3.3
22.00	1.10	2.3
40.00	2.00	1.5

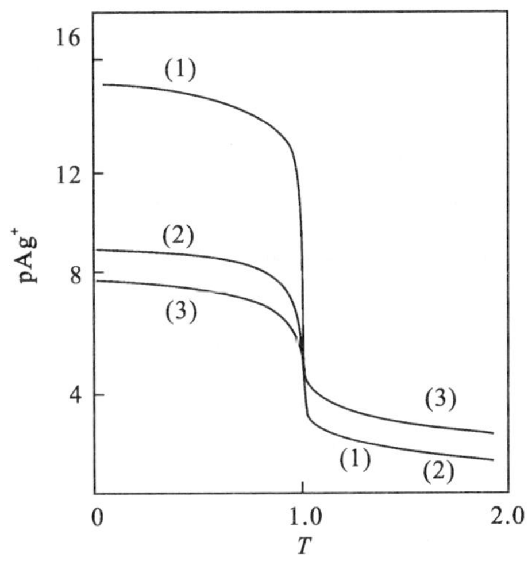

图 7-3　$AgNO_3$ 滴定 NaCl 和 NaI 的滴定曲线

(1)0.100 0mol/L $AgNO_3$ 滴定同浓度 NaI；

(2)0.100 0mol/L $AgNO_3$ 滴定同浓度 NaCl；

(3)0.010 00mol/L $AgNO_3$ 滴定同浓度 NaCl

7.2.2　莫尔法

1. 莫尔法原理

用 K_2CrO_4 做指示剂的银量法称为**莫尔(Mohr)法**。例如在中性或弱碱性介质中，用 $AgNO_3$ 标准溶液直接滴定 Cl^- 或 Br^-，反应如下式：

$$Ag^+ + Cl^-(Br^-) = AgCl\downarrow(AgBr\downarrow)$$

终点时，稍过量的 Ag^+ 与指示剂 CrO_4^{2-} 生成砖红色沉淀，反应如下：

$$2Ag^+ + CrO_4^{2-} = Ag_2CrO_4\downarrow$$

终点十分清晰，结果准确。

2. 用莫尔法滴定时应注意的条件

(1)指示剂 K_2CrO_4 用量

K_2CrO_4 用量十分重要，若用量过多会使终点提前，并且 CrO_4^{2-} 颜色会影响终点的观察；用量太少则会引起终点后移。如果要求恰在化学计量点生成 Ag_2CrO_4 沉淀，则 K_2CrO_4 的最低浓度可由下式算出：

$$[CrO_4^{2-}]_{min} = \frac{K_{sp}(Ag_2CrO_4)}{[Ag^+]^2} = \frac{K_{sp}(Ag_2CrO_4)}{K_{sp}(AgCl)} = \frac{1.12\times10^{-12}}{1.77\times10^{-10}} = 6.3\times10^{-3}\,mol/L$$

实践证明，为减少 K_2CrO_4 黄色对终点观察的影响，在终点时 K_2CrO_4 浓度一般控制在 5×10^{-3}mol/L 为宜。此值略低于上述计算值，因此会引起终点误差。现以 0.100 0 mol/L $AgNO_3$ 滴定体积为 V(mL)的相同浓度的 NaCl 为例讨论这一误差的大小。在 Ag_2CrO_4 开始沉淀时：

$$[Ag^+] = \sqrt{\frac{K_{sp}(Ag_2CrO_4)}{[CrO_4^{2-}]}} = \sqrt{\frac{1.12\times10^{-12}}{5\times10^{-3}}} = 1.5\times10^{-5}\,mol/L$$

式中的$[Ag^+]$来源于 AgCl 的溶解平衡($AgCl(S) \rightleftharpoons Ag^+ + Cl^-$)和真正过量的 Ag^+(由于指示剂用量略低)，前者用$[Ag^+]_{AgCl}$表示，后者用$[Ag^+]_{过}$表示。因为

$$[Ag^+]_{AgCl}=[Cl^-]=\frac{K_{sp}(AgCl)}{[Ag^+]}=\frac{1.77\times10^{-10}}{1.5\times10^{-5}}=1.2\times10^{-5}\text{mol/L}$$

所以

$$[Ag^+]_{过}=1.5\times10^{-5}-1.2\times10^{-5}=0.3\times10^{-5}\text{mol/L}$$

另外，并不是沉淀一生成就能被人们看到，为了能看到清晰的终点，必须有一定量的 Ag_2CrO_4 沉淀生成，这部分沉淀额外消耗的 Ag^+ 的浓度约为 2.0×10^{-5} mol/L，所以实际上总过量的 Ag^+ 为：

$$[Ag^+]_{过}=0.3\times10^{-5}+2.0\times10^{-5}=2.3\times10^{-5}\text{mol/L}$$

$$TE=\frac{\text{过量 }Ag^+\text{ 的物质的量}}{\text{计量点时应加入 }Ag^+\text{ 的物质的量}}=\frac{2.3\times10^{-5}\times2V}{0.1\times V}\approx+0.05\%$$

终点误差很小，结果准确。

(2)酸度

由于 H_2CrO_4 的 $pK_{a_2}=6.5$，所以只有当 pH≥6.5 时，CrO_4^{2-} 才为优势组分。酸度过高，$[CrO_4^{2-}]$下降，终点时要消耗更多的 Ag^+，因而产生正误差，甚至无法生成 Ag_2CrO_4 沉淀；相反，若碱性过高，会析出 Ag_2O 沉淀，使滴定无法进行。莫尔法滴定的适宜酸度为 pH6.5～10.5。

溶液中有 NH_4^+ 存在时，由于 NH_3 的络合作用使 AgCl 和 Ag_2CrO_4 溶解度增大，影响滴定的准确度，因此滴定的 pH 应尽可能小一些，以减少 NH_4 对 Ag^+ 的副反应。例如滴定 0.1 mol/L NH_4Cl 时，pH 应控制在 6.5～7 范围之内。若铵盐浓度再大，则需加碱，将大部分氨挥发后，调到适宜的 pH 再滴定。

(3)干扰因素

莫尔法干扰因素较多。

①凡可与 Ag^+ 生成沉淀的阴离子如 PO_4^{3-}、AsO_4^{3-}、SO_3^{2-}、S^{2-}、CO_3^{2-}、$C_2O_4^{2-}$ 和凡能与 CrO_4^{2-} 生成沉淀的阳离子如 Hg^{2+}、Ba^{2+}、Pb^{2+}、Bi^{3+} 以及在中性或弱碱性介质中易水解的离子如 Fe^{3+}、Al^{3+}，都会干扰莫尔法的测定，必须预先除去。

②大量的有色离子如 Co^{2+}、Ni^{2+}、Cu^{2+} 会影响终点的观察。

③莫尔法不适用于 I^- 和 SCN^- 的测定，因为 AgI 和 AgSCN 强烈地吸附 I^- 和 SCN^-，产生较大误差。也不能用 Cl^- 标准溶液直接滴定 Ag^+，因为 Ag^+ 将先与 CrO_4^{2-} 生成 Ag_2CrO_4 沉淀，化学计量点时 Ag_2CrO_4 不能即时转化为 AgCl，不能正确指示终点。莫尔法只适用于以 $AgNO_3$ 标准溶液直接滴定 Cl^- 或 Br^- 或它们的总量。

④滴定时应充分摇动，以减少化学计量点之前 AgCl 沉淀对剩余 Cl^- 的吸附。

7.2.3 佛尔哈德法

1. 方法原理

以 $NH_4Fe(SO_4)_2$ 为指示剂的银量法称为**佛尔哈德(Volhard)法**。佛尔哈德法分为直接滴定法和返滴定法。

(1)直接滴定法(测 Ag^+)

在 HNO_3 介质中，用 NH_4SCN(或 KSCN)标准溶液滴定 Ag^+，生成 AgSCN 白色沉淀。

$$Ag^++SCN^-=AgSCN\downarrow\text{(白色)}$$

终点时 SCN^- 与 Fe^{3+} 生成红色的 $FeSCN^{2+}$，指示出终点。

$$SCN^- + Fe^{3+} = FeSCN^{2+}（红色）$$

(2)返滴定法(测 Cl^-、Br^-、I、SCN^-)

在 HNO_3 介质中于含有待测卤离子的试液中，加入一定量过量的 $AgNO_3$，使全部卤离子生成卤化银沉淀后，再用 SCN^- 标准溶液滴定剩余的 Ag^+。终点时稍过量的 SCN^- 与指示剂 Fe^{3+} 生成红色络合物。

2.佛尔哈德法的滴定条件

(1)酸度

应在酸性介质中滴定，以防止 Fe^{3+} 的水解，但由于 HSCN 的 $pK_a=0.86$，酸度也不宜过高，通常在 0.1～1 mol/L HNO_3 介质中滴定。

由于佛尔哈德法滴定的酸度较高，一些在莫尔法中产生干扰的离子如 PO_4^{3-}、CO_3^{2-}、CrO_4^{2-} 以及易水解的高价阳离子(只要颜色不很深)都不干扰佛尔哈德法的测定，这也是该方法的一个突出的优点。

(2)指示剂的用量

终点时指示剂(Fe^{3+})的浓度一般以 1.5×10^{-2} mol/L 为宜。例如，用 0.100 0 mol/L KSCN 滴定 25.00 mL 相同浓度的 $AgNO_3$，以 $NH_4Fe(SO_4)_2$ 作指示剂，欲使终点时 $[Fe^{3+}]=0.015$ mol/L，滴至微红色终点时滴定误差为多少？(已知：$Fe^{3+}+SCN^-=FeSCN^{2+}$，$K=2\times10^2$)

实验证明，当溶液中$[FeSCN^{2+}]$大约为 6.4×10^{-6} mol/L 时，人眼刚能觉察到微红色。若以刚刚观察到微红色为终点，则终点时

$$[SCN^-]=\frac{[FeSCN^{2+}]}{[Fe^{3+}]K}=\frac{6.4\times10^{-6}}{1.5\times10^{-2}\times2\times10^2}=2.1\times10^{-6}\text{mol/L}$$

$$[Ag^+]=\frac{K_{sp}(AgSCN)}{[SCN^-]}=\frac{1.1\times10^{-12}}{2.1\times10^{-6}}=5.2\times10^{-7}\text{mol/L}$$

$$TE=\frac{[FeSCN^{2+}]+[SCN^-]-[Ag^+]}{c_{Ag^+}^{sp}}$$

$$=\frac{6.4\times10^{-6}+2.1\times10^{-6}-5.2\times10^{-7}}{0.05}$$

$$=0.016\%$$

由此可见，佛尔哈德法的终点误差很小

(3)充分摇动

用 SCN^- 滴定 Ag^+ 时，由于 AgSCN 沉淀对 Ag^+ 有较强的吸附力，致使终点过早出现(常在计量点前 0.5%左右就可显红色)或终点不稳定，因此在滴定时特别是在靠近终点时应该用力摇动。

(4)干扰因素

强氧化剂可使 SCN^- 氧化，故干扰佛尔哈德法的测定。Cu^{2+}、Hg^{2+} 等离子可与 SCN^- 反应生成 $Cu(SCN)_2$ 和 $Hg(SCN)_2$ 沉淀，也是干扰因素，应预先除去。

与莫尔法相比佛尔哈德法的应用较为广泛。如上所述可用直接法测定 Ag^+；返滴定法测定 Br^-、I^- 和 SCN^-，测定结果都较准确。在测定 Cl^- 时

$$Ag^+ + Cl^- = AgCl\downarrow$$

$$Ag^{+}_{余}+SCN^{-}=AgSCN(Fe^{3+}指示终点)$$

终点时溶液中有 AgCl 和 AgSCN 两种沉淀共存，由于 AgCl 溶解度大于 AgSCN，会引起沉淀的转化，

$$AgCl+SCN^{-}=AgSCN+Cl^{-}$$

尽管转化反应速度较慢，但会使刚刚出现的终点（红色）经摇动又消失，造成较大误差。为避免这一误差，可采用以下措施：

①返滴定前先将 AgCl 沉淀滤除，然后再用 SCN^{-} 返滴定滤液及洗涤液中的 Ag^{+}。

②或在返滴定前加入少许硝基苯（或四氯化碳或二氯乙烷），使之覆盖在 AgCl 沉淀的表面，以阻止或减缓沉淀的转化，这个方法既方便又有效。

在测定 I^{-} 时，为防止 Fe^{3+} 对 I^{-} 的氧化，应在 AgI 沉淀完毕后再加入指示剂。

此外，佛尔哈德法还可以测定某些重金属硫化物如 ZnS，其步骤如下：将欲测硫化物悬浮于溶液之中，再加入一定量过量的 $AgNO_3$ 标准溶液，振荡促使沉淀转化完全后，滤去 Ag_2S，再用 SCN^{-} 返滴定滤液和洗涤液中的剩余 Ag^{+}，即可间接测得金属硫化物的含量。

7.2.4 法扬司法

使用吸附指示剂的银量法称为**法扬司(Fajans)法**。

1. 方法原理

吸附指示剂是一类酸或碱性有机染料，如荧光黄（用 HFIn 表示），在水溶液中有如下平衡：

$$HFIn \rightleftharpoons H^{+}+FIn^{-}$$

$$pK_a \approx 7$$

阴离子 FIn^{-} 呈黄绿色，而当它被吸附在沉淀颗粒的表面之后，由于形成了表面化合物，其分子结构发生了变化，因而变成红色。

当用荧光黄指示 $AgNO_3$ 滴定 Cl^{-} 的终点时，在计量点之前 AgCl 沉淀表面吸附了剩余的 Cl^{-}，使沉淀带负电荷（$AgCl\cdot Cl^{-}$），带负电荷的 AgCl 沉淀进一步吸附阳离子作抗衡离子（参见 8.3.1 节），而荧光黄阴离子则不被吸附，溶液仍呈 FIn^{-} 的黄绿色。当滴定至化学计量点时，稍过量的 $AgNO_3$ 便可使 AgCl 沉淀表面吸附 Ag^{+} 而带正电荷（$AgCl\cdot Ag^{+}$），此时荧光黄阴离子即可作为抗衡离子被沉淀吸附。沉淀表面由白色变成粉红色，指示终点到达。变色十分敏锐。

$$\underset{(黄绿色)}{AgCl\cdot Ag^{+}+FIn^{-}} \rightleftharpoons \underset{(粉红色)}{AgCl\cdot Ag^{+}\cdot FIn}$$

吸附指示剂的变色反应是可逆的，即当用 NaCl 滴定 $AgNO_3$ 时也可用荧光黄作指示剂，终点时沉淀表面由粉红色变为白色，溶液呈黄绿色。

法扬司法常用的吸附指示剂列于表 7-3 中。

表 7-3　法扬司法中常用吸附指示剂

指示剂	被测离子	滴定剂	酸度(pH)	变色情况
荧光黄	Cl^-(Br^-、I^-、SCN^-)	Ag^+	7～10	黄绿→玫瑰红
二氯荧光黄	Cl^-(Br^-、I^-、SCN^-)	Ag^+	4～10	黄绿→红
曙红	Br^-、I^-、SCN^-	Ag^+	2～10	橙红→红紫
二氯四碘荧光黄	I^-(在 Cl^- 存在下)	Ag^+	中性(加 NH_4HCO_3)	洋红→紫红
溴酚蓝	Cl^-、SCN^-	Ag^+	2～3	黄绿→蓝

2. 法扬司法的滴定条件

(1)指示剂被吸附的能力应适当

化学计量点之前卤化银沉淀应该吸附剩余的被测离子,因此要求沉淀对指示剂的直接吸附能力要略小于沉淀对被测离子的吸附力。否则指示剂有可能顶替吸附层中的被测离子使终点过早出现。相反,若指示剂被吸附的能力太弱,终点将会推迟,而且变色不敏锐,同样不能正确指示终点。

卤化银对下列离子和几种吸附指示剂的吸附能力的次序为:

$I^- > SCN^- > Br^- >$ 曙红 $> Cl^- >$ 荧光黄(或二氯荧光黄)

可见,曙红不能正确指示 Cl^- 的终点;滴定 Br^- 时,最好使用曙红而不选荧光黄。

(2)酸度

吸附指示剂是一些有机弱酸或弱碱,pH 值制约着它们的离解。为使指示剂主要以阴离子形式存在,需要控制溶液的酸度。如荧光黄 $pK_a \approx 7$,只能在 $pH \geqslant 7$ 的溶液中使用;曙红 $pK_a \approx 2$,所以应在 $pH \geqslant 2$ 时使用。与莫尔法相似,法扬司法的最低酸度一般不超过 $pH = 10$。

(3)保护胶状沉淀微粒

吸附指示剂的变色是在沉淀颗粒表面上发生的。保持沉淀呈胶体状态,维持大的总表面积可使指示剂变色敏锐、终点明显。为了防止胶状微粒的凝聚,应在溶液中加入一些胶体保护剂如糊精,同时还应避免溶液中含有大量电解质,此外被测离子的浓度也不能太低,否则沉淀量太少,终点颜色变化不明显。

(4)避免直接光照

光照会使卤化银胶状微粒变灰或变黑,影响终点观察。

思　考　题

1. 以下测定中,分析结果偏高、偏低还是不受影响?为什么?

(1)在 $pH = 4$ 时用莫尔法测 Cl^-;

(2)佛尔哈德法测 Cl^- 或 Br^- 时未加硝基苯;

(3)法扬司法测 Cl^-,选曙红作指示剂;

(4)用莫尔法测定 NaCl 和 Na_2SO_4 混合液中的 NaCl。

(5)法扬司法测 Br^-,选荧光黄作指示剂;

(6)用莫尔法测定 Cl^-，配制的 K_2CrO_4 指示剂溶液浓度过稀。

2. 三种沉淀滴定法各用何种指示剂？酸度条件？主要干扰因素有哪些？

3. 用银量法测定下列试样中的 Cl^-，应选用哪种指示剂(可选者画"√")？

试　　样	K_2CrO_4	Fe^{3+}	荧光黄	曙红
$CaCl_2$				
$BaCl_2$				
$FeCl_2$				
$NaCl+Na_3PO_4$				
NH_4Cl				
$NaCl+Na_2SO_4$				
$NaCl+K_2CrO_4$				

4. 拟定用银量法测定下列物质的实验方案(要求写明方法名称、滴定方式、滴定剂、指示剂及颜色变化、其他主要试剂和酸度)。

(1)KSCN

(2)Ag^+

(3)$NaCl+Na_2S$ 混合液中的 Cl^-

(4)$BaCl_2 \cdot 2H_2O$ 试剂的纯度(要求两种方案并写明含量计算式)

(5)$NaCl+Na_3AsO_4$

(6)$NaCl+Na_2SO_3$

(7)$NaCl+Pb(NO_3)_2$

习　题

1. 计算 $CaSO_4$ 的固有溶解度。已知 $K=\dfrac{[CaSO_4]_{水}}{[Ca^{2+}][SO_4^{2-}]}=2.0\times10^2$，$K_{sp}(CaSO_4)=2.4\times10^{-5}$。

(4.8×10^-3 mol/L) → $(4.8\times10^{-3}\ mol/L)$

2. 考虑离子强度的影响，计算 $BaSO_4$ 在 0.100 0 mol/L $BaCl_2$ 中的溶解度。

$(1.92\times10^{-8}\ mol/L)$

3. 忽略离子强度的影响，计算下列难溶化合物的溶解度：

(1)CaF_2 在 pH=2.0 缓冲溶液中和在 pH=2、$c_{F^-}=0.10$ mol/L 溶液中；

(2)AgCl 在 2.0 mol/L 的 NH_3 溶液中；

(3)CuS 在 pH=0.5 的饱和 H_2S 溶液中($[H_2S]=0.1$ mol/L)；

(4)$MgNH_4PO_4$ 在 pH=8、$c_{NH_3}=0.2$ mol/L 溶液中；

(5)$BaSO_4$ 在 pH=8.0、EDTA 浓度为 0.010 mol/L 的溶液中；

(6)$BaSO_4$ 在 0.010 mol/L $BaCl_2$－0.010 mol/L HCl 中；

(7)AgCl 在 0.2 mol/L NH_3－0.1 mol/L NH_4Cl 缓冲溶液中。

((1)1.28×10^{-3}，8.0×10^{-7}；(2)0.13；(3)5.8×10^{-16}；(4)1.8×10^{-4}；(5)5.2×10^{-4}；(6)1.9×10^{-6}；(7)1.8×10^{-3}；溶解度单位为 mol/L)

4. 考虑阴离子水解，计算在纯水中的溶解度：

(1) CuS；　(2) Ag_2CO_3。　(3.5×10^{-15} mol/L，1.7×10^{-4} mol/L)

5. 称取含砷农药 0.200 0 g 溶于 HNO_3，转化为 H_3AsO_4，调至中性，沉淀为 Ag_3AsO_4，沉淀经过滤、洗涤后溶于 HNO_3，用 Fe^{3+} 作指示剂，终点时耗去 0.118 0 mol/L NH_4SCN 标准溶液 33.85 mL，计算农药中 As_2O_3 的含量($M(As_2O_3)=197.8$)。　(65.84%)

6. 称取含 KBr 和 $KBrO_3$ 以及惰性物质的试样 1.000 g，溶解并定容于 100 mL 容量瓶中。移取 25.00 mL，在 H_2SO_4 介质中以 Na_2SO_3 还原 BrO_3^- 为 Br^-，调至中性后，用0.101 0 mol/L $AgNO_3$ 滴定，终点时耗去 10.51 mL。另取 25.00 mL 试液，用 H_2SO_4 酸化后加热赶除 Br_2，再调至中性，滴定剩余 Br^-，耗去上述 $AgNO_3$ 3.25 mL。计算试样中 KBr 和 $KBrO_3$ 含量。($M(KBr)=119.0$，$M(KBrO_3)=167.0$)　(44.71%，8.16%)

7. 称取 0.559 4 g 纯净钾盐 KIO_x，还原为碘化物后，用0.102 6 mol/L $AgNO_3$ 溶液滴定，用去 25.84 mL，判断该盐的分子式。　(KIO_3)

第八章　重量分析法

8.1　概　述

8.1.1　重量分析法分类及特点

重量分析法是通过称量有关物质的质量来确定被测组分含量的分析方法。通常是先将被测组分与试样的其他组分分离后，称其质量从而算出含量。根据分离方法的不同，重量分析可分为气化重量法、电解重量法和沉淀重量法。

1. 气化重量法

气化重量法是利用直接（或经反应后）加热的方式，使被测组分气化逸出后称其质量来确定含量的。该方法根据试样的不同情况有两种测量方式：

(1)根据气体逸出前后试样的质量之差求被测组分含量。例如，试样中水分的测定，只需在称量瓶中进行烘干至恒重，由试样所减少的质量即可求得水分的含量。又如粗二氧化硅试样中 SiO_2 含量的测定，称样后用 HF 加热处理：

$$SiO_2 + 4HF \xlongequal{\triangle} SiF_4\uparrow + 2H_2O\uparrow$$

反应后再称质量，由两次称量之差求得含量。但是这种方法只有当试样中无其他可挥发（或经反应后可挥发）组分并且在加热时试样自身形式不变时才适用。

(2)将被测组分气化后，吸收于适当的吸收剂之中，根据吸收剂质量的增加值求得含量。例如试样中湿存水或结晶水含量的测定，可将一定量的加样品加热，使所含的水气化逸出，吸收于已知质量的干燥剂（如高氯酸镁）中，根据干燥剂质量的增加求得水的含量。如果样品中还有碳酸盐或酸式碳酸盐，可能分解出 CO_2，但不被干燥剂吸收，所以不干扰水的测定。又如，有机物中碳和氢含量的测定，是将一定量的有机试样在催化剂存在下，在氧气流中充分分解氧化，碳定量转化为 CO_2，氢转化成水，其他干扰元素（如 S、N、卤素）用红热的金属或金属氧化物吸收除去，然后导入盛有无水高氯酸镁（吸收水）和碱石棉（吸收 CO_2）的吸收管中，根据吸收管质量的增加计算碳和氢的含量。

注意，这种方法所用吸收剂必须选择性地只吸收被测组分。

2. 电解重量法

电解重量法是利用电解的方法使试样中的被测离子在某一电极上析出，再根据电解前后电极质量的变化确定被测组分含量。

3. 沉淀重量法

沉淀重量法是将待测离子转化为难溶化合物后从溶液中沉淀出来，再将沉淀过滤、洗涤、烘干或灼烧后称量，根据试样和沉淀的质量确定含量。例如，欲测定试样中 SO_4^{2-} 的含量，先将样品干燥称量，并溶解，再滴加 $BaCl_2$ 溶液使 SO_4^{2-} 全部转化为 $BaSO_4$ 沉淀（称为沉淀形式），过滤并洗净，再经烘干和灼烧后，得纯净的 $BaSO_4$ 固体（称为称量形式），称量并计算含量。

在上述示例中，沉淀形式和称量形式是相同的（都是 $BaSO_4$），而在某些测定中两种形式并不相同。如测定 Mg^{2+}，用 $(NH_4)_2HPO_4$ 作沉淀剂，使 Mg^{2+} 定量转化成 $MgNH_4PO_4 \cdot 6H_2O$ 沉淀（沉淀形式）经过滤、洗涤、烘干、灼烧后转化为 $Mg_2P_2O_7$（称量形式）称量其质量。

沉淀重量法是重量分析中应用最多的方法。习惯上常把沉淀重量法简称为重量法。本章将重点讨论沉淀重量法。

重量分析法是经典的化学定量方法，适用于常量组分的测定，应用范围广泛。该方法的最大优点是准确度高，一般相对误差为±0.1%，最多不超过±0.2%。滴定分析法要通过与基准物、标准溶液的比较；通过滴定管、移液管、容量瓶及指示剂变色来确定体积；这些步骤都会引入误差。重量分析法没有这些步骤，只是通过分析天平直接称量的结果计算含量，只要方法合理、操作无误就能得到准确结果。

重量分析法的最大缺点是操作繁琐，耗时费力，不适于快速分析。因此有被滴定分析替代的倾向。但是，目前对某些物质的精确测定仍采用重量法，如 Si、P、S、Ni 元素的准确测定。另外重量分析法作为标准方法还仍有一定的实用意义。近些年来由于沉淀方法的改进（如均匀沉淀法、小体积沉淀法、有机沉淀剂的应用）以及操作简便、准确度又高的电子天平的问世等均使重量法的操作得到了改善。

8.1.2　沉淀重量法对沉淀形式和称量形式的要求

1. 沉淀重量法对沉淀形式的要求

(1)溶解度要小，因溶解而引起的误差应小至可以忽略不计；

(2)便于过滤和洗涤，因此希望得到大颗粒的沉淀；

(3)纯净；

(4)易于转化为适宜的称量形式。

2. 沉淀重量法对称量形式的要求

(1)有确定的化学组成，并与化学式相符。

(2)性质稳定，没有明显的吸 H_2O、CO_2 及其他物质的性质；

(3)具有较大的摩尔质量，以提高分析结果的准确度。

8.1.3　沉淀重量法分析结果的计算

沉淀重量法分析结果是根据试样和称量形式的质量计算的，计算通式为：

$$\omega_x=\frac{m(\text{称量形式})}{m(\text{试样})}\times F \tag{8-1}$$

F 称为**换算因子**或称**换算因数**，其值可用下式表示：

$$F=\frac{M(\text{含量表示形式})}{M(\text{称量形式})}\times k \tag{8-1-a}$$

k 是一常数，它表示两种形式在计量换算关系中物质的量(n)之比：

$$k=\frac{n(\text{含量表示形式})}{n(\text{称量形式})} \tag{8-1-b}$$

例如，重量法测定铁，称量形式为 Fe_2O_3，含量表示形式可以是 Fe、Fe_2O_3 或 Fe_3O_4，等等。

当分析结果用 ω_{Fe} 表示时，由于 $2Fe \Leftrightarrow Fe_2O_3$，所以

$$k=\frac{n(Fe)}{n(Fe_2O_3)}=2$$

当分析结果用 $\omega_{Fe_3O_4}$ 表示时，由于 $3Fe_2O_3 \Leftrightarrow 2Fe_3O_4$ 所以

$$k=\frac{n(Fe_3O_4)}{n(Fe_2O_3)}=\frac{2}{3}$$

当分析结果用 $\omega_{Fe_2O_3}$ 表示时，则 $k=1$。

又如，重量法测定砷，沉淀形式为 Ag_3AsO_4。经过转化，称量形式为AgCl，含量表示形式与称量形式的计量换算关系为 $As \Leftrightarrow 3Ag \Leftrightarrow 3AgCl$。

$$\omega_{As}=\frac{m(AgCl)}{m_{样}}\times\frac{M(As)}{M(AgCl)}\times\frac{1}{3}$$

8.2 沉淀的形成

8.2.1 沉淀的类型

沉淀可按其颗粒的大小分为晶型沉淀、凝乳状沉淀和无定型沉淀。晶型沉淀的颗粒最大，直径在 0.1～1μm 之间。在晶型沉淀内部，离子排列是有规则的，因此结构紧密，体积小，沉淀形成后易于沉在底部，便于过滤和洗涤。这类沉淀对杂质的吸附也较少。重量法最好能获得晶型沉淀。晶型沉淀还可细分为粗晶型沉淀(如 $MgNH_4PO_4\cdot 6H_2O$)和细晶型沉淀(如 $BaSO_4$)两类。

无定型沉淀的颗粒最小，直径小于 0.02μm。其内部离子的排列是无序的，也称为非晶型沉淀或称胶状沉淀。无定型沉淀结构疏松，体积庞大并含大量水分及其他杂质，过滤时易穿透滤纸或者堵塞滤纸孔隙，过滤速度很慢，且不易洗涤。重量分析中应尽可能避免形成这类沉淀。分析中常见的 $Fe_2O_3\cdot nH_2O$、$Al_2O_3\cdot nH_2O$ 都属于无定型沉淀。

凝乳状沉淀颗粒大小介于晶型沉淀和无定形沉淀之间，其直径在 0.02～0.1μm 之间。在性质上也介于前二者之间，属于过渡态。AgCl 就属于这一类沉淀。

8.2.2 沉淀形成的一般过程

在含待沉淀离子的试液中加入沉淀剂，当溶液中构晶离子(组成沉淀的离子)浓度的乘积超过溶度积时，就有可能生成沉淀。沉淀的一般形成过程可示意如下：

$$构晶离子\xrightarrow{成核}晶核\xrightarrow{长大}沉淀微粒\begin{cases}\xrightarrow{定向长大}晶型沉淀\\ \xrightarrow{聚集}无定型沉淀\end{cases}$$

在过饱和溶液中，构晶离子在彼此碰撞和相互作用下，聚集成极小的**群体**(也称为离子群或聚集体)。当群体含有的离子达到一定数目时就形成一个晶核。这个过程称为**成核过程**。晶核非常小，通常由 4～8 个构晶离子组成(或 2～4 个离子对组成)。例如 $BaSO_4$ 的晶核可能是经过下述过程形成的：构晶离子先缔合成离子对 $Ba^{2+}SO_4^{2-}$(也称为二离子聚集

体),进而缔合成三离子聚集体$(Ba)_2^{4+} \cdot SO_4^{2-}$ 或 $Ba^{2+}(SO_4)_2^{4-}$,进而再缔合成四离子聚集体$(Ba)_2^{4+} \cdot SO_2^{4-}$,直至成 8 离子聚集体$(Ba)_4^{8+}(SO_4)_4^{8-}$ 就形成了一个 $BaSO_4$ 的晶核。不同沉淀的晶核所含的构晶离子数目不同,$BaSO_4$ 为 8 个;Ag_2CrO_4 为 6 个。

在上述成核过程中,构晶离子聚集,自发形成晶核,这种成核作用称为**均相成核作用**。一般而言均相成核的能力(形成晶核的数目)是随过饱和程度的增加而增大的。

此外,在普通的溶液中不可避免地会有一些肉眼看不见的固体微粒,这些"外来"的固体微粒可起"晶种"的作用,使构晶离子在"晶种"上沉积形成晶核,如 $BaSO_4$,也可以是在一个"外来"的固体微粒的周围聚集 4 个 Ba^{2+} 和 4 个 SO_4^{2-} 后(仍由 8 个构晶离子)组成一个晶核。这种成核作用称为**异相成核作用**。"外来"的固体微粒,主要来自于器皿、试剂和溶剂,如分析用的试剂或蒸馏水中每毫升至少有 10^8 个固体微粒;在按定量分析操作要求洗净的烧杯的内壁上仍有许多直径为 5～10 nm 的"玻璃核",这些"外来"的固体微粒都可作为异相成核中的"晶种"。可见异相成核作用是难以避免的,而且其作用的大小只与"外来"固体微粒的多少有关,与溶液的过饱和程度无关。

在过饱和溶液中有了晶核之后,溶液中的构晶离子在晶核上沉积并逐渐长大成**沉淀微粒**。沉淀微粒仍然很小(肉眼看不见),但它有两种可能的发展趋势:一种是构晶离子依然继续定向而有序地排列,成长为**晶型沉淀**;另一种是沉淀微粒来不及继续定向排列就以较大速度无序地聚集在一起形成**无定形沉淀**。

8.2.3　影响沉淀颗粒大小的因素

1. 沉淀物质的本性

原则上讲在沉淀形成的过程中,如果晶核的生成速度很快,在极短的时间内就可形成大量的晶核,溶液中其余的构晶离子要分散在众多的晶核上沉积长大,故只能得到较小颗粒的沉淀。另外当沉淀微粒的聚集速度大于定向速度的时候,也易形成小颗粒的无定形沉淀;反之则形成大颗粒的晶型沉淀。而成核速度、聚集和定向速度的大小与沉淀物质的本性有关。一般来讲,强极性的无机盐,如 $BaSO_4$、CaC_2O_4、$MgNH_4PO_4$ 都有较大的定向速度,易形成较大颗粒的晶型沉淀。一些高价金属离子的氢氧化物及硫化物如 $Al_2O_3 \cdot nH_2O$、$Fe_2O_3 \cdot nH_2O$、Ag_2S,定向速度小,聚集速度大,水合的构晶离子来不及脱水就聚集成疏松带水的无定形沉淀了。

2. 过饱和程度

溶液的过饱和程度直接影响着晶核的生成速度,影响沉淀颗粒的大小。冯·韦曼(Von Weimarn)通过对 $BaSO_4$ 沉淀的研究提出了经验公式:

$$沉淀的分散程度 = K \times \frac{Q-S}{S} \qquad (8\text{-}2)$$

式中分散程度可代表颗粒的大小;K 是常数,与沉淀的本性、介质及温度有关;Q 表示加入沉淀剂后瞬间的浓度,称为**初始浓度或瞬间浓度**;S 为开始沉淀时初生的小颗粒沉淀的溶解度,称为**初始溶解度**;$Q-S$为加入沉淀剂后瞬间的过饱和程度;$\frac{Q-S}{S}$则为相对过饱和程度。

韦曼公式表明,溶液相对过饱和程度愈大,沉淀的颗粒愈小。表 8-1是在不同相对过饱和程度下沉淀 $BaSO_4$ 时,所得沉淀的类型。

表 8-1 相对过饱和程度对 $BaSO_4$ 颗粒的影响

$\frac{Q-S}{S}$	沉 淀 形 状
175 000	胶状沉淀
25 000	凝乳状沉淀
125	细晶型沉淀
25	大晶型沉淀

当沉淀的初始浓度 Q 相同时，沉淀的初始溶解度愈小，愈易得到颗粒小的沉淀。$BaSO_4$ 的初始溶解度比其正常溶解度要大得多，而AgCl的初始溶解度则与其正常溶解度相差不多。在相同的初始浓度下，$BaSO_4$ 的过饱和程度远小于 AgCl 的过饱和程度，故在通常条件下沉淀 $BaSO_4$ 一般可得到晶型沉淀，而沉淀 AgCl 则往往得到凝乳状沉淀。

许多研究结果表明，沉淀的颗粒并不是随着相对过饱和程度的下降而持续增大，而是在某一较小的过饱和程度时，颗粒最大，若过饱和程度再下降则颗粒反而变小。可见韦曼公式只能在一定的范围内定性地说明沉淀颗粒大小对过饱和程度的依赖关系。

3. 临界比 Q_0/S

在研究 $BaSO_4$ 沉淀的晶核数目与初始浓度的关系时得图 8-1。曲线的横坐标为初始浓度的对数（lg$Q$），纵坐标为每立方米溶液中晶核数目的对数（lg$N$/cm^3）。

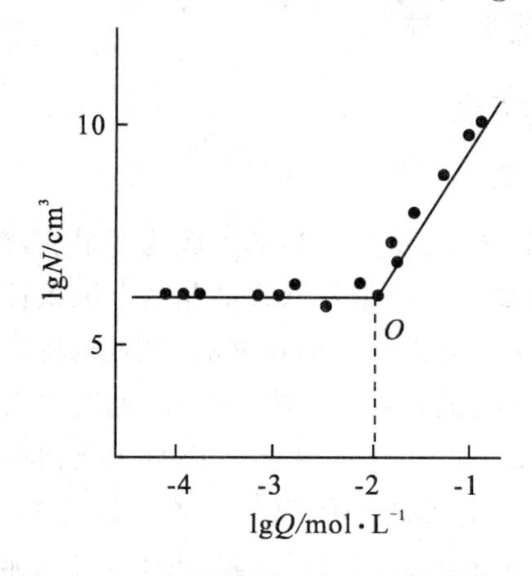

图 8-1 $BaSO_4$ 晶核数目与初始浓度关系

曲线在 O 处有一转折点，称为**临界点**。临界点的横坐标用 lgQ_0 表示，该例 lg$Q_0=-2$。当 lg$Q<$lgQ_0 时，晶核数目基本不变且与初始浓度（Q 值）无关，表明在此区间只有异相成核作用。当 lg$Q>$lgQ_0 时，晶核数目增多，且随初始浓度的增大而增多，说明在此范围内既有异相成核作用又有均相成核作用。通常将临界点对应的相对过饱和程度，即$\frac{Q_0-S}{S}$称为临界值。在一般情况下 $Q_0\gg S$，故临界值可简化成 Q_0/S，Q_0/S 称为**临界比**。

不同的难溶化合物其临界比是不相同的。表 8-2 列出了一些物质的临界比值。临界比 Q_0/S 较大的物质（图中临界点偏右）均相成核作用少，易得到颗粒大的晶型沉淀。临界比 Q_0/S 小的物质，均相成核作用较大，易得到颗粒小的沉淀。

在沉淀时为了得到较大颗粒的沉淀，应控制初始浓度与溶解度之比（Q/S），尽量不超过或少超过临界比 Q_0/S。

表 8-2 难溶化合物的临界比(Q_0/S)

难溶化合物	临界比(Q_0/S)
$BaSO_4$	1 000
$CaC_2O_4 \cdot H_2O$	31
AgCl	5.5
$PbSO_4$	28
$PbCO_3$	106
CaF_2	21

8.3 影响沉淀纯度的因素

当沉淀从溶液中析出时或多或少都要夹杂着溶液中的其他组分,得不到绝对纯净的沉淀。但重量法必须要求沉淀中的杂质含量少到不影响分析准确度的程度。因此有必要了解杂质混入沉淀的各种方式和原因,从而找到减少杂质混入的方法,得到符合定量分析要求的纯净的沉淀。

杂质混入沉淀的主要原因有共沉淀和后沉淀,分别讨论如下。

8.3.1 共沉淀

当沉淀析出时,溶液中一些本不应沉淀的杂质,一起沉淀出来,这种现象叫**共沉淀**。例如重量法测定 Na_2SO_4 溶液中的 SO_4^{2-},加入过量的沉淀剂 $BaCl_2$,生成 $BaSO_4$ 沉淀。剩余的 $BaCl_2$ 本不会沉淀,但实际上在 $BaSO_4$ 沉淀的同时有少量 $BaCl_2$ 随之沉淀出来。这一共沉淀作用使得 $BaSO_4$ 沉淀沾污了 $BaCl_2$ 杂质。

共沉淀作用根据其产生的原因分为吸附共沉淀、包藏共沉淀和混晶共沉淀三种。

1. 吸附共沉淀

顾名思义,吸附共沉淀是由沉淀表面的吸附作用引起的共沉淀。例如用 KCl 作沉淀剂沉淀 $AgNO_3$ 溶液中的 Ag^+ 时,处在 AgCl 沉淀表面上的构晶离子的电荷作用力是不均衡的,存在着指向沉淀颗粒内部的力场,这种剩余力会吸引溶液中带有相反电荷的离子,形成一个**吸附层**。

沉淀表面的吸附作用有如下规律:

(1)优先吸附构晶离子;

(2)如果无过量构晶离子存在时,则优先吸附可与构晶离子形成溶解度小的化合物的离子以及与构晶离子半径相近、电荷相等的离子。

根据这一规律,在该例中,当加入过量的 KCl 时(重量分析时一般都使沉淀剂过量),AgCl 沉淀表面首先吸附的是溶液中剩余的构晶离子 Cl^-(而不是 NO_3^- 或 K^+),于是在 AgCl 沉淀的表面上便形成了一个由 Cl^- 组成的带负电荷的吸附层,如图 8-2 所示。

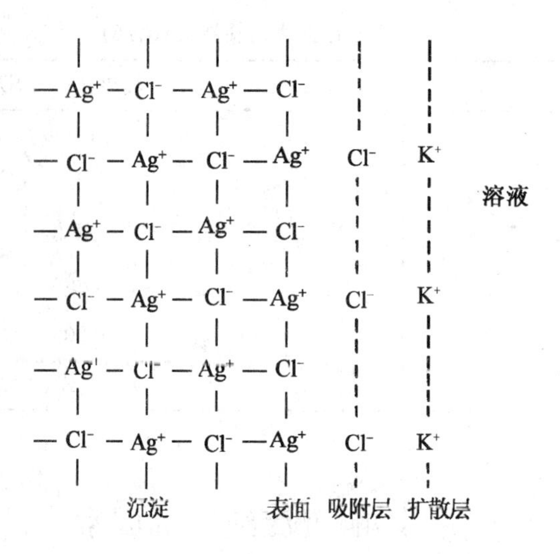

图 8-2 AgCl 表面吸附示意图

由于吸附层带负电荷，必然会在吸附层的外面再吸附一层带有相反电荷的离子（该例为 K^+），形成一个带正电荷的离子层，叫做**扩散层**。扩散层中的离子（K^+）叫做**抗衡离子**。吸附层对抗衡离子的吸附也是有规律的：优先吸附可与吸附层离子形成溶解度小的化合物的离子，其次是电荷高、浓度大的离子。在该例中若还共存有 Mg^{2+}，则抗衡离子应是 Mg^{2+} 而不是 K^+。

吸附层和扩散层共同组成了包围着沉淀颗粒表面的双电层。处于双电层中的正、负离子的电荷总数是相等的，构成了被沉淀表面吸附的杂质化合物，在该例中 KCl（或 $MgCl_2$）就是沾污 AgCl 沉淀的杂质。

抗衡离子被吸附的力较小，当增大溶液中其他带有相同电荷离子的浓度时，原抗衡离子可能被置换下来，这一现象称为竞争吸附。在重量分析中利用这一现象可以以洗涤的方法除去沉淀表面吸附的杂质。如上述 AgCl 沉淀可以用稀 HNO_3 洗涤，在洗涤过程中原抗衡离子 K^+（或 Mg^{2+}）被洗液中大量的 H^+ 置换下来。洗涤后的 AgCl 表面吸附的 HCl 可在烘干或灼烧过程中挥发除掉。

沉淀表面对杂质的吸附量与下列因素有关：

(1)相同量的沉淀，总表面积大的（颗粒小的）沉淀吸附杂质的量也大。因此重量分析时应尽量创造条件获得大颗粒沉淀，以减少吸附共沉淀造成的沾污。

(2)溶液中杂质浓度大，吸附量也大。

(3)升温可以减少吸附，因为吸附是一放热过程。

$$A+B \underset{\text{解吸}}{\overset{\text{吸附}}{\rightleftharpoons}} A \cdot B+Q$$

温度升高时平衡向解吸方向移动，吸附量减少。实际分析中，常用加热的方法减少吸附共沉淀的影响。

表面吸附共沉淀是最普遍、最重要的共沉淀现象，也是沉淀被沾污的主要原因，对于胶状沉淀来说，吸附共沉淀更为明显。例如以氨水沉淀 $Fe(OH)_3$ 时，$Fe(OH)_3$ 吸附杂质的现象相当严重，并且与 NH_3 和 NH_4^+ 的浓度有关。当$[NH_3]$一定时，增大$[NH_4^+]$，则$[OH^-]$

减少，致使 $Fe(OH)_3$ 对 OH^- 的吸附减少，因此也减少了对抗衡离子——阳离子的吸附。另外〔NH_4^+〕增加，也增强了 NH_4^+ 对其他阳离子的竞争吸附能力，因此 $Fe(OH)_3$ 沉淀对其他各种阳离子的吸附量均随〔NH_4^+〕增大而减少。图 8-3 为〔NH_3〕＝0.90 mol/L 时，不同〔NH_4^+〕的情况下，$Fe(OH)_3$ 对 Ca^{2+}、Mg^{2+}、Co^{2+}、Ni^{2+} 四种离子的吸附百分数。当〔NH_4^+〕一定时，增加〔NH_3〕，则〔OH^-〕增大，抗衡离子 Ca^{2+} 或 Mg^{2+} 会增多；但 Ni^{2+} 和 Co^{2+} 的氨络离子的稳定性也增高，因此其吸附量反而减少。图 8-4 为〔NH_4^+〕＝1.00 mol/L 时，不同〔NH_3〕时 $Fe(OH)_3$ 对 Ca^{2+}、Mg^{2+}、Co^{2+}、Ni^{2+} 四种离子吸附百分数。为了减少 $Fe(OH)_3$ 对 Co^{2+}、Ni^{2+} 的吸附，〔NH_3〕和〔NH_4^+〕都要大一些。

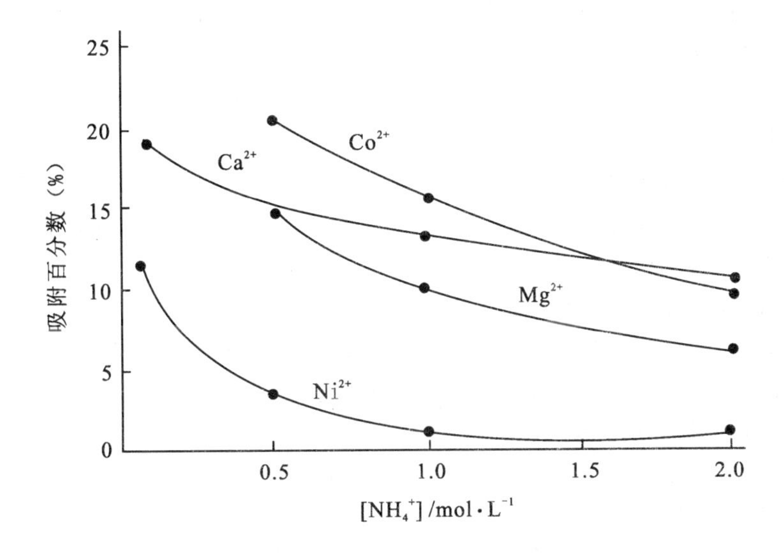

图 8-3　〔NH_4^+〕对 $Fe(OH)_3$ 吸附的影响（〔NH_3〕＝0.90 mol/L）

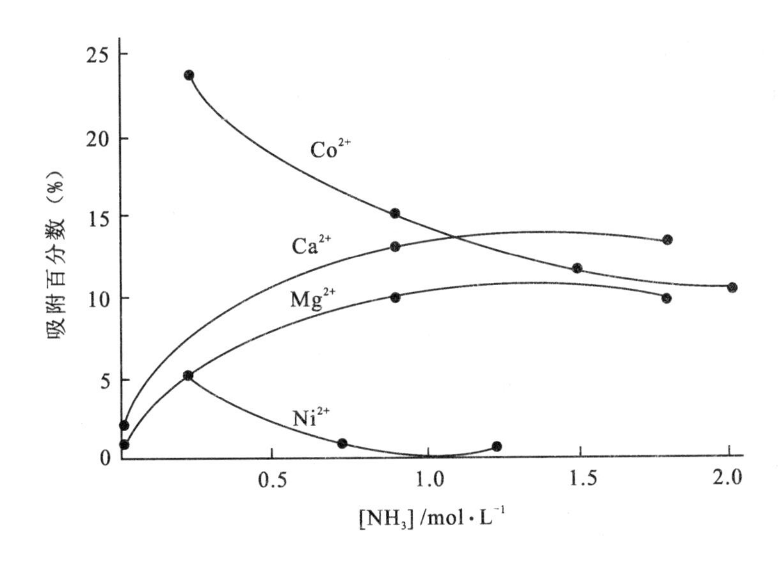

图 8-4　〔NH_3〕对 $Fe(OH)_3$ 吸附的影响（〔NH_4^+〕＝1.00 mol/L）

2. 包藏(吸留)共沉淀

在沉淀过程中如果沉淀的成长速度较快,开始时吸附在沉淀表面上的杂质来不及被构晶离子所置换离开沉淀表面,就被随后沉积下来的沉淀覆盖,包藏在沉淀的内部。这种由于吸附而留在沉淀内部的共沉淀现象叫做**包藏**或叫**吸留**。晶型沉淀的成长速度一般较快,容易产生包藏共沉淀。由于包藏是由吸附作用引起的,所以包藏的规律与吸附规律是相同的。例如用 SO_4^{2-} 沉淀 $BaCl_2$ 中的 Ba^{2+} 时,若同时存在 Cl^-、NO_3^-、Na^+,则 $BaSO_4$ 沉淀对 $Ba(NO_3)_2$ 的包藏比对 $BaCl_2$ 的包藏严重得多。此外,包藏的程度还与沉淀时试剂的加入方式有关,例如将 Ba^{2+} 加到 SO_4^{2-} 溶液中时,在沉淀过程中 SO_4^{2-} 是相对过量的(即在过量的构晶阴离子溶液中沉淀),$BaSO_4$ 晶粒吸附 SO_4^{2-} 后带有负电荷,进而吸附杂质阳离子作抗衡离子,且被包藏在沉淀的内部。包藏的量也会随$[SO_4^{2-}]$的减少而变小,其他杂质阴离子被包藏的量就很小了。反过来,当用 SO_4^{2-} 沉淀溶液中的 Ba^{2+} 的(即在过量的构晶阳离子溶液中沉淀),则其他杂质阴离子包藏占优势,杂质阳离子的包藏量就少了。在实践中可利用这一性质,根据具体情况拟定沉淀步骤,使溶液中主要杂质共沉淀量减少。

包藏是造成晶型沉淀沾污的主要因素,并且由于杂质包藏在沉淀的内部,所以不能用洗涤的方法除去,可通过陈化或重结晶的方法予以减少。

3. 混晶共沉淀(发生在沉淀的晶格内)

当杂质离子与某一种构晶离子的电荷相同,半径相近,特别是杂质离子与另一种构晶离子可形成与沉淀具有同种晶型的晶体时,在沉淀过程中杂质离子可以取代前种构晶离子于结晶点位上,形成**混晶共沉淀**。如沉淀 $BaSO_4$ 时,溶液中如果共存有 Pb^{2+},由于 Pb^{2+} 和 Ba^{2+} 半径相近,电荷相同,$BaSO_4$ 与 $PbSO_4$ 晶型相同,则 Pb^{2+} 可取代 $BaSO_4$ 沉淀中的部分 Ba^{2+} 并占据在 Ba^{2+} 的正常点位上,形成 $BaSO_4$ 与 $PbSO_4$ 的混晶共沉淀。有时取代者并不占据正常的点位,而是处于晶格的空隙之中,叫做**固溶体**,也可称之为混晶共沉淀。

分析中常见的混晶有 $BaSO_4$ 和 $PbSO_4$;$MgNH_4PO_4$ 和 $MgKPO_4$;CaC_2O_4 和 SrC_2O_4;$BaCrO_4$ 和 $PbCrO_4$;AgCl 和 AgBr 等。

形成混晶是有条件的,条件一旦具备就必然生成混晶,很难避免。洗涤、陈化甚至重结晶等都很难改善沉淀的纯度。因此重量分析时若有可形成混晶的杂质时应预先除去。

8.3.2 后沉淀

沉淀过程结束后,将沉淀与母液一起放置一段时间(通常是几小时),溶液中某些本来难以沉淀的杂质会逐渐析出在沉淀的表面上,放置时间愈长,杂质析出愈多,这种现象叫做**后沉淀**。例如,在含有 0.1 mol/L H_2SO_4 和 0.01 mol/L Zn^{2+} 的溶液中通入 H_2S;由于形成过饱和溶液,所以无沉淀析出。但当溶液中同时含有 Hg^{2+} 时,通入 H_2S 后,首先析出 HgS 沉淀。开始阶段 HgS 并不夹杂 ZnS,但放置一段时间后就有 ZnS 在 HgS 沉淀的表面上渐渐地析出,20 min 后,可有 90%以上的 ZnS 后沉淀出来。

关于后沉淀的原因,一般作如下解释:HgS 沉淀表面上吸附了 S^{2-},使沉淀表面上 S^{2-} 浓度较高,破坏了 ZnS 的过饱和亚稳态,诱导了 ZnS 的沉淀。而新生的 ZnS 微粒作为晶种促使了更多的 ZnS 的沉积,所以后沉淀的量随着时间的延长而增加得很快。

后沉淀现象虽然没有共沉淀现象普遍,但是杂质的沾污量大。因此在重量分析时,若共存有可能产生后沉淀的物质,应在沉淀完毕后尽快过滤,缩短沉淀和母液共置时间。另外还应避免高温浸煮，因为升高温度也会促使后沉淀的发生。

共沉淀和后沉淀都会使沉淀受到不同程度的沾污。但在重量分析时它们对分析结果的影响程度与所沾污的杂质及被测组分的具体情况有关。如 $BaSO_4$ 沉淀中沾污了 $BaCl_2$，对测定 SO_4^{2-} 含量来说，这部分$BaCl_2$是外来的杂质，它使沉淀的质量增加，引入正误差；对于测定 Ba^{2+} 含量来说，$BaCl_2$ 的摩尔质量小于 $BaSO_4$，因而使沉淀的质量减少，引入的是负误差。若在 $BaSO_4$ 沉淀中包藏了 H_2SO_4，灼烧后对硫的测定产生负误差，而对钡的测定无影响。

8.4　沉淀条件的选择

为了得到重量法所需的沉淀，应当根据不同类型沉淀的特点，选用适宜的沉淀条件。

8.4.1　晶型沉淀的沉淀条件

对于晶型沉淀来说，关键是设法得到大颗粒的沉淀，因为这种沉淀沾污少，易过滤、洗涤。为了得到大颗粒的晶型沉淀，沉淀应在如下条件下进行：

(1)在适当稀的溶液中沉淀，尽量降低相对过饱和程度。

(2)慢慢滴加沉淀剂，并快速搅拌，以降低局部过饱和程度。避免大量晶核的产生。

(3)在热溶液中进行沉淀。因为一般沉淀在热溶液中的溶解度大，可降低局部过饱和程度，同时也可减少吸附共沉淀。但温度较高时，沉淀的溶解度大，所以在沉淀完毕后应将溶液冷却后再进行过滤。

(4)需要陈化。沉淀形成后，在沉淀物中所发生的一系列不可逆的结构变化，称为**陈化**。例如，沉淀完毕后，让沉淀和母液一起放置一段时间，就会发生下述的陈化作用：

①小颗粒沉淀溶解，大颗粒沉淀长大。产生这种变化的原因是：沉淀生成后必然大小不一，它们在与母液共处时，若母液对于大颗粒沉淀（溶解度小）是饱和溶液，对于小颗粒沉淀（溶解度大）则为不饱和溶液，小颗粒沉淀便会渐渐溶解（变小），直到母液对于小颗粒沉淀为饱和为止，而此时的母液对于大颗粒沉淀又变为过饱和，溶液中的构晶离子就要在大颗粒沉淀表面上继续沉淀（长大），直到母液对于大颗粒沉淀成为饱和。如此往复经过一段时间，小颗粒沉淀全部溶解，大颗粒沉淀成长得更大。

②在小颗粒沉淀的溶解过程中，原来共沉淀的杂质可重新进入溶液，减少了沉淀的沾污。

③初生成沉淀的晶体结构不够完整，在陈化过程中会慢慢变成完整的晶体。

如果在沉淀与母液共置时，加热并经常搅动溶液，可加快陈化速度。

8.4.2　无定形沉淀的沉淀条件

由于无定形沉淀的颗粒很小，总表面积大，表面吸附了大量的剩余构晶离子，从而带有电荷。带相同电荷的沉淀微粒互相排斥，使之进一步拆散成更小的胶体粒子。并分散在溶液之中，形成具有一定稳定性的胶体溶液，这种现象叫做**胶溶**。由于胶溶作用，无定形沉淀在过滤时胶溶部分会穿过滤纸造成损失。可见沉淀的关键在于增加沉淀的紧密度，防止胶溶。因此无定形沉淀的沉淀条件是：

(1)在较浓的溶液中沉淀

对于无定形沉淀，已无法避免形成小颗粒沉淀，控制过饱和程度意义不大。相反，在浓溶液中沉淀，可降低沉淀的含水量，利于形成结构紧密的沉淀，可防止胶溶，也便于过滤和洗涤。但是浓度大时杂质吸附严重。为减少沉淀的沾污，可在沉淀完毕后加热水稀释，并充分搅拌，使被吸附的杂质尽量转至溶液。

(2)在热溶液中沉淀

在热溶液中，离子的水化程度小，利于得到含水量少、结构紧密的沉淀。加热还可促进沉淀微粒的凝聚，防止胶溶，又可降低沉淀对杂质的吸附。

基于相同的原因，无定形沉淀趁热过滤为宜。

(3)沉淀完毕后即时过滤

陈化可使无定形沉淀逐渐聚集，使已被吸附的杂质包藏在沉淀内部难洗去。

(4)加入电解质

由于表面吸附作用使得胶体微粒表面与溶液之间形成一个双电层。当溶液中有电解质存在时会使双电层缩小，胶体微粒间的排斥力减弱。当电解质达到一定浓度时，胶体微粒就会凝聚、沉降，有效地防止了胶溶。为避免由于电解质的共沉淀而造成的沾污，一般选用易挥发的铵盐或稀酸作电解质，以便能在灼烧时除去。

8.4.3 均匀沉淀法

在晶型沉淀的沉淀过程中，尽管按 8.4.1 节所述沉淀条件进行，仍不可避免地存在着局部过饱和现象。例如，为了沉淀 CaC_2O_4，可以使用下述两种方法：①将稀 $Na_2C_2O_4$ 溶液在加热并搅拌下缓慢地滴加到含 Ca^{2+} 的稀溶液中，使 CaC_2O_4 沉淀；②在酸性介质中将 $H_2C_2O_4$ 与 Ca^{2+} 混合均匀后再滴加稀氨水，使 pH 升高，$[C_2O_4^{2-}]$ 逐渐增大，并生成 CaC_2O_4 沉淀。但是这两种方式都未能防止局部过饱和状态的产生。为使局部过饱和程度降至最低，可采用如下沉淀步骤：在含 Ca^{2+} 的酸性溶液中加入 $H_2C_2O_4$ 和尿素，搅拌均匀后，均匀缓慢地加热，至 90 ℃左右时，尿素缓慢分解，产生 NH_3：

$$CO(NH_2)_2 + H_2O \xlongequal{\triangle} CO_2\uparrow + 2NH_3$$

随着尿素的分解，溶液的酸度均匀缓慢地降低，$[C_2O_4^{2-}]$ 亦均匀缓慢地增大，均匀缓慢地析出 CaC_2O_4 沉淀。由于在整个沉淀过程中基本上避免了局部过饱和现象，所以可以得到大颗粒的晶型沉淀。这种通过一个缓慢的、可以控制的化学反应，在整个溶液中均匀、缓慢地产生一种构晶离子，使沉淀能在过饱和程度极低、无局部过饱和的情况下均匀缓慢地析出沉淀的方法叫做**均匀沉淀法**(也称 PFHS 法)。采用均匀沉淀法可以得到结构紧密、纯净、大颗粒的晶型沉淀。

常见的均匀沉淀法有如下几种：

(1)均匀缓慢地改变 pH

除上面介绍的利用尿素水解反应控制 pH 的方法外，常见的还有利用六次甲基四胺水解控制 pH 的方法：

$$(CH_2)_6N_4 + 6H_2O \Longrightarrow 6HCHO + 4NH_3$$

这种方法适用于难溶弱酸盐（如草酸钙、铬酸钡等）以及铝、铁、锆、钍等碱式盐的均匀沉淀。

（2）酯类和其他有机物水解生成构晶阴离子

常见的方法有：

①磷酸三甲酯水解

$$(CH_3)_3PO_4 + 3H_2O \Longrightarrow 3CH_3OH + H_3PO_4$$

可以均匀缓慢地提供 H_3PO_4，以进行 Zr^{4+} 或 Hf^{4+} 等难溶磷酸盐（如 $Zr(HPO_4)_2$，$ZrO(H_2PO_4)_2$）的均匀沉淀。

②草酸二甲酯水解

$$(CH_3)_2C_2O_4 + 4H_2O \Longrightarrow 2CH_3OH + H_2C_2O_4$$

可均匀缓慢地提供 $H_2C_2O_4$，使 Ca^{2+}、Th^{4+} 等难溶草酸盐均匀沉淀。

③硫酸二甲酯水解

$$(CH_3)_2SO_4 + 2H_2O \Longrightarrow 2CH_3OH + SO_4^{2-} + 2H^+$$

可均匀缓慢地提供 SO_4^{2-}，使 Ba^{2+}、Sr^{2+}、Pb^{2+} 等难溶硫酸盐均匀沉淀。

④硫代乙酰胺水解

$$CH_3CSNH_2 + H_2O \Longrightarrow CH_3 \cdot CONH_2 + H_2S$$

可提供 S^{2-}，使多种难溶硫化物均匀沉淀。

（3）利用氧化还原反应产生构晶离子

如在含 AsO_3^{3-} 的 H_2SO_4 介质中，加入 ZrO^{2+} 和 NO_3^-，先用 NO_3^- 氧化 AsO_3^{3-}，均匀缓慢地产生 AsO_4^{3-}，后者与 ZrO^{2+} 均匀沉淀出 $(ZrO)_3(AsO_4)_2$。又如可用 $(NH_4)_2S_2O_8$ 氧化 Ce^{3+} 为 Ce(Ⅳ)，均匀沉淀成碘酸高铈。

（4）络合物分解产生构晶阴离子

例如，先使 Ba^{2+} 与 EDTA 络合，加入到含有 SO_4^{2-} 的溶液中，再加氧化剂（如 H_2O_2）使 EDTA 分解，均匀缓慢地提供 Ba^{2+}，进行 $BaSO_4$ 均匀沉淀。又如，在浓 HNO_3 介质中，用 H_2O_2 络合钨(Ⅵ)，然后加热逐渐分解 H_2O_2，进行 $WO_3 \cdot nH_2O$ 的均匀沉淀。

8.5　沉淀的洗涤、烘干和灼烧

8.5.1　沉淀的洗涤

在沉淀重量法中，沉淀过滤后还需洗涤，以除去吸附在沉淀表面上的杂质。洗涤时所用洗涤液必须具备以下条件：

（1）洗涤液中所含物质必须能在沉淀烘干或灼烧时挥发或分解除去。

（2）洗涤液中不能含有可与构晶离子反应（如络合）的物质，防止增大沉淀的溶解度。

如果沉淀剂本身可以满足上述要求，则可使用沉淀剂的稀溶液作洗涤剂，这样可以减少在洗涤过程中沉淀的溶解损失。若沉淀剂不符合上述条件，对于溶解度很小，又不易胶溶的沉淀，可以使用蒸馏水作洗涤剂；但对于易胶溶的无定形沉淀，则必须使用符合上述条件的电解质稀溶液作洗涤剂。例如，洗涤硫酸钡沉淀时，若测定的是 Ba^{2+}，应选用沉淀剂 H_2SO_4

(再经稀释后)作洗涤剂,以减少 $BaSO_4$ 的溶解损失,残留在沉淀上面的 H_2SO_4 在灼烧时可分解挥发除去;如果测定的是 SO_4^{2-},由于沉淀剂 $BaCl_2$ 是非挥发性物质,不能作为洗涤剂,但是由于$BaSO_4$的溶解度很小,又无胶溶作用,所以可用蒸馏水作洗涤剂。又如,测定 Cl^- 时,AgCl 沉淀易发生胶溶,应选用稀 HNO_3 作洗涤液,但不能使用 NH_4NO_3、NH_4Cl,因为 NH_3 的络合作用可增大 AgCl 的溶解。$Al_2O_3 \cdot nH_2O$ 沉淀易发生胶溶,又具有两性,所以应选用 pH≈7 的 $NH_3-NH_4NO_3$ 或 NH_3-NH_4Cl 混合液为洗涤液。$Fe_2O_3 \cdot nH_2O$ 不易胶溶,可以用热水洗涤。

一般情况下加热可以增加洗净效果。如果沉淀的溶解度受温度的影响不大,可以使用热洗涤液洗涤。

另外,为提高洗涤效率,应采用"少量多次"的洗涤原则。

8.5.2 沉淀的烘干和灼烧

经洗净的沉淀必须再经过烘干或灼烧才能称量。如果称量形式与沉淀形式相同,在烘干和灼烧时只需除去沉淀中的水分和残留在沉淀上的沉淀剂或电解质就行了;如果称量形式不同于沉淀形式,还需使沉淀形式定量转化为称量形式。

由于沉淀在烘干或灼烧时组成会发生一系列变化,为使沉淀转化为理想的称量形式,必须注意温度的控制。在实际工作中可以使用热重天平测得沉淀物的热降解曲线(如图 8-5 所示)。再根据热降解曲线确定烘干或灼烧温度。显然应该选择曲线呈水平位置时的温度范围为干燥或灼烧温度。

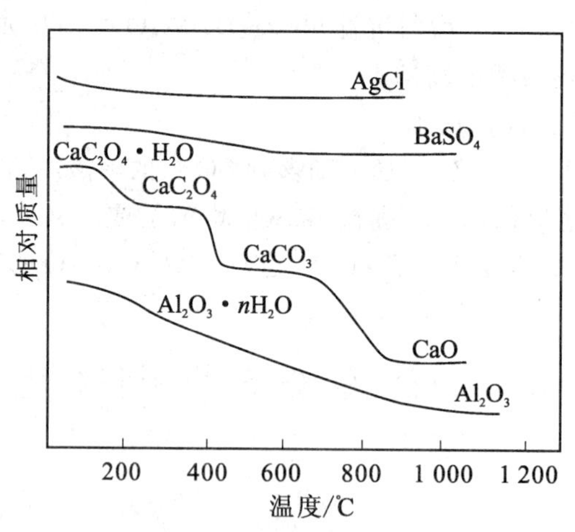

图 8-5 部分物质的热降解曲线

从图 8-5 可以看出,AgCl 沉淀在重量分析中通常在 110～120 ℃时烘干即可。但由于此时尚有痕量水分(约万分之一)未除尽,因此在进行十分精确的测定时(如早期相对原子质量的测定工作)需在 455 ℃灼烧后才能得到称量形式。由于 $BaSO_4$ 沉淀的内部包藏有一定的水分,必须经 700～800 ℃灼烧后才能除尽。CaC_2O_4 沉淀在 110 ℃烘干得 $CaC_2O_4 \cdot H_2O$,但包藏在内部的水和沉淀剂($(NH_4)_2C_2O_4$)都未除尽,不宜作称量形式;温度升至 300 ℃可定量地转化为 CaC_2O_4,但水分仍未除尽且吸湿性强,也不适合作称量形式;继续升温至(500±25)℃定量地转化为 $CaCO_3$,吸湿性小,是好的称量形式;再升温至 880 ℃,开始逐渐转化为 CaO，1 100 ℃灼烧后可定量转化为 CaO，但 CaO 吸湿性强并且摩尔质量小，不是很好的称量形式。用氨水法得到的 $Al_2O_3 \cdot nH_2O$ 沉淀在 1 100 ℃灼烧能除尽水分，转化为 γ-Al_2O_3，但吸水性较强；若经 1 200 ℃灼烧可转化成 α-Al_2O_3，吸湿性小，是好的称量形式。

8.6　有机沉淀剂

一些有机物质可以与无机离子在水溶液中生成沉淀，并可用于重量分析。

8.6.1　有机沉淀剂的特点

与无机沉淀剂相比，有机沉淀剂具有以下特点：

(1)沉淀物的溶解度小，利于定量沉淀。

(2)沉淀物的组成恒定，多数经烘干后即可得称量形式，操作简便。

(3)沉淀物为大颗粒晶型沉淀，无机杂质共沉淀少，便于过滤和洗涤。

(4)沉淀物的摩尔质量大，可提高分析的灵敏度和准确度。

(5)有机沉淀剂的选择性一般比无机沉淀剂高。

有机沉淀剂有如下缺点：

(1)沉淀剂在水中溶解度小，易被沉淀表面吸附，往往需要用大量热水或乙醇等溶剂洗涤才能除去。

(2)一些沉淀物的组成不固定或烘干时发生分解，因此仍需灼烧成无机物后再称量。

(3)一些沉淀物与水不浸润，常浮于溶液表面或粘在玻璃器皿边缘，不便于操作。

(4)某些沉淀剂不易提纯，且价格较贵。

8.6.2　有机沉淀剂的“加重效应”

有机沉淀剂与金属离子形成的沉淀的溶解度与试剂中所含的亲水基团和疏水基团有关。含亲水基团多的，在水中溶解度大(常称为亲水性物质)；含疏水基团多的，在水中溶解度小(易溶于有机溶剂，常称为疏水性物质)。常见的亲水基团有$-SO_3H$、$-NO_2$、$-OH$、$-COOH$、$-NH_2$、$>NH$ 等；常见的疏水基团有烷基、苯基、萘基、卤代烃等。欲减少物质在水中的溶解度，可减少其分子中的亲水基团或引入疏水基团。引入疏水基团不仅可降低物质在水中的溶解度，还会增大相对分子质量，因此可以提高测定的准确度和灵敏度，这种作用称为有机沉淀剂的“**加重效应**”。从表 8-3 所列数据可清楚地看到“加重效应”对溶解度的影响。

表 8-3　苯磺酸及其类似物的盐的溶解度(mol/L)

金属离子 \ 试剂	$C_6H_5-SO_3H$	$C_{10}H_7-SO_3H$	$C_{14}H_9-SO_3H$
Ca^{2+}	1.74	4.4×10^{-2}	2.8×10^{-4}
Ba^{2+}	0.32	6.9×10^{-3}	7.0×10^{-5}
Zn^{2+}	0.38	9.6×10^{-3}	1.3×10^{-4}

8.6.3　有机沉淀剂的分类及其应用示例

根据有机沉淀剂与金属离子的反应类型，将有机沉淀剂分为两类：

1. 生成螯合物的沉淀剂

在这类有机沉淀剂的分子中含有一个可以被金属离子取代的酸性基团如—OH、—COOH、═NOH、—SO_3H，同时存在一个能与金属离子生成配键的给电子基团如 $>NH_2$、$>CO$、$>CS$、$>N$、—SH。有机沉淀剂通过这两种基团与金属离子作用，生成疏水性强的(难溶于水的)螯合物。

下面列举几种常见螯合沉淀剂及其应用示例。

(1)丁二酮肟(Biacetyl dioxime，简写为 DMG)

分子式：$C_4H_8N_2O_3$，也称二乙酰二肟或丁二酮二肟或丁二肟。

丁二酮肟在弱酸性介质中只与 Ni^{2+}、Pd^{2+}、Pt^{4+}、Bi^{3+} 形成沉淀。在氨性介质中，在酒石酸存在下，丁二酮肟与 Ni^{2+} 的反应几乎是特效的，是测定 Ni^{2+} 的理想试剂。在 pH>5 或在氨性介质中丁二酮肟与 Ni^{2+} 反应生成红色螯合物沉淀，反应如下：

$$Ni^{2+} + 2\begin{array}{l}CH_3—C{=}NOH\\ \quad\quad\ |\\ CH_3—C{=}NOH\end{array} = \begin{array}{ccc} & O\cdots H—O & \\ H_3C—C{=}N & & N{=}C—CH_3\\ & Ni & \\ H_3C—C{=}N & & N{=}C—CH_3\\ & O\cdots H—O & \end{array}\downarrow + 2H^+$$

由于螯合物中一个配体的羟基上的氢原子与另一个配体中的肟基形成了氢键，降低了螯合物的亲水性，所以在水中溶解度很小，也很稳定。沉淀烘干后可直接称量。

(2)8-羟基喹啉(8-Hydroxy quinoline，简写为 HOX)

分子式：C_9H_7ON。8-羟基喹啉可以和多种金属离子生成难溶螯合物。例如，与 Mg^{2+} 发生如下反应：

$$Mg(H_2O)_6^{2+} + 2\,C_9H_6N(OH) = Mg(C_9H_6NO)_2(H_2O)_2\downarrow + 2H^+ + 4H_2O$$

8-羟基喹啉的选择性很差，通常用调整酸度或掩蔽的方法提高选择性。例如 Al^{3+} 在醋酸溶液中定量沉淀，Mg^{2} 则不沉淀。Mg^{2+} 只有在氨性条件下才能定量沉淀。又如，在含有酒石酸盐的碱性溶液中，Fe^{3+}、Al^{3+}、Cr^{3+}、Pb^{2+}、Sn^{4+} 等离子不沉淀，而 Cu^{2+}、Cd^{2+}、Zn^{2+}、Mg^{2+} 可以形成沉淀。

2. 生成离子缔合物的沉淀剂

一些有机试剂在水溶液中可离解出大的阳离子或大的阴离子，这些离子能与无机离子结合成溶解度很小的离子缔合物沉淀。例如，氯化四苯胂（Tetraphenylarsonium chloride）在水溶液中离解成大的阳离子：

$$(C_6H_5)_4AsCl \longrightarrow (C_6H_5)_4As^+ + Cl^-$$

阳离子$(C_6H_5)_4As^+$可与ClO_4^-、IO_3^-、MnO_4^-、$PtCl_6^-$、$HgCl_4^{2-}$等阴离子缔合成溶解度很小的缔合物沉淀。例如：

$$(C_6H_5)_4As^+ + MnO_4^- \longrightarrow [(C_6H_5)_4As]MnO_4 \downarrow$$

又如，四苯硼酸钠（Sodium teraphenylborate）可与K^+、Rb^+、Cs^+、NH_4^+、Tl^+、Ag^+、Cu^+等离子生成难溶缔合物，其中与K^+形成的缔合物溶解度最小：

$$K^+ + B(C_6H_5)_4^- \longrightarrow KB(C_6H_5)_4 \downarrow$$

沉淀的组成恒定，烘干后可直接称重。因此四苯硼酸钠是测定K^+的良好试剂。

再如，苦杏仁酸（Mandelic acid）与ZrO^{2+}反应生成难溶缔合物：

$$ZrO^{2+} + 4\ C_6H_5\text{—}\underset{\displaystyle OH}{\underset{|}{CH}}\text{—}COOH = \left[C_6H_5\text{—}\underset{\displaystyle OH}{\underset{|}{CH}}\text{—}COO^-\right]_4 Zr^{4+}\downarrow + 2H^+ + H_2O$$

当ZrO^{2+}含量较小（<23 mg）时，沉淀组成恒定，烘干后可直接称量：含量较高时应灼烧成ZrO_2后称量。HfO^{2+}与ZrO^{2+}性质相似。故苦杏仁酸是测定ZrO^{2+}、HfO^{2+}选择性极高的试剂。

根据“加重效应”，以对溴苦杏仁酸或对氯苦杏仁酸（$X\text{—}C_6H_4\text{—}\overset{\displaystyle H}{\overset{|}{\underset{\displaystyle H\text{—}O}{\underset{|}{C}}}}\text{—}COOH$，X：$Br^-$或$Cl^-$）代替苦杏仁酸，会使Zr(Ⅳ)或Hf(Ⅳ)沉淀得更完全，可提高测定的灵敏度和准确度。

思　考　题

1. 举例说明重量分析中的沉淀形式和称量形式的区别和联系。

2. AgCl 和$BaSO_4$的溶解度相近，为什么在一般条件下沉淀 AgCl 得到的是凝乳状沉淀，而$BaSO_4$是晶形沉淀？

3. 什么是表面吸附共沉淀？如何减少表面吸附从而提高沉淀的纯度？试以有Mg^{2+}、Cl^-共存时用氨水沉淀Fe^{3+}为例予以说明。

4. 共沉淀和后沉淀有何区别？

5. 为下列沉淀选择洗涤液。

(1)测定Cl^-时，AgCl 沉淀；

(2)测定Al^{3+}时，$Al(OH)_3$沉淀；

(3)测定Ba^{2+}时，$BaSO_4$沉淀；

(4)测定SO_4^{2-}时，$BaSO_4$沉淀。

6. 测定Ba^{2+}时，有下列物质与$BaSO_4$共沉淀，对测定结果有何影响？测定SO_4^{2-}时又有何影响？说明理由。

(1)$BaCl_2$　　(2)Na_2SO_4　　(3)$Fe_2(SO_4)_3$　　(4)NH_4Cl

7.写出重量分析中换算因数的表示式。

沉　淀　形　式	称　量　形　式	含量表示形式(%)	换算因数
$PbSO_4$	$PbSO_4$	Pb_3O_4	
$MgNH_4PO_4$	$Mg_2P_2O_7$	P_2O_5	
Ag_3AsO_4	$AgCl$	As_2O_3	
K_2PtCl_6	Pt	KCl	
$(NH_4)_3PO_4 \cdot 12MoO_3$	$PbMoO_4$	P_2O_5	

8.用重量法测定 SO_4^{2-} 时,下列情况对测定结果有何影响(偏低、偏高还是无影响?)

(1)$BaSO_4$ 沉淀时溶液中含有 F^-;

(2)NO_3^- 被共沉淀;

(3)溶液中存在过多的酸。

习　题

1.今有纯净 KCl 和 NaCl 的混合物,质量为 0.284 1 g,溶解后将 Cl^- 转化为 AgCl 沉淀,经过滤、洗涤和烘干,得 AgCl 0.605 7 g。问试样中 KCl 和 NaCl 各多少克?

(0.171 9 g,0.112 2 g)

2.重量法测定 Mg^{2+},已知 $MgNH_4PO_4$ 沉淀中有 1% NH_4^+ 被 K^+ 取代,以 $MgNH_4PO_4 \cdot 6H_2O$ 沉淀形式烘干后直接称量,产生的误差是多少?若沉淀经高温灼烧成 $Mg_2P_2O_7$ 称量,误差又为多少?($2MgKPO_4 \xrightarrow{\triangle} Mg_2P_2O_7 + K_2O$)　　(1‰,4‰)

3.在某一不含其他成分的 AgCl 和 AgBr 混合物中,氯和溴的质量比为 1∶2,求混合物中 Ag 的含量。　　(65.70%)

4.用硫酸钡重量法测定试样中钡的含量,灼烧时因部分 $BaSO_4$ 还原为 BaS,致使钡的测定值为标准结果的 98.0%,求称量形式 $BaSO_4$ 中 BaS 的含量。　　(5.40%)

5.含 $Al_2(SO_4)_3 \cdot MgSO_4$ 及惰性物质的试样 0.998 0 g,溶解后,用 8-羟基喹啉沉淀 Al^{3+} 和 Mg^{2+},经过滤、洗涤、300 ℃烘干后,称 $Al(C_9H_6NO)_3$ 和 $Mg(C_9H_6NO)_2$ 混合物,质量为 0.874 6 g,再经过灼烧,使分别转化为 Al_2O_3 和 MgO,质量为 0.106 7 g。计算试样中 $Al_2(SO_4)_3$ 和 $MgSO_4$ 的含量。　　(12.63%,20.68%)

第九章　比色法和分光光度法

9.1　概　述

9.1.1　前　言

某些物质的溶液有颜色，例如 $KMnO_4$ 溶液呈紫红色，$K_2Cr_2O_7$ 水溶液呈橙色。某些物质本身无色或是浅色，但当它们与某些试剂发生反应后，生成有色物质，例如 Fe^{3+}（黄色）与 SCN^-（无色）生成血红色络合物，Fe^{2+} 与邻二氮菲生成红色络合物。这些有色物质溶液颜色的深浅与浓度有关。溶液愈浓，颜色愈深。利用比较溶液颜色深浅来测定物质含量的方法叫**比色分析法**。随着测量仪器的发展，从早期的目视比色法发展为光电比色法，进而又发展为分光光度法。用分光光度计进行的比色分析的方法称为分光光度法。光电比色法和分光光度法可以统称为**光度法**。光度法是基于物质对光的选择性吸收而建立起来的分析方法。分光光度法不仅可应用于可见光区，还可以扩展到紫外和红外光区。可见和紫外分光光度法在无机物和有机物的分析中应用甚广，红外分光光度法主要应用于物质结构的分析。本章主要讨论可见光区的分光光度法。

9.1.2　光度分析法的特点

(1)灵敏度高。适用于测定物质中的微量组分（$1\%\sim10^{-3}\%$），甚至可以测定痕量组分（$10^{-4}\%\sim10^{-5}\%$）。

(2)准确度虽不高，但可以满足测定微量组分的要求。分光光度法的相对误差一般为2%～5%，如果使用精密仪器，相对误差可减小到1%～2%。

(3)操作简便、快速。分光光度法的仪器设备都不复杂，操作简便。近年来，由于新的高灵敏度、高选择性的显色剂不断出现，再加上使用掩蔽剂，常常可以不经分离即可直接测定。

(4)应用广泛。除稀有气体、碱金属离子外，几乎所有的无机离子和许多有机化合物都可用此法测定。除测定微量组分外，还可采用示差法测定含量较高的组分，以及混合组分、络合物的络合比等。

9.2　物质对光的选择性吸收

9.2.1　光的二象性

光是一种电磁波，具有波动性和微粒性。光的传播和光的衍射、折射、干涉和偏振等现象都可用光的波动性来解释。描述波动性的重要参数是波长 λ、频率 ν 和光速 c，它们之间有如下关系：

$$\lambda\nu = c \tag{9-1}$$

光同时又具有微粒性，如光电效应，光的吸收和发射等，都证明了光的微粒性。光是由带有能量的微粒组成的，这种微粒称为光子或光量子。每个光子具有一定的质量和能量，当光与物质相互作用时，光子的能量只能以量子化的方式被物质所吸收或发射。单个光子的能量与光的频率或波长有如下的关系：

$$E = h\nu = h\frac{c}{\lambda} \tag{9-2}$$

式中 E 为光子的能量，h 为普朗克常数。该式表明，波长或频率不同的光，其光子能量不同。波长愈短，频率愈高，光子的能量愈大。

光是电磁波中的一个波段，按波长或频率的大小，可将电磁波划分为如表 9-1 所示的电磁波谱。

表 9-1　电 磁 波 谱

光谱名称	波长范围	频　率/Hz	分析方法
X 射线	0.1～10 nm	10^{20}～10^{16}	X-射线光谱法
远紫外光	10～200 nm	10^{16}～10^{15}	真空紫外光度法
近紫外光	200～400 nm	10^{15}～7.5×10^{14}	紫外光度法
可见光	400～750 nm	7.5×10^{14}～4.0×10^{14}	比色及可见光度法
近红外光	0.75～2.5 μm	4.0×10^{14}～1.2×10^{14}	近红外光谱法
中红外光	2.5～50 μm	1.2×10^{14}～6.0×10^{12}	中红外光谱法
远红外光	50～100 μm	6.0×10^{12}～10^{11}	远红外光谱法
微　波	0.1～100 cm	10^{11}～10^{8}	微波分析法
无线电波	1～1 000 m	10^{8}～10^{5}	核磁共振光谱法

9.2.2　物质的颜色和对光的选择性吸收

物质的分子具有一系列不连续的特征能级，在一般情况下，物质的分子大都处于能量最低的能级，只是在吸收了一定能量之后才有可能产生能级跃迁，进入能量较高的能级。

当光照射到某物质以后，该物质的分子就有可能吸收光子的能量而发生能级跃迁，这种现象叫做光的吸收。但是，并不是任何一种波长的光照射到物质上都能够被物质吸收，只有当照射光的能量与物质分子的某一能级差恰好相等时，与此能量相应的那种波长的光才能被吸收。被吸收的光的波长和频率与分子的能级差之间有如下关系：

$$h\nu = h\frac{c}{\lambda} = \Delta E = E_2 - E_1$$

由于不同物质的分子其组成与结构不同，它们所具有的特征能级不同，能级差也不同，所以不同物质对不同波长的光的吸收就具有选择性。

理论上将具有同一波长的光称为单色光，而由不同波长的光组成的光称为复合光。例如白光（日光、白炽灯光等），就是由 400～750 nm 波长范围内的红、橙、黄、绿、青、蓝、紫光，按一定比例混合而成的复合光。进一步的研究表明，如果把适当的两种色光按一定强度比例混合，也可成为白光，这两种色光称为**互补色光**。如绿光和紫红色光混合，黄光和蓝光混合，都可以得到白光。为方便记忆，可将可见光谱区分为九种色光，每隔四色即为互补色(见图 9-1)。

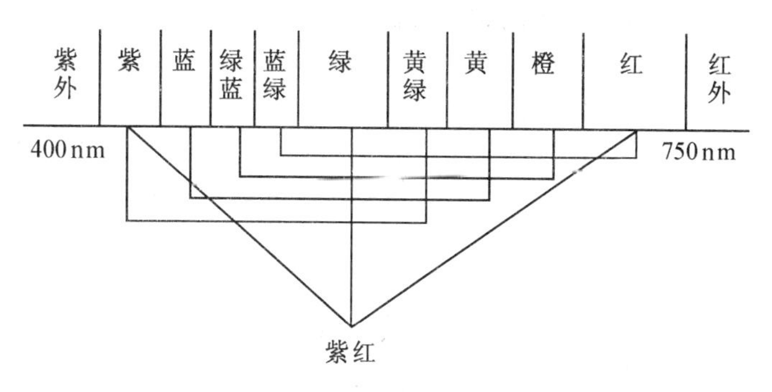

图 9-1　互补色光示意图

当光束照射到某种物质上时，由于对不同波长的光的吸收、透射、反射、折射的程度不同，所以物质呈现某种颜色。当白光照射到物质上时，如果物质对各种波长的光完全吸收，则呈现黑色，如果完全反射，则呈现白色，如果对各种波长的光均匀吸收，则呈现灰色，如果选择地吸收某些波长的光，则呈现反射或透射光的颜色。对溶液来说，溶液呈现不同的颜色是由于溶液中的吸光质点(离子或分子)对不同波长的光具有选择性吸收而引起的。当一束白光通过某一溶液时，如果溶液不吸收可见光，则白光全部通过，溶液呈现无色透明；如果它选择性地吸收了白光中的某种色光，则溶液呈现透射光的颜色。也就是说，溶液呈现的颜色是它吸收光的互补色的颜色。物质呈现的颜色与被吸收光的颜色和波长的关系见表 9-2。

表 9-2　物质的颜色与吸收光颜色和波长的关系

物质的颜色	吸收光	
	颜色	波长/nm
黄绿	紫	400～450
黄	蓝	450～480
橙	绿蓝	480～490
红	蓝绿	490～500
紫红	绿	500～560
紫	黄绿	560～580
蓝	黄	580～600
绿蓝	橙	600～650
蓝绿	红	650～750

如果将各种波长的单色光依次通过某一固定浓度的有色溶液，测量每一波长下有色溶液对光的吸收程度(即吸光度，用 A 表示)，然后以波长为横坐标，吸光度为纵坐标作图，得到一条曲线，称为吸收曲线或吸收光谱。

图 9-2 是四种不同浓度的 $KMnO_4$ 溶液的光吸收曲线。由图可知 $KMnO_4$ 对波长为 525 nm 附近的绿色光吸收最多，而对红色光和紫色光几乎不吸收，所以 $KMnO_4$ 溶液呈紫红色。吸收曲线中光吸收程度最大处的波长称为最大吸收波长，以 λ_{max} 表示，如 $KMnO_4$ 的 $\lambda_{max}=525$ nm。吸收光谱的形状与物质分子结构有关。不同的物质内部结构不同，对各种波长的光产生不同的选择性吸收，因而不同物质具有各自的特征吸收光谱和最大吸收波长。

对同一种物质来说,它的吸收曲线是特征的,最大吸收波长是固定不变的,这些特性可作为物质定性分析的依据。同一物质不同浓度的溶液,对一定波长的光,随着其浓度的增加,吸光度也相应增大。若在最大吸收波长处测定吸光度,灵敏度最高,这个特性可作为物质定量分析的依据。光度法进行定量分析的理论基础是光的吸收定律——朗伯－比耳定律。

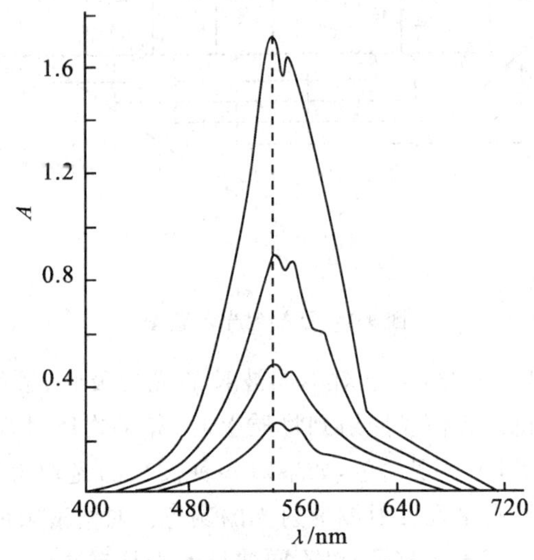

图 9-2 $KMnO_4$ 溶液的吸收曲线

9.3 光吸收的基本定律

9.3.1 朗伯－比耳定律

1. 透光率和吸光度

当一束平行的单色光垂直照射到任何均匀、非散射的固体、液体或气体介质时,光的一部分被介质吸收,一部分透过介质,一部分被器皿反射。

设入射光强度为 I_0,吸收光强度为 I_a,透过光强度为 I_t,反射光强度为 I_r,则:

$$I_0 = I_a + I_t + I_r$$

在光度分析中,通常将试液和参比溶液分别置于同样质料和规格的两个吸收池中,使强度为 I_0 的单色光分别通过这两个吸收池,并测量透过光的强度。此时两个吸收池的反射光强度基本上是相同的,其影响可以互相抵消,故上式可简化为:

$$I_0 = I_a + I_t$$

当入射光的强度 I_0 一定时,I_a 愈大,I_t 愈小,表明溶液对光的吸收程度愈大。透光率:透过光强度 I_t 与入射光强度 I_0 之比,用 T 表示,透光率愈大,溶液对光的吸收愈小。

$$T = \frac{I_t}{I_0} \quad 或 \quad T\% = \frac{I_t}{I_0} \times 100\% \tag{9-3}$$

吸光度:透光率的负对数称为吸光度,用符号 A 表示

$$A=-\lg T=\lg\frac{I_0}{I_t} \tag{9-4}$$

A 愈大，溶液对光的吸收愈多。

2. 朗伯(Lambert)定律

1760 年朗伯从实验中发现：当入射光波长、溶剂和吸光物质种类、浓度和温度都一定时，该溶液的吸光度只与液层厚度成正比，即

$$A=k_1b$$

3. 比耳(Beer)定律

1852 年比耳从实验中发现：当入射光波长、溶剂和吸光物质种类、液层厚度和温度都一定时，该溶液的吸光度只与溶液浓度成正比，即

$$A=k_2c$$

4. 朗伯一比耳(Lambert-Beer)定律

同时考虑液层厚度和溶液浓度的影响，将朗伯定律和比耳定律综合即为朗伯一比耳定律。

朗伯一比耳定律：当一束平行的单色光垂直通过某一均匀的、非散射的吸光物质的溶液时，在单色光强度、溶液的温度等条件不变的情况下，溶液吸光度与吸光物质的浓度及吸收层厚度的乘积成正比。其数学表达式为：

$$A=-\lg T=\lg\frac{I_0}{I_t}=Kbc \tag{9-5}$$

式中：A 称为吸光度，b 为液层厚度，c 为吸光物质的浓度，K 为比例常数。

K 与吸光物质的性质、入射光的波长、温度等因素有关。当这些条件确定时为一常数，而与吸光物质的浓度、比色皿的厚度无关。

朗伯一比耳定律不仅适于有色溶液，也适用于无色溶液及气体和固体的非散射均匀体系，不仅适用于可见光区的单色光，也适用于紫外和红外光区的单色光。该定律是光度法定量分析的理论基础。

5. 朗伯一比耳定律的理论推导

随着人们认识的深入，了解到溶液对光的吸收是溶液中吸光质点对光子俘获的结果，而每一吸光质点俘获光子的能力与质点的截面积 α 有关。当一束平行的单色光束垂直照射到某均匀溶液时，假设液层厚度为 b，截面积为 S，内含吸光质点总数为 n。并设想将液层厚度 b 分解成无限多个薄层，每薄层厚度为 $\mathrm{d}b$，每薄层体积为 $S\mathrm{d}b$，每一微体积内含吸光质点数为 $\mathrm{d}n$，$\mathrm{d}n$ 个质点可俘获光子的截面积为 $\alpha\mathrm{d}n$，而

$$P=\frac{\alpha\mathrm{d}n}{S}$$

式中的 P 表示每一微体积中光子被俘获的概率。

如果照射在某薄层截面积 S 上的光强度为 I(图 9-3)，通过该薄层后光强度减弱为 $-\mathrm{d}I$，则该薄层中光子被俘获的分数为 $-\frac{\mathrm{d}I}{I}$。俘获分数与俘获概率应成正比，即

$$\frac{-\mathrm{d}I}{I}\propto\frac{\alpha\mathrm{d}n}{S}$$

写成等式

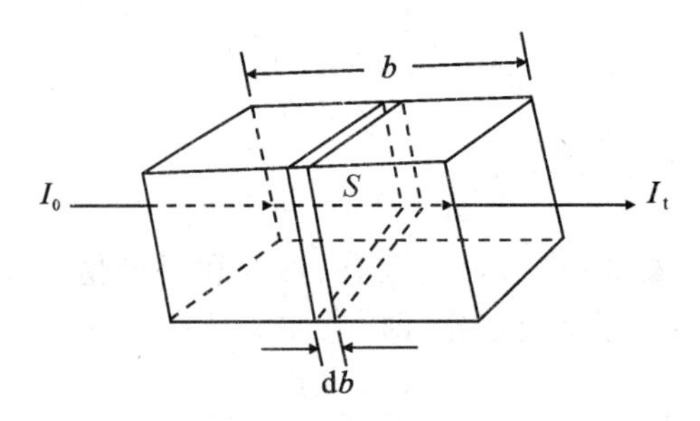

图 9-3 光吸收示意图

$$\frac{-\mathrm{d}I}{I}=K_1\frac{\mathrm{d}n}{S}$$

积分：

$$-\int_{I_0}^{I_t}\frac{\mathrm{d}I}{I}=K_1\int_0^n \mathrm{d}n/S-\ln\frac{I_t}{I_0}=K_1\frac{n}{S}$$

$$\lg\frac{I_0}{I_t}=0.434K_1\frac{n}{S}$$

$$n=LcV(L\text{:阿佛加德罗常数})$$

$$n=LcSb$$

$$\lg\frac{I_0}{I_t}=Kbc$$

式中 I_0/I_t 的倒数 I_t/I_0 称为透光率，用符号 T 表示：

$$T=\frac{I_t}{I_0}$$

则

$$A=\lg\frac{I_0}{I_t}=-\lg T=Kbc$$

$$T=\frac{I_t}{I_0}=10^{-Kbc}$$

式(9-5)就是朗伯一比耳定律的数学表达式，从此式可看出，溶液的透光率 T 愈大，表明它对光的吸收愈小；相反，透光率愈小，表明它对光的吸收愈大；透光率 T 与浓度 c 成指数关系，只有 $-\lg T$ 才与浓度 c 成正比关系。若以吸光度 A(或透光率 T)为纵坐标，以吸光物质的浓度为横坐标作图，则得图 9-4。图中 $A-c$ 是一条直线，就是通常所说的工作曲线(标准曲线)。

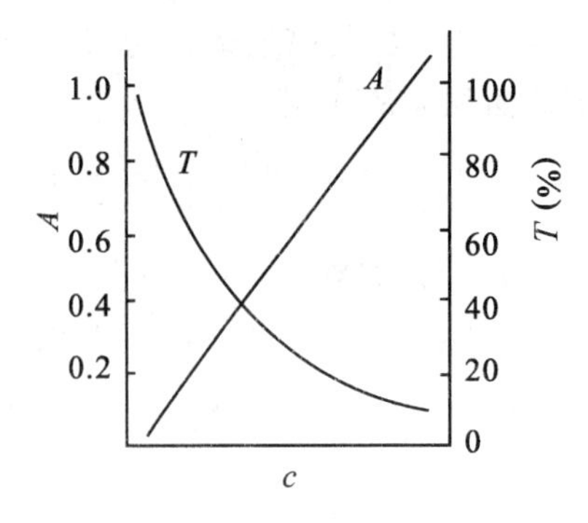

9-4 吸光度和透光率与浓度的关系

9.3.2 摩尔吸光系数、吸光系数和百分吸光系数

式(9-5)中的 K 值的名称及单位随 c、b 所取单位不同而不同，其表示方法有三种：

1. 摩尔吸光系数

当溶液浓度 c 用 mol/L、液层厚度 b 用 cm 表示时，常数 K 用 ε 表示，ε 称为摩尔吸光系数，单位为 $L \cdot mol^{-1} \cdot cm^{-1}$，此时朗伯一比耳定律表示为：

$$A = \varepsilon b c \tag{9-6}$$

摩尔吸光系数表示吸光物质的浓度为 1 mol/L、液层厚度为 1 cm 时，溶液在特定波长下的吸光度。但在实际工作中，不能直接取 1 mol/L 这样高浓度的溶液来测定摩尔吸光系数，而是在适当浓度时测定吸光度，再通过计算求得 ε 值或从工作曲线图上求得，因为当浓度以 mol/L 表示，液层厚度为 1 cm 时，$A-c$ 曲线的斜率即为 ε 值。

2. 吸光系数

当溶液浓度 c 用 g/L、液层厚度 b 用 cm 表示时，常数 K 用 a 表示，a 称为吸光系数，单位为 $L \cdot mol^{-1} \cdot cm^{-1}$，此时朗伯一比耳定律表示为：

$$A = a b c \tag{9-7}$$

3. 百分吸光系数

当溶液浓度 c 用 1%(g/mL)表示，液层厚度 b=1 cm 时，常数 K 用 $E_{1cm}^{1\%}$ 表示，$E_{1cm}^{1\%}$ 称为百分吸光系数，此时朗伯一比耳定律表示为：

$$A = E_{1cm}^{1\%} b c$$

摩尔吸光系数、吸光系数、百分吸光系数之间的相互关系为：

$$E_{1cm}^{1\%} = 10a = 10\frac{\varepsilon}{M}$$

【**例 9-1**】有一含铁浓度为 1 mg/L 的溶液，以邻二氮菲光度法测定铁，吸收池厚度为 2 cm，在 508 nm 测得吸光度为 0.380，计算摩尔吸光系数。

解
$$c_{Fe} = \frac{1.0 \times 10^{-3}}{55.85} = 1.8 \times 10^{-5} mol/L$$

$$\varepsilon = \frac{A}{bc} = \frac{0.380}{2 \times 1.8 \times 10^{-5}} = 1.1 \times 10^{4} L/mol \cdot cm$$

摩尔吸光系数为吸光物质(可见光度法中为有色络合物)的特征常数，浓度 c 是有色络合物(以 MLn 表示)的浓度

$$A = \varepsilon b[MLn]$$

$$\varepsilon = \frac{A}{b[MLn]}$$

有色络合物的浓度经常不能准确知道，一般以欲测金属离子总浓度 c_M 来代替[MLn]，但金属离子并不一定全部转变为有色络合物，以 c_M 计算得到的摩尔吸光系数是表观摩尔吸光系数，通常以 ε' 表示。表观摩尔吸光系数总是小于真摩尔吸光系数。当有色络合物 MLn 稳定性较高时(稳定常数大)，ε' 接近于真摩尔吸光系数 ε。如果 MLn 稳定性较低，二者相差较远。

吸光系数、摩尔吸光系数与入射光的波长、吸光物质的性质、温度等因素有关。当这些

条件确定时为一常数，而与吸光物质的浓度、比色皿的厚度无关。

9.3.3 吸光度的加和性

在含有多组分体系的光度分析中，往往各组分对同一波长的光都有吸收作用。如果各组分的吸光质点彼此不发生作用，当一束平行的单色光通过此溶液时，无论从理论上还是实验上都可以证明，它的吸光度等于各组分的吸光度之和，即

$$A = A_1 + A_2 + \cdots + A_n \tag{9-8}$$

这一规律称**吸光度的加和性**。根据这一规律，可以进行多组分的测定。

9.3.4 对朗伯一比耳定律的偏离

根据朗伯一比耳定律，吸光度 A 与吸光物质的浓度 c 成正比，即

$$A = K'c$$

通常在光度分析中需要绘制标准曲线，即固定液层厚度及入射光的波长和强度，测定一系列不同浓度标准溶液的吸光度，以吸光度为纵坐标，标准溶液的浓度为横坐标作图，得到一条通过原点的直线，该直线称为**标准曲线**或**工作曲线**。在相同条件下测定试液的吸光度，从工作曲线上查出试液的浓度，这种方法称为工作曲线法。但在实际工作中，特别是在溶液浓度较高(一般大于 0.01 mol/L)时，常出现工作曲线向浓度轴弯曲的情况(有时向吸光度轴弯曲)，如图 9-5 所示。这种现象称为对朗伯一比耳定律的偏离。如果在弯曲部分进行测定，将会引起较大误差。

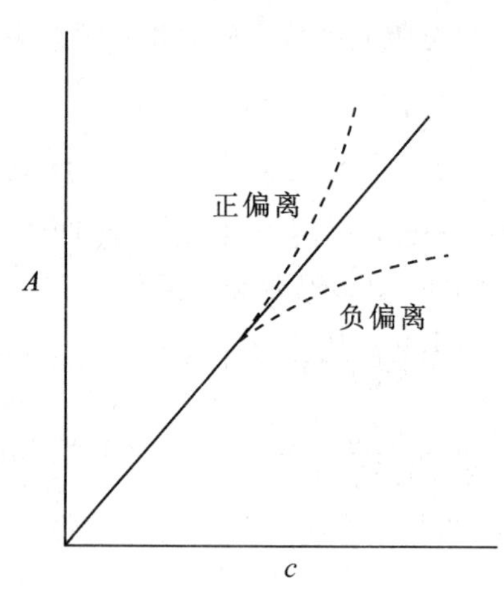

图 9-5 吸光度对朗伯一比耳定律的偏离

偏离朗伯一比耳定律的因素很多，主要有以下几个方面：

(1)非单色光引起的偏离

严格地说，朗伯一比耳定律只适用于单色光，目前用各种单色器所得到的入射光，都是波长范围比较窄的谱带，实际上仍是复合光。由于物质对不同波长光的吸收程度不同，因而用非单色光时就会发生偏离。

为讨论方便，假设入射光只是由两种波长 λ_1 和 λ_2 的光组成的。对于 λ_1，吸光度为 A_1，根据朗伯一比耳定律，则

$$A_1 = \lg \frac{I_{0_1}}{I_{t_1}} = \varepsilon_1 b\, c$$

$$I_{t_1} = I_{0_1} 10^{-\varepsilon_1 bc}$$

对于 λ_2，吸光度为 A_2，则

$$A_2 = \lg \frac{I_{0_2}}{I_{t_2}} = \varepsilon_2 b\, c$$

$$I_{t_2} = I_{0_2} 10^{-\varepsilon_2 bc}$$

设测量时入射光强度为$(I_{0_1}+I_{0_2})$，透射光强度为$(I_{t_1}+I_{t_2})$，故复合光通过溶液后的总吸光度为

$$A_{总} = \lg \frac{I_{0_1}+I_{0_2}}{I_{t_1}+I_{t_2}} = \lg \frac{I_{0_1}+I_{0_2}}{I_{0_1}10^{-\varepsilon_1 bc}+I_{0_2}10^{-\varepsilon_2 bc}}$$

如果 λ_1 与 λ_2 相差不大，即 $\Delta\lambda=|\lambda_1-\lambda_2|$很小，可以近似认为

$$\varepsilon_1 = \varepsilon_2 = \varepsilon$$

于是

$$A_{总} = \lg \frac{1}{10^{-\varepsilon bc}} = \varepsilon\, b\, c$$

即总吸光度 $A_{总}$ 仍然符合朗伯－比耳定律。但如果 $\Delta\lambda$ 较大，则 $\varepsilon_1 \neq \varepsilon_2$，显然总吸光度 $A_{总}$ 不可能符合朗伯－比耳定律，表现为工作曲线偏离直线。

为了克服非单色光引起的偏离，应尽量设法得到比较窄的入射光谱带，这就需要有比较好的单色器。此外，还应将入射光波长选择在被测物的最大吸收波长处。这不仅是因为在 λ_{max}处测定的灵敏度最高，还由于在 λ_{max}附近的一个小范围内吸收曲线较为平坦，即在 λ_{max}附近各波长的光的 ε 值大体相等，因此在 λ_{max}处由于非单色光引起的偏离要比在其他波长处小得多。

(2)介质不均匀引起的偏离

朗伯－比耳定律要求吸光物质的溶液是均匀的。如果溶液不均匀，例如产生胶体或发生混浊，当入射光通过溶液时，除了一部分被吸光物质吸收外，还有一部分因散射而损失，使透光率减小，因而实测吸光度增加，导致偏离朗伯－比耳定律。假设入射光强度为 I_0，吸收光强度为 I_a，透射光强度为 I_t，损失的散射光强度为 I_r，则

$$I_0 = I_a + I_r + I_t$$

实际测得的透光率

$$T_{实} = \frac{I_t}{I_0} = \frac{I_0 - I_a - I_r}{I_0}$$

如果没有发生散射，$I_r=0$，I_a 不变，则理想的透光率

$$T_{理} = \frac{I_t}{I_0} = \frac{I_0 - I_a}{I_0}$$

由此可见　　$T_{实} < T_{理}$

或者　　$T_{实} > T_{理}$

即实测的吸光度比理想的吸光度偏高，造成正偏离朗伯－比耳定律。

(3)化学反应引起的偏离

溶液中吸光物质常因条件的变化而发生离解、缔合、聚合及互变异构，使其浓度发生改

变,导致偏离朗伯一比耳定律。

例如用分光光度法测定 $Cr_2O_7^{2-}$ 的浓度时,若将某分析浓度为 c 的 $K_2Cr_2O_7$ 溶液用水分别稀释成分析浓度为$\frac{1}{2}c$、$\frac{1}{3}c$ 和$\frac{1}{4}c$ 的 $K_2Cr_2O_7$ 标准溶液,测定这些标准溶液的吸光度,并作工作曲线,结果发现工作曲线偏离直线。这是因为 $K_2Cr_2O_7$ 在溶液中有如下平衡:

$$\underset{(橙)}{Cr_2O_7^{2-}} + H_2O \rightleftharpoons 2HCrO_4^- \rightleftharpoons 2H^+ + \underset{(黄)}{2\,CrO_4^{2-}}$$

溶液中 $Cr_2O_7^{2-}$ 和 CrO_4^{2-}(或 $HCrO_4^-$)的相对浓度,与溶液的稀释程度及酸度有关。对于 $K_2Cr_2O_7$ 的中性水溶液,当加水稀释时,平衡向右移动,故溶液中实际存在的 $Cr_2O_7^{2-}$ 型体的浓度要低于其分析浓度,而且稀释倍数愈大,$Cr_2O_7^{2-}$ 的实际浓度比分析浓度低得愈显著,因而导致工作曲线弯曲。为了克服这种偏离,应当控制溶液为强酸性,此时Cr(Ⅵ)以 $Cr_2O_7^{2-}$ 型体存在,工作曲线为直线,即不会偏离朗伯一比耳定律。

9.4 比色法和分光光度法及其仪器

9.4.1 目视比色法

用眼睛辨别溶液颜色的深浅以确定待测组分含量的方法,称为**目视比色法**。

常用的目视比色法是标准系列法。它是在一套质料相同、粗细均匀、带有刻度的等体积的比色管中,分别加入不同浓度的标准溶液,再分别加入等量的显色剂及其他试剂,并控制其他实验条件相同,最后稀释至同样体积,摇匀,这样就制成一套颜色逐渐加深的标准色阶。取一定量待测试液置于同样的比色管中,在同样条件下显色,并稀释至同样体积,摇匀,在相同的光照条件下,将它的颜色与标准色阶进行比较,如果它与色阶中某一标准溶液的深浅相近,则可推断待测溶液的浓度与该标准溶液的浓度相近;如果它的颜色深浅处于色阶中某两个标准溶液之间,则可推断其浓度也在这两个浓度之间,则未知试样的浓度可取两标准溶液浓度的平均值。

目视比色法仪器简单、操作简便,而且是在复合光——白光下进行测定,不需要单色光,适用于某些不符合朗伯一比耳定律的显色物质的测定。它的缺点主要是准确度较差,相对误差约为 5%~10%,并往往带有主观误差。

9.4.2 光电比色法和分光光度法

光电比色法和分光光度法都是以朗伯一比耳定律为理论基础的分析方法,两种方法的原理相同,一般都用工作曲线法确定未知液的浓度。它们之间的主要区别在于获得单色光的手段不同,即仪器中所采用的单色器不同。光电比色法是用滤光片为单色器,所获得的入射光谱带较宽,单色光的纯度不高。分光光度法是用棱镜或光栅为单色器,所获得的入射光谱带较窄,单色光的纯度较高。

由于光电比色法和分光光度法都是借助于仪器来进行测量,不仅消除了主观误差,测定的灵敏度和准确度也比目视比色法有很大提高,特别是分光光度法,由于可以获得较纯的单色光,在灵敏度和可靠性方面又要优于光电比色法,具有广阔的发展前途。

光电比色法、分光光度法与目视比色法在原理上是有区别的。光电比色法和分光光度法是比较有色溶液对某一波长光的吸收情况,目视比色法则是比较透过光的强度。例如,测定溶液中 $KMnO_4$ 的含量时,光电比色法和分光光度法测量的是 $KMnO_4$ 溶液对绿色光的吸收程度,目视比色法则是比较 $KMnO_4$ 溶液透过紫红色光的强度。

9.4.3 光度分析仪器的基本部件

1. 光源

理想光源的发射强度应足够强,所发射各波段光的强度分布均匀而且稳定。可见区和紫外区通常分别用钨灯和氢灯两种光源。

(1)钨灯

钨灯光源是固体炽热发光,又称白炽灯。发射光能的波长范围较宽,但紫外区很弱。钨灯发出的连续光源,波长在 400~1 000 nm 范围内,适宜于作为可见区及近红外区的光源。

(2)氢灯或氘灯

氢灯是一种立体放电发光的光源,它是用石英制成的、充满低压氢气的二极管。当外加电压时,两极间产生很强的弧光,发射出波长范围在 160~350 nm 的光,用作紫外区光源。氘灯比氢灯发光强,现在的仪器多用氘灯。气体放电发光需先激发,同时应控制稳定的电流,所以都配有专用的稳压电源装置。

2. 单色器(将光源发出的连续光谱分解为单色光的装置)

在光度分析中,严格地说,只有入射光为单色光时,测得的吸光度才与浓度呈线性关系,因此都要通过单色器把复合光分解为单色光。

(1)棱镜

棱镜有玻璃棱镜和石英棱镜两种。不同波长的光通过棱镜时,由于折射率的不同,将复合光按波长顺序分解为单色光。玻璃棱镜色散波段一般在 360~700 nm,用于可见分光光度计中。石英棱镜的色散波段一般在 200~1 000 nm,可用于紫外－可见分光光度计中。

(2)光栅

光栅是利用光的衍射与干涉原理制成的一种色散元件。它的特点是适用波长范围宽(可从几个纳米到几百微米),色散均匀、分辨本领高。

3. 吸收池(比色皿)

一般为长方形,也有园柱形的,用作盛待测溶液和参比溶液的容器。用于可见区的吸收池是用光学玻璃制成的,用于紫外光区的吸收池是用石英制成的。有厚度为 0.5 cm、1.0 cm、2.0 cm、3.0 cm 等数种规格。同一规格的吸收池间的透光率差应小于 0.5%。吸收池应无色,应注意保护透光面不受磨损。

4. 检测器(利用光电效应,将光能转成电流讯号)

(1)光电池

光电池是用某些半导体材料制成的光电转换元件。常用的是硒光电池,其结构如图 9-6所示,其表层是导电性能良好、可透过光的金属(金、铂、银或镉)薄膜,中层是具有光电效应的半导体材料硒,底层是铁或铝片;表层为负极,底层为正极,与检流计组成回路。当外电路的电阻较小时,光电流与照射光强度成正比。

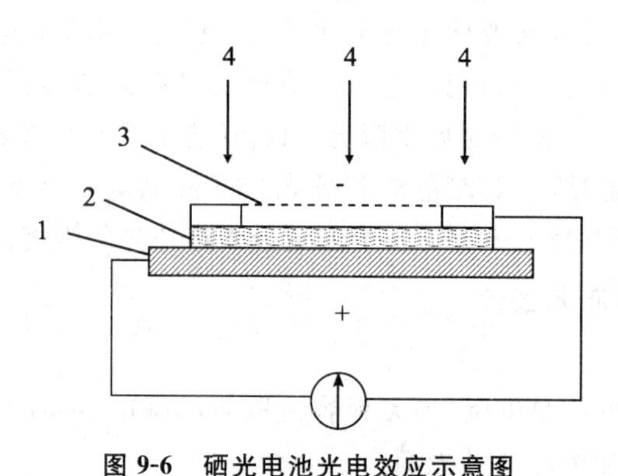

图 9-6 硒光电池光电效应示意图

1—铁片；2—半导体硒；3—金属薄膜；4—入射光线

硒光电池的感光范围为 300～800 nm，以 500～600 nm 最灵敏，而对红外和紫外光都不适用。光电池的光谱灵敏度如图 9-7 所示。

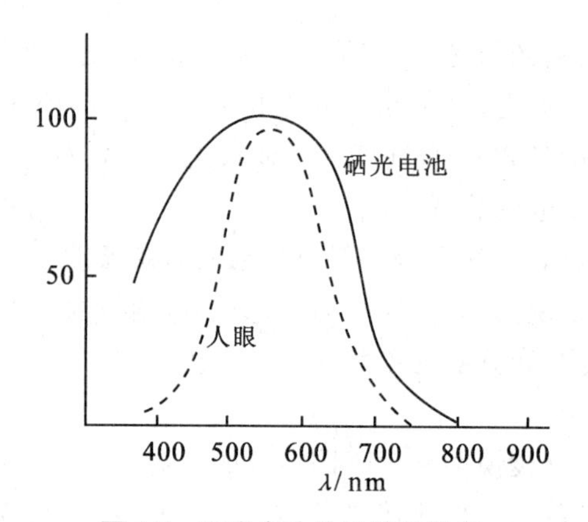

图 9-7 硒光电池的光谱灵敏度

(2)光电管

光电管是一种二极管，它的两个电极装在玻璃或石英泡内，阳级通常是一个镍环或镍片，阴极为涂有一层光敏物质的金属片，当光照射到光电管的阴极上时就放出电子。光电管的两极与一个电池相连时，由阴极放出的电子在电场的作用下流向阳极，形成光电流，而且光电流的大小与照射到它上面的光强度成正比。

若组成光电管的阴极材料不同，则对不同波长的光的敏感度也不同。目前国产光电管有红敏(银氧钯阴极)和蓝敏(锑铯阴极)两种，前者适用于波长 625～1 000 nm，后者适用于波长 200～625 nm 的光谱范围。光电管与光电池比较，具有灵敏度高，光敏范围广，不易疲劳等优点。

5. 信号显示系统(将检测器检测的信号显示和记录下来的装置)

分光光度计中常用的显示装置有悬镜式检流计、微安表、电位计、数字电压表、自动记录仪等。一般简易型分光光度计多用悬镜式检流计。

检流计用于测量光电池受光照射后产生的电流。它的灵敏度可达到 10^{-9} 安培/格。为了保护检流计，使用时要防止震动或大电流通过，以免吊丝扭断。当仪器不使用时，必须将检流计的开关指向零位，使其短路。

检流计标尺上刻有两种刻度，等刻度表示百分透光率($T\%$)，不等刻度表示吸光度(A)，因为吸光度与透光率是负对数关系，所以吸光度标尺的刻度是不均匀的。A 和 T 的关系如图 9-8 所示。

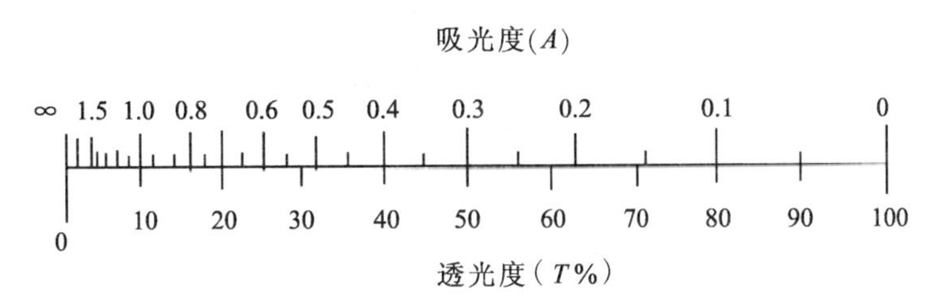

图 9-8　吸光度和透光率的关系

9.4.4　典型仪器介绍

1. 72 型分光光度计

国产 72 型分光光度计是简易型可见分光光度计，其光学系统如图 9-9 所示。

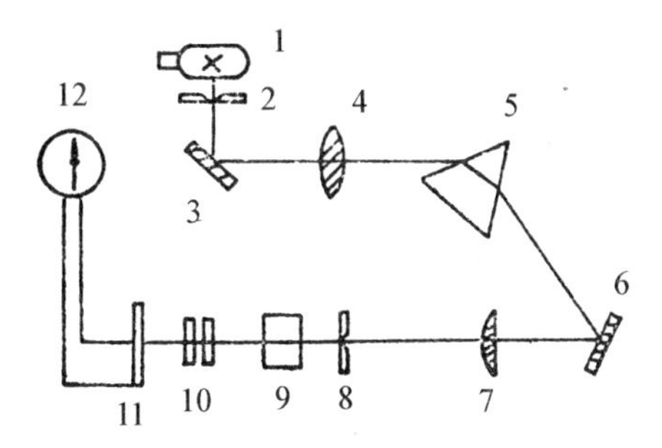

图 9-9　72 型分光光度计光学系统示意图

1—光源；2—进光狭缝；3、6—反射镜；4、7—透镜；5—棱镜；
8—出光狭缝；9—比色皿；10—光量调节器；11—硒光电池；12—检流计

由光源(1)发出的复合光，经进光狭缝(2)、反射镜(3)和透镜(4)后，成为平行光束进入棱镜(5)。经棱镜色散后，各种波长的光被镀铝反射镜(6)反射，再经透镜(7)聚光于出光狭缝(8)上。镀铝反射镜和透镜装于一个可旋动的转盘上，转盘旋转的角度由波长调节器上一个螺丝凸轮带动。因此，旋动波长调节器，就可以在出光狭缝后面得到所需波长的单色光。此单色光通过比色皿(9)和光量调节器(10)后，照射到硒光电池(11)上，由光电效应所产生的光电流输入检流计，得到吸光度读数。

2. 721 型分光光度计

721 型分光光度计是在 72 型的基础上改进而成的，它的结构比 72 型合理，性能比 72 型有显著提高，工作波段为 360～800 nm，采用光电管作检测器，灵敏度比 72 型高。

3. 751 型分光光度计

国产 751 型分光光度计是紫外，可见和近红外分光光度计，工作波段范围为 200～1 000 nm，光源配有钨灯和氢灯，在 200～320 nm 范围测量时用氢灯，在 320～1 000 nm 测量时用钨灯。色散元件为特罗棱镜(30°角的直角三角形石英棱镜)，接收器为蓝敏(锑铯阴极）和红敏（银氧铯阴极）两个真空阴极管，使用的波长范围分别为 200～625 nm 和 625～1 000 nm。751 型分光光度计的光学系统结构如图 9-10 所示。

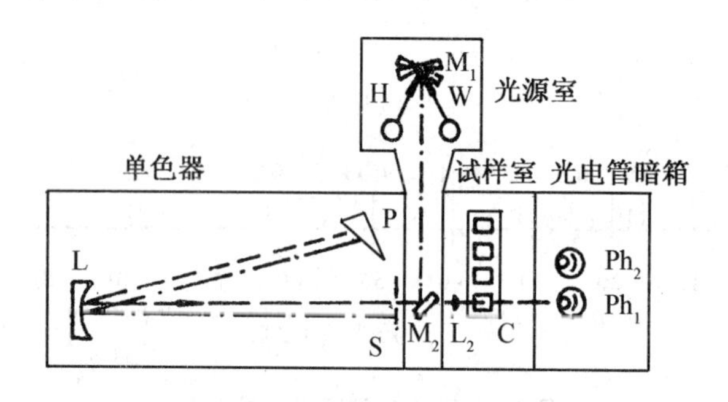

图 9-10　751 型光学系统简图

H—氢灯；W—钨灯；M_1—凹面反射镜；M_2—平面反射镜；L—准光镜；P—石英棱镜；S—狭缝；L_1—透镜；C—吸收池；Ph_1—蓝敏光电管；Ph_2—红敏光电管

9.5　显色反应和显色条件的选择

9.5.1　对显色反应的要求

在光度分析中，将试样中被测组分转变成“有色”化合物的化学反应叫**显色反应**。显色反应可分为两类，络合反应和氧化还原的反应。主要是络合反应。对于显色反应一般应满足下列要求：

(1)选择性要好。一种显色剂最好只与被测组分发生显色反应，或者干扰离子容易被消除。

(2)灵敏度要高。灵敏度高的显色反应有利于微量组分的测定，故一般选择生成的有色化合物的摩尔吸光系数高的显色反应。但灵敏度高的显色反应并不一定选择性好，对于高含量组分的测定，不一定选用最灵敏的显色反应。

(3)有色化合物的组成要恒定，化学性质要稳定。生成的有色化合物应具有固定的组成，这样被测物质与有色化合物之间才有定量关系。

(4)有色化合物与显色剂之间的颜色差别要大。通常用“反衬度”表示它们之间的颜色差别，它是有色化合物 MR 和显色剂 R 的最大吸收波长之差的绝对值

$$\Delta\lambda = |\lambda_{max}^{MR} - \lambda_{max}^{R}|$$

一般要求 $\Delta\lambda$ 在 60 nm 以上，这样才能达到显色时颜色变化鲜明，试剂空白小。

9.5.2　显色反应灵敏度

灵敏度常采用下列两个参数描述：

1. 摩尔吸光系数

有色物质的摩尔吸光系数表明该物质对某一特定波长光（通常为最大吸收波长 λ_{max}）的吸收能力。吸收能力愈大，ε 值愈大，测定的灵敏度就愈高。当 $\varepsilon > 10^4$ 时，可以认为这个方

法是高灵敏度的。通常所说的摩尔吸光系数，指的是最大吸收波长时的摩尔吸光系数，以 $\varepsilon_{最大}$ 或 ε_{max} 表示。

2. 桑德尔灵敏度

显色反应的灵敏度也常用桑德尔(Sandell)灵敏度表示。桑德尔灵敏度原来用于目视比色法，是指人的眼睛在单位面积(cm^2)液柱内，能够检出有色物质的最低量，单位为 $\mu g/cm^2$。后将此推广到光度仪器测量，规定仪器检测下限为 $A=0.001$。当 $A=0.001$ 时，单位面积光程中所含待测物质的质量即为桑德尔灵敏度，用 S 表示，单位同样为 $\mu g/cm^2$。S 愈小，灵敏度愈高。

对同一吸光物质而言，由于其吸收能力是客观存在的，因此同是反映其吸收能力或灵敏度大小的 ε 与 S 必定有着确定的数量关系。根据朗伯一比耳定律

$$bc = \frac{0.001}{\varepsilon}$$

当被测物质浓度为 c mol/L(即 mol/1 000cm^3)，摩尔质量为M(g/mol)，b 的单位为 cm 时，根据桑德尔灵敏度的定义，则

$$M \times 10^6(\mu g/mol) \times c(mol/cm^3) \times 10^{-3}(\mu g/cm^2) \times b\ (cm) = S$$

$$Mcb \times 10^3 = S$$

将 bc 值代入，则得

$$S = M \times \frac{0.001}{\varepsilon} \times 10^3 = \frac{M}{\varepsilon} \qquad (9\text{-}9)$$

9.5.3 显色反应类型

1. 氧化还原反应

利用氧化还原反应使被测物显色，如钢铁中微量锰的测定，样品溶解后锰全部以 Mn^{2+} 存在。Mn^{2+} 近于无色，不能直接用光度法进行测定。可以用 Ag^+ 作为催化剂，用过硫酸铵将 Mn^{2+} 氧化为紫红色的 MnO_4^-，反应如下：

$$2Mn^{2+} + 5S_2O_8^{2-} + 8H_2O \xlongequal{Ag^+} 2MnO_4^- + 10SO_4^{3-} + 16H^+$$

MnO_4^- 在 525 nm 有一较强的吸收峰，可以用光度法进行测定。

2. 络合反应

利用络合反应使被测物显色是目前应用最广泛的显色方法，其中有：

(1)二元络合物

金属离子与一种试剂形成的络合物称为二元络合物。例如，邻二氮菲与亚铁生成稳定的二元络合物

$$Fe^{2+} + 3Phen = Fe(Phen)_3^{2+}\ (红色)$$

这里以 Phen 表示邻二氮菲，通过这个络合反应，使 Fe^{2+} 转变为红色的 $Fe(Phen)_3^{2+}$，它在 510 nm 有一灵敏吸收峰。显色剂 Phen 本身无色，可以用蒸馏水作参比。邻二氮菲光度法测铁已经成为测铁的经典方法。

(2)多元络合物

由三种或三种以上的组分形成的单核或多核络合物称为多元络合物。目前应用较多的是一种金属离子与两种配位体所形成的三元络合物。

由于多元络合物具有反应灵敏，选择性好、比较稳定、易被有机溶剂萃取等特性，近年来在分析化学中，特别是在分光光度法中的应用得到迅速发展。现介绍三种重要的三元络合物。

①三元混配络合物

金属离子与一种络合剂形成不饱和络合物，然后与另一种络合剂结合，形成三元混合配位络合物，简称三元混配络合物。如 Ti^{4+} 与 H_2O_2 及二甲酚橙在 pH0.6～2 的酸性溶液中形成 1∶1∶1 的络合物，可用来测定钛。

②离子缔合物

金属离子先与配位体生成络阴离子或络阳离子，然后再与带相反电荷的离子生成离了缔合物。这类化合物主要应用于萃取光度测定。

例如，Fe^{2+} 与 1，10－二氮菲(Phen)形成$[Fe(Phen)_3]^{2+}$阳离子，然后在 pH＝6 溶液中，与大体积的阴离子甲基橙生成离子缔合物，以1，2－二氯乙烷萃取后，用光度法测铁，灵敏度很高，可测定溶液中低至 2×10^{-7} mol/L Fe^{2+}。

作为离子缔合物的阳离子有碱性染料，1，10－二氮菲及其衍生物、安替比林及其衍生物、氯化四苯砷(或磷、锑)等。作为阴离子有 X^-、SCN^-、ClO_4^-、无机杂多酸和某些酸性染料等。

③三元胶束络合物

它是金属离子－络合剂－表面活性剂体系。金属离子与络合剂反应时，加入某些长碳链季胺盐、动物胶或聚乙烯醇等表面活性剂，形成易溶于水的胶束化合物。这类化合物的吸收峰向长波方向移动(红移)，测定的灵敏度及选择性均有显著提高。

例如，Be^{2+} 与铬天菁 S 形成的络合物 $\lambda_{max}=569$ nm，$\varepsilon=2\times10^4$，若在 pH＝4.5～5.5 时，有表面活性剂溴化十六烷基吡啶(CPB)参加反应，则形成三元络合物，其 $\lambda_{max}=625$ nm，$\varepsilon=8.1\times10^4\sim1.1\times10^5$，用此法可测定天然水中微量铍。

9.5.4 常见显色剂介绍

1. 无机显色剂

由于无机显色剂与金属离子生成的络合物不够稳定，灵敏度和选择性都不高，在光度分析中应用不多，目前用得较多的有硫氰酸盐、钼酸铵，过氧化氢等(见表 9-3)。

表 9-3 常用的无机显色剂

显色剂	测定元素	酸　度	有色化合物组成	颜色	测定波长/nm
硫氰酸盐	Fe(Ⅲ)	0.1～0.8 mol/L HNO_3	$Fe(SCN)_5^{2-}$	红	480
	Mo(Ⅴ)	1.5～2 mol/L H_2SO_4	$MoO(SCN)_5^{2-}$	橙	460
	W(Ⅴ)	1.5～2 mol/L H_2SO_4	$WO(SCN)_4^-$	黄	405
钼酸铵	S	0.15～0.3 mol/L H_2SO_4	$H_4SiO_4\cdot10MoO_3\cdot Mo_2O_5$	蓝	670～820
	P	0.5 mol/L H_2SO_4	$H_3PO_4\cdot10MoO_3\cdot Mo_2O_5$	蓝	670～820
氨水	Cu(Ⅱ)	浓氨水	$Cu(NH_3)_4^{2+}$	蓝	620
	Co(Ⅱ)	浓氨水	$Co(NH_3)_4^{2+}$	红	500
过氧化氢	Ti(Ⅳ)	1～2 mol/L H_2SO_4	$TiO(H_2O_2)^{2+}$	黄	420
	V(Ⅴ)	0.5～3 mol/L H_2SO_4	$VO(H_2O_2)^{3+}$	红橙	400～450
	Nb	18 mol/L H_2SO_4	$Nb_2O_3(SO_4)_2\cdot(H_2O_2)_2$	黄	365

2. 有机显色剂

许多有机试剂在一定条件下能与金属离子生成极稳定的具有特征颜色的金属螯合物，选择性及灵敏度均较高。而且许多螯合物易溶于有机溶剂，可以进行萃取光度测定，进一步提高测定的灵敏度和选择性。有机显色剂的种类很多，现将几种应用较多的有机显色剂列于表 9-4 中。

表 9-4　几种有机显色剂

显色剂	显色剂结构式	被测离子	络合物组成及颜色	摩尔吸光系数 ε
磺基水杨酸 (Sal^{2-})	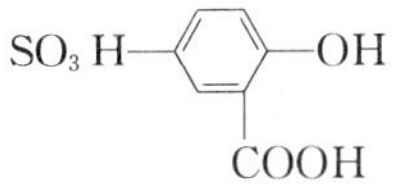	Fe^{3+}	$FeSal^{+}$ 紫红色 pH1～2	$\varepsilon_{520}=1.6\times10^{3}$
邻二氮菲 (Phen)		Fe^{2+}	$Fe(Phen)_2^{2+}$ 红色 pH2～9	$\varepsilon_{562}=1.1\times10^{4}$
双硫腙 (打萨宗) (HD)	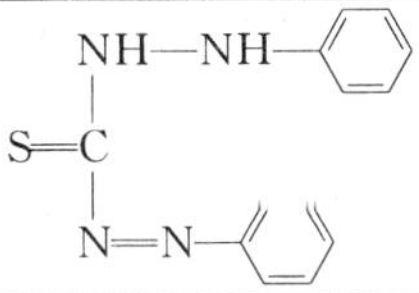	Pb^{2+}	$Pb(HD)_2$ 紫红色 pH7.5～11	$\varepsilon_{510}=6.6\times10^{4}$
双环己酮草酰二腙 (BCO)	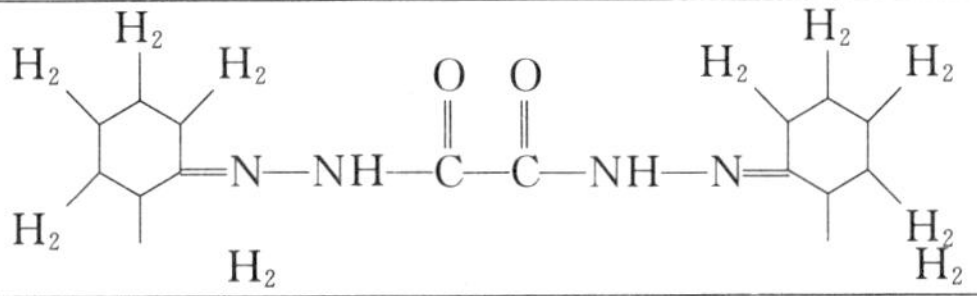	Cu^{2+}	$Cu(BCO)_3^{2+}$ 蓝色 弱碱性	$\varepsilon_{630}=1.6\times10^{4}$
二甲酚橙 (XO)	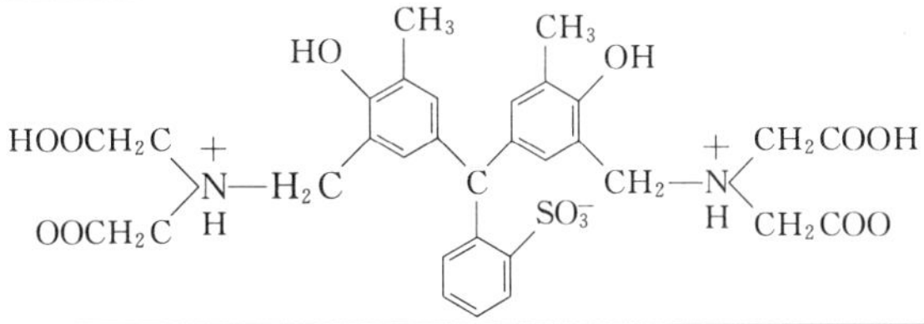	Cu^{2+}	$Cu(XO)^{2+}$ 紫红色 pH5.4～6.2	$\varepsilon_{520}=2.4\times10^{4}$

9.5.5　显色条件的选择

1. 显色剂用量

生成有色络合物的反应，一般可用下式表示：

$$\underset{(\text{金属离子})}{M} + \underset{(\text{显色剂})}{nR} \rightleftharpoons \underset{(\text{有色络合物})}{MR_n}$$

为保证显色反应尽可能地进行完全，一般需加入过量显色剂。对于稳定性较高的有机络合物，只要加入稍过量的显色剂，显色反应就能定量进行。但对某些生成逐级络合物的反应，就要严格控制显色剂的用量。

显色剂用量是通过实验来确定的。一般是这样做的：固定被测组分的浓度和其他条件，分别加入不同量的显色剂，测定吸光度，以吸光度为纵坐标，试剂用量（试剂浓度 c_R 或加入的体积 V）为横坐标作图。通常有三种情况，如图 9-11 所示。

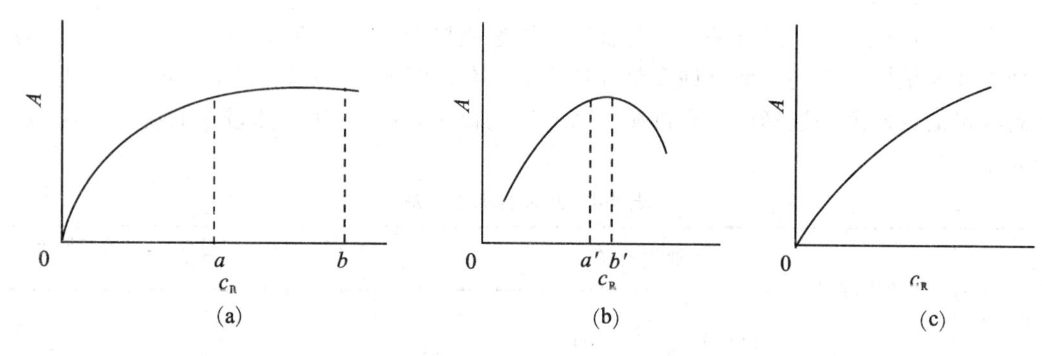

图 9-11 吸光度与显色剂用量的关系

图 9-11(a)曲线表明，随着显色剂用量的增加，溶液的吸光度也不断增加，当显色剂用量达到某值时，吸光度不再增加，保持恒定值，出现平坦部分，这表明，显色剂量已足够，故可在平坦区域选择合适的显色剂用量。图 9-11(b)与(a)不同的地方是曲线的平坦部分很窄，表示显色剂用量仅在 a′～b′内，吸光度才较稳定。显色剂用量小于 a′或大于 b′，吸光度都下降，因此必须严格控制显色剂用量。例如 Mo(Ⅴ)与 SCN^- 生成一系列配位数不同的络合物：

$$\underset{\text{(浅红)}}{Mo(SCN)_3^{2+}} \rightleftharpoons \underset{\text{(橙红)}}{Mo(SCN)_5} \rightleftharpoons \underset{\text{(浅红)}}{Mo(SCN)_6^-}$$

用光度法测定时，一般是测 $Mo(SCN)_5$ 的吸光度，如果 SCN^- 浓度太低或太高，吸光度都降低。因此应严格控制显色剂的量，否则得不到正确的结果。图 9-11(c)所示与前面两种情况完全不同，当显色剂用量增大时，吸光度随之增大，例如用 SCN^- 测定 Fe^{3+}，随着 SCN^- 用量增大，生成颜色愈来愈深的高配位数络合物 $Fe(SCN)_4^-$、$Fe(SCN)_5^{2-}$ 等。只有严格控制显色剂用量，才能进行测定。

2. 溶液酸度的影响

由于大多数显色剂为有机弱酸或弱碱，而金属离子常会发生水解，溶液酸度改变时就必然会引起以下副反应：

$$\begin{array}{ccccc} M & + & R & \rightleftharpoons & MR \\ \big\downarrow{\scriptstyle OH^-} & & \big\downarrow{\scriptstyle H^+} & & {\scriptstyle H^+}\swarrow \quad \searrow{\scriptstyle OH^-} \\ MOH & & MR & & MHR \quad MOHR \end{array}$$

从而影响显色剂、金属离子的存在形态以及络合物的组成、稳定性和显色反应的实际完全程度。溶液的酸度对副反应有较大的影响，因而对溶液的吸光度有较大的影响。

显色反应的适宜酸度范围，通常是通过实验来确定的。其方法是固定溶液中待测组分和显色剂的浓度，改变溶液的 pH 值，测定吸光度，作出 A—pH 曲线，如图 9-12 所示。曲线中间一段 A 较大而又恒定的平坦部分所对应的 pH 值范围就是适宜的酸度范围，可以从中选择一个 pH 值作为测定时的酸度条件。

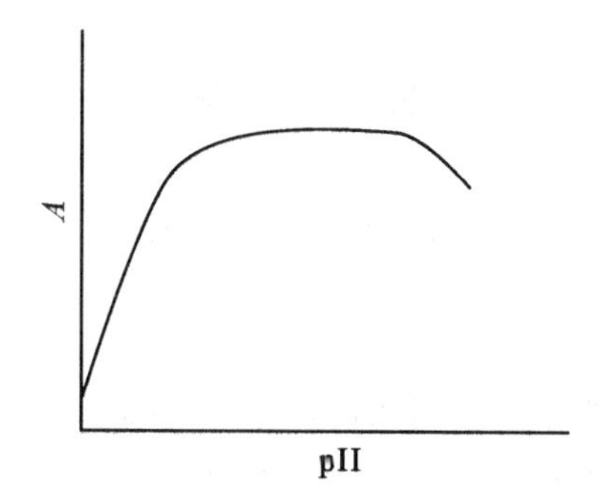

图 9-12　吸光度与溶液酸度的关系

3. 显色时间及颜色稳定时间

由于显色反应完成的速度不同，溶液颜色达到稳定状态所需时间也不同。有些有色络合物能瞬间形成，颜色很快达到稳定状态，并能保持较长时间，大多数显色反应速度较慢，需要一定时间，溶液颜色才能达到稳定；有些有色络合物虽能迅速形成，但颜色很快减退，使吸光度下降。适宜的显色时间及颜色稳定时间也是通过实验确定的。配制一份显色溶液，从加入显色剂计算时间，每隔一段时间测定一次吸光度，绘制 $A-t$ 曲线，根据曲线来确定最适宜的显色时间和颜色稳定时间。

4. 显色温度

多数显色反应在室温下进行，有少数反应在室温下进行很慢，必须加热至一定温度才能迅速完成；但有些有色化合物在温度偏高时易分解，为此应根据不同情况选择适当的温度进行显色。

9.6　光度法测量误差及其消除

9.6.1　化学因素引起的误差

1. 溶液中的化学反应

溶液中吸光物质常因聚合、离解、形成新化合物或互变异构等化学变化而改变浓度，导致偏离朗伯一比耳定律，从而产生误差。

2. 显色条件不一致

3. 干扰物质的影响

干扰物质的影响有下列几种情况：

(1)干扰物质本身有颜色

如果溶液中干扰物质本身有颜色，如 Co^{2+}（红色）、Cr^{3+}（绿色）、Cu^{2+}（蓝色），会使吸光度增加，产生正干扰。

(2)干扰物质与显色剂生成有色络合物

如果干扰物质与显色剂生成有色络合物，也会使吸光度增加，产生正干扰。

(3)干扰物质与被测组分或显色剂生成无色络合物，则会降低被测组分或显色剂的浓度，从而影响显色剂与被测组分的反应，引起负干扰。

(4)在显色条件下，若干扰物质水解，析出沉淀使溶液混蚀，致使吸光度的测量无法进行。

(5)干扰物质与被测组分或显色剂形成非常稳定的络合物，使显色反应不能进行。

9.6.2 仪器的测量误差

在光度法中除了各种化学因素所引入的误差外，仪器测量不准确也将引入误差。

任何光度计都有一定的测量误差。这些误差可能来源于光源不稳定，实验条件的偶然变动，测量时透光率与吸光度的读数误差等。下面着重介绍读数误差。

透光率 T 或吸光度 A 的读数误差(测量误差)属于随机误差，为方便讨论用读数的最大不确定性(极值)ΔT 或 ΔA 表示这一误差的大小。对于一给定的光度计来说，透光率读数误差 ΔT 可认为是一常数，约为 0.01～0.02，与 T 本身的大小无关。由于透光率 T 与待测溶液浓度 c 是负对数关系，当 T 不同时，同样大小的 ΔT 所引起的浓度误差 Δc 是不同的。

光度分析的目的是通过吸光度 A 测得浓度 c，那么由这个固定的 ΔT 所引起的浓度 c 的测量相对误差是多少呢？林邦(Ringbom)等对于这个问题进行过定量推导。根据朗伯－比耳定律

$$A = -\lg T = \varepsilon b c$$

求导数

$$dA = \frac{-0.434 dT}{T} = \varepsilon b dc$$

将 $\varepsilon b = -\frac{\lg T}{c}$ 代入上式得：

$$dA = \frac{-0.434 dT}{T} = -\frac{\lg T dc}{c}$$

$$\frac{dA}{A} = \frac{0.434 dT}{T \lg T} = \frac{dc}{c}$$

由于对于一给定的光度计，ΔT 是一定值，不随透光率变化而改变，把 dT 写成为 ΔT，则：

$$\frac{\Delta c}{c} = \frac{0.434 \Delta T}{T \lg T} \qquad (9\text{-}10)$$

可以看出，浓度 c 的测量相对误差 $\frac{\Delta c}{c}$ 与透光率 T 的测量误差及透光率本身的大小有关。由式(9-10)可计算不同 T 时的浓度 c 的测量相对误差，结果列于表 9-5 中($\Delta T =$ 0.01)。以 $\frac{\Delta c}{c}$ 对 T 作图，得图 9-13。由图 9-13 及表 9-5 可见，当 T 很小或很大时，浓度 c 的测量相对误差都很大。如果光度计读数误差为 0.01，若要求浓度测量的相对误差小于 5%，应该在透光率为 70%～10%(即吸光度为 0.15～1.00)的范围内进行测定，这就是光度分析中比较适宜的透光率或吸光度范围。

表 9-5　不同 T 值(或 A 值)时浓度测量的相对误差($\Delta T=0.01$)

T(%)	A	$\frac{\Delta c}{c}$(%)	T(%)	A	$\frac{\Delta c}{c}$(%)
95	0.022	20.52	40	0.398	2.73
90	0.045	10.55	36.8	0.434	2.72
80	0.097	5.60	30	0.523	2.77
70	0.155	4.01	20	0.699	3.11
60	0.222	3.26	10	1.000	4.34
50	0.301	2.88	5	1.301	6.70

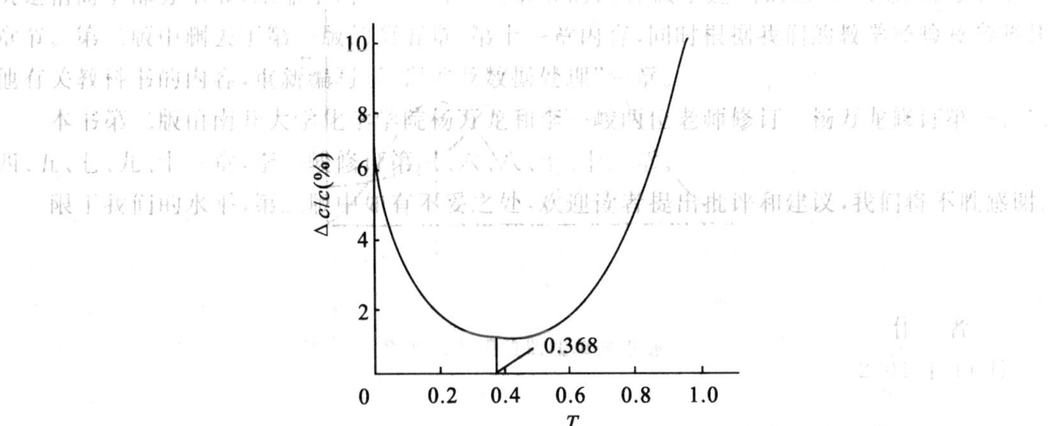

图 9-13　浓度测量的相对误差与溶液透光率的关系

T 为多少时浓度测量的相对误差$\frac{\Delta c}{c}$最小？要使$\frac{\Delta c}{c}$为最小，式(9-10)中 $T\lg T$ 应为最大，即将 $T\lg T$ 对 T 求导，其值应为零，即

$$\frac{\mathrm{d}(T\lg T)}{\mathrm{d}T}=0$$

$$\frac{\mathrm{d}(T\lg T)}{\mathrm{d}T}=0.434+\lg T=0$$

$$-\lg T=A=0.434$$

$$T=0.368$$

即当 $T=36.8\%$或 $A=0.434$ 时，浓度测量的相对误差最小。如果 $\Delta T=0.01$，则

$$\frac{\Delta c}{c}=2.7\%$$

可以看出，即使浓度测量的相对误差最小时，它的值也接近 3%，这就是光度分析法的测定误差一般在 2%～5%左右的原因。

9.6.3　干扰物质影响的消除和测量条件的选择

1. 控制显色酸度

许多显色剂是有机弱酸，并且与不同金属离子生成的络合物稳定性不同，因此可以利用控制酸度的方法提高反应的选择性，消除某些离子的干扰。例如，用双硫腙测定 Hg^{2+} 时，Cu^{2+}、Co^{2+}、Ni^{2+}、Pb^{2+} 等均能生成有色络合物，其中 Hg^{2+} 生成的络合物最稳定，在0.5

mol/L H_2SO_4 介质中，则上述其他离子不与双硫腙发生反应，从而消除其干扰。

2. 加入适当的掩蔽剂

加入掩蔽剂是提高光度分析选择性的常用方法。通常选择合适的掩蔽剂与干扰物质生成稳定的化合物，选取的条件是掩蔽剂不与被测离子作用，且与干扰物质生成的化合物最好是无色的。例如，用 SCN^- 测定 Co^{2+} 时，Fe^{3+} 有干扰，加入 F^-：$Fe^{3+}+6F^-=FeF_6^{3-}$，Fe^{3+} 被掩蔽。

3. 利用氧化还原反应改变干扰离子的价态

如用铬天菁 S 比色法测定 Al^{3+} 时，Fe^{3+} 有干扰，加入抗坏血酸将 Fe^{3+} 还原为 Fe^{2+} 后，干扰即可消除。

4. 分离干扰离子

可利用萃取法、沉淀法、蒸馏法、离子交换法等预先除去干扰离子。

5. 选择合适的入射光波长

在光度分析中一般应该选择最大吸收波长为测定波长，因为在最大吸收波长下测定不但灵敏度较高，而且能够减少或消除由非单色光引起的对朗伯－比耳定律的偏离。但是如果在最大吸收波长处有其他吸光物质干扰，就应考虑选择其他能避免干扰的入射光波长。例如，$KMnO_4$ 的最大吸收波长为 525 nm，测定 $KMnO_4$ 时，若有 $K_2Cr_2O_7$ 存在，由于它在 525 nm 处也有一定的吸收，故影响 $KMnO_4$ 的测定。为此，可用 545 nm 波长的光进行测定。虽然测定的灵敏度降低了，但却消除了 $K_2Cr_2O_7$ 的干扰。

6. 控制适当的吸光度范围

从仪器测量误差的讨论中已了解到，为了使测量的准确度较高，一般应控制标准溶液和待测试液的吸光度在 0.15～1.00 范围内。为此可采取以下措施：

(1)控制试液的浓度

含量大时，少取样或稀释试液；含量小时，可多取样或萃取富集。

(2)选择不同厚度的吸收池

7. 选择适当的参比溶液

在光度分析中，先将参比溶液置于光路，调节“光量调节器”使 $A=0(T=100\%)$，再将待测溶液置于光路中，测其吸光度，所测 A(或 T)是相对于参比溶液 $A=0$ 的相对值。因此参比溶液可以消除由于吸收池壁对入射光的反射等造成的影响。同时正确地选用参比溶液，还可以消除其他干扰，以提高测定的准确度。

在普通光度分析中，一般使用空白溶液作参比溶液，常见的有如下几种：

(1)溶剂空白作参比液

当待测试液、显色剂及所用的其他试剂在测定波长处无吸收时，可用纯溶剂(如蒸馏水)作参比溶液，简称溶剂参比。

(2)试剂空白作参比液

当显色剂或其他试剂在测定波长处有吸收时，可按照与显色反应相同的条件(只是不加试液)，同样加入显色剂和其他试剂作参比溶液。

(3)试液空白作参比液

当显色剂和其他试剂无吸收，而待测试液中存在的干扰离子有吸收时，应采用不加显色剂的待测试液作参比溶液。

(4)其他空白作参比液

如果显色剂与试液中其他组分也发生反应，而且反应产物对所选用的波长也有吸收，可将一份试液加入适当的掩蔽剂，将待测组分掩蔽起来，使之不再与显色剂反应，然后按操作步骤加入显色剂及其他试剂，以此作为参比溶液。例如，以铬天菁 S 为显色剂测定 Al^{3+} 时，Ni^{2+}、Co^{2+}、Co^{2+} 等离子有干扰，可加适量 F^- 到待测试液中掩蔽 Al^{3+}，然后按操作方法加显色剂和其他试剂，以此溶液作参比，便可消除 Ni^{2+}、Co^{2+} 等离子的干扰。

9.7　分光光度法的定量分析方法

9.7.1　单组分的定量方法

1. 吸光系数法(绝对法)

吸光系数是物质的特征常数。在没有标准品可供比较测定的条件下，按文献规定条件测定被测物的吸光度，从被测物的配制浓度、测定的吸光度及文献查出的吸光系数即可计算被测物的含量。

根据朗伯一比尔定律：　$A=Kcb$

$$c_B(\text{g/100 mL}) = \frac{A}{Eb}$$

$$c_B(\text{mol/L}) = \frac{A}{\varepsilon b}$$

$$B = \frac{c_B}{c} \times 100\%$$

【例 9-2】精密称取维生素 B_{12} 样品 25.00 mg，加水溶解并稀释至 100 mL，精密吸取 10.00 mL 该溶液置于 100 mL 容量瓶中，加水稀释至刻度。取此溶液在 1 cm 的比色皿中，于 361 nm 处测得吸光度为 0.507，已知维生素 B_{12} 的 E 值为 207，求维生素 B_{12} 的百分含量。

解　配制的维生素 B_{12} 浓度：$\frac{25.00\times 0.001}{100}\times\frac{10}{100}=2.50\times 10^{-5}\ \text{g/mL}$

测出的维生素 B_{12} 浓度：$\frac{0.507}{207\times 1}=\frac{2.45\times 0.001}{100}=2.45\times 10^{-5}\ \text{g/mL}$

维生素 B_{12} 含量：$\frac{c_B}{c}\times 100\% = \frac{2.45}{2.50}\times 100\% = 97.97\%$

2. 标准曲线法(工作曲线法)

标准曲线法是分光光度法中最经典的方法，其步骤是：

(1)先取与被测物质含有相同组分的标准品，配制一系列浓度不同的标准溶液，在相同条件下分别测定其吸光度。

(2)以浓度 c 为横坐标，以相应的吸光度 A 为纵坐标，绘制 $A-c$ 曲线，称为工作曲线，如果符合朗伯一比耳定律，则该曲线为通过原点的一条直线。

(3)在相同条件下，测定被测物溶液的吸光度，从标准曲线上便可查出与此吸光度值相对应的被测物溶液的浓度，再计算出被测物的含量。

3. 对照法(比较法)

在相同条件下配制标准对照品溶液和样品溶液，在相同条件下进行显色、定容，在选定的波长处分别测定它们的吸光度 $A_{标}$ 和 $A_{样}$，根据朗伯－比尔定律：

$$A_{标}=K_{标}\ c_{标}\ b_{标}$$

$$A_{样}=K_{样}\ c_{样}\ b_{样}$$

$$\frac{A_{标}}{A_{样}}=\frac{k_{标}\ c_{标}\ b_{标}}{k_{样}\ c_{样}\ b_{样}}$$

标准对照品与试样是同一种物质，在同一仪器、同一波长下测定，因此

$$K_{标}=K_{样},b_{标}=b_{样}$$

所以

$$c_{样}=\frac{A_{样}\ c_{标}}{A_{标}}$$

然后，再求出试样中被测物的含量。

【例 9-3】 称取不纯的高锰酸钾样品与标准品高锰酸钾各 0.150 0 g，溶于水，分别用 1 000 mL 容量瓶定容。各取 10.00 mL，稀释至 50.00 mL，在 525 nm 波长处分别测得标准品和样品的吸光度为 0.280 和 0.250，求样品中高锰酸钾的含量。

解

$$c_{原样}=c_{标}=\frac{0.150\ 0\ \text{g}}{L}\times\frac{10.00}{50.00}=30\ \mu\text{g/mL}$$

$$\omega_{纯高锰酸钾}=\frac{c_{样}}{c_{原样}}=\frac{c_{标}\times\frac{A_{样}}{A_{标}}}{c_{原样}}=\frac{\frac{0.250}{0.280}\times 30}{30}\times 100\%=89.29$$

对照法要求 A 与 c 线性关系良好，试样溶液与标准对照品溶液浓度相近，以减少测定误差。用一份标准对照溶液即可测定出试样溶液的浓度或含量，方便、操作简单。

9.7.2 多组分的定量方法

根据吸光度具有加和性的原理，勿需任何分离手段，即可对试液中两个或两个以上组分进行同时测定。如试液中含有 x、y 两种组分，在一定条件下将它们转化为有色化合物，分别绘制其吸收曲线，可能会出现三种情况：

1. 吸收曲线基本不重叠

图 9-14 是组分 x、y 的吸收曲线，在 x 组分的最大吸收波长 λ_1 处，y 组分没有吸收；在波长 λ_2(y 组分的最大吸收波长)处，x 组分没有吸收。因此，在 λ_1 波长处测定的是 x 组分的吸光度 A_x，在 λ_2 波长处测定的是 y 组分的吸光度 A_y，两者互相不干扰。

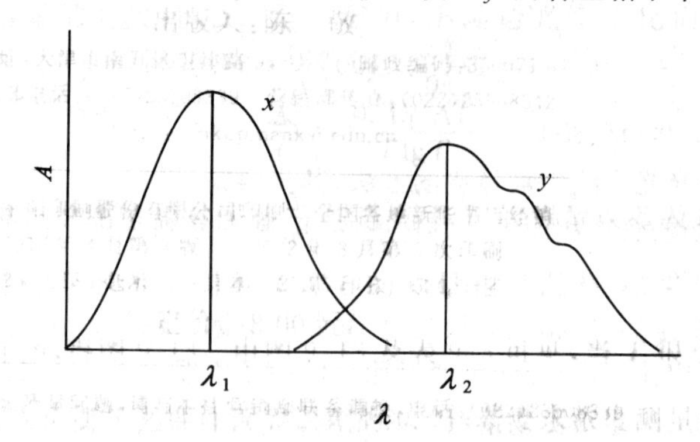

图 9-14 吸收曲线不重叠

2.吸收曲线单向重叠

图 9-15 是另一种情况，在波长 λ_2 处，x 组分不干扰 y 组分的测定，而在波长 λ_1 处，两者都有吸收。首先在 λ_1 处测定混合物吸光度 $A_{\lambda_1}^{总}$ 和纯组分 x 及 y 的 $\varepsilon_{\lambda_1}^{x}$ 及 $\varepsilon_{\lambda_1}^{y}$ 值。然后在 λ_2 处测定 y 组分的吸光度 $A_{\lambda_2}^{y}$ 和纯组分 $\varepsilon_{\lambda_2}^{y}$ 的值，根据吸光度的加和性可列出方程：

$$A_{\lambda_1}^{总} = A_{\lambda_1}^{x} + A_{\lambda_1}^{y} = (\varepsilon_{\lambda_1}^{x} c_x + \varepsilon_{\lambda_1}^{y} c_y)b$$

$$A_{\lambda_2}^{y} = \varepsilon_{\lambda_2}^{y} c_y b$$

式中 $\varepsilon_{\lambda_1}^{x}$、$\varepsilon_{\lambda_1}^{y}$ 及 $\varepsilon_{\lambda_2}^{y}$ 可由各自的纯溶液测得，为已知值，$A_{\lambda_1}^{总}$、$A_{\lambda_2}^{y}$ 为测得值，因此解以上联立方程组即可求得 c_x 与 c_y。

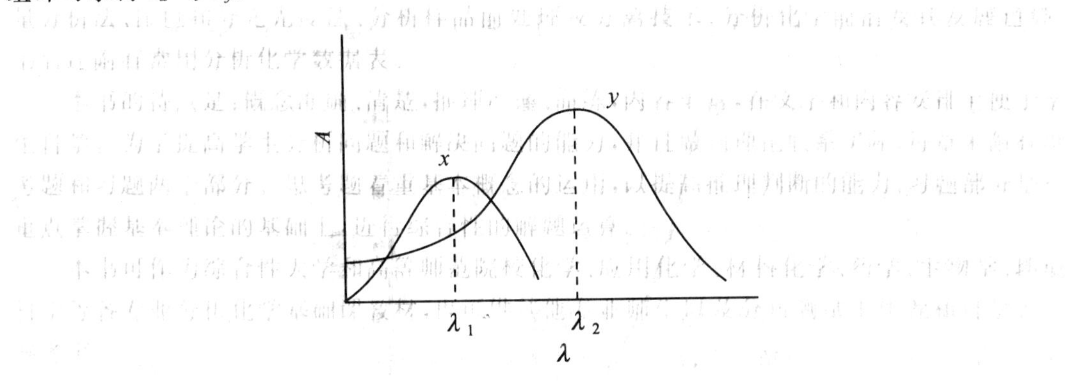

图 9-15　吸收曲线单向重叠

3.吸收曲线相互重叠

图 9-16 表明，两组分 x、y 彼此相互干扰，这时首先在 λ_1 处测定混合物吸光度 $A_{\lambda_1}^{总}$ 和纯组分 x 及 y 的 $\varepsilon_{\lambda_1}^{x}$ 及 $\varepsilon_{\lambda_1}^{y}$ 值，然后在 λ_2 处测定混合物吸光度 $A_{\lambda_2}^{总}$ 和纯组分的 $\varepsilon_{\lambda_2}^{x}$ 及 $\varepsilon_{\lambda_2}^{y}$ 值。根据吸光度的加和性原理可列出如下方程：

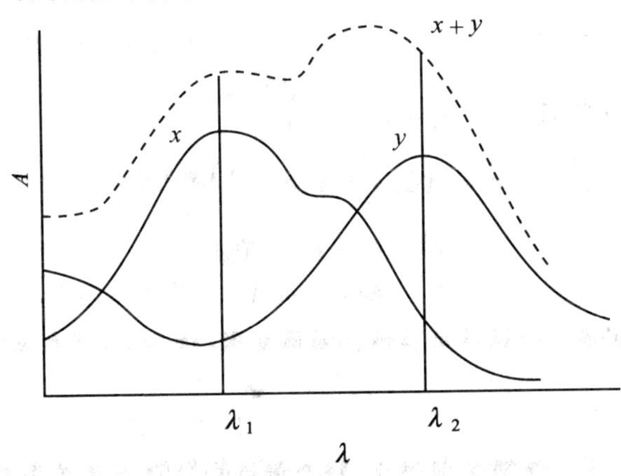

图 9-16　吸收曲线相应重叠

$$A_{\lambda_1}^{总} = A_{\lambda_1}^{x} + A_{\lambda_1}^{y} = (\varepsilon_{\lambda_1}^{x} c_x + \varepsilon_{\lambda_1}^{y} c_y)b$$

$$A_{\lambda_2}^{总} = A_{\lambda_2}^{x} + A_{\lambda_2}^{y} = (\varepsilon_{\lambda_2}^{x} c_x + \varepsilon_{\lambda_2}^{y} c_y)b$$

式中 $\varepsilon_{\lambda_1}^{x}$、$\varepsilon_{\lambda_1}^{y}$、$\varepsilon_{\lambda_2}^{x}$ 和 $\varepsilon_{\lambda_2}^{x}$ 均由已知浓度 x 及 y 的纯溶液测得。试液的 $A_{\lambda_1}^{总}$ 和 $A_{\lambda_2}^{总}$ 由实验测得，于

是 c_x 与 c_y 值便可通过解联立方程求得。

9.8 分光光度法的应用

9.8.1 示差分光光度法

普通分光光度法只适用于微量组分的测定，而不适合于常量组分的测定，原因是 A 或 T 的测定超出了适宜的读数范围，从而会引起很大的测量误差。另外，如前所述，即使测量误差最小时，结果的相对误差也接近 3%，这对于常量组分的测定是不允许的。但是示差分光光度法可以使 A 或 T 的读数进入适宜的范围，并可使测量结果的相对误差下降到 0.5% 以下。

示差分光光度法与普通分光光度法的主要区别在于它所采用的参比溶液不同。示差分光光度法是用一个比试液浓度稍低的标准溶液作参比溶液，来测量待测溶液的吸光度，根据测得的吸光度进行含量计算。

设待测溶液浓度为 c_x，作参比用的标准溶液浓度为 c_s，且 $c_x > c_s$，并设 I_0 为入射光强度，I_s 为透过标准溶液的光强度，I_x 为透过待测溶液的光强度。在普通分光光度法（以空白作参比）中，测定标准溶液和待测溶液的透光率分别为：

$$T_s = \frac{I_s}{I_0} = 10^{-\varepsilon b c_s}$$

$$T_x = \frac{I_x}{I_0} = 10^{-\varepsilon b c_x}$$

但是在示差分光光度法中，是以 c_s 溶液为参比，即以 c_s 溶液的透过光强度 I_s 作为假想的入射光强度 I'_0 来调节吸光度零点的

$$I_s = I'_0$$

而当把待测溶液推入光路后，其透光率为：

$$T_{示} = \frac{I_x}{I'_0} = \frac{I_x}{I_s} = \frac{I_x}{I_0} \cdot \frac{I_0}{I_s} = \frac{T_x}{T_s} = 10^{-\varepsilon b(c_x - c_s)} = 10^{-\varepsilon b c_{示}} \tag{9-11}$$

$$A_{示} = \Delta A = \varepsilon b c_{示} \tag{9-12}$$

由上式可以看出，$A_{示}$ 对 $c_{示}$ 作图得到直线，即待测溶液与作参比用的标准溶液吸光度差值 ΔA_s 与两溶液的浓度差成正比，这就是示差分光光度法定量测定的基础。c_s 已经准确知道，可以把以试剂空白为参比的稀溶液标准曲线作为 $A_{示}$ 对 $c_{示}$ 的工作曲线，于是就可根据测得的 $A_{示}$ 从工作曲线上求得 $c_{示}$，由 $c_x = c_s + c_{示}$ 即可求得 c_x。

示差分光光度法较普通分光光度法所以能提高准确度，一方面是由于扩展了透光率刻度标尺，另一方面是降低了分析结果的相对误差。

假定按普通分光光度法用试剂空白作参比溶液，测得 c_s 和 c_x 的透光率分别为 $T_{s_1} =$ 10%和 $T_{x_1} = 7\%$。在示差分光光度法中用按普通分光光度法测得的 $T_{s_1} = 10\%$的标准溶液作参比溶液，即使其透光率从标尺上的 $T_{s_1} = 10\%$处调至 $T_{s_2} = 100\%$。这就相当于把仪器透光率标尺扩展了十倍（$T_{s_2}/T_{s_1} = \frac{100}{10} = 10$）。这时待测溶液 c_x 的透光率应为 $T_{x_2} = 70\%$，

如图 9-17 所示。标尺放大后，使待测溶液的透光率落在适宜的范围内，因而提高了测定结果的准确度。

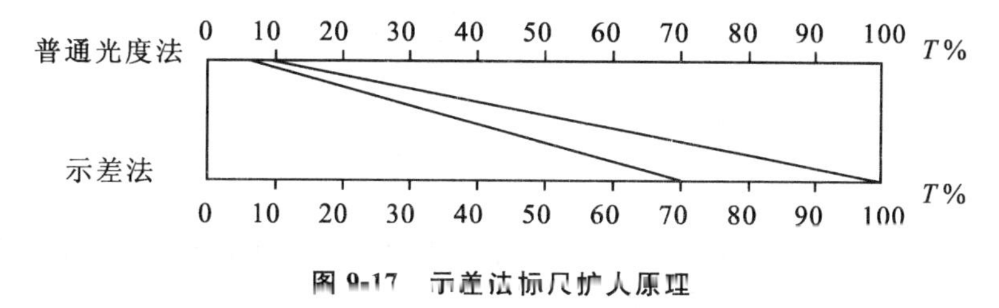

图 9-17　示差法标尺扩大原理

示差分光光度法的误差公式推导如下：

$$A_{示} = -\lg T_{示} = \varepsilon b c_{示}$$

求导数

$$\frac{-0.434 \mathrm{d} T_{示}}{T_{示}} = \varepsilon b \mathrm{d} c_{示}$$

因为

$$A_x = -\lg T_x = \varepsilon b c_x$$

所以 $\varepsilon b = \frac{-\lg T_x}{c_x}$ 代入上式，得

$$\frac{\mathrm{d}c}{c_x} = \frac{0.434 \mathrm{d} T_{示}}{T_{示} \lg T_x} = \frac{0.434 \mathrm{d} T_{示}}{T_{示} \lg (T_{示} T_s)} = \frac{0.434 \mathrm{d} T_{示}}{T_{示} (\lg T_{示} + \lg T_s)}$$

一般情况下可把 $\mathrm{d}T_{示}$ 近似地看成一定值，可改写为 $\Delta T_{示}$（与同一台仪器的普通分光光度法相同），所以

$$\frac{\Delta c}{c} = \frac{0.434 \Delta T_{示}}{T_{示} (\lg T_{示} + \lg T_s)} \tag{9-13}$$

【例 9-4】 普通分光光度法测某试液，$T_x = 5\%$，假定 $\Delta T = \pm 0.5\%$，问：

(1)测定结果的相对误差是多少？

(2)如果以 $T = 10\%$ 的标准溶液作参比溶液，示差分光光度法测得试液的 $T_{示}$ 是多少？

(3)示差法测定结果的相对误差是多少？

解　(1) $\frac{\Delta c}{c} = \frac{0.434 \Delta T}{T \lg T} = \frac{0.434 \times (\pm 0.5\%)}{0.05 \times \lg 0.05} = \pm 3.3\%$

(2) $T_{示} = \frac{T_x}{T_s} = \frac{0.05}{0.10} = 0.50$

(3) $\frac{\Delta c}{c} = \frac{0.434 \Delta T_{示}}{T_{示} (\lg T_{示} + \lg T_s)} = \frac{0.434 \times (\pm 0.5\%)}{0.50 \times (\lg 0.50 + \lg 0.10)} = \pm 0.33\%$

由计算结果可知，示差分光光度法降低了分析结果的相对误差。

由于示差分光光度法是以较高浓度的溶液作为参比溶液调节吸光度零点的，这就对光度仪器提出一些要求，例如加大光源强度、适当加大狭缝宽度及提高电流计的灵敏度等。

9.8.2　弱酸(或弱碱)离解常数的测定

弱酸（或弱碱）的离解常数通常用电位法测定。但分析中广泛应用的指示剂及有机试剂，由于溶解度的限制，多不能用电位法测定。利用共轭酸碱具有不同的光吸收特征，可以方便地用光度法测定其离解常数。下面仅讨论一元弱酸离解常数的测定。

一元弱酸(HB)按下式离解：

$$[HB] \rightleftharpoons H^+ + B^-$$

$$K_a = \frac{[H^+][B^-]}{[HB]}$$

或

$$pK_a = pH + \lg\frac{[HB]}{[B^-]}$$

从上式可知，在某一确定的pH值下，只要知道[HB]与[B⁻]的比值，就可以计算pK_a。HB和B^-互为共轭酸碱，它们的平衡浓度之和等于弱酸HB的分析浓度c。只要两者都遵从比耳定律，就可以通过测量溶液的吸光度求得[HB]和[B^-]的比值。首先配制n个浓度c相等而pH不同的HB溶液，在某一确定的波长下，用1.0 cm的吸收池测量各溶液的吸光度，并且用酸度计测量各溶液的pH值。根据吸光度的加和性原理，溶液的总吸光度A应等于HB和B^-吸光度之和，即

$$A = A_{HB} + A_{B^-} = \varepsilon_{HB}[HB] + \varepsilon_{B^-}[B^-]$$

根据一元弱酸的分布系数可得

$$[HB] = \frac{c[H^+]}{[H^+] + K_a}$$

$$[B] = \frac{cK_a}{[H^+] + K_a}$$

则

$$A = \varepsilon_{HB}\frac{c[H^+]}{[H^+] + K_a} + \varepsilon_{B^-}\frac{cK_a}{[H^+] + K_a}$$

整理后得

$$K_a = [H^+]\frac{A - \varepsilon_{HB}c}{\varepsilon_B c - A} \tag{9-14}$$

在高酸度时，可以认为弱酸全部以酸式形式存在(即$c=[HB]$)，测得的吸光度为A_{HB}，则

$$A_{HB} = \varepsilon_{HB}c$$

在低酸度时(碱性介质中)，可认为弱酸全部以碱式形式存在(即$c=[B^-]$)，测得的吸光度为A_{B^-}，则

$$A_{B^-} = \varepsilon_{B^-}c$$

将以上二式代入式(9-14)中得

$$K_a = [H^+]\frac{A - A_{HB}}{A_{B^-} - A}$$

或

$$pK_a = pH + \lg\frac{A_{B^-} - A}{A - A_{HB}} \tag{9-15}$$

此式就是用光度法测定一元弱酸离解常数的基本公式。式中A是任一pH时溶液的吸光度，即[HB]和[B^-]的总吸光度，A_{HB}、A_{B^-}分别为弱酸单独以HB、B^-型体存在时溶液的吸光度，这些值均由实验测得。将测量的数据代入式(9-15)中即可算出pK_a值。对于每一溶液，测定其A和pH值后，即可计算一次pK_a值，从n个pH不同的溶液，就可测得n个pK_a值，最后取其平均值为HB的pK_a。

9.8.3　络合物组成的测定

分光光度法是研究络合物组成最常用的方法之一。测定方法有多种，这里介绍两种常用的方法。

1. 摩尔比法

设络合反应为

$$M + nR \rightleftharpoons MR_n$$

其中 M 为金属离子，R 为络合剂，MR_n 为络合物，M、R 不干扰 MR_n 的吸收。

首先固定一种组分(通常是金属离子 M)的浓度，然后改变络合剂(R)的浓度，便可得到 c_R/c_M 值不同的一系列溶液，并配制相应的试剂溶液作参比，在选定的波长下，分别测定其吸光度。以吸光度 A 为纵坐标，c_R/c_M 为横坐标作图(见图 9-18)。

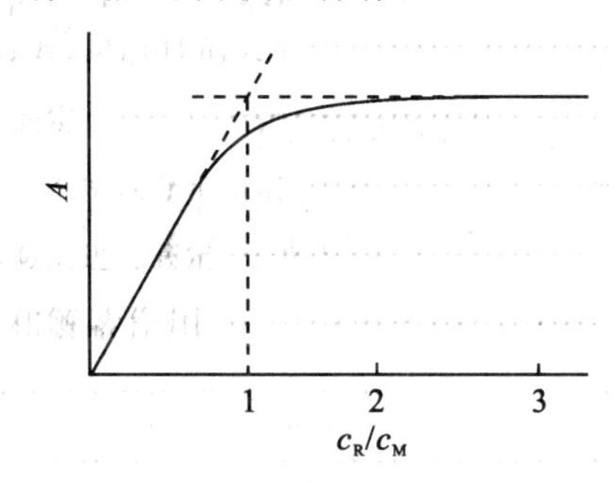

图 9-18　摩尔比法

从图中可以看出，当试剂加入量少于化学计量，即 $c_R/c_M < n$ 时，溶液吸光度随试剂加入量增大而增高，且与 c_R/c_M 呈直线关系，此时

$$A = \varepsilon_{MR_n} \frac{c_R}{n} b$$

当 $c_R/c_M > n$ 时，金属离子几乎全部生成络合物，继续增大试剂浓度吸光度不再变化，曲线呈水平直线，此时

$$A = \varepsilon_{MR_n} c_M b$$

从理论上说，$A - c_R/c_M$ 图上应出现明显转折，其折点所对应的 c_R/c_M 值即为 n。但实际上由于络合物的离解，得不到理论折点，而只能得到如图 9-18 中出现的弧形，运用外推法得一交点，从该交点向横坐标作垂线，对应的 c_R/c_M 值就是络合物的络合比。络合物愈稳定，转折点愈明显，故本法不仅适用于稳定性较高的络合物。

2. 等摩尔连续变化法

络合反应为

$$M + nR \rightleftharpoons MR_n$$

设 c_M 和 c_R 为溶液中 M 和 R 的浓度，在保持溶液中 $c_R + c_M = c$(常数)的前提下，改变 c_R 和 c_M 的相对量，制备一系列溶液，在 MR_n 的最大吸收波长下，测定各溶液的吸光度 A，当 A 值达到最大时，即 MR_n 的浓度最大，该溶液中 c_M/c_R 比值即为络合物的组成比。若以吸光度 A 为纵坐标，$c_M/(c_M + c_R)$ 值为横坐标作图，即可绘出连续变化曲线(见图9-19)。曲线外推的交点所对应的 $c_M/(c_M + c_R)$ 值即为络合物的组成 M 与 R 之比(n 值)。

图 9-19(a)最大吸光度所对应的 $c_M(c_M + c_R)$ 为 0.5，表示 M 与 R 按 1∶1 相络合，即络

合比为 1∶1。图 9-19(b)最大吸光度所对应的$c_M/(c_M+c_R)$为 0.33,即 $c_M/c_R=0.33/0.67$,表明络合物组成比为M∶R=1∶2。

此法不适宜稳定性差的络合物。

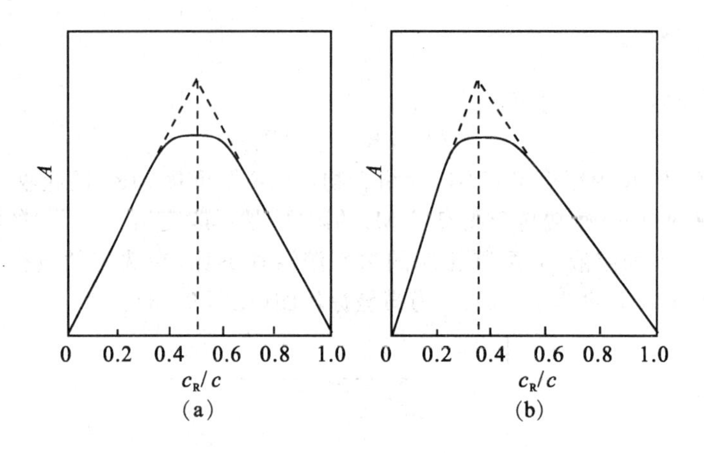

图 9-19 连续变化法

9.9 分光光度法中的线性回归

进行光度分析,需要作吸光度和浓度的工作曲线。在一定范围内,浓度 c 与吸光度 A 成正比,画出的图像是一条直线。由于实验中会有误差存在,实验点全部集中在同一条直线上的情况是少见的,尤其是当误差较大时,实验点比较分散,在标准曲线法中,凭眼睛的估计,很难画出一条与各实验点最接近的直线。利用一元线性回归法不仅能较好的解决这一问题,而且能判断分析操作是否正确,判断标准曲线的稳定性,估算出测定方法的灵敏度。

回归分析在生产和科研工作中有很广泛的应用。本节用实例说明线性回归在光度法数据处理中的应用。

9.9.1 一元线性回归分析与最小二乘法原理

一元线性回归法是研究只含一个自变量的两个变量之间的关系。设自变量为 x,因变量为 y,当两变量存在着线性关系时,在直角坐标图上可得一直线,该直线可用下列数学式表示:

$$y=bx+a$$

回归分析所得到的 y 值是若干实测值的回归结果,常以符号 $\hat{y}$ 表示。因此,一元回归方程常写为 $\hat{y}=a+bx$。式中 $\hat{y}$ 称为回归值,a、b 称为回归系数。

对于每一个变量 $x_i(i=1,2,3,\cdots,n)$,由回归方程可以确定一个回归值 $\hat{y}_i=a+bx_i$。该回归值 $\hat{y}_i$ 与实际测定值 y_i 之差($y_i-\hat{y}_i=y_i-a-bx_i$)表示了 y_i 与回归直线 $\hat{y}=a+bx$ 的偏离程度。因而对于所有的自变量 x_i 来说,如果 $\hat{y}_i$ 与 y_i 的偏离愈小,便可以认为回归直线与所有的试验点就拟合得愈好。为了更准确地表示全部实测值 y_i 与回归直线的偏离程度,常用实测值与回归值的偏差平方和表示,并记为 $E(a,b)$,于是得出下式·

$$E(a,b)=\sum_{i=1}^{n}(y_i-\hat{y}_i)^2=\sum_{i=1}^{n}(y_i-a-bx_i)^2 \tag{9-16}$$

要使偏差平方和达到最小值，根据微积分学中的极值原理，只要将式(9-16)分别对 a、b 求偏微分，并令其等于零即可。由于平方运算又称二乘运算，因此，求回归直线的方法又称为最小二乘法。

要使 $E(a,b)$ 为最小值，回归系数 a、b 可由下列式求出

$$\frac{\partial E}{\partial a} = -2\sum_{i=1}^{n}(y_i - a - bx_i) = 0 \tag{9-17}$$

$$\frac{\partial E}{\partial b} = -2\sum_{i=1}^{n}(y_i - a - bx_i)x_i = 0 \tag{9-18}$$

从式(9-17)得

$$\sum_{i=1}^{n}(y_i - a - bx_i) = \sum_{i=1}^{n}y_i - an - b\sum_{i=1}^{n}x_i = 0$$

$$a = \frac{\sum_{i=1}^{n}y_i}{n} - b\frac{\sum_{i=1}^{n}x_i}{n} = \bar{y} - b\bar{x} \tag{9-19}$$

从式(9-18)得

$$\sum_{i=1}^{n}x_iy_i - a\sum_{i=1}^{n}x_i - b\sum_{i=1}^{n}x_i^2 = 0$$

将式(9-19)代入得

$$b = \frac{\sum_{i=1}^{n}(x_i - \bar{x})(y_i - \bar{y})}{\sum_{i=1}^{n}(x_i - \bar{x})^2} \tag{9-20}$$

9.9.2　回归分析的计算方法及计算实例

根据最小二乘法原理可求出 a 值和 b 值。为了列表计算方便，令：

$$L_{xx} = \sum_{i=1}^{n}(x_i - \bar{x})^2 \tag{9-21}$$

$$L_{yy} = \sum_{i=1}^{n}(y_i - \bar{y})^2 \tag{9-22}$$

$$L_{xy} = \sum_{i=1}^{n}(x_i - \bar{x})(y_i - \bar{y}) \tag{9-23}$$

在实际应用中，为直观起见，常列成表格形式进行计算。现举例说明。测定水中微量水合肼，取标准溶液试验，1 cm 比色皿，紫外可见分光光度计，λ 为 480 nm，结果如图 9-20。

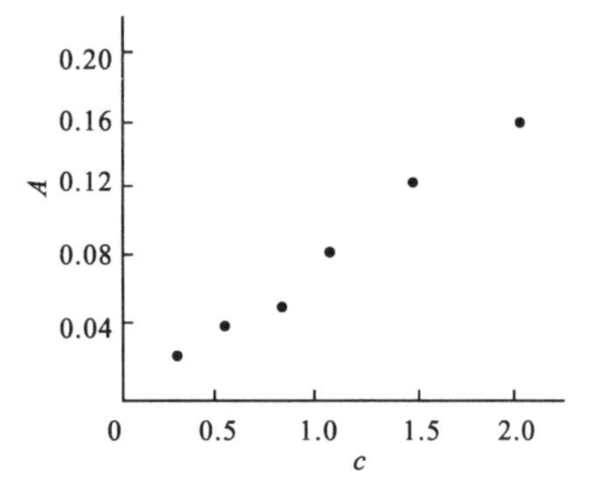

图 9-20　水合肼浓度和吸光度的关系

从图 9-20 可以看出，当浓度增大时，吸光度也随着增大，但仅为相关关系，现进行回归处理，如表 9-6 所示。

表 9-6 回归计算

编号	$c/\mu g \cdot 50\ mL^{-1}$	A	c^2	A^2	Ac
1	0.25	0.020	0.063	0.000 4	0.005 0
2	0.50	0.040	0.250	0.001 6	0.020 0
3	0.75	0.050	0.563	0.002 5	0.037 5
4	1.00	0.082	1.000	0.006 4	0.082 0
5	1.50	0.130	2.250	0.016 9	0.195 0
6	2.00	0.170	4.000	0.028 9	0.340 0
7	2.50	0.200	6.250	0.040 0	0.500 0
$\sum$	8.50	0.692	14.375	0.096 7	1.177

将 $\bar{x}=\frac{1}{n}\sum_{i=1}^{n}x_i$，$\bar{y}=\frac{1}{n}\sum_{i=1}^{n}y_i$ 分别代入式(9-21)、式(9-22)及式(9-23)，并简化求和的符号得

$$L_{xx}=\sum x_i^2-\frac{1}{n}(\sum x_i)^2$$

$$L_{yy}=\sum y_i^2-\frac{1}{n}(\sum y_i)^2$$

$$L_{xy}=\sum x_i y_i-\frac{1}{n}(\sum x_i)(\sum y_i)$$

则式(9-20)可写成

$$b=\frac{L_{xy}}{L_{xx}} \tag{9-24}$$

在分光光度法中，浓度 c 与吸光度 A 的关系式可写成

$$c=a+bA$$

回归系数 b 和常数项 a 的计算式为

$$b=\frac{\sum(A-\bar{A})(c-\bar{c})}{\sum(A-\bar{A})^2}$$

$$a=\bar{A}-b\bar{c}$$

则

$$b=\frac{K_{Ac}}{L_{cc}}$$

$$\bar{c}=\frac{8.50}{7}=1.214$$

$$\bar{A}=\frac{0.692}{7}=0.099$$

$$\sum c^2=14.375$$

$$\frac{1}{n}(\sum c)^2=10.321$$

$$\frac{-)}{L_{cc} = 4.054}$$

$$\sum A^2 = 0.0967$$

$$\frac{1}{n}(\sum A)^2 = 0.068$$

$$\frac{-)}{L_{AA} = 0.0287}$$

$$\sum Ac = 1.177$$

$$\frac{1}{n}(\sum c \sum A) = 0.838$$

$$\frac{-)}{L_{Ac} = 0.339}$$

$$b = \frac{L_{Ac}}{L_{cc}} = \frac{0.339}{4.054} = 0.0836$$

$$a = \overline{A} - b\overline{c} = 0.099 - 0.0836 \times 1.214 = 0.002$$

代入回归方程即得

$$A = 0.002 + 0.0836c$$

作图时可先在坐标纸上描出$(\overline{c},\overline{A})$这一点，即(1.214，0.099)，然后又可从方程得出$c=0$时，$A=0.002$，于是又得出第二个点(0，0.002)。通过这两个点即可划出一条直线。回归线如图9-21所示。

由图9-21可知，回归直线对每个点误差都最小。

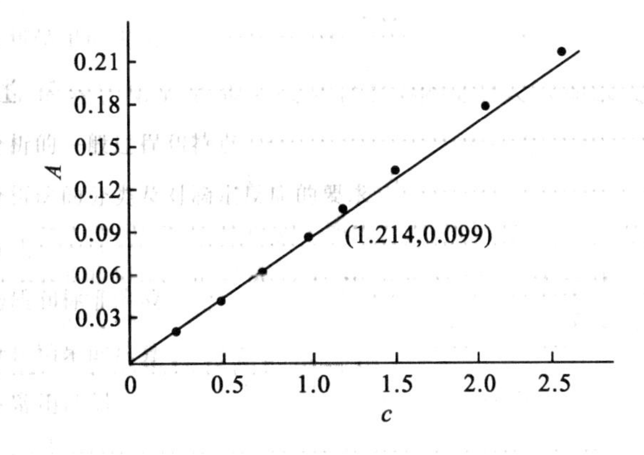

图 9-21　回归线

9.9.3　相关系数与 γ 检验法

前面叙述回归线时以光度分析为例，溶液浓度与吸光度之间存在严密的直线关系。在实际工作中，只有当y和x之间存在着某种线性关系时，配出的直线才有意义，判断回归线是否有意义，主要靠专业知识，但在数学上可以借引入一个叫相关系数的量来定量地进行判断。用γ表示，γ的物理意义如图9-22所示。

$$\gamma = \frac{L_{xy}}{\sqrt{L_{xx}L_{yy}}} \tag{9-25}$$

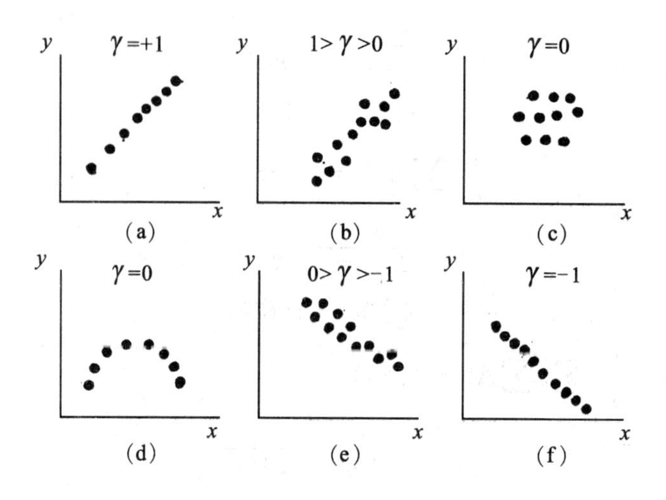

图 9-22 相关系数 γ 的意义

从图 9-22 可看出，γ 的绝对值愈接近 1，x 和 y 之间的线性关系愈好。如果接近于零，可认为 x 和 y 之间没有线性关系，如图 9-22 中的(c)、(d)两种情况。对上述计算的实例 γ 为：

$$\gamma=\frac{L_{xy}}{\sqrt{L_{xx}L_{yy}}}=\frac{0.339}{\sqrt{4.054\times 0.0287}}=0.9938$$

说明测定值均落在直线附近，两变量存在着定量关系。

相关系数 γ 的物理意义：

(1)当 $|\gamma|=1$，所有的点都落在一条直线即回归直线上，此时称 x 与 y 完全线性相关，图 9-22(a)及(f)即是。

(2)当 $0<|\gamma|<1$，这是绝大多数的情况，x 与 y 之间存在一定的线性关系。当 $\gamma>0$ 时，y 有随 x 增加而增大的趋势，此时称 y 与 x 正相关，图 9-22(b)。当 $\gamma<0$ 时，y 有随 x 增加而减小的趋势，此时称 y 与 x 负相关。

(3)当 $\gamma=0$ 时，$L_{xy}=0$，即根据最小二乘法确定的回归直线平行于 x 轴，图 9-22(c)。说明 y 的变化与 x 无关，实验点的分布是不规则的，此时 x 与 y 毫无线性关系。因此图 9-22(c)的回归直线是没有意义的。

由此可见，相关系数 γ 确实可以表示两个变量 x 与 y 之间线性相关的密切程度。$|\gamma|$ 愈接近 1，y 与 x 之间的线性相关就愈密切。这里需要指出的是：相关系数 γ 所表示的两个变量之间的相关是指线性相关。因此，当 γ 很小甚至等于 0 时，并不一定表示 x 与 y 之间就不存在其他关系。例如图 9-22(d)虽然 $\gamma=0$，但从图上可看出 x 与 y 之间存在着明显的关系，只不过这种关系不是线性而已，从图 9-22(d)看来，y 和 x 之间很像存在着抛物线类型的曲线关系。

判断变量 x 与 y 是否存在线性关系，或者说线性关系好与不好是相对的。表 9-7 列出不同置信水平下的相关系数，用以检验线性关系。

如果计算的 γ 值大于表中 $\gamma_{\alpha,f}$ 值，则表示在显著性水平为 α 时，y 与 x 两个变量之间是显著相关的，即求得的回归关系是有意义的。若计算的 γ 值小于表中 $\gamma_{\alpha,f}$ 值，则 γ 不显著，此时 x 与 y 为线性不相关，在此情况下配回归直线就没有什么意义。在回归分析中，$f=n-2$。

表 9-7　相关系数检验表

自由度 $n-2$	显著性水平		自由度 $n-2$	显著性水平	
	5%	1%		5%	1%
1	0.997	1.000	16	0.468	0.590
2	0.950	0.990	17	0.456	0.575
3	0.876	0.959	18	0.444	0.561
4	0.811	0.917	19	0.433	0.549
5	0.754	0.874	20	0.423	0.537
6	0.707	0.834	21	0.413	0.526
7	0.666	0.778	22	0.404	0.515
8	0.632	0.765	23	0.398	0.505
9	0.602	0,735	24	0.388	0.496
10	0.576	0.708	25	0.361	0.487
11	0.553	0.684	26	0.374	0.476
12	0.532	0.661	27	0.376	0.470
13	0.514	0.641	28	0.361	0.463
14	0.497	0.623	29	0.355	0.456
15	0.482	0.606	30	0.349	0.449

思　考　题

1. 朗伯一比耳定律的物理意义是什么？什么叫吸收曲线？什么叫工作曲线？工作曲线有什么实用意义？

2. 什么叫透光率和吸光度？它们之间有何关系？

3. 摩尔吸光系数的物理意义是什么？它与哪些因素有关？试述 ε 与吸光系数 a 及桑德尔灵敏度 s 的区别。

4. 符合朗伯一比耳定律的某有色溶液，当有色物质的浓度增加时，最大吸收波长和吸光度有没有变化？有什么变化？

5. 为什么光度法测定时应选用 λ_{max}？如果 λ_{max} 处有严重干扰怎么办？

6. 光度分析中为什么要用单色光？如果入射光波长范围过宽，可能发生什么问题？

7. 光度法中对显色反应有何要求？

8. 光度法的误差来源有哪些？如何减小？

9. 如何正确选择参比溶液？

10. 光度分析中比较适宜的吸光度在何范围内？如果在具体分析中吸光度过低或过高，应如何处理？

11. 光电比色法中滤光片的选择原则是什么？

12. 测定钴中微量锰时，用 KIO_4 在酸性溶液中将 Mn 氧化成 MnO_4^-，然后用比色法测定。若用标准锰溶液配制标准溶液，在绘制标准曲线和测定试样时，应用什么溶液作参比溶液？

13. 什么叫示差分光光度法？它的原理是什么？为什么能提高测定的准确度？

习　题

1. 某试液用 2.0 cm 比色皿测量时 $T=60\%$，若改用 1.0 cm 或 3.0 cm 比色皿，$T\%$ 及 A 等于多少？ (77%，0.111；46%，0.333)

2. 用邻二氮菲光度法测定铁，当 $c_{Fe}=2.0\ \mu g/mL$ 时，用 2.0 cm 比色皿在波长 508 nm 处测得 $T=53.3\%$，求吸光系数 a，摩尔吸光系数 ε 和桑德尔灵敏度 S 各为多少？

(68.2 L/g·cm，3.8×10^3 L/mol·cm，0.015 $\mu g/cm^2$)

3. 有两种不同浓度的有色溶液，当液层厚度相同时，对于某一波长的光，T 分别为：①65.0%，②41.8%。求

(1)这两份溶液的吸光度 A；

(2)如果已知溶液 1 的浓度为 6.51×10^{-4} mol/L，求溶液 2 的浓度。

($A_1=0.187$，$A_2=0.379$，$c_2=1.32\times10^{-3}$ mol/L)

4. 称取钢样 1.00 g，溶于酸中，将其中的锰氧化为 MnO_4^-，置于 250 mL 容量瓶中稀释至刻度，测得其吸光度为 1.00×10^{-3} mol/L 的 $KMnO_4$ 溶液吸光度的 1.5 倍，计算钢样中锰的百分含量。 (2.06%)

5. 某有色溶液的浓度为 c，对某一波长的入射光吸收了 25%。

(1)计算相同条件下该溶液浓度为 $4c$ 时的 $T\%$ 和 A；

(2)已知测定时仪器透光率读数误差 $\Delta T=\pm0.01$，计算浓度为 $4c$ 时，因读数误差引起的测定结果的相对误差。 (31.6%，0.500，±2.7%)

6. 某有色化合物的 0.001 0%水溶液在 2.0 cm 比色皿中测得在 520 nm 处的透光率为 52.2%。已知它在 520 nm 处的摩尔吸光系数为 2.24×10^3 L/mol·cm。求此化合物的摩尔质量。 (159 g/mol)

7. 有一标准 Fe^{3+} 溶液，浓度为 6 $\mu g/mL$，其吸光度为 0.304。某一液体试样，在同一条件下测得的吸光度为 0.510，求试样溶液中铁的含量(mg/L)。 (10.1 mg/L)

8. 配制 5.0×10^{-5} mol/L $KMnO_4$ 标准溶液，在分光光度计上，用 3.0 cm 比色皿于 528 nm 波长处测得其吸光度为 0.360。称取某含锰试样 0.100 g，溶解后将锰氧化为 MnO_4^-，定容至 50 mL，在上述条件下测定其透光率为 19.0%。计算试样中锰的百分量。

(0.27%)

9. 在 440 nm 波长下，以 $Cr_2O_7^{2-}$ 形式测定铬，其吸光系数 a 为 0.004 0 $cm^2/\mu g$。现有一含铬约为 10%的样品，为使测定的相对误差最小，若试液的最终体积为 50 mL，用 1.0 cm 比色皿进行测定，应称取该试样多少克？ (0.045 g)

10. 用硅钼蓝比色法测定硅的含量。

(1)根据下列数据绘制标准曲线：

SiO_2 含量/mg·50 mL^{-1}	0.050	0.10	0.15	0.20	0.25
吸光度 A	0.210	0.421	0.630	0.839	1.01

(2)试样的分析：称取试样 500 mg，溶解后转入 50 mL 容量瓶中并稀释刻度，在与绘制上述标准曲线相同的条件下进行显色，测得吸光度为 0.522。求试样中硅的百分含量。

(0.012%)

11. 用硅钼蓝法测定 SiO_2。用一含 SiO_2 0.020 mg 的标准溶液作参比溶液，测定另一含有 0.100 mg SiO_2 的标准溶液，得透光率 T 为14.4%。今有一未知溶液，在相同条件下测得透光率 T 为 31.8%。求该溶液中 SiO_2 含量(mg)。 (0.067 mg)

12. 含锰为 8.57 mg/mL 的 $KMnO_4$ 溶液，在波长为 525 nm 处以蒸馏水作参比溶液测得透光率 T=21.6%，然后以上述 $KMnO_4$ 溶液作参比调节透光率 T=100%，测量另一浓度较高的 $KMnO_4$ 溶液，测得其透光率 T=25.7%。计算此 $KMnO_4$ 溶液的浓度(mg/mL)。

(16.2 mg/mL)

13. 用普通分光光度法测定 0.001 00 mol/L 锌标准溶液和另一含锌试液，吸光度分别为 0.700 和 1.000，两者透光率相差多少？若用示差法测定，以 0.001 00 mol/L 的标准溶液为参比，试液的吸光度为多少？示差分光光度法与普通分光光度法相比较，读数标尺放大了多少倍？ (10.0%,0.301,5 倍)

14. 用光度法测定混合在一起的两种吸光物质 x 与 y 的浓度。有关测定结果如下表：

溶液	c/mol·L^{-1}	b/cm	$A_{\lambda 1}$	$A_{\lambda 2}$
x	5.00×10^{-4}	1.0	0.053	0.430
y	1.00×10^{-3}	1.0	0.950	0.050
$x+y$	未知	1.0	0.640	0.370

计算未知液中 x 和 y 的浓度。

15. 一弱酸 HIn 及盐 NaIn 在下列不同 pH 的一升缓冲溶液中的含量均为 1.00 mmol，在 650 nm 波长下用 1.0 cm 比色皿测得的吸光度值如下：

pH	12.00	11.00	10.00	7.00	2.00	1.00
A	0.840	0.840	0.840	0.588	0.00	0.00

计算 HIn 和 In^- 在 650 nm 处的摩尔吸光系数，并计算指示剂的 pK_a 值。

(0.00,840,6.63)

第十章　分析样品前处理及分离技术

10.1　概　述

10.1.1　样品前处理的重要性

分析测试涉及各行各业，如生物、农业、食品、药品、气体、环境、电子、材料，等等。分析测试的样品来自方方面面，主要有以下几个特点：(1)存在形式多种多样；(2)分析物浓度范围可从常量到微量或痕量水平；(3)样品组成和结构也各不相同，经常有基质干扰严重的情况。因此分析样品在分析测试前必须进行前处理。而目前不受任何干扰的"专一性"测定方法仍然比较少，因此，一个完整的样品分析过程，从采样开始到出具分析报告，大致需要四个步骤：(1)样品采集；(2)样品前处理；(3)分析测定；(4)数据处理与结果报告。统计结果表明，这四个步骤中样品前处理所需时间最长，约占整个分析时间的三分之二，如图10-1所示。因此样品前处理方法与技术的研究在分析过程中有着重要的意义，样品前处理过程的先进与否，直接关系到分析方法和分析结果的优劣。

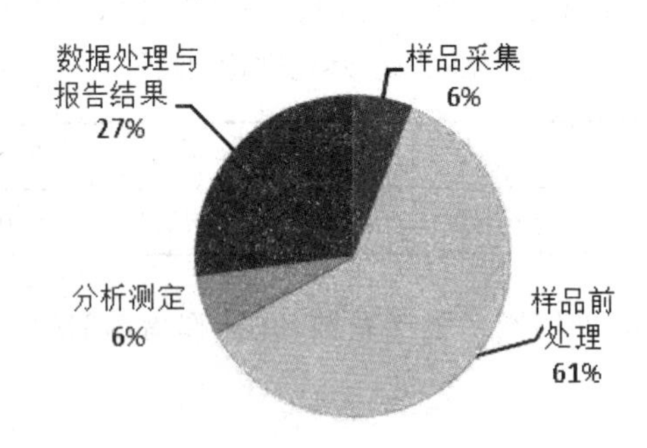

图10-1　样品分析过程中各程序所花费的时间

样品前处理技术包括：样品的制备；样品采用合适的分解和溶解方法；对待测组分进行提取、净化和浓缩等步骤，目的是使被测组分转变成可以测定的形式，从而进行定性和定量分析。传统的样品前处理方法有液一液萃取、索氏提取、色谱分离、沉淀分离、蒸馏、吸附、离心、过滤等。然而传统的样品前处理方法的缺点是：(1)劳动强度大，许多操作需要反复多次进行；(2)时间周期长；(3)手工操作居多，容易损失样品，造成测定结果的重复性差，引进误差的机会多；(4)对复杂样品需要采用多种方法配合处理，因此操作步骤多，各步间的转移过程中也容易损失样品，造成测定结果的重复性差、误差也较大；(5)多数传统样品前处理方法往往要用大量的有机溶剂，如液一液萃取、索氏提取等。特别是含卤素的有机溶剂的使用，不但对操作人员的健康有一定的影响，而且会造成环境的污染。这些问题的存在，使样品前处理工作成为整个分析测定过程中最耗时、费力，也最容易引进误差的一个环节。因此，研究高效、快速、自动化的样品制备与前处理技术已成为当今分析化学中最活跃的前沿课题之一。

10.1.2　回收率

一般在分离富集过程中，为衡量分离富集的效果，常用到回收率概念，回收率的表达式为：

$$回收率=\frac{分离后所得的待测组分质量}{试样原来所含待测组分含量}\times 100\%$$

常量组分的回收率在99%以上，对于微量组分回收率达到95%或90%就符合要求。

10.1.3　样品前处理技术分类

分离的一般过程可以认为是在一个均相的体系中(如水溶液中)产生或加入一个互不相溶的新相，由于不同物质在两相中分配的差异使它们分别处在不同的相中，然后用物理的方法将两相分开，达到分离的目的。

按照样品的形态来分，样品前处理技术主要分为固体、液体、气体样品的前处理技术。固体样品的前处理技术主要有沉淀分离、索氏提取、微波辅助萃取、超临界流体萃取和加速溶剂萃取等。液体样品的前处理技术主要有液－液萃取、固相萃取、液膜萃取、吹扫捕集 、液相微萃取等。气体样品的前处理方法有固体吸附剂法、全量空气法等。近年来，分析工作者改进并创新了一系列的样品前处理技术，包括各种前处理新方法与新技术的研究及这些技术与分析化学在线联用设备的研究两个方面。如超临界流体萃取、微波辅助萃取、固相萃取、固相微萃取、液－液微萃取、吹扫捕集、膜萃取等。这些新技术的共同特点是：所需时间短，消耗溶剂量少，操作简便，能自动在线处理样品，精密度高等。这些前处理方法有各自不同的应用范围和发展前景。

本章将对分析化学中常用的一些分离富集方法包括沉淀分离、液－液萃取、离子交换、固相萃取及固相微萃取、微波辅助萃取、超临界流体萃取、加速溶剂萃取等内容进行阐述。

10.2　沉淀分离法和共沉淀分离法

10.2.1　沉淀分离法

沉淀分离法是依据物质溶解度的不同，进行分离的方法。沉淀分离法只适用于常量组分的分离，所用沉淀剂可以是无机沉淀剂，也可以是有机沉淀剂。无机沉淀剂包括：氢氧化物沉淀、硫化物沉淀和其它难溶物沉淀。有机沉淀剂一般有8－羟基喹啉、丁二酮肟、铜铁试剂等。

从总体上讲，沉淀分离法经常受沉淀溶解度和共沉淀因素的影响，分离效果受到一定限制，因此在实际的分析工作中应用并不广泛。

10.2.2　共沉淀分离与痕量组分富集

共沉淀对于重量分析和沉淀分离都属于不利因素，但是共沉淀有时可以用于微量和痕量组分的分离和富集。在待沉淀的微量组分试液中，加入某种其他离子和该离子的沉淀剂，使之生成沉淀(称为载体或称共沉淀剂)，并使微量组分定量地共沉淀下来，再将沉淀溶解在少量的溶剂之中，已达到分离和富集的目的，这种方法称为共沉淀分离法。

在共沉淀分离中所用的共沉淀剂不能干扰微量组分的测定，它可以是有机物也可以是无机物。

1. 用有机共沉淀剂进行共沉淀分离

对于微量或痕量组分的分离和富集常使用有机共沉淀试剂，例如，如果分离富集溶液中微量的 Zn^{2+}，可在酸性条件下加入大量的 SCN^- 和甲基紫试剂(MV)，在酸性介质中甲基紫(MV)质子化变成带正电荷的 MVH^+，与 SCN^- 形成难溶的缔合物 $MVH^+ \cdot SCN^-$，该沉淀作为载体可将 $Zn(SCN)_4{}^{2-}$ 与带正电荷的 MVH^+ 形成的缔合物 $Zn(SCN)_4{}^{2-}(MVH^+)_2$ 共沉淀下来。

有机沉淀剂有如下的优点：

(1)选择性好。在共沉淀过程中几乎不会吸附不相干的离子。

(2)富集能力强。可以从很稀的溶液中把微量或痕量组分载带下来，待分离和富集的组分含量可低至 10^{-10} g/mL 或更低仍可得到满意结果。

(3)易于纯制。所得到的沉淀，只需灼烧即可将有机部分除去，便于测定。

常用的有机共沉淀剂及其被共沉淀的离子列于表 10-1 中。

表 10-1 常用的有机共沉淀剂

共沉淀剂	被共沉淀离子
甲基紫－SCN^-	Cu^{2+}，Zn^{2+}，Mo(Ⅳ)
甲基紫－丹宁	Be^{2+}，TiO^{2+}，Sn^{2+}，Ce^{4+}，Th^{4+}，Zr^{4+}，Hf^{4+}，Nb(Ⅴ)，Ta(Ⅴ)，Mo(Ⅵ)，W(Ⅵ)
8－羟基喹啉－β－萘酚	Ag^+，Cd^{2+}，Co^{2+}，Ni^{2+}
双硫腙－2,4－二硝基苯胺	Ag^+，Cd^{2+}，Au^{3+}，Zn^{2+}，Pb^{2+}，Ni^{2+}，Co^{2+}，Sn^{2+}，In^{3+}
四苯硼酸铵	K^+

2. 用无机共沉淀剂进行共沉淀分离

对于微量或痕量的重金属离子，可以利用 $Fe(OH)_3$、$Al(OH)_3$、$MnO(OH)_2$、PbS、SnS_2 等难溶氢氧化物或硫化物作为载体，进行共沉淀分离。例如，在含微量 $UO_2{}^{2+}$ 的试液中加入 Fe^{3+}，用氨水使 Fe^{3+} 以 $Fe(OH)_3$ 沉淀析出。由于吸附层为 OH^-，使沉淀带有负电荷，试液中的 $UO_2{}^{2+}$ 作为抗衡离子被 $Fe(OH)_3$ 吸附后，随 $Fe(OH)_3$ 共沉淀下来，从而达到 $UO_2{}^{2+}$ 的分离和富集的目的。

如果待分离富集的微量组分 M 与载体 NL 沉淀中的 N 的半径相当、电荷相同且 NL 和 ML 晶型相同时，则 ML 可以以混晶形式与 NL 共沉淀下来。例如，用 $BaSO_4$ 做载体，使微量 Ra^{2+} 形成 $BaSO_4-RaSO_4$ 混晶共沉淀下来，达到 Ra^{2+} 的分离和富集的目的。

一般而言，无机共沉淀法的选择性不高，并且无机共沉淀剂挥发性较差，分离后常引入大量载体。

10.3　离子交换分离法

10.3.1　离子交换树脂介绍

离子交换分离是基于物质在离子交换剂(固相)和液相之间的分配来进行分离的方法。离子交换剂有无机离子交换剂(如硅胶)和有机离子交换剂(离子交换树脂)两大类。有机离子交换剂应用较多。

离子交换分离的过程通常是将离子交换树脂装于交换柱中,由柱上方加入待分离试液,使之自上而下与离子交换树脂接触,利用金属离子与树脂的亲和能力的不同,用适当的洗脱液洗脱以达到分离的目的。

离子交换法的分离效率高,可以分离性质极为相近的物质,并且容量可大可小。它不仅是分析中的常用分离方法,也是精细化工生产中的常用提纯方法。

离子交换树脂按树脂上交换基团的不同,可以分为阳离子交换树脂和阴离子交换树脂。

阳离子交换树脂通常带有酸性活性基团,可与溶液中的阳离子进行交换,例如:

$$R-SO_3H + M^+ \rightleftharpoons R-SO_3M + H^+$$

式中 R 是高分子聚合基团,磺酸基为酸性活性基团,其中 H^+ 与 M^+ 交换。根据阳离子交换树脂的酸性基团酸性强弱可进一步分为强酸型和弱酸型两大类。

阴离子交换树脂一般带有 $-N(CH_3)_3$ 基团,有阴离子交换能力。

离子交换树脂的基本骨架使用最广泛的是由苯乙烯和二乙烯苯交联聚合形成的共聚物,这种共聚物一般为球形,具有一定分散度,俗称“白球”。白球再经过化学反应,就可得到带有不同活性基团的离子交换树脂。下图为苯乙烯和二乙烯苯聚合反应的示意图 10-2。

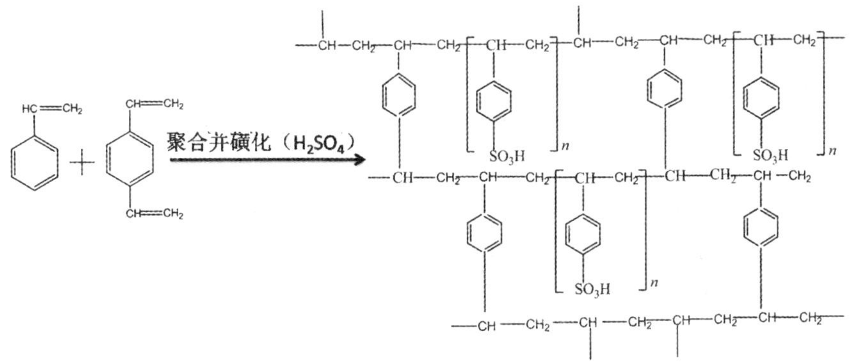

图 10-2　苯乙烯和二乙烯苯聚合反应示意图

评价离子交换树脂的性能主要包括交联度、溶胀性和交换容量等指标。

(1)交联度

在聚苯乙烯型树脂中,由苯乙烯连成了链状结构,再由二乙烯苯连结成网状结构,因此二乙烯苯成为交联剂。交联剂在树脂中的百分含量成为交联度。交联度的大小对树脂的性质影响很大,交联度大的树脂结构紧密,孔径小(网眼小)离子不易扩散到树脂内部进行交换，但选择性高，树脂的机械强度好，不易破碎，溶胀性也小。一般树脂交联度在 4%～14% 之间。在实际工作中选用多大交联度的树脂，则决定于分离对象。一般在不影响分离效果的情况下，选用交联度大的树脂为宜。

(2)溶胀性

离子交换树脂与水接触时，树脂会吸水溶胀。溶胀可增大树脂的交换容量，但溶胀后树脂变软，在外压下容易变形也会也影响强度。影响树脂溶胀的因素很多，如活性基团的极性大溶胀性大，交联度大溶胀性小，溶胀也与交换的离子性质及外部溶液的浓度等因素有关。

(3)交换容量

交换容量是指每克干树脂，经溶胀后所能交换的一价离子的物质的量。交换容量是表征树脂交换能力大小的特征参数。交换容量的大小决定于树脂上所带的活性基团的数目，而与其他因素无关，

10.3.2 离子交换树脂的亲和力

离子交换树脂的亲和力大小与树脂的类型、离子的性质以及溶液的组成都有关系，实验证明，在常温下，树脂亲和力大小顺序如下：

(1)强酸型阳离子交换树脂对金属离子的亲和力顺序

金属离子的价数增大亲和力增大，离子价数相同时，离子半径越小，亲和力越大。

(2)强碱型离子交换树脂对常见阴离子的亲和力顺序

$F^- < OH^- < CH_3COO^- < HCOO^- < Cl^- < NO_2{}^- < CN^- < Br^- < C_2O_4{}^{2-} < NO_3{}^- < HSO_4{}^- < I^- < CrO_4{}^- < SO_4{}^{2-}$

以上规律仅是一般规律，当温度、离子强度、溶剂或有络合剂存在时，亲和力顺序也会发生变化。

10.3.3 离子交换分离过程及操作

1. 装柱

阳离子离子交换树脂一般要用水浸泡 12 h，再用盐酸浸泡转为氢型，再用水洗至中性。对于 OH 型的阴离子交换树脂，需依次用 1 mol/L HCl、H_2O、0.5 mol/L NaOH 和 H_2O 处理。处理之后的树脂一般用水浸泡备用。

离子交换柱是类似于滴定管的装置，如图 10-3 所示。使用时先用玻璃棉在空柱管下端垫上一层，再注入一半以上的蒸馏水，打开柱下塞子，使水以较慢速度流出，并将预处理过的离子交换树脂装入柱中，保持树脂处在液面以下，并避免气泡。

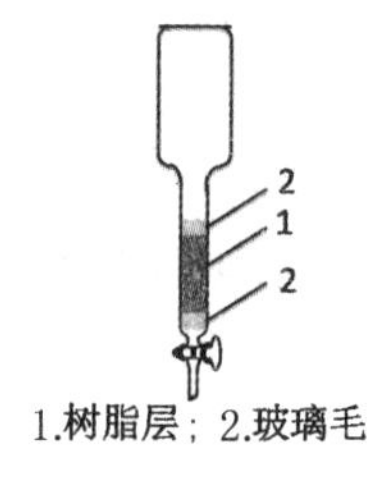

1.树脂层；2.玻璃毛

图 10-3 一种典型的离子交换柱示意图

2. 离子交换

交换时，试液由上方以一定的速度流入柱中，试液中的离子与树脂上活性基团的离子进行交换，如试液中有多种离子同时存在，则亲和力大的离子先进行交换，亲和力小的后进行交换，因此混合离子通过离子交换柱时，每种离子依据亲和力大小的顺序分别集中在交换柱的某一区域内。

3. 洗脱

洗脱就是将交换在树脂上的离子从交换柱上洗脱下来的过程，是交换过程的逆过程。如果试液中只有一种阳离子，可以用盐酸溶液作为洗脱液，由于 H^+ 浓度大，交换到树脂的阳离子就被 H^+ 取代下来，流向柱子下层又和未交换的树脂进行交换，如此反复交换一洗脱，最后流出交换柱。随时检测流出液中阳离子浓度便可得到如图 10-4 所示的洗脱曲线，根据洗脱曲线，截取 V_1-V_2 段流出液便可知道该阳离子的含量。

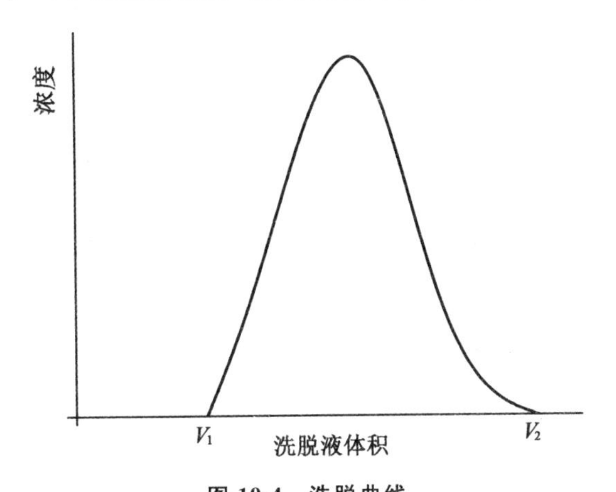

图 10-4　洗脱曲线

如果试液中含有多种离子同时被交换在柱上，洗脱过程实际就是分离过程，若洗脱液选取适当，当其经过交换柱时，由于各离子都经过洗脱一交换的反复过程，亲和力大的离子移动速度慢，亲和力小的离子移动速度快，只要柱子够长，就可将各离子按亲和力大小依次洗出交换柱，达到分离的目的。例如要分离 Li^+、Na^+、K^+ 的中性混合溶液，先将它们交换到强酸型阳离子交换柱上，然后用 0.1 mol/L HCl 洗脱，通过对流出液检测就可得到图 10-5 所示的洗脱曲线。

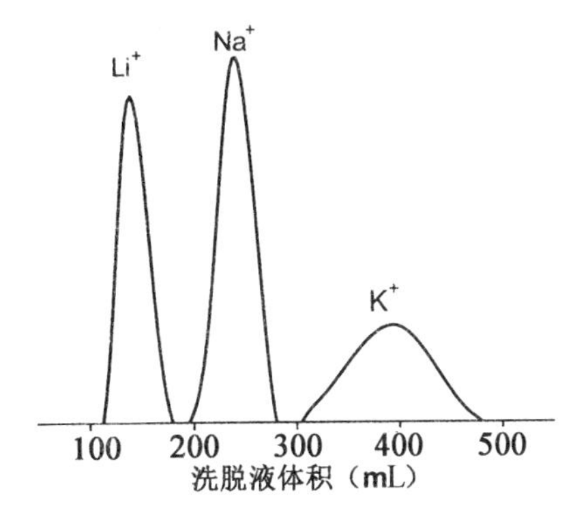

图 10-5　Li^+、Na^+、K^+ 的洗脱曲线

4. 树脂再生

将经过交换一洗脱后的树脂恢复到未交换时的形态的过程叫做树脂的再生，如将强酸型阳离子交换树脂再用 HCl 洗脱，树脂也就再生了。阴离子树脂一般用氢氧化钠溶液处理，转化成 OH 型备用。

10.4 液一液萃取分离法

液一液萃取分离法是利用物质由水相转入另一与水相不互溶的有机相后实现分离的方法，有如下特点：

(1)分离效果好。可以通过反复多次萃取达到很好的分离效果。

(2)适用浓度范围广。不仅适用于常量组分的分离，更适用于微量组分的分离和富集。

(3)设备简单，操作方便快速。

但是，液一液萃取使用的有机溶剂往往都是易挥发，易燃，并且有一定的毒性，这是该方法的缺点。

液一液萃取分离法的基本原理是根据相似相溶原理，当有机溶剂和水溶液混合后，疏水性组分从水相转入有机相，而亲水性组分留在水相中，就可实现提取和分离。

10.4.1 液一液萃取的一些基本概念和基本参数

1. 萃取平衡和分配定律

在萃取平衡体系中，被萃取物在两相中的浓度差别主要决定于被萃取物和萃取体系的本性及温度等条件。在一定温度下，当被萃取物质 A 在两相中达到平衡时，如果 A 在两相中的分子式相同，则它在有机相和水相中的活度比是一个常数，这一规律称为分配定律。其数学表达式为：

$$K_D^0 = \frac{a_{A(有)}}{a_{A(水)}} \tag{10-1}$$

式中 K_D^0称为分配系数，它是一个与温度有关的热力学常数。由于只有中性分子才能被萃取，中性分子的活度系数近似为 1，因此分配定律可以用浓度代替活度，即

$$K_D = \frac{[A]_{有}}{[A]_{水}} \tag{10-2}$$

2. 分配比

只有当 A 在两相中的分子形式相同时，分配定律才适用，分配系数 K_D 才能反映 A 被萃取的程度。但在实际的萃取中，情况往往是复杂的，如被萃取物在水相可能发生离解、水合、水解等，在有机相可能发生聚合或生成各种形式的溶剂合物等，因此 A 在两相中都可能存在多种形式。在实际萃取工作中人们所关注的是被萃取物在两相中分配的总浓度各为多少，而不是它们的存在形式。在一定条件下，达到萃取平衡时，被萃取物在有机相和在水相的总浓度之比叫分配比，用 D 表示：

$$D=\frac{c_{A(有)}}{c_{A(水)}}=\frac{[A_1]_{有}+[A_2]_{有}+\cdots+[A_n]_{有}}{[A'_1]_{水}+[A'_2]_{水}+\cdots+[A'_n]_{水}} \tag{10-3}$$

式中$[A_i]_{有}$和$[A'_i]_{水}$分别表示 A 在水相和有机相的某种型体的平衡浓度，分配比在萃取实践中更有实际意义。当两相体积相等时，分配比越大表示进入有机相的量越多，越有利于萃取，一般萃取要求 $D>10$。

分配比 D 和分配系数 K_D 在概念上是不同的，只有当被萃取物在两相中形式一样，D 才等于 K_D。

3. 萃取率

物质被萃取的程度常用萃取率表示，对于物质 A 的萃取率用下式表示：

$$E=\frac{m_{A(有)}}{m_{A(总)}}\times 100\% \tag{10-4}$$

式中 $m_{A(有)}$ 是 A 被萃取到有机相中的质量，$m_{A(总)}$ 是 A 的总质量。萃取率越高，表示该物质越容易被萃取，萃取率与分配比以及两相体积比的关系为

$$E=\frac{c_{A(有)}V_{有}}{c_{A(有)}V_{(有)}+c_{A(水)}V_{(水)}}\times 100\%=\frac{D}{D+\frac{V_{水}}{V_{有}}}\times 100\% \tag{10-5}$$

当体积比恒定时，萃取率随分配比的增大而升高。$V_{水}/V_{有}=1$ 时，

$$E=\frac{D}{D+1}\times 100\% \tag{10-6}$$

由上式可知，当 D 一定时，增加有机相的体积可提高萃取率。但在实际工作中，特别当 D 值不是很大时，一般不采取增大有机相体积的方法，而是采用多次连续萃取的方法提高萃取率。萃取次数和萃取率的关系可由下式说明。

设在体积为 $V_{水}$ 的水相中含被萃取物 A 的质量为 m_0，用体积为 $V_{有}$ 的有机相萃取一次后，在水相中剩余 A 的质量为 m_1，则进入有机相的 A 的质量为(m_0-m_1)，分配比为

$$D=\frac{c_{A(有)}}{c_{A(水)}}=\frac{(m_0-m_1)/V_{有}}{m_1/V_{水}}$$

一次萃取后，萃取液(水相)中 A 的质量 m_1 为

$$m_1=m_0\frac{V_{水}}{DV_{有}+V_{水}}$$

将两相分开，再用相同体积的有机溶剂重新萃取，萃取液中剩余 A 的质量为 m_2，则

$$D=\frac{(m_1-m_2)/V_{有}}{m_2/V_{水}}$$

$$m_2=m_1\frac{V_{水}}{DV_{有}+V_{水}}=m_0\frac{V_{水}}{(DV_{有}+V_{水})^2}$$

如果每次都用体积为 V 有的新有机溶剂对萃取液中 A 进行萃取，共萃取 n 次，最后的萃取液中 A 的质量为 m_n，则

$$m_n=m_0\left(\frac{V_{水}}{DV_{有}+V_{水}}\right)^n \tag{10-7}$$

$$E=\frac{m_0-m_n}{m_0}\times 100\%=\left[1-\left(\frac{V_{水}}{DV_{有}+V_{水}}\right)^n\right]\times 100\% \tag{10-8}$$

由于$\left(\frac{V_{水}}{DV_{有}+V_{水}}\right)$值小于 1，所以 n 越大，萃取液中剩余 A 的质量 m_n 越小，萃取率越高，

当 $V_{水}=V_{有}$ 时：

$$E=(1-\frac{1}{D+1})^n\times100\% \tag{10-9}$$

【例 10-1】 在 20 mL 水溶液中含 1.0 mg 被萃取物 A，用萃取剂萃取，已知分配比 $D=10$，计算萃取剩余液中的 A 的残留量和萃取率。(1)用 60 mL 萃取剂一次萃取；(2)每次用 20 mL 萃取剂分三次萃取。

解： 一次 60 mL：

$$m_1=m_0\frac{V_{水}}{DV_{有}+V_{水}}=\frac{20}{10\times60+20}=0.032\ 3\ \text{mg}$$

$$E=\frac{m_0-m_1}{m_o}\times100\%=\frac{1.0-0.0323}{1.0}\times100\%=96.77\%$$

三次 30 mL：

$$m_3=m_0(\frac{V_{水}}{DV_{有}+V_{水}})^3=0.000\ 75\ \text{mg}$$

$$E=\frac{m_0-m_3}{m_o}\times100\%=\frac{1.0-0.000\ 75}{1.0}\times100\%=99.92\%$$

计算结果表明，用相同体积的有机溶剂，分多次萃取比全量一次萃取效率高，但是增加萃取次数会增大工作量和操作误差，因此在实践中，有机相体积和萃取次数应酌情而定。

10.4.2 液一液萃取的一般类型

根据萃取时金属离子与萃取剂的结合方式将萃取体系分为螯合物萃取、离子缔合物萃取、中性络合物萃取等。

10.5 固相萃取和固相微萃取

10.5.1 固相萃取

固相萃取是指采用吸附、清洗、洗脱的过程对样品进行富集、分离和纯化。典型的固相萃取步骤是：使样品流过一个装有吸附剂的固相萃取小柱，通过样品和吸附剂的相互作用进行吸附，然后选择合适的洗脱剂对富集在吸附剂上的样品进行洗脱，从而达到分离富集被测物质的目的。固相萃取技术始于 1978 年，由 Waters Co 提出，它的主要工作原理是吸附剂与被测物之间的相互作用，这些作用包括疏水作用、静电吸引、$\pi-\pi$ 共轭、偶极一偶极相互作用等。固相萃取操作步骤一般包括吸附剂的选择、吸附剂的活化、进样、淋洗洗脱等步骤，由于操作方便，固相萃取技术已广泛用于食品分析、药物分析、环境分析等多种领域。

10.5.2 固相微萃取

固相微萃取(SPME)是以固相萃取为基础发展起来的新方法。由加拿大 Waterloo 大学的 Pawliszyn 等人于 1989 年提出来的。它用一个类似于气相色谱微量进样器的萃取装置，在样品中萃取出待测物后直接在气相色谱(GC)或高效液相色谱(HPLC)中进样，将萃取的组分解吸后进行色谱分析。它克服了以前一些传统样品处理技术的缺点，集萃取、浓缩、进样为一体，具有快速、简便、灵敏，易自动控制等特点，特别适用于现场分析。该技术的发展经历了一个由简单到复杂，由单一化向多元化的过程。这个过程主要体现在萃取纤维涂层的变化，萃取方式的变化及后续分析仪器的变化上。

固相微萃取有三种操作模式，一种是直接 SPME 法：将一附着有适当涂层（固相）的弹性石英丝浸入待测水样，待平衡一段时间后，水样中的待测物即被吸附于固相涂层上，吸附量与水样中待测物的原始浓度成正比，然后将石英丝导入气相色谱进样室，待测物受热挥发进入色谱系统，然后对目标物质进行分析分离。另一种是顶空 SPME 法：纤维不与样品直接接触，而是将纤维停留在顶空与气相接触，使待测物质富集于固定相后通过适当的方法解吸目标物质进行色谱分析。第三种是隔膜保护 SPME 萃取，其中直接 SPME 法和顶空 SPME 法是最常用的模式。见图 10-6。

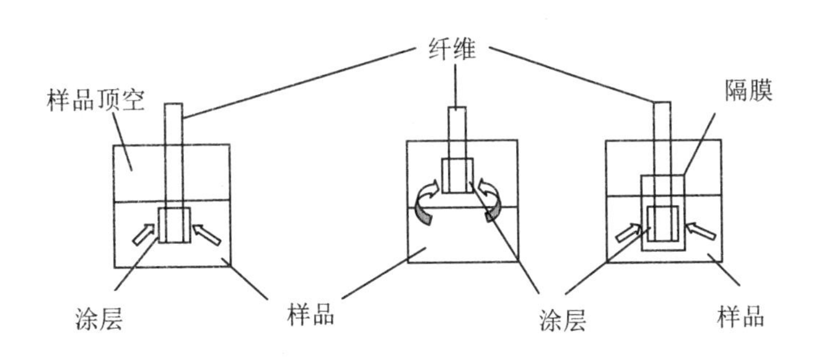

图 10-6　SPME 的三种萃取模式

与液一液萃取和固相萃取相比，固相微萃取操作简便、分析时间短、无需使用有机溶剂、费用低、选择性好、易于实现自动化等优点。固相微萃取纤维涂层的开发是目前的研究热点。目前固相微萃取技术已经被广泛用于环境及食品样品中有机金属、短链脂肪酸、酚类物质、芳香烃、有机氯杀虫剂、多氯联苯等的分析检测。

固相微萃取既可以用于液态样品的预处理（浸渍萃取或顶空萃取），也可以用于固态样品的预处理（顶空萃取）和气体样品预处理。固相微萃取技术的发展关键是萃取头的涂层，涂层的性质决定了其应用范围和分析中能检测到的浓度范围。固相微萃取技术可以与高效液相色谱（HPLC）、气相色谱（GC）、质谱（MS）和电化学（EC）等技术联用，但应用最广、方法最成熟的是与 GC 技术联用。与气相色谱的联用，主要针对于检测一些沸点相对较低的挥发性或半挥发性有机物。发展到目前，该技术与液相色谱以及毛细管电泳的联用技术也很成熟，使得一些极性、热稳定性的化合物也能用固相微萃取进行分析。

10.6　微波辅助萃取

所谓微波辅助萃取就是指在微波激发下能够大大加快萃取速率的一种萃取方法。这种技术主要用于固体样品的前处理，具体做法是将固体样品和有机溶剂加入到密闭容器中，让样品和萃取溶剂充分接触，然后用微波加热，使待测物在高温条件下被提取到有机溶剂中；

加热的过程中可以通过调节微波加热的参数对目标物进行选择性萃取。用这种方法处理样品的优点是能在短时间内完成多种组分的萃取、萃取溶剂的用量少、重现性好、回收率高、易于实现自动化操作，是一种环境友好的样品前处理方法。这种技术是1986年由匈牙利学者Ganzler K等提出的，微波辅助萃取具有设备简单、适用范围广、萃取效率高、重现性好、节省时间、节省试剂、污染小等特点，表现出良好的发展前景和巨大的应用潜力。

目前微波辅助萃取技术已经广泛应用于食品、环境样品、人体及动物样品、农产品、中草药样品、纺织品、合金、化妆品以及矿物质样品中重金属元素的分析。如将微波辅助萃取技术用于环境及食品样品中多种污染物包括多氯联苯(PCBs)、酚类物质、药物残留、多环芳烃、有机氯杀虫剂、有机磷杀虫剂、生物柴油、植物活性成分、有机金属等的萃取。

10.7 超临界流体萃取

超临界流体是处于临界温度和临界压力以上的流体。超临界流体萃取就是利用临界条件下的液体作为萃取剂，从液体和固体中萃取出特定成分，以达到某种分离目的的技术，是20世纪70年代用于工业化生产中有机物提取的一种分离方法。

它的基本原理是利用超临界流体在临界压力和临界温度附近具有的低粘度、高密度、介于气液扩散的系数等特殊性能作为溶剂，使样品在气相和液相之间经过多次分配交换，从而提高萃取效率而不发生热分解。常用的超临界流体有：CO_2、NH_3、乙烯、乙烷、丙烯、丙烷和水等；最常用的超临界流体是CO_2，特别适于萃取烃类及非极性酯类化合物，如醚、酯和酮等。

超临界流体萃取有着与一般萃取相同的步骤，同时又有自身的特点，大体的步骤如下：

(1)待测分析物从基体中脱离，溶解于超临界流体中；

(2)待测分析物通过超临界流体的流动被送入收集系统；

(3)通过升温或者降压，除去超临界流体，收集纯的目标物。

超临界流体萃取系统的基本设计有四部分：超临界流体提供系统(泵)、萃取池(器)、控制器和样品收集系统。二氧化碳由注射泵泵入，当需要在超临界流体中加入改性剂时，还需要一台改性剂的发送泵和一个混合室，如图10-7所示。

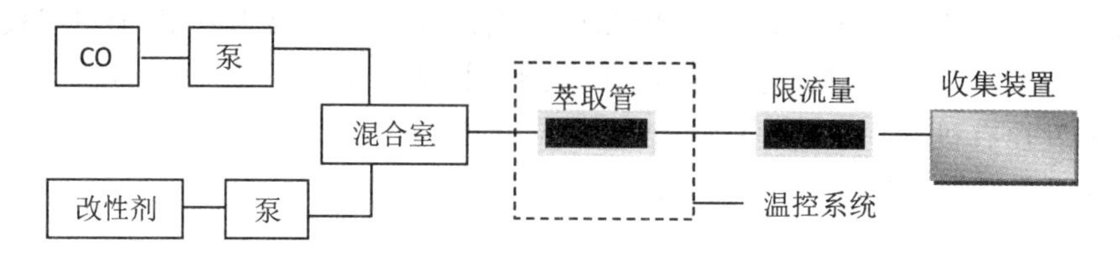

图10-7 超临界流体萃取系统示意图

与传统的萃取技术相比，超临界流体萃取具有独特的优势：(1)萃取剂为气体，萃取后容易与萃取相分离；(2) 二氧化碳是超临界流体萃取中最常用的萃取剂，具有无毒、稳定、廉价易得等优点；(3)萃取选择性好、萃取效率高；(4)操作比较灵活，萃取溶剂的萃取能力可以通过压力、温度来调节；(5)操作简单，集萃取与分离于一体。近年来，超临界流体萃取技术发展迅速，且很容易实现超临界流体洗与色谱或光谱仪器的联用。这方面的报道日益增多，已有的联用技术有 SFE－GC、SFE－HPLC、SFE－MS、SFE－SFC、SFE－FIR、SFE－NMR 等。且这些联用技术已经被广泛应用于食品工业、医药工业及环境污染治理等领域。

10.8 加速溶剂萃取

加速溶剂萃取是 1995 年 Richter 提出的一种全新的萃取方法。它的基本原理是在较高温度和较大压力条件下用溶剂萃取固体或半固体样品中的目标分析物质，从而达到对目标分析物质的预富集。较高的温度可以增大被分析物在有机溶剂中的溶解度，较大的压力能够提高溶剂的沸点，使溶剂始终保持在液体状态。

加速溶剂萃取仪由溶剂瓶、泵、气路、加温炉、萃取池和收集瓶等构成，如图 10-8 所示，将准备好的样品手工装入不锈钢萃取池，拧紧池盖，放入圆盘式传送装置，圆盘传送装置将萃取池送入加热炉腔，萃取池于炉腔内在一定的压力下自动密封。萃取池中开始注入溶剂，加热加压达到设定值后，萃取池在炉腔中按用户设定的时间恒定温度和压力萃取。然后，分析物及溶剂自动经过过滤进入收集瓶，萃取池中被注入新鲜的溶剂并用氮气吹扫。完成后，萃取池返回圆盘传送装置，开始下一个样品的萃取。整个萃取过程自动化程度高，大部分的加速溶剂萃取可在 20 min 内完成。

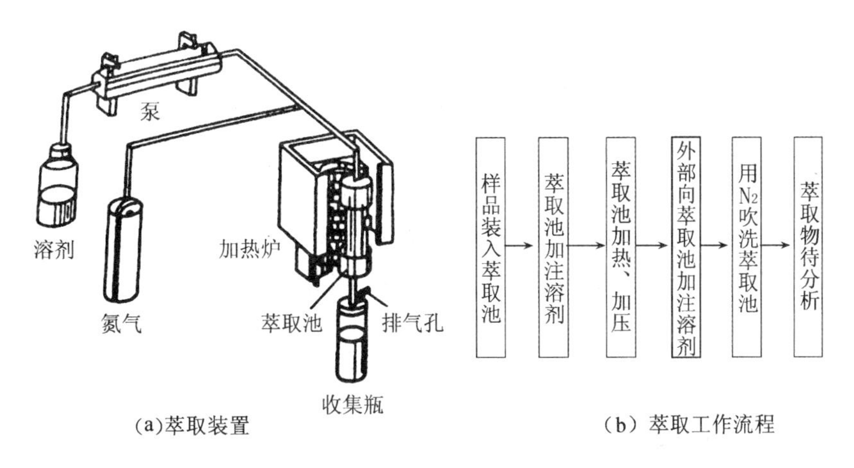

图 10-8 加速溶剂萃取装置及其工作流程示意图

加速溶剂萃取具有以下几个特点：(1)缩短萃取时间. 加速溶剂萃取时间仅需 12～20 min，而传统的索氏萃取需 4～48 h，超临界流体萃取需 0.5～1 h。(2)减少有机溶剂的用量。传统的索氏萃取溶剂用量为 200～500 mL，超临界流体萃取为 150～200 mL，而加速溶剂萃取减少了溶剂用量，仅需 15 mL。(3)提高了萃取效率。加速溶剂萃取通过提高温度和增加压力，减少了基质对被提取物的影响，增加了溶剂对溶质的溶解能力，使目标分析物完全地提取出来，提高了萃取效率。加速溶剂萃取虽然发展的时间不长，但由于其有机溶剂用量少、萃取速度快、样品回收率高等优点，已在环境分析、药物分析、食品分析和聚合物工业等领域得到广泛应用。近年来其在污染物残留检测方面也得到了广泛关注，例如，被用于土壤、污泥、沉积物、粉尘、动植物组织、蔬菜和水果等样品中的多氯联苯、酚类物质、抗氧化剂、有机染料、药物残留、多环芳烃、有机磷(或有机氯)农药等有害物质的萃取。

10.9 几种样品前处理技术在实际样品中的应用

10.9.1 微波辅助提取技术在中药有效成分提取中的应用

在20世纪90年代,利用微波辅助提取技术提取有应用价值的医药组分,受到加拿大、美国等国家研究人员的广泛重视。国内对此也做了大量的研究工作。目前,微波辅助提取技术已广泛应用于多糖类、黄酮类、蒽醌类、有机酸类、生物碱类等中药有效成分的提取研究中,以微波辅助提技术提取银杏叶成分中黄酮物质已经得到了广泛应用。

有人对微波法提取银杏叶中黄酮物质进行研究,将洗净烘干后的银杏叶粉碎,过50目筛,称取银杏叶粉末5 g于三角瓶中,加入适量的蒸馏水以浸没银杏叶并将瓶口用保鲜膜覆盖,放入微波炉中于175 W微波强度处理5 min后,以80%的乙醇,在70℃提取1 h,提取物中黄酮类物质的含量比未经微波处理的高18.8%。

10.9.2 固相微萃取一气相色谱法测定葡萄酒的风味组分

用顶空固相微萃取结合毛细管气相色谱技术有效测定葡萄酒中的风味化合物,具体处理方法为:在20 mL顶空进样瓶中,加入10 mL葡萄酒样品,加盖密封垫和铝帽,压紧,用微量进样器移入20 mL浓度为12 g/L的4-甲基-2-戊醇内标溶液,手动摇匀。用固相微萃取装置将萃取头手动插入进样瓶中,萃取头距样品液面约5 mm,在40 ℃恒温水浴中保温30 min后,直接将萃取头注入气相色谱仪进样口脱附3 min。样品各组分峰均经标样核对定性,以内标法定量。根据标样定性了30个葡萄酒风味组分,并分别讨论了与葡萄酒质量相关的风味化合物和影响定量结果的因素,大多数组分定量的相对标准偏差小于10 % 。

思 考 题

1.分析中对回收率有何要求?

2.什么是交联度?它与离子交换树脂的性能有何关系?

3.共沉淀富集痕量组分时,对共沉淀剂有什么要求?有机共沉淀剂较无机共沉淀剂有什么优点?

4.固相微萃取、超临界流体萃取、微波萃取分离、加速溶剂萃取的原理有何不同?

习 题

1.某一金含量为0.1 μg/L的试液共20 L,加入足够的Pb^{2+}并在一定条件下通入H_2S,得沉淀并经处理后测得Au量为1.8 μg,问该沉淀分离富集方法的回收率是多少?

(90%)

2. 用某有机溶剂从 100 mL 溶液中萃取某溶液两次，每次用 20 mL，萃取率为 90%，计算该萃取体系的分配比。 （$D=10.8$）

3. 50 mL 水溶液中含 Fe^{3+} 10.0 mg，每次用 25 mL 某有机溶剂连续萃取两次，已知 $D=99$，问萃取率 E 等于多少？若在两次萃取后合并有机相，并用等体积的水洗一次，铁会损失多少？ （99.96%，0.10 mg）

4. 将 100 mL 中性水样通过强酸型阳离子交换树脂，流出液用 0.100 0 mol/L NaOH 滴定，用去 41.00 mL，若水样中总金属离子的含量用钙离子含量表示，则每升水中含钙多少毫克？ （821.6 mg）

5. 取 25.00 mL 含有氯化镁和盐酸的试液，用 0.020 00 mol/L 的 NaOH 滴定至溴甲酚绿终点，消耗 NaOH 22.76 mL；另取 10.00 mL 试液用蒸馏水稀释至 50 mL，流经强碱型阴离子交换树脂后，流出液及洗涤液用 0.020 00 mol/L HCl 滴至终点，耗去 33.20 mL，计算样品中 HCl 及 $MgCl_2$ 的浓度。 （0.018 21 mol/L；0.024 10 mol/L）

6. 称取 1.5 gH－阳离子交换树脂作成交换柱，净化后，用 NaCl 溶液洗至甲基橙为橙色为止，收集流出液，用甲基橙作指示剂，以 0.100 0 mol/L NaOH 标准溶液滴定，用去 24.51 mL，计算该树脂的交换容量(mmol/g)。 （1.6）

第十一章　分析化学前沿及其发展趋势

11.1　分析化学的现状

经过100多年的发展，分析化学已经从一个经典的化学分析手段进入了一个崭新的境界，发展成为由许多密切相关的分支学科交织起来的学科体系。分析化学是使用和有赖于化学、物理学、数学、信息科学和生物学定律的一门边缘学科。其目的是破解所研究样品隐含的信息，而不是去改变其固有的信息，从而告诉人们有关物质世界组成的真理。分析化学是研究物质的组成和结构，确定物质在不同状态和演变过程中化学成分、含量、时空分布和相互作用的量测科学，旨在发展各种分析策略、原理与方法，研制各类器件、装置、仪器及相关软件，以获取有关物质组成和性质的空间和时间信息的一门学科。

为了使分析化学的初学者了解分析化学的全貌和拓宽分析化学的知识面，吸引更多的有志青年投入到分析化学的研究领域，我们在学习“定量化学分析”的基础上，不妨将现代分析化学的现状、研究热点及其发展趋势作一个概括性的介绍，以提高青年学生学习分析化学的兴趣。

11.2　光谱分析

光谱分析一直是分析化学最富活力的领域之一。20世纪以来科学和技术的飞速发展极大地推动了光谱分析的发展，特别是激光光谱的出现，超高分辨率分光器的发展，高灵敏度检测器件的应用，以及光导纤维技术，等离子体技术和纳米技术的发展对光谱分析的发展产生了巨大的影响。

11.2.1　原子光谱分析

原子光谱分析法主要包括原子吸收(AAS)分析法、原子发射光谱法(AES)分析法、原子荧光光谱(AFS)分析法、电感耦合等离子体质谱(ICP－MS)分析法等，它既具有优异的灵敏度和检测限，又具有很高的选择性，因此被广泛用于元素，元素形态以及金属组学分析中。

随着连续光源的原子吸收仪器的出现，等离子光谱技术在多元素同时检测领域已经发展成为常规的手段，等离子质谱技术与现代分析技术的结合在元素形态分析，单粒子与单细胞分析及蛋白质绝对定量方面显示出巨大的潜力。基于激发解离－等离子质谱联用与成像技术。在生物组织的超痕量元素分布、金属组学研究中正在发挥重要的作用。原子光谱分析技术(AAS、AES、AFS、ICP－MS)与高效的分离技术(气相色谱、高效液相色谱、毛细管电泳、流动注射技术、凝胶电泳、微透析)的联用已成为目前环境、生物和食品等复杂基体中元素的化学形态分析的主要手段。

11.2.2 分子光谱分析

分子光谱是研究分子与光子相互作用,包括从紫外到可见区,一直到红外区内的不同波段的光的吸收、发射和散射光谱分析。分子光谱分析分为紫外一可见光吸收光谱和红外吸收(IR)光谱,分子发射光谱(荧光,磷光,化学发光和电致发光)和散射光谱方法(瑞利散射和表面增强拉曼散射)。

紫外一可见分光光度法是分子光谱分析中最常见的方法,广泛用于有机化合物结构和光谱性能关系的研究,在物质的定性和定量分析中发挥着重要作用。

红外光谱分析:红外光谱是应用最广泛的振动光谱技术,可以反映化合物(固、液、气样品)结构的信息,因此人们常将红外光谱称为分子的指纹。随着科学和技术的进步,红外光谱仪器在自动化和灵敏度等方面都得到了空前发展,此外,还发展了各种特殊的光学检测装置和数据处理方法,实现了对日益复杂对象的在线和现场分析。例如,空间分辨红外光谱能给出某一物种在空间的分布信息。时间分辨红外光谱已经被用于研究振动弛豫动力学、光致电子转移体系、光诱导态转变体系和蛋白质内能量转移等,为描述体系的过程和机理提供精细的数据。二维相关红外光谱有可能成为继二维核磁之后的一种新的蛋白质结构解析手段。近红外光谱(2 500～4 000 cm^{-1})可以有效避免骨架振动的干扰,被广泛地应用于复杂样品(农产品、食品和药品)的分析。表面增强红外吸收光谱使常规 IR 光谱得到 1～2 个数量级的增强。

拉曼光谱分析:自 1928 年发现拉曼散射现象以来,拉曼光谱技术一直受到人们的高度关注。IR 光谱和拉曼光谱技术是一对具有极强互补性的技术,两者的结合可以为体系的分析提供更为完整的信息。拉曼光谱的无破坏性,H_2O 和 CO_2 的影响较弱等优点,使其在化学、物理、材料、表面科学、环境保护、生物和医药上得到了广泛应用,并可以进行定性和定量分析。表面增强拉曼光谱(SERS)的发现极大地提高了拉曼光谱的灵敏度,实现单分子检测。拉曼光谱在石墨烯结构表征方面突出的优势,使拉曼光谱有望成为一项常规表面分析技术。

分子荧光分析法:近年来,超强激光光源引入到荧光光谱仪器,出现了激光诱导荧光光谱(LIF),使荧光光谱的分析灵敏度得到进一步提高可达到单分子水平,在 DNA 测序、单分子检测和细胞成像分析中发挥着巨大的作用。基于大分子和纳米粒子对光散射作用而建立起来的共振散射光谱方法,可在商品化的荧光光谱仪上测定,显著地提高了检测灵敏度,已成功地应用于环境、食品污染物分析和临床检验。

有机小分子荧光探针:小分子探针与待测物通过共价或非共价键的结合形成具有特征发射波长的荧光复合物,通过能量转移(如荧光共振能量转移 FRET)、光诱导电子转移(PET)、分子内电荷转移(ICT)、开环/闭环等机理调控复合物的荧光强度,荧光寿命,荧光各向异性或者激发、发射峰等性质,实现对待测物或反应过程的信号识别、转换与输出。目前小分子荧光探针主要包括荧光素及其衍生物,罗丹明及衍生物,BODIPY 类染料,花菁系列染料和方酸菁类化合物。小分子荧光探针具有立体位阻小,膜透性好,结构多样,stokes 位移可控及制备方便等优点,在研究细胞信号转导,细胞生理功能与病理效应方面具有独特的优势，近年来化学与生物学交叉研究日益深入，小分子荧光探针的研究呈高速发展趋势，基于小分子荧光探针的荧光成像技术已被广泛用于细胞内活性物种的检测。

量子点荧光探针：量子点(quantum dots, QDS)又被称为半导体纳米晶体，是一种新型的无机荧光纳米材料，通常由ⅡB－ⅥA族或ⅢB－ⅤA族元素原子组成。与有机荧光染料相比，量子点具有荧光发射光谱窄，且对称，吸收光谱宽，波长小于量子限域峰的光均可以激发量子点，因此易于实现一元激发多元发射对荧光信号的监测，量子点还具有荧光强度高，光稳定性好，耐光漂白，双光子吸收界面和荧光寿命长等特点，适合长时间荧光示踪和生物样品监测。荧光量子点探针的研究主要集中在：(1)制备各种性能优越的量子点；(2)荧光量子点的修饰和标记；(3)荧光量子标记探针的应用(金属离子的检测，环境污染物检测，生物分子检测和DNA检测，活细胞中分子成像，组织成像判断和活体成像分析)。

化学/生物发光分析：当化学反应产生光时就发生了化学发光。化学发光分析的灵敏度和选择性都很高，通常检出限可达到10^{-15}～10^{-18} mol /L范围，在医药检测、食品安全和环境检测领域得到广泛应用。纳米颗粒作为催化剂、还原剂、发光体和能量接受体参与化学发光反应，为化学发光分析增添新的亮点。将高灵敏的化学发光与特异性的免疫反应相结合的化学发光免疫分析(CLIA)，作为一种新的免疫测定技术，已应用于抗原、抗体、半抗原、激素、药物等的检测。电化学发光(ECL)是一种在电极表面由电化学引发的CL反应，是电化学和CL两个过程的结合。电化学发光分析与免疫检测、生物化学固定化和微细加工技术的融合，使全自动ECL免疫分析仪器在三甲医院得到广泛应用。

11.3 电化学分析

电分析化学是分析化学的重要组成部分，它是根据溶液中物质的电化学性质及其变化规律，建立在以电位、电导、电流和电量等电化学与被测物质某些量之间存在一定的计量关系基础上的分析化学。电化学分析最突出的特点是响应快、仪器简单易小型化。

早在18世纪，就出现了电解分析和库伦滴定法，19世纪出现了电导滴定法、玻璃电极测pH值和高频滴定法。1922年，随着极谱法的问世，标志着电分析方法进入新的阶段。电分析化学从20世纪60年代开始，几乎每10年有1～2个研究热点，例如60年代的极谱学及各种电化学技术出现，使灵敏度提高了3个数量级，70年代的固体电极及波谱电化学，80年代的化学修饰电极和微电极，90年代的生物电化学和21世纪开始的纳米分析化学。各种碳材料(C_{60}系列、碳纳米管系列和石墨烯等)和各种纳米粒子的引入，显著改善了生物电化学传感器的性能(拓宽线性检测范围、缩短反应时间、提高稳定性、降低检测限)。

近年来，国内外电分析化学发展趋势是采用各种电化学技术，结合纳米材料和技术及其他分析测试技术，探讨生命过程中各种信号的提取，各种分子(生物活性分子和环境污染分子等)的动态、实时、时间与空间分辨的监控与检测；同时基于在这些研究过程中所认识和探讨的一些基本规律(如生物分子相互作用和分子识别等)，发展新型电化学传感器与电化学测量方法和技术。

11.4　色谱分析

色谱分析的概念起源于20世纪初，由茨维特用碳酸钙吸附剂分离植物色素时得到色谱带而定名，20世纪50年代，随着气相色谱法的建立，而正式形成色谱学。

气相色谱：气相色谱(GC)自1952年出现以后，在20世纪80年代发展已相当成熟。GC的出现使挥发性化合物的分离分析发生了巨大的变化，在环境科学、石油化工、食品安全和刑侦分析等领域已作为常规分析方法。GC与质谱(MS)的联用技术，能够在一次进样中同时实现定性和定量分析。GC－MS技术在人体呼出或分泌的气体、挥发性代谢产物准确定性定量分析具有优势，在解决生命科学研究的重大问题发挥重要作用。气相色谱与质谱、傅里叶变换红外光谱及核磁共振波谱仪器联用，成为分离、剖析和鉴定复杂有机物的重要手段。碳纳米管、有机金属骨架材料(MOFs)作为新型GC固定相，显著改善了色谱分离性能。

液相色谱(LC)：高效液相色谱(HPLC)是20世纪70年代迅速发展起来的一种分析技术，LC在生命科学研究中已经成为关键技术。20世纪末到21世纪初，随着2μm以下粒径填料、超高压输液泵以及低死体积系统和快速检测系统的研发成功，使超高效液相色谱(UHPLC或UPLC)得到迅速发展。在LC固定相研究方面，亚微米填料、有机－无机杂化整体柱、分子印迹聚合物整体柱、手性分离固定相、纳米颗粒引入固定相等，使LC在生命科学和环境科学等领域，已成为不可或缺的分离分析技术。

毛细管电泳(CE)：毛细管电泳自20世纪80年代以来得到迅速发展。特别是96通道毛细管电泳(CE)的出现使人类基因组计划提前3年完成。CE包括毛细管区带电泳(CZE)，毛细管胶束电动色谱(MEKC)，毛细管电色谱(CEC)，毛细管凝胶电泳(CEC)，毛细管等电聚焦(CIEF)，毛细管等速电泳(CITP)等分离模式。CE具有取样少(pL或者nL级别的进样量)、分离效率高(柱效达到10^6的理论塔板数)、分离速度快(10～30 min)，灵敏度高(检出限为10^{-15}～10^{-16} mol/L)等特点，因此在生命科学中用于基因测序、手性分离、蛋白质多肽氨基酸以及核酸的快速分离分析。

超临界液体色谱(SFC)：超临界液体色谱(SFC)用超临界流体作为流动相。SFC结合了气相色谱和液相色谱的主要优点，特别适合分析不能用GC和LC分析的化合物(热不稳定和挥发性差)，其柱效比HPLC色谱高好几倍，二氧化碳是最常用的流动相。SFC主要用于相对分子质量大，非挥发性化合物的分析，目前已应用天然产物、农药、食品、表面活性剂。原油和炸药等物质的分析检测。

多维色谱：多维色谱联用系统的总分辨率等于各维分辨率平方和的平方根，总峰容量等于各维峰容量的乘积，相比于一维色谱，多维色谱分离系统能显著提高系统分离能力和检测灵敏度，为复杂样品的分析提供更多的信息，目前已有二维GC、二维LC和二维CE技术的应用，但是如何从理论上描述多维分离过程，仍然是一个有待解决的难题。

生物、环境和食品等复杂样品必须经过前处理才能进行色谱分析，通常样品前处理约占整个分析时间的2/3，样品前处理成为色谱分析的关键环节。快速高效、高选择性、高通量、绿色环保、自动化、成本低等是评价样品前处理技术的准则，根据上述准则，目前已发展了固相萃取(SPE)、固相微萃取(SPME)、液相微萃取(LPME)、微波辅助萃取(MAE)、加速溶剂萃取(ASE)、超临界流体萃取(SFE)、超声波辅助萃取(UAE)、吹扫捕集(P&T)和膜分离等样品前处理技术。

色谱分析现代化中,二维色谱分离联用技术(包括二维 GC,二维 LC,二维 CE,气相色谱和液相色谱联用),液相色谱和毛细管电泳联用,以及色谱与质谱等高灵敏度检测技术的联用在蛋白质组学、代谢组学和脂质组学等领域发挥着关键的作用。在组学分析中,一次进样会产生海量的数据,与化学计量学的结合,发展新的数据处理软件,建立智能化的数据库,有助于解决复杂生物体系的定性、定量分析。

11.5 质谱分析

质谱法(MS)是根据被测物分子产生气态的离子。然后按质荷比(m/z)对这些离子进行分离和检测。质谱法定性用于测定未知化合物等。质谱法是分子分析最灵敏的谱学技术。质谱法用于发展权威性的和标准方法测定。目前质谱法发展很快,MS 技术对推动生命科学的整体发展发挥了巨大作用。如在基因组学、蛋白质组学和代谢组学等领域,MS 已成为最强有力的分析手段及关键技术平台。无机和同位素质谱技术在测量极低浓度和同位素丰度的样品时具有优势,使其应用领域从地质、核材料方面,逐渐扩展到生物医学、生态环境、食品安全和材料科学领域。将 ICP－MS 与分离方法结合起来,可以提供元素化学形态的定性和定量信息,未来将在纳米材料标记的生物分子成分定量分析中发挥重要作用。质谱成像(IMS)技术发展迅速,已成为 MS 的前沿研究热点之一,IMS 实现生物组分样品的三维分布测定和相对定量可视化,在临床医学和生物学等领域显示出广阔的应用前景。

11.6 核磁共振波谱分析

核磁共振波谱法(NMR)的主要应用领域是测定分子的结构,作为一种波谱学的研究手段,能够在无损和无侵入的条件下提供物质(器官和组织等)的宏观形态、高精度的分子微观结构、分子间的相互作用及其动态过程等不同空间尺度和不同时间尺度的丰富信息。目前,随着更高磁场(超导磁体)的谱仪和新型检测器不断被开发出来,使 NMR 的灵敏度和分辨率得到不断提高。NMR 在蛋白质三维结构的测定、蛋白质与生物分子之间的相互作用、生物代谢水平及其动态变化(代谢化学)的分析等方面发挥越来越重要的作用。

11.7 化学计量学

现代分析仪器具有快速提供大量、多维信息数据的功能。分析化学所面临的任务是如何从这些丰富的数据中提取与物质有关的化学成分、结构、活性等信息。化学计量学就是在这种背景下诞生和发展起来的一门新型学科。化学计量学是数学、统计学、计算机科学与化学的“接口”,应用数学、统计学和其他方法和手段(包括计算机),选择最优试验设计和测量方法,并通过对测量数据的处理和解析,最大限度地获取有关物质系统的成分、结构及其他相关信息。经过 40 多年的发展,化学计量学已形成了一套较为完整的体系。包括:采样理论与方法、实验设计和最优化、化学信号变换与处理、多元分辨与多维校正、化学模式识别、化学定量构效关系、人工智能和化学专家系统等,协助分析工作者将原始的分析数据转化为有用的信息和知识,为进行判别决策及解决实际生产及科研课题提供依据。今后,化学计量学将面向以解决疾病的早期诊断、食品安全、环境监测、蛋白质组学、代谢组学等复杂体系的实际问题,对化学测试数据进行深层次挖掘,将有助于发现新的规律和创造新的知识。

11.8　表面分析与微区分析

高新技术特别是半导体、微电子工业及材料科学、生命科学、纳米技术的发展,向分析化学提出了诸如对非整直空间(如大规模集成电路组件)、无法采样的小空间(如活体组织、细胞及毛细血管)中的物质进行表征和测量的问题。材料科学中出现的“纳米区域”、“纳米结构”、“纳米材料”的分析,使表面和微区分析成为分析化学发展快速的领域之一。尤其对催化剂、半导体和微电子器件、金属、陶瓷、玻璃、薄膜结构、聚合物和集成电路的开发和生产最为重要。

表面和微区分析涉及厚度小于 1 个选择层到几个纳米厚的物质表面层的表征,目前表面和微区分析的手段基本上都是物理分析方法。用于表面分析的方法按照所用的试剂分为:光子探针、电子探针、离子探针和电场探针。目前已经发展了 30 多种方法用于表面和界面分析,其中主要的有广泛用在工业中的 X 射线光电能谱法(XPS),俄歇电子能谱法(AES),次级离子质谱法(SIMS),用于组分的表面分析的卢瑟福背散射谱法(RBS),用于表征表面形貌的扫描电子显微镜技术(SEM),原子力显微技术(AFM),以及用于分子表面和界面分析的界面表征的分析电子显微镜技术(AEM),以及用于分子表面和界面分析的红外(IR)和拉曼光谱。上述方法能提供表面和界面物质的形貌、元素组成、原子之间的化学键、结构(几何的和电子的)信息,对研究基本化学过程(金属腐蚀、催化、表面吸附、化学吸附、反应性、氧化性、钝化、成分鉴定)起着重要作用。因此,在材料科学、催化剂、生物学、物理学及理论化学研究中占有重要位置。

11.9　生命分析化学

生命科学是 21 世纪的核心科学之一,分析化学作为生命科学研究的方法与手段支撑生命科学的发展。例如,96 通道毛细管电泳(CE)的出现使人类基因组计划提前 3 年完成,生物质谱软电离方法的提出,开启了现代蛋白质组学研究的大门,绿色荧光蛋白(GFP)的发现及其发展实现了细胞内重要生物活性分子的动态跟踪和生命过程的阐明。近 30 年生命科学研究的发展证明创新的分析方法快速促进了生命科学及其相关研究领域的发展。

生命过程涉及分子识别、物质转化、能量传输和信息转导等过程。生命分析化学的研究目标是以生命物质为对象，建立生命活动中生物分子分析检测的新原理、新方法与新技术，揭示生物分子相互作用和信号转导机制，生物能开发与利用。生命分析化学与人类生活息息相关，新药研制、疾病诊断、基因组学、蛋白质组学、代谢组学全面分析等，向生命分析化学技术提出了挑战，也为生命分析化学提供了广阔的发展空间和机遇，成为生命分析化学发展的永恒原动力。

11.10 环境分析化学

环境分析化学是分析化学的一个重要分支，环境分析化学的任务是运用现代科学理论和实验技术分离、识别和定量测定环境中相关污染物质的种类、组成、成分、含量、价态与形态。环境分析化学涉及的范围广，包括大气、水样、土壤、污泥、矿物、废弃物以及各种食品、动物、植物和人体组织等，研究对象复杂，目前已有的化学品超过 1000 万种，研究手段包括所有化学和仪器分析的各种手段方法。随着科学技术的发展，大量新的化学物质和材料不断被用于工农业的生产并被排放到环境中，需要发展新型污染物的分析方法。近年来，各种样品前处理技术，例如固相萃取、加压溶剂萃取、微波辅助萃取、纳米材料吸附剂、分子印迹聚合物等技术发展迅速，已经或正在取代传统技术，或与传统技术形成互补。

在环境科学中，污染物的毒性与其存在形态、环境及生物过程密切相关。例如 Cr(Ⅵ)与 Cr(Ⅲ)、As(Ⅲ)与 As(Ⅴ)、无机砷与有机砷、无机汞与有机汞、NH_3 与 NH_4^+ 等在毒性上存在着显著的差异；在有机物中，α－萘胺与 β－萘胺，苯并芘(a)苯并芘(b)的致癌作用显著不同，前者为强致癌物而后者则为弱致癌物质；在材料科学中物质的晶态对性能的影响，金红石型 TiO_2 与锐钛矿型 TiO_2 催化性能不同。因此，要正确评价元素/化合物的环境化学行为、生物可利用性及生态毒理学效应，需要对于元素/化合物在生物体中的形态(包括价态、化合态、晶态、异构体)进行实时、准确的测定。

11.11 其他分析方法(免疫分析、成像分析、微－纳尺度分析)

免疫分析：免疫分析是基于抗体和抗原特异性反应来测定各种抗原(或抗体)及半抗原以及能发生免疫反应的生物活性物质(蛋白质，激素，抗生物，药物，病原体，病毒)，具有非常高的选择性和灵敏度。利用放射性同位素 I^{125} 作为标记物的方法被称为放射性免疫分析，通过测量免疫复合物中放射性强度来测定分析物的浓度，为了减少放射性污物对环境造成污染，非放射性免疫分析得到快速发展，利用荧光和化学发光物质标记抗原或抗体的荧光免疫分析、化学发光免疫分析、电化学发光免疫分析，以及酶作为标记物的酶免疫分析得到广泛应用，为了进一步适用临床、环境及食品等领域的实际需求，需要发展出超快速，多组分免疫分析方法。

成像分析：成像分析指以样品信息的二维(2D)、三维(3D)或四维(4D)分布图像来研究物质的形貌、组成、含量、结构和运动等特征。根据成像原理不同分为几种不同的成像模式，包括近场光学显微镜(SNOM)、光子扫描隧道显微镜(PSTM)、扫描隧道显微镜(STM)、原子力显微镜(AFM)、X射线断层扫描(XCT)、扫描磁共振成像(MRI)、B超、正电子发射计算机断层成像(PET)、单电子发射计算机断层成像(SPECT)、荧光成像(FI)、拉曼成像、表面等离子体共振成像和质谱成像等,每种成像均有其优点和不足,需要发展多模态成像技术,结合各自的优点,提高成像中的空间分辨率、灵敏度和速度。目前成像分析技术主要用于临床医学诊断,其他领域的应用尚待打开。

微一纳尺度分析(μn－SA):微一纳尺度分析指使用至少有一个维度尺寸在微米一纳米量级的装置所进行的分离分析。目前微一纳结构的加工或制备采用的技术包括光刻、离子束刻蚀、电子束刻蚀、模压、微接触印刷、打印、模板聚合和核辐射刻蚀等。其中,离子束刻蚀、电子束刻蚀和核辐射刻蚀特别适合于纳米结构加工。纳米孔可由纳米模板来构造,即将纳米模板混入溶液中,成膜后再除去模板。纳米颗粒、纳米线、纳米薄膜可用合成法得到。微一纳尺度分析可应用于样品成分的捕获富集、分离鉴定、反应标记、定性定量和测序解构等。纳米孔是微一纳分离中一个诱人的研究领域,它提供了一个适于在纳米尺度进行单分子测序、单分子传感、化学反应研究、生物分子识别等的研究平台。新的微一纳加工技术和芯片结构设计将推动微一纳尺度分析的发展。

11.12　分析化学的未来与展望

经过一百多年的发展与变革,分析化学的面貌发生了根本的变革,分析化学从传统的定量分析到现代仪器分析,从光谱,电化学,色谱和热分析到质谱,核磁共振,成像分析,纳米分析,经微一纳米流控分析,从无机,有机分析到生命过程信息获取,从常量,微量,痕量分析到单细胞,单分子分析,从简单物质的鉴定,单一信号的获取到复杂与生命体系的多通道,高通量检测与海量数据的控制,分析化学通过与物理,生物,数学,材料,和计算机等相关学科的交叉和融合,形成自己完成的理论体系。

分析化学的发展与国家的战略目标始终是一致的。分析化学的应用范围涉及国民经济、国防建设、资源开发和人类生存等各个方面。分析化学正在为各种工农业产品质量的控制提供了有力的保障,对我国的商品进出口贸易提供技术支持,维护食品、环境安全及人民健康,社会稳定,空间技术探测,反毒、反恐等涉及国家公共安全方面。

未来的分析化学将是一门多学科性的综合性的科学。分析化学的发展以解决重大科学问题为课题,以生命科学,环境科学,食品科学,材料科学和国家安全等诸多领域中的科学问题为对象,开展分析化学的原理,方法,技术和仪器,装置的创新确定和应用领域。总之,分析化学将发展高灵敏度(一些检测限要达到单原子和单分子检测水平)、高选择性(适应复杂样品分析)、高信息量(用化学计量学方法来处理大量海量的数据,以获取有效信息)。发展具有快速、简便、原位和经济分析化学新方法、新技术;分析仪器朝微型化、自动化、数字化及智能化发展,新的各种仪器分析手段将得到更广泛的应用;21世纪的分析化学正在经历着一次极其深刻的变革。可以预期在不远的将来,分析化学将发生更大的质的飞跃,一个崭新的分析化学时代向我们走来!

附 录

附表1 离子的 $\mathring{a}$ 值(离子大小参数)

$\mathring{a}$	离 子
	一 价
9	H^+
6	Li^+, $C_6H_5COO^-$, $C_6H_4OHCOO^-$, $C_6H_4ClCOO^-$
5	$CHCl_2COO^-$, CCl_3COO^-, $(C_2H_5)_3NH^+$, $(C_3H_7)NH_3^+$
4	Na^+, $CdCl^+$, ClO_2^-, IO_3^-, HCO_3^-, $H_2PO_4^-$, HSO_3^-, $H_2AsO_4^-$, $Co(NH_3)_4(NO_2)_2^+$, CH_3COO^-, CH_2ClCOO^-
3	OH^-, F^-, CNS^-, CNO^-, HS^-, ClO_3^-, ClO_4^-, BrO_3^-, IO_4^-, MnO_4^-, K^+, Cl^-, Br^-, I^-, CN^-, NO_2^-, NO_3^-, Rb^+, Cs^+, NH_4^+, Tl^+, Ag^+, $HCOO^-$
	二 价
8	Mg^{2+}, Be^{2+}
6	Ca^{2+}, Cu^{2+}, Zn^{2+}, Sn^{2+}, Mn^{2+}, Fe^{2+}, Ni^{2+}, Co^{2+}
5	Sa^{2+}, Ba^{2+}, Ra^{2+}, Cd^{2+}, Hg^{2+}, S^{2-}, $S_2O_4^{2-}$, WO_4^{2-}, Pb^{2+}, CO_3^{2-}, SO_3^{2-}, MoO_4^{2-}, $Co(NH_3)_5Cl_5^{2+}$, $Fe(CN)_5NO^{2-}$
4	Hg_2^{2+}, SO_4^{2-}, $S_2O_3^{2-}$ $S_2O_8^{2-}$, SeO_4^{2-}, CrO_4^{2-}, HPO_4^{2-}, $S_2O_6^{2-}$
	三 价
9	Al^{3+}, Fe^{3+}, Cr^{3+}, Sc^{3+}, Y^{3+}, La^{3+}, In^{3+}, Ce^{3+}, Pr^{3+}, Nd^{3+}, Sm^{3+}
5	citrate^{3-}(柠檬酸根)
4	PO_4^{3-}, $Fe(CN)_6^{3-}$, $Cr(NH_3)_6^{3+}$, $Co(NH_3)_6^{3+}$, $Co(NH_3)_5H_2O^{3+}$
	四 价
11	Th^{4+}, Zr^{4+}, Ce^{4+}, Sn^{4+}
6	$Co(S_2O_3)(CN)_5^{4-}$
5	$Fe(CN)_6^{4-}$
	五 价
9	$Co(S_2O_3)_2(CN)_4^{5-}$

注:$\mathring{a}$ 以 0.1 nm 为单位。

附表 2 水溶液中的离子活度系数(25 ℃)

$\mathring{a}$	离子强度						
	0.001	0.002 5	0.005	0.010	0.025	0.050	0.10
一价							
9	0.967	0.950	0.933	0.914	0.880	0.860	0.830
8	0.966	0.949	0.931	0.912	0.880	0.850	0.820
7	0.965	0.948	0.930	0.909	0.875	0.845	0.810
6	0.965	0.948	0.929	0.907	0.870	0.835	0.800
5	0.964	0.947	0.928	0.904	0.865	0.830	0.790
4	0.964	0.947	0.927	0.901	0.855	0.815	0.770
3	0.964	0.945	0.925	0.899	0.850	0.805	0.755
二价							
8	0.872	0.813	0.755	0.690	0.595	0.520	0.450
7	0.872	0.812	0.753	0.685	0.580	0.500	0.425
6	0.870	0.809	0.749	0.675	0.570	0.485	0.405
5	0.868	0.805	0.744	0.670	0.555	0.465	0.380
4	0.867	0.803	0.740	0.660	0.545	0.445	0.355
三价							
9	0.738	0.632	0.540	0.445	0.325	0.245	0.180
6	0.731	0.620	0.520	0.415	0.280	0.195	0.130
5	0.728	0.616	0.510	0.405	0.270	0.180	0.115
4	0.725	0.612	0.505	0.395	0.250	0.160	0.095
四价							
11	0.588	0.455	0.350	0.255	0.155	0.100	0.065
6	0.575	0.430	0.315	0.210	0.105	0.055	0.027
5	0.570	0.425	0.310	0.200	0.100	0.048	0.021

表中所列数据由 Debye-Huckel 公式

$$-\lg f_i = 0.509Z^2\left(\frac{\sqrt{I}}{1+B\mathring{a}\sqrt{I}}\right)$$

计算得到。

其中 $B=0.328$；Z 是离子电荷；I 是离子强度，$I=\frac{1}{2}\sum c_iZ_i^2$；$\mathring{a}$ 离子大小参数。

附表 3 弱酸、弱碱在水溶液中的离解常数(25 ℃)

弱酸	英文名	分子式	分步	I=0		I=0.1	
				K_a	pK_a	K_a^M	pK_a^M
铵离子	ammonium ion	NH_4^+		5.6×10^{-10}	9.25	4.3×10^{-10}	9.37
砷酸	arseni acid	H_3AsO_4	K_1	6.5×10^{-3}	2.19	8×10^{-3}	2.1
			K_2	1.15×10^{-7}	6.94	2×10^{-7}	6.7
			K_3	3.2×10^{-12}	11.50	6×10^{-12}	11.2
亚砷酸	arsenous acid	H_3AsO_2	K_1	6.0×10^{-10}	9.22	8×10^{-10}	9.1
			K_2			8×10^{-13}	12.1
			K_3			4×10^{-14}	13.4
硼酸	boric acid	H_3BO_2		5.8×10^{-10}	9.24		
焦硼酸	pyroboric acid	$H_2B_4O_7$	K_1	1×10^{-4}	4.0		
			K_2	1×10^{-9}	9.0		
碳酸	arboni acid	CO_2+H_2O	K_1	4.3×10^{-7}	6.37	5×10^{-7}	6.3
			K_2	4.8×10^{-11}	10.32	8×10^{-11}	10.1
铬酸	chromi acid	H_2CrO_4	K_1	0.16	0.8	2×10^{-1}	0.7
			K_2	3.2×10^{-7}	6.50	6×10^{-7}	6.2
		$2HCrO_4^-=Cr_2O_7^{2-}+H_2O$		$\lg K=1.64$		$\lg K=1.5$	
氰酸	cyanid acid	HNCO		3.3×10^{-4}	3.48	3×10^{-4}	3.6
硫化氢	hydrogen sulfide	H_2S	K_1	8.9×10^{-8}	7.05	1.3×10^{-7}	6.9
			K_2	1.20×10^{-13}	12.92	3×10^{-13}	12.6
氢氰酸	hydrocyanic acid	HCN		4.9×10^{-10}	9.31	6×10^{-10}	9.2
氢氟酸	hydroffluoric acid	HF		6.8×10^{-4}	3.17	8.9×10^{-4}	3.05
过氧化氢	hydrogen peroxide	H_2O_2		1.8×10^{-12}	11.75	3×10^{-12}	11.6
次溴酸	hypobromous acid	HBrO		2.4×10^{-9}	8.62		
次氯酸	hypochlorous acid	HClO		3.0×10^{-8}	7.53	4×10^{-8}	7.4
次碘酸	hypoiodous acid	HIO		2.3×10^{-11}	10.64		
碘酸	iodic acid	HIO_3		1.7×10^{-1}	0.77		
亚硝酸	nitrous acid	HNO_2		5.1×10^{-4}	3.29	6×10^{-4}	3.2
磷酸	phosphoric acid	H_3PO_4	K_1	6.9×10^{-3}	2.16	1×10^{-2}	2.0
			K_2	6.2×10^{-8}	7.21	1.3×10^{-7}	6.9
			K_3	4.8×10^{-13}	12.32	2×10^{-12}	11.7
焦磷酸	pyro-phosphoric acid	$H_4P_2O_7$	K_1	3.0×10^{-2}	1.52	1×10^{-1}	1.0
			K_2	4.4×10^{-3}	2.36	3×10^{-3}	2.5
			K_3	2.5×10^{-7}	6.60	8×10^{-7}	6.1
			K_4	5.6×10^{-10}	9.25	3×10^{-9}	8.5

续表

弱 酸	英 文 名	分 子 式	分步	I=0		I=0.1	
				K_a	pK_a	K_a^M	pK_a^M
亚磷酸	phosphorous acid	H_3PO_3	K_1	5.0×10^{-2}	1.30	1×10^{-2}	2.0
			K_2	2.5×10^{-7}	6.60	4×10^{-7}	6.4
硅 酸	silicic acid	H_2SiO_3	K_1	1.7×10^{-10}	9.77	3×10^{-10}	9.6
			K_2	1.58×10^{-12}	11.80	2×10^{-13}	12.7
硫 酸	sulfuric acid	H_2SO_4	K_1	1×10^{3}	−3.0		
			K_2	1.1×10^{-2}	1.94	1.6×10^{-2}	1.8
亚硫酸	sulfurous acid	H_2SO_3	K_1	1.29×10^{-1}	1.89	1.6×10^{-2}	1.8
			K_2	6.3×10^{-8}	7.20		
硫氰酸	thiocyanic acid	HSCN		1.41×10^{-1}	0.85		
硫代硫酸	thiosulfuric acid	$H_2S_2O_3$	K_1	2.5×10^{-1}	0.60		
			K_2	1.9×10^{-2}	1.72		
甲酸	formic acid	HCOOH		1.7×10^{-4}	3.77	2.2×10^{-4}	3.65
乙酸	acetic acid	CH_3COOH		1.754×10^{-5}	4.756	2.2×10^{-5}	4.65
丙酸	propionic acid	C_2H_5COOH		1.35×10^{-5}	4.87		
异丁酸	*i*-butyric acid	$(CH_3)_2CHCOOH$		1.41×10^{-5}	4.85		
正丁酸	*n*-butyric acid	$CH_3(CH_2)_2COOH$		1.48×10^{-5}	4.83		
一氯乙酸	chloroacetic acid	ClCHCOOH		1.38×10^{-3}	2.86	2×10^{-3}	2.7
二氯乙酸	dichloroacetic acid	$Cl_2CHCOOH$		5.5×10^{-2}	1.26	8×10^{-2}	1.1
三氯乙酸	trichloroacetic acid	$Cl_3C\cdot COOH$		2.2×10^{-1}	0.66	3×10^{-1}	0.5
氨基乙酸	glycine	$H_2N\cdot CH_2COOH$	K_1	4.5×10^{-3}	2.35	3×10^{-3}	2.5
			K_2	1.7×10^{-10}	9.78	2×10^{-10}	9.7
乳酸	lactic acid	$CH_3CH(OH)COOH$		1.32×10^{-4}	3.88	1.7×10^{-4}	3.76
赖氨酸	lysine	$H_2N(CH_2)_4CH(NH_2)CO_2H$	K_1	6.6×10^{-3}	2.18		
			K_2	1.12×10^{-9}	8.95		
苯甲酸	benzoic acid	$C_6H_5\cdot COOH$		6.2×10^{-5}	4.21	8×10^{-5}	4.1
草 酸	oxalia acid	$HOOC\cdot COOH$	K_1	5.6×10^{-2}	1.25	8×10^{-2}	1.1
			K_2	5.1×10^{-5}	4.29	1×10^{-4}	4.0
苯 酚	phenol	C_6H_5OH		1.12×10^{-10}	9.95	1.6×10^{-10}	9.8
苯乙酸	phenylacetic acid	$C_6H_5CH_2COOH$		4.9×10^{-5}	4.31		
苯二甲酸	phthalic acid(*o*)	$C_6H_4(COOH)_2$(邻)	K_1	1.122×10^{-3}	2.950	1.6×10^{-3}	2.8
			K_2	3.91×10^{-6}	5.408	8×10^{-6}	5.1
	(*m*)	(间)	K_1	2.4×10^{-4}	3.62		
			K_2	2.5×10^{-5}	4.60		
	(*p*)	(对)	K_1	2.9×10^{-4}	3.54		
			K_2	3.5×10^{-5}	4.46		
			K_3	3.0×10^{-11}	10.53		
马来酸	maleic aicd	HOOCCH:CHCOOH	K_1	1.2×10^{-2}	1.92	1.6×10^{-2}	1.8
			K_2	6.0×10^{-7}	6.22	1.3×10^{-6}	5.9
苹果酸	malic acid	HOOCCH:CHOHCOOH	K_1	4.0×10^{-4}	3.40	5.2×10^{-4}	3.28
			K_2	8.9×10^{-6}	5.05	1.9×10^{-5}	4.72

续表

弱　酸	英　文　名	分　子　式	分步	$I=0$		$I=0.1$	
				K_a	pK_a	K_a^M	pK_a^M
丙二酸	malonic acid	HOOCCH∶COOH	K_1	1.41×10^{-3}	2.85	2×10^{-3}	2.7
			K_2	2.2×10^{-6}	5.66	4×10^{-4}	5.4
抗坏血酸	ascorbic acid	$OCOC(OH)=C(OH)CH\cdot CHOH\cdot COH_2OH$	K_1	6.8×10^{-5}	4.17	8.9×10^{-5}	4.05
			K_2	2.8×10^{-12}	11.56	5×10^{-12}	11.3
琥珀酸	succinic acid	$HOOC\cdot CH_2CH_2\cdot COOH$	K_1	6.2×10^{-5}	4.21	1.0×10^{-4}	4.00
			K_2	2.3×10^{-6}	5.64	5.2×10^{-4}	5.28
对氨基苯磺酸	sulfanilic acid	$H_2N\cdot C_6H_4SO_3H$	K_1	2.6×10^{-1}	0.58		
			K_2	7.6×10^{-4}	3.12		
磺基水杨酸	sulfosalicylic acid	$HO(COOH)\cdot C_6H_3\cdot SO_3H$	K_1	4.7×10^{-3}	2.33	3×10^{-3}	2.6
			K_2	4.8×10^{-12}	11.32	3×10^{-12}	11.6
酒石酸	tartaric acid	CH(OH)COOH | CH(OH)COOH 内消旋	K_1	6.0×10^{-4}	3.22		
			K_2	1.55×10^{-5}	4.81		
		右　旋	K_1	9.1×10^{-4}	3.04	1.3×10^{-3}	2.9
			K_2	4.3×10^{-5}	4.37	8×10^{-5}	4.1
富马酸	fumaric acid	$C_2H_2(COOH)_2$	K_1	9.5×10^{-4}	3.02	1.3×10^{-3}	2.9
			K_2	4.1×10^{-5}	4.39	8×10^{-5}	4.1
糠　酸	furoic acid	C_4H_3OCOOH		6.9×10^{-4}	3.16		
五倍子酸	gallic acid	$C_6H_2(OH)_3COOH$	K_1	4.6×10^{-5}	4.34		
			K_2	1.41×10^{-9}	8.85		
谷氨酸	glutamic acid	$C_3H_5NH_2(COOH)$	K_1	7.9×10^{-3}	2.10	6×10^{-3}	2.2
			K_2	8.5×10^{-5}	4.07	1.12×10^{-4}	3.95
			K_3	3.4×10^{-10}	9.47	6×10^{-10}	9.2
柠檬酸	citric acid	CH_2COOH | $C(OH)COOH$ | CH_2COOH	K_1	7.4×10^{-4}	3.13	1.1×10^{-3}	3.0
			K_2	1.7×10^{-5}	4.76	4×10^{-5}	4.4
			K_3	4.0×10^{-7}	6.40	8×10^{-7}	6.1
乙二胺四乙酸*	EDTA	$CH_2-N(CH_2COOH)_2$ | $CH_2-N(CH_2COOH)_2$	K_1			3×10^{-1}	0.9
			K_2			3×10^{-2}	1.6
			K_3			8.5×10^{-3}	2.07
			K_4			1.8×10^{-3}	2.75
			K_5	5.4×10^{-7}	6.27	5.8×10^{-7}	6.24
			K_6	1.12×10^{-11}	10.95	4.6×10^{-11}	10.34
乙酰乙酸	acetoacetic acid	CH_3COOH_2COOH		2.6×10^{-4}(18℃)	3.58		
乙酰丙酮	acetylacetone	$CH_3COCH_2COCH_3$		1×10^{-9}	9.0	1.3×10^{-9}	8.9
丙烯酸	acrylic acid	$CH_2CHCOOH$		5.5×10^{-5}	4.26		
己二酸	adipic acid	$HOOC(CH_2)_4COOH$	K_1	3.7×10^{-5}	4.43		
			K_2	3.9×10^{-6}	5.41		
水杨酸	sajicylic acid	$HO\cdot C_6H_4\cdot COOH$	K_1	1.05×10^{-3}	2.98	1.3×10^{-3}	2.9
			K_2			8×10^{-14}	13.1

续表

弱碱	英文名	分子式	分步	I=0 K_b	I=0 pK_b	I=0.1 K_b^M	I=0.1 pK_b^M
氨	ammonia	NH_3		1.8×10^{-5}	4.75	2.3×10^{-5}	4.63
联氨	hydrazine	$H_2N—NH_2$	K_1	9.8×10^{-7}	6.01	1.3×10^{-6}	5.9
			K_2	1.32×10^{-15}	14.88		
羟氨	hydroxylamme	NH_2OH		9.1×10^{-9}	8.04	1.6×10^{-8}	7.8
乙酰胺	acetamide	CH_3CONH_2		2.5×10^{-13}	12.60		
(正)戊胺	*n*-amylamine	$CH_3(CH_2)_4NH_2$		4.0×10^{-4}	3.40		
苯胺	aniline	$C_6H_5NH_2$		4.2×10^{-10}	9.38	5×10^{-10}	9.3
茴香胺	anisidine (*o*)	$H_2N\cdot C_6H_4\cdot OCH_3$ (邻)		3.1×10^{-10}	9.51		
	(*m*)	(间)		1.58×10^{-10}	9.80		
	(*p*)	(对)		1.9×10^{-10}	9.71		
天门冬酰胺	asparagine	$H_2NCOCH_2CH(NH_2)CO_2H$	K_1	6.3×10^{-6}	5.20		
			K_2	1.05×10^{-12}	11.98		
联苯胺	benzidine	$(H_2N\cdot C_6H_4)_2$	K_1	5.0×10^{-10}	9.30		
			K_2	4.3×10^{-11}	10.37		
二乙胺	diethylamine	$(C_2H_5)_2NH$		8.5×10^{-4}	3.07		
二甲胺	dimethylamine	$(CH_3)_2NH$		5.9×10^{-4}	3.23		
二苯胺	diphenylamine	$(C_6H_5)_2NH$		8×10^{-14}	13.1		
乙醇胺	ethanolamine	$H_2NC_2H_4OH$		3×10^{-5}	4.5		
乙胺	ethylamine	$C_2H_5NH_2$		4.3×10^{-4}	3.37		
乙二胺	ethylenediamine	$H_2NCH_2CH_2NH_2$	K_1	8.5×10^{-5}	4.07		
			K_2	7.1×10^{-8}	7.15		
己二胺	hexamethylene-diamine	$H_2N(CH_2)_6NH_2$	K_1	8.5×10^{-4}	3.07		
			K_2	6.8×10^{-5}	4.17		
己胺	hexylamine	$CH_3(CH_2)_5NH_2$		3.6×10^{-4}	3.44		
六次甲基四胺	hexamethylenamine	$(CH_2)_6N_4$		1.35×10^{-9}	8.87	1.8×10^{-9}	8.75
甲胺	methylamine	CH_3NH_2		4.2×10^{-4}	3.38		

附表 4 络合物形成常数

a. 某些金属羟基络合物形成常数

金属离子	离子强度	$\lg\beta_1$	$\lg\beta_2$	$\lg\beta_3$	$\lg\beta_4$
Ag^+	0	2.3	3.6	4.8	
Al^{3+}	2				33.3
Ba^{2+}	0	0.7			
Bi^{3+}	3	12.4			
Ca^{2+}	0	1.3			
Cd^{2+}	3	4.3	7.7	10.3	12.0
Ce^{4+}	1～2	13.3	27.1		
Co^{2+}	0.1	5.1		10.2	
Cr^{3+}	0.1	10.2	18.3		
Cu^{2+}	0	6.0			
Fe^{2+}	1	4.5			
Fe^{3+}	3	11.0	21.7		
Hg^{2+}	0.5	10.3	21.7		
Mg^{2+}	0	2.6			
Mn^{2+}	0.1	3.4			
Ni^{2+}	0.1	4.6			
Pb^{2+}	0.3	6.2	10.3	13.3	
Sn^{2+}	3	10.1			
Sr^{2+}	0	0.8			
Th^{4+}	1	0.7			
TiO^{2+}	1	13.7			
Zn^{2+}	0	4.4		14.4	15.5
Zr^{4+}	4	13.8	27.2	40.2	53

b. 某些金属氨络合物形成常数

金属离子	离子强度	$\lg\beta_1$	$\lg\beta_2$	$\lg\beta_3$	$\lg\beta_4$	$\lg\beta_5$	$\lg\beta_6$
Ag^+	0.1	3.40	7.40				
Cd^{2+}	0.1	2.60	4.65	6.04	6.92	6.6	4.9
Co^{2+}	0.1	2.05	3.62	4.61	5.31	5.43	4.75
Co^{3+}	2	7.3	14.0	20.1	25.7	30.8	35.2
Cu^+	2	5.90	10.80				
Cu^{2+}	0.1	4.13	7.61	10.48	12.59		
Fe^{2+}	0	1.4	2.2		3.7		
Hg^{2+}	2	8.80	17.50	18.5	19.4		
Ni^{2+}	0.1	2.75	4.95	6.64	7.74	8.50	8.49
Zn^{2+}	0.1	2.27	4.61	7.01	9.06		

c. 金属—无机阴离子络合物形成常数

络合物		离子强度	$\lg\beta_1$	$\lg\beta_2$	$\lg\beta_3$	$\lg\beta_4$	$\lg\beta_5$	$\lg\beta_6$
CN^-	Ag^+	0～0.3		21.1	21.8	20.7		
	Cd^{2+}	3	5.5	10.6	15.3	18.9		
	Co^{2+}							19.09
	Cu^+	0		24.0	28.6	30.3		
	Fe^{2+}	0						35.4
	Fe^{3+}	0						43.6
	Hg^{2+}	0.1	18.0	34.7	38.5	41.5		
	Ni^{2+}	0.1				31.3		
	Zn^{2+}	0.1				16.7		
SCN^-	Ag^+	2.2	7.6	9.1	10.1			
	Cu^+	5		11.0				
	Fe^{3+}		2.3	4.2	5.6	6.4	6.4	
	Hg^{2+}	1		16.1	19.0	20.9		
$S_2O_3^{2-}$	Ag^+	0	8.82	13.5				
	Cu^+	2	10.3	12.2	13.8			
	Hg^{2+}	0	29.86	32.26				
	Pb^{2+}		5.1		6.4			
F^-	Al^{3+}	0.53	6.1	11.15	15.0	17.7	19.4	19.7
	Cr^{3+}	0.5	4.4	7.7	10.2			
	Fe^{3+}	0.5	5.2	9.2	11.9			
	Th^{4+}	0.5	7.7	13.5	18.0			
	TiO^{2+}	3	5.4	9.5	13.7	17.4		
	Zr^{4+}	2	8.8	16.1	21.9			
Cl^-	Ag^+	0.2	2.9	4.7	5.0	5.9		
	Hg^{2+}	0.5	6.7	13.2	14.1	15.1		
	Tl^{3+}	0	8.1	13.6	15.8	18		
Br^-	Ag^+	0.1	4.15	7.1	7.95	8.9		
	Bi^{3+}	2	2.3	4.45	6.3	7.7	9.3	9.4
	Hg^{2+}	0.5	9.05	17.3	19.7	21.0		
	Tl^{3+}	1.2	8.9	16.4	22.1	26.1	29.2	31.6
I^-	Ag^+	1.6	13.85	13.7				
	Bi^{3+}	2				15.0	16.8	18.8
	Hg^{2+}	0.5	12.9	23.8	26.7	29.8		
PO_4^{3-}	Fe^{3+}	0.68	Fe＋HL＝FeHL $\lg K=9.35$					

d. 金属和有机络合剂络合物形成常数

络合物	离子强度	n（或组成）	$\lg\beta_n$
乙酰丙酮			
Al^{3+}	0.1	1,2,3	8.1,15.7,21.2
Cu^{2+}	0.1	1,2	7.8,14.3
Fe^{2+}	0.1	1,2	4.7,8.0
Fe^{3+}	0.1	1,2,3	9.3,17.9,25.1
Ni^{2+}	0.1	1,2,3	5.5,9.8,11.9
Pb^{2+}	0.1	1,2	4.2,6.6
Zn^{2+}	0.1	1,2	4.6,8.2
Zr^{4+}	稀	1,2,3,4	8.4,16.0,23.2,30.1
柠檬酸			
Al^{3+}	0.5	AIHL,AIL,AIOHL	7.0,20.0,30.6
Ca^{2+}	0.5	CaH_3L,CaH_2L,CaHL	10.9,8.4,3.5
Cd^{2+}	0.5	CdH_2L,CdHL,CdL	7.9,4.0,11.3
Co^{2+}	0.5	CoH_2L,CoHL,CoL	8.9,4.4,12.5
Cu^{2+}	0.5	CuH_3L,CuHL,CuL	12.0,6.1,18
Fe^{2+}	0.5	FeH_2L,FeHL,FeL	7.3,3.1,15.5
Fe^{3+}	0.5	FeH_2L,FeHL,FeL	12.2,10.9,25.0
Ni^{2+}	0.5	NiH_2L,NiHL,NiL	9.0,4.8,14.3
Pb^{2+}	0.5	PbH_2L,PbHL,PbL	11.2,5.2,12.3
Zn^{2+}	0.5	ZnH_2L,ZnHL,ZnL	8.7,4.5,11.4
草　酸			
Al^{3+}	0.5	AlL_2,AlL_3	11.0,14.6
Co^{2+}	0.5	CoH_2L_2,CoHL,CoL,CoL_2	10.6,5.5,3.5,5.8
Fe^{3+}	0.5	1,2,3	8.0,14.3,18.5
Mn^{2+}	2	1,2,3	10.0,16.6,19.4
Th^{4+}	0.1	4	24.5
Zn^{2+}	0.5	ZnH_2L,ZnHL,ZnL,ZnL_2	10.8,5.6,3.7,6.0
水杨酸			
Al^{3+}		1	14
Be^{2+}	0.16	BeHL	17.4
Co^{2+}	0.1	1,2	6.8,11.5
Cu^{2+}	0.1	1,2	10.6,18.5
Fe^{2+}	0.1	1,2	6.6,11.3
Fe^{3+}	3	1,2,3	15.8,27.5,35.3
Ni^{2+}	0.1	1,2	7.0,11.8

续表

络合物	离子强度	n(或组成)	$\lg\beta_n$
磺基水杨酸			
Al^{3+}	0.1	1,2,3	12.9,22.9,29.0
Cr^{3+}	0.3	1,2	7.1,12.9
Cu^{2+}	0.1	1,2	9.5,16.5
Fe^{2+}	0.1	1,2	5.9,10.0
Fe^{3+}	3	1,2,3	14.4,25.2,32.2
Ni^{2+}	0.1	1,2	6.4,10.2
Zn^{2+}	0.1	1,2	6.1,10.6
酒石酸			
Ba^{2+}	0.5	BaHL,BaL	4.65,1.5
Ca^{2+}	0.5	CaHL,CaL	4.85,1.7
Cu^{2+}	1	CuL,CuL_2,CuL_3,CuL_4	3.2,5.1,4.8,6.5
Mg^{2+}	0.5	MgHL	4.65
Zn^{2+}	0.5	ZnHL,ZnL,ZnL_2	4.5,2.4,8.32
乙二胺			
Ag^{+}	0.1	1,2	4.7,7.7
Cd^{2+}	0.1	1,2	5.47,10.02
Co^{2+}	0.1	1,2,3	5.89,10.72,13.82
Co^{3+}	0.1	3	46.89
Cu^{2+}	0.1	1,2	10.55,19.60
Fe^{2+}	0.1	1,2,3	4.28,7.53,9.52
Hg^{2+}	0.1	2	23.42
Ni^{2+}	0.1	1,2,3	7.66,14.06,18.59
Zn^{2+}	0.1	1,2,3	5.71,10.37,12.08
三乙醇胺			
Fe^{3+}	0.1	$Fe(OH)_4L$	$\lg K=41.2$
邻二氮菲			
Ag^{+}	0.1	1,2	5.02,12.07
Cd^{2+}	0.1	1,2,3	6.4,11.6,15.8
Co^{2+}	0.1	1,2,3	7.0,13.7,20.1
Cu^{2+}	0.1	1,2,3	9.1,15.8,21.0
Fe^{2+}	0.1	1,2,3	5.9,11.1,21.3
Fe^{3+}	0.1	3	14.1
Hg^{2+}	0.1	2,3	19.65,23.35
Ni^{2+}	0.1	1,2,3	8.8,17.1,24.8
Zn^{2+}	0.1	1,2,3	6.4,12.15,17.0
硫　脲			
Ag^{+}	0.1	3	13.1
Bi^{3+}	0.1	6	11.9
Cu^{+}		4	15.4
Hg^{2+}		2,3,4	22.1,24.7,26.8
Pb^{2+}		1,2,3,4	1.4,3.1,4.7,8.3

e. 金属和氨基羧酸络合物的形成常数(lg)

(a) $I=0.1$， $T=20\sim25$℃

离　子	EDTA			EGTA			HEDTA		
	K_{MHL}^{H}	K_{ML}	K_{MOHL}^{OH}	K_{MHL}^{H}	K_{ML}	K_{MOHL}^{OH}	K_{MHL}^{H}	K_{ML}	K_{MOHL}^{OH}
Ag^{+}	6.0	7.3							
Al^{3+}	2.5	16.1	8.1						
Ba^{2+}	4.6	7.8		5.4	8.4			6.2	
Bi^{3+}		27.9							
Ca^{2+}	3.1	10.7		3.8	11.0			8.0	
Ce^{3+}		16.0							
Cd^{2+}	2.9	16.5		3.5	15.6			13.0	
Co^{2+}	3.1	16.3			12.3			14.4	
Co^{3+}	1.3	36							
Cr^{3+}	2.3	23	6.6						
Cu^{2+}	3.0	18.8	2.5	4.4	17			17.4	
Fe^{2+}	2.8	14.3						12.2	5.0
Fe^{3+}	1.4	25.1	6.5					19.8	10.1
Hg^{2+}	3.1	21.8	4.9	3.0	23.2			20.1	
La^{3+}		15.4			15.6			13.2	
Mg^{2+}	3.9	8.7		7.7	5.2			5.2	
Mn^{2+}	3.1	14.0		5.0	11.5			10.7	
Ni^{2+}	3.2	18.6		6.0	12.0			17.0	
Pb^{2+}	2.8	18.0		5.3	13.0			15.5	
Sn^{2+}		22.1							
Sr^{2+}	3.9	8.6		5.4	8.5			6.8	
Th^{4+}		23.2							8.6
Ti^{3+}		21.3							
TiO^{2+}		17.3							
Zn^{2+}	3.0	16.5		5.2	12.8			14.5	

(b)

离　子	CYDTA			DTPA			NTA		
	K_{MHL}^{H}	K_{ML}	K_{MOHL}^{OH}	K_{MHL}^{H}	K_{ML}	K_{MOHL}^{OH}	K_{MHL}^{H}	K_{ML}	K_{MOHL}^{OH}
Al^{3+}	2	17.6	6.4					8.5	6.0
Ba^{2+}	6.7	8.0		5.3	8.8		4.8		
Bi^{3+}		24.1							
Ca^{2+}		12.5		6.4	10.6		6.4		
Ce^{3+}		16.8					10.7		
Cd^{2+}	3.0	19.2		3.9	19.0		10.1		4.4
Co^{2+}	2.9	18.9		4.8	19.0		10.6		
Cu^{2+}	3.1	21.3		5.0	20.5		12.7	4.7	3.6
Fe^{2+}		18.2		5.4	16.0		8.8	3.4	
Fe^{3+}		29.3	4.7	3.4	27.5	4.1	15.9	9.9	8.4
Hg^{2+}	3.1	24.3	3.5	3.6	27.0		12.7	8.6	
La^{3+}	2.6	16.3			19.1		10.4		7.7

续表

离子	CYDTA			DTPA			NTA		
	K_{MHL}^{H}	K_{ML}	K_{MOHL}^{OH}	K_{MHL}^{H}	K_{ML}	K_{MOHL}^{OH}	K_{MHL}^{H}	K_{ML}	K_{MOHL}^{OH}
Mg^{2+}		10.3		6.9	9.3			5.4	
Mn^{2+}	2.8	16.8		4.5	15.5		7.4		
Ni^{2+}		19.4		5.6	20.0		11.3		4.5
Pb^{2+}	2.8	19.7		4.5	18.9		11.8		
Sr^{2+}		10.0		5.4	9.7		5.0		
Th^{4+}		23.2	6.4		27	5.1			
Zn^{2+}	3.0	18.7		5.6	18.0			10.5	

附表 5 络合剂的 $\lg\alpha_{L(H)}$

a. 氨羧络合剂 $\lg\alpha_{L(H)}$ 值*

pH	HEDTA	EGTA	CYDTA	DTPA	NTA
0	17.9	23.3	24.1	28.4	14.4
1	15.0	19.3	20.1	23.5	11.4
2	12.0	15.6	16.2	18.8	8.7
3	9.4	12.7	12.8	14.9	7.0
4	7.2	10.5	10.1	11.8	5.8
5	5.3	8.5	8.0	9.3	4.8
6	3.9	6.5	6.2	7.3	3.8
7	2.8	4.5	4.9	5.3	2.8
8	1.8	2.5	3.8	3.3	1.8
9	0.9	0.9	2.8	1.7	0.9
10	0.2	0.1	1.8	0.7	0.2
11			0.9	0.1	
12			0.2		
所用常数					
$\lg K_1$	9.81	9.54	11.78	10.56	9.81
$\lg K_2$	5.41	8.93	6.20	8.69	2.57
$\lg K_3$	2.72	2.73	3.60	4.37	1.97
$\lg K_4$		2.08	2.51	2.87	
$\lg K_5$				1.94	

* EDTA 的 $\lg\alpha_{Y(H)}$ 值参看表 5-3。

b. 掩蔽剂、辅助络合剂、缓冲剂的 $\lg\alpha_{L(H)}$ 值

pH	柠檬酸	酒石酸	CN^-	F^-	三乙醇胺	邻二氮菲	NH_3	Ac^-
0	13.5	7.0	9.2	3	7.8	5.0	9.4	4.7
1	10.5	5.0	8.2	2	6.8	4.0	8.4	3.7
2	7.5	3.05	7.2	1.1	5.8	3.0	7.4	2.7
3	4.8	1.4	6.2	0.3	4.8	2.0	6.4	1.7
4	2.7	0.4	5.2	0.05	3.8	1.0	5.4	0.7
5	1.2	0.05	4.2		2.8	0.3	4.4	0.1
6	0.25		3.2		1.8	0.04	3.4	
7	0.05		2.2		0.9		2.4	
8			1.2		0.2		1.4	
9			0.4				0.5	
10			0.1				0.1	
所用常数								
$\lg K_1$	6.1	4.09	9.2	5.1	7.8	5.0	9.4	4.7
$\lg K_2$	4.4	2.92						
$\lg K_3$	3.0							

附表 6　金属离子的 $\lg\alpha_{M(OH)}$ 值

离　子	离子强度	pH													
		1	2	3	4	5	6	7	8	9	10	11	12	13	14
Al^{3+}	2					0.4	1.3	5.3	9.3	13.3	17.3	21.3	25.3	29.3	33.3
Bl^{3+}	3	0.1	0.5	1.4	2.4	3.4	4.4	5.4							
Ca^{2+}	0.1													0.3	1.0
Cd^{2+}	3									0.1	0.5	2.0	4.5	8.1	12.0
Co^{2+}	0.1								0.1	0.4	1.1	2.2	4.2	7.2	10.2
Cu^{2+}	0.1								0.2	0.8	1.7	2.7	3.7	4.7	5.7
Fe^{2+}	1									0.1	0.6	1.5	2.5	3.5	4.5
Fe^{3+}	3			0.4	1.8	3.7	5.7	7.7	9.7	11.7	13.7	15.7	17.7	19.7	21.7
Hg^{2+}	0.1			0.5	1.9	0.9	5.9	7.9	9.9	11.9	13.9	15.9	17.9	19.9	21.9
La^{3+}	3										0.3	1.0	1.9	2.9	3.9
Mg^{2+}	0.1											0.1	0.5	1.3	2.3
Mn^{2+}	0.1										0.1	0.5	1.4	2.4	3.4
Ni^{2+}	0.1									0.1	0.7	1.6			
Pb^{2+}	0.1							0.1	0.5	1.4	2.7	4.7	7.4	10.2	13.4
Th^{4+}	1				0.2	0.8	1.7	2.7	3.7	4.7	5.7	6.7	7.7	8.7	9.7
Zn^{2+}	0.1									0.2	2.4	5.4	8.5	11.8	15.5

附表 7 金属指示剂的 $\lg\alpha_{In(H)}$ 值和金属指示剂变色点 pM_t 值

a. 铬黑 T

pH	6.0	7.0	8.0	9.0	10.0	11.0	12.0	13.0	形成常数
$\lg\alpha_{In(H)}$	6.0	4.6	3.6	2.6	1.6	0.7	0.1		$\lg K^H_{HIn}=11.6$, $\lg K^H_{H_2In}=6.3$
pCa_t			1.8	2.8	3.8	4.7	5.3	5.4	$\lg K_{CaIn}=5.4$
pMg_t	1.0	2.4	3.4	4.4	5.4	6.3			$\lg K_{MgIn}=7.0$
pMn_t	3.6	5.0	6.2	7.8	9.7	11.5			$\lg K_{MnIn}=9.6$
pZn_t	6.9	8.3	9.3	10.5	12.2	13.9			$\lg K_{ZnIn}=12.9$, $\lg K^{2In}_{ZnIn}=20.0$

b. 紫脲酸铵

pH	6.0	7.0	8.0	9.0	10.0	11.0	12.0	形成常数
$\lg\alpha_{In(H)}$	7.7	5.7	3.7	1.9	0.7	0.1		$\lg K^H_{HIn}=10.5$
$\lg\alpha_{HIn(H)}$	3.2	2.2	1.2	0.4	0.2	0.6	1.5	$\lg K^H_{H_2In}=9.2$
pCa_t		2.6	2.8	3.4	4.0	4.6	5.0	$\lg K_{CaIn}=5.0$
pCu_t	6.4	8.2	10.2	12.2	13.6	15.8	17.9	
pNi_t	4.6	5.2	6.2	7.8	9.3	10.3	11.3	

c. 二甲酚橙

pH	1.0	2.0	3.0	4.0	4.5	5.0	5.5	6.0	6.5	7.0
pBi_t	4.0	5.4	6.8							
pCd_t					4.0	4.5	5.0	5.5	6.3	6.8
pHg_t						7.4	8.2	9.0		
pLa_t					4.0	4.5	5.0	5.6	6.7	
pPb_t			4.2	4.8	6.2	7.0	7.6	8.2		
pTh_t	3.6	4.9	6.3							
pZn_t					4.1	4.8	5.7	6.5	7.3	8.0
pZr_t	7.5									
常数的对数值：$K_{In}=12.3$，$K^H_{H_2In}=10.5$，$K^H_{H_3In}=6.4$，$K^H_{H_4In}=3.2$，$K^H_{H_5In}=2.6$										

* 以上二甲酚橙与各金属络合物的 pMt 值为实验值。

d. PAN

pH	3.0	4.0	5.0	6.0	7.0	8.0	9.0	10.0	11.0	形成常数（20%二氧六环）
$\lg\alpha_{In(H)}$	9.2	8.2	7.2	6.2	5.2	4.2	3.2	2.2	1.2	$\lg K_{HIn}=12.2$, $\lg K^H_{H_2In}=1.9$
pCu_t	6.8	7.8	8.8	9.8	10.8	11.8	12.8	13.8	14.8	$\lg K_{CuIn}=16.0$

e. 甲基百里酚蓝

(a) 酸性溶液

pH	4.0	4.5	5.0	5.5	6.0	6.5	7.0	形 成 常 数
$\lg\alpha_{Ia(H)}$	20.4	18.5	16.9	15.3	13.8	12.3	11.0	
$\lg\alpha_{HIn(H)}$	11.3	9.9	8.8	7.6	6.7	5.7	4.9	$\lg K^{H}_{HIn}=13.4$
$\lg\alpha_{H_2In(H)}$	3.9	3.0	2.4	1.7	1.3	0.8	0.5	$\lg K^{H}_{H_2In}=11.5$
pCd_t			2.5	3.3	4.1	4.9	5.6	$\lg K^{H}_{H_3In}=7.2$
pHg_t	11.4	12.0	12.7	13.4	14.0	14.7		$\lg K^{H}_{H_4In}=4.5$
pLa_t			4.4	4.9	5.4			
pPb_t	4.3	5.2	5.9	6.4	7.0	7.5		
pZn_t			4—5	5.5	6	7		

(b) 碱性溶液

pH	8.0	8.5	9.0	9.5	10.0	10.5	11.0	11.5	12.0	13.0	形 成 常 数
$\lg\alpha_{In(H)}$	8.7	7.6	6.6	5.6	4.6	3.7	2.8	2.1	1.5	0.5	
$\lg\alpha_{HIn(H)}$	3.2	2.7	2.2	1.7	1.2	0.7	0.4	0	0	0.1	
$\lg\alpha_{H_2In(H)}$	0.1	0	0	0	0	0	0.2	0.6	1.0	2.0	
pBa_t					3.0	3.7	4.5	4.7			
pCa_t	3.0	3.5	4.0	4.7	5.5	6.3	7.0	7.3	7.5		
pMg_t		3.0	3.8	4.5	5.2	6.0	6.6				
pMn_t	6.0	3.5	7.0	7.5	8.0	8.5	8.8	9.2			$\lg K^{HIn}_{MnHIn}=9.2$

附表 8　标准电极电位(18～25 ℃)

元　素	半　反　应	电位/V
Ag	$Ag_2S+2e \rightleftharpoons 2Ag+S^{2-}$	−0.71
	$AgI+e \rightleftharpoons Ag+I^-$	−0.152
	$AgBr+e \rightleftharpoons Ag+Br^-$	0.071
	$AgCl+e \rightleftharpoons Ag+Cl^-$	0.222 3
	$Ag_2CrO_4+2e \rightleftharpoons 2Ag\downarrow CrO_4^{2-}$	0.447
	$Ag^++e \rightleftharpoons Ag\downarrow$	0.799 4
Al	$Al(OH)_4^-+3e \rightleftharpoons Al+4OH^-$	−2.33
	$[AlF_6]^{3-}+3e \rightleftharpoons Al+6F^-$	−2.07
	$Al^{3+}+3e \rightleftharpoons Al$	−1.66
As	$AsO_4^{3-}+2H_2O+2e \rightleftharpoons AsO_2^-+4OH^-$	−0.67
	$As+3H^++3e \rightleftharpoons AsH_3$	−0.61
	$H_3AsO_4+2H^++2e \rightleftharpoons H_3AsO_3+H_2O$	0.56
Au	$Au(CN)_2^-+e \rightleftharpoons Au+2CN^-$	−0.6
	$AuCl_4^-+2e \rightleftharpoons AuCl_2^-+2Cl^-$	0.93
	$AuCl_4^-+3e \rightleftharpoons Au+4Cl^-$	1.00
	$AuCl_2^-+e \rightleftharpoons An+2Cl^-$	1.15
	$Au^{3+}+2e \rightleftharpoons Au^+$	1.40
	$Au^{3+}+3e \rightleftharpoons Au$	1.50
	$Au^++e \rightleftharpoons Au$	1.69
B	$H_3BO_3+3OH^-+3e \rightleftharpoons B+3H_2O$	−0.87
Ba	$Ba^{2+}+2e \rightleftharpoons Ba$	−2.91
Be	$Be^{2+}+2e \rightleftharpoons Be$	−1.85
Bi	$Bi_2O_3+6H^++6e \rightleftharpoons 2Bi+3H_2O$	−0.46
	$Bi^{3+}+3e \rightleftharpoons Bi$	0.293
	$BiOCi+2H^++3e \rightleftharpoons Bi+H_2O+Cl^-$	0.16
	$BiO^++2H^++3e \rightleftharpoons Bi+H_2O$	0.32
	$NaBiO_3+4H^++3e \rightleftharpoons BiO^++Na^++2H_2O$	>1.80
Br	Br_2(液)$+2e \rightleftharpoons 2Br^-$	1.08
	$HBrO+H^++2e \rightleftharpoons Br^-+H_2O$	1.33
	$BrO_3^-+6H^++6e \rightleftharpoons Br^-+2H_2O$	1.44
	$2BrO_3^-+12H^++10e \rightleftharpoons Br_2+6H_2O$	1.5
	$2HBrO+2H^++2e \rightleftharpoons Br_2+2H_2O$	1.6
C	$2CO_2+2H^+ 2e \rightleftharpoons H_2C_2O_4$	−0.49
	$CO_2+2H^++2e \rightleftharpoons HCOOH$	−0.20
	$CH_3COOH+2H^++2e \rightleftharpoons CH_3CHO+H_2O$	−0.12
	$CO_2+2H^++2e \rightleftharpoons CO+H_2O$	−0.12
	$HCHO+2H^++2e \rightleftharpoons CH_3OH$	0.23
Ca	$Ca^{2+}+2e \rightleftharpoons Ca$	−2.87
Cd	$Cd^{2+}+2e \rightleftharpoons Cd$	−0.402
	$Cd^{2+}+(Hg)+2e \rightleftharpoons Cd(Hg)$	−0.352
Ce	$Ce^{3+}+3e \rightleftharpoons Ce$	−2.32
	$Ce^{4+}+2e \rightleftharpoons Ce^{3+}$	1.61

续表

元　素	半　　反　　应	电位/V
Cl	$ClO_4^- + 2H^+ + 2e \rightleftharpoons ClO_3^- + H_2O$	1.19
	$2ClO_4^- + 16H^+ + 14e \rightleftharpoons Cl_2 + 8H_2O$	1.34
	Cl_2(气)$+2e \rightleftharpoons 2Cl^-$	1.358
	$ClO_4^- + 8H^+ + 8e \rightleftharpoons Cl^- + 4H_2O$	1.37
	Cl_2(水)$+2e \rightleftharpoons 2Cl^-$	1.39
	$ClO_3^- + 6H^+ + 6e \rightleftharpoons Cl^- + 3H_2O$	1.45
	$2ClO_3^- + 12H^+ + 10e \rightleftharpoons Cl_2 + 6H_2O$	1.47
	$HClO + H^+ + 2e \rightleftharpoons Cl^- + H_2O$	1.49
	$2ClO^- + 4H^+ + 2e \rightleftharpoons Cl_2 + 2H_2O$	1.63
Co	$Co^{2+} + 2e \rightleftharpoons Co$	−0.29
	$[Co(NH_3)_6]^{3+} + e \rightleftharpoons [Co(NH_3)_6]^{2+}$	0.1
	$Co^{3+} + 3e \rightleftharpoons Co$	0.33
	$Co^{3+} + e \rightleftharpoons Co^{2+}$	1.95
Cr	$Cr^{3} + 3e \rightleftharpoons Cr$	−0.74
	$CrO_4^{2-} + 4H_2O + 3e \rightleftharpoons Cr(OH)_3 + 5OH^-$	−0.13
	$Cr_2O_7^{2-} + 14H^+ + 6e \rightleftharpoons 2Cr^{3+} + 7H_2O$	1.33
Ca	$Cs^+ + e \rightleftharpoons Cs$	−2.92
Cu	$[Cu(CN)_2]^- + e \rightleftharpoons Cu + 2CN^-$	−0.43
	$[Cu(NH_3)_4]^{2+} + 2e \rightleftharpoons Cu + 4NH_3$	−0.04
	$CuCl + e \rightleftharpoons Cu + Cl^-$	−0.14
	$Cu^{2+} + e \rightleftharpoons Cu^+$	0.17
	$Cu^{2+} + 2e \rightleftharpoons Cu$	0.337
	$Cu^+ + e \rightleftharpoons Cu$	0.52
	$Cu^{2+} + Cl^- + e \rightleftharpoons CuCl$	0.57
	$Cu^{2+} + I^- + e \rightleftharpoons CuI$	0.88
	$Cu^{2+} + 2CN^- + e \rightleftharpoons [Cu(CN)_2]^-$	1.12
Dy	$Dy^{3+} + 3e \rightleftharpoons Dy$	−2.35
Er	$Er^{3+} + 3e \rightleftharpoons Er$	−2.29
Eu	$Eu^{3+} + 3e \rightleftharpoons Eu$	−2.40
F	$F_2 + 2e \rightleftharpoons 2F^-$	2.87
	$F_2 + 2H^+ + 2e \rightleftharpoons 2HF$	3.06
Fe	$Fe^{2+} + 2e \rightleftharpoons Fe$	−0.44
	$Fe^{3+} + 3e \rightleftharpoons Fe$	−0.036
	$[Fe(CN)_6]^{3-} + e \rightleftharpoons [Fe(CN)_6]^{4-}$	0.355
	$[FeF_6]^{3-} + e \rightleftharpoons Fe^{2+} + 6F^-$	0.4
	$Fe^{3+} + e \rightleftharpoons Fe^{2+}$	0.771
Ga	$Ga(OH)_4^- + 3e \rightleftharpoons Ga + 4OH^-$	−1.26
Gd	$Gd^{3+} + 3e \rightleftharpoons Gd$	−2.40
Ge	$Ge^{2+} + 2e \rightleftharpoons Ge$	0.23
H	$2H^+ + 2e \rightleftharpoons H_2$	0.000
	$H_2O_2 + 2H^+ + 2e \rightleftharpoons 2H_2O$	1.77
Hf	$HfO_2 + 4H^+ + 4e \rightleftharpoons Hf + 2H_2O$	−1.57

续表

元　素	半　　反　　应	电位/V
Hg	$Hg_2Cl_2+2e \rightleftharpoons 2Hg+2Cl^-$	0.268
	$Hg_2SO_4+2e \rightleftharpoons 2Hg+SO_4^{2-}$	0.614
	$2HgCl_2+2e \rightleftharpoons Hg_2Cl_2+2Cl^-$	0.63
	$Hg_2^{2+}+2e \rightleftharpoons 2Hg$	0.792
	$Hg^{2+}+2e \rightleftharpoons Hg$	0.854
	$2Hg^{2+}+2e \rightleftharpoons Hg_2^{2+}$	0.907
Ho	$Ho^{3+}+3e \rightleftharpoons Ho$	−2.32
I	$I_3^-+2e \rightleftharpoons 3I^-$	0.545
	I_2(液)$+2e^- \rightleftharpoons 2I^-$	0.621
	$IO_3^-+6H^++6e \rightleftharpoons I^-+3H_2O$	1.085
	$IO_3^-+5H^++4e \rightleftharpoons HIO+2H_2O$	1.14
	$2IO_3^-+12H^++10e \rightleftharpoons I_2+6H_2O$	1.19
	$2HIO+2H^++2e \rightleftharpoons I_2+2H_2O$	1.45
In	$In^{3+}+3e \rightleftharpoons In$	−0.34
Ir	$Ir^{3+}+3e \rightleftharpoons Ir$	1.15
K	$K^++e \rightleftharpoons K$	−2.925
La	$La^{3+}+3e \rightleftharpoons La$	−2.52
Li	$Li^++e \rightleftharpoons Li$	−3.03
Lu	$Lu^{3+}+3e \rightleftharpoons Lu$	−2.25
Mg	$Mg^{2+}+2e \rightleftharpoons Mg$	−2.37
Mn	$Mn^{2+}+2e \rightleftharpoons Mn$	−1.17
	$MnO_4^-+2H_2O+3e \rightleftharpoons MnO^2+4OH^-$	0.589
	$MnO_2+4H^++2e \rightleftharpoons Mn^{2+}+2H_2O$	1.21～1.30
	$Mn^{3+}+e \rightleftharpoons Mn^{2+}$	1.54
	$MnO_4^-+8H^++5e \rightleftharpoons Mn^{2+}+4H_2O$	1.51
	$MnO_4^-+4H^++3e \rightleftharpoons MnO_2+2H_2O$	1.68
Mo	$Mo^{3+}+3e \rightleftharpoons Mo$	−0.20
N	$NO_2^-+3H^++2e \rightleftharpoons HNO_2+H_2O$	0.94
	$NO_3^-+4H^++2e \rightleftharpoons NO+2H_2O$	0.96
	$HNO_2+H^++e \rightleftharpoons NO+H_2O$	1.00
Na	$Na^++e \rightleftharpoons Na$	−2.713
Nb	$Nb^{3+}+3e \rightleftharpoons Nb$	−1.1
Nd	$Nd^{3+}+3e \rightleftharpoons Nd$	−2.45
Ni	$Ni^{2+}+2e \rightleftharpoons Ni$	−0.25
O	$O_2+2H^++2e \rightleftharpoons H_2O_2$	0.69
	$O_2+4H^++4e \rightleftharpoons 2H_2O$	1.229
	$H_2O_2+2H^++2e \rightleftharpoons 2H_2O$	1.77
Os	$OsO_4+8H^++8e \rightleftharpoons Os+4H_2O$	0.85
P	P(白)$+3H^++e \rightleftharpoons H_3P$	0.02
	$H_3PO_4+2H^++2e \rightleftharpoons H_3PO_3+H_2O$	−0.28
Pb	$Pb^{2+}+2e \rightleftharpoons Pb$	−0.126
	$PbO_2+H_2O+2e \rightleftharpoons PbO+2OH^-$	0.28

续表

元 素	半 反 应	电位/V
Pb	$PbO_2+SO_4^{2-}+4H^++2e\rightleftharpoons PbSO_4+2H_2O$	1.69
Pd	$Pd^{2+}+2e\rightleftharpoons Pd$	0.92
Pm	$Pm^{3+}+3e\rightleftharpoons Pm$	−0.242
Pr	$Pr^{3+}+3e\rightleftharpoons Pr$	−0.243
Pt	$PtCl_4^{2-}+2e\rightleftharpoons Pt+4Cl^-$	0.73
	$Pt^{2+}+2e\rightleftharpoons Pt$	1.2
Ra	$Ra^{2+}+2e\rightleftharpoons Ra$	−2.92
Rb	$Rb^++e\rightleftharpoons Rb$	−2.93
Re	$Re+e\rightleftharpoons Re^-$	−0.14
Rh	$Rh^{2+}+e\rightleftharpoons Rh^+$	0.60
Ru		
S	$S+2e\rightleftharpoons S^{2-}$	−0.48
	$S_4O_6^{2-}+2e\rightleftharpoons 2S_2O_3^{2-}$	0.09
	$S+2H^++2e\rightleftharpoons H_2S$	0.14
	$SO_4^{2-}+4H^++2e\rightleftharpoons H_2SO_4+H_2O$	0.17
	$S_2O_3^{2-}+6H^++4e\rightleftharpoons 2S+3H_2O$	0.5
	$S_2O_8^{2-}+2e\rightleftharpoons 2SO_4^{2-}$	2.0
Sb	$Sb_2O_3+6H^++6e\rightleftharpoons 2Sb+3H_2O$	−0.15
	$Sb_2O_3+6H^++4e\rightleftharpoons 2SbO+3H_2O$	0.58
Sc	$Sc^{3+}+3e\rightleftharpoons Sc$	−2.1
Se	$Se+2e\rightleftharpoons Se^{2-}$	−0.78
Si	$SiF_6^{2-}+4e\rightleftharpoons Si+6F^-$	−1.2
	$SiO_2+4H^++4e\rightleftharpoons Si+2H_2O$	−0.86
Sm	$Sm^{3+}+3e\rightleftharpoons Sm$	−2.41
Sn	$Sn^{2+}+2e\rightleftharpoons Sn$	−0.14
	$Sn^{4+}+2e\rightleftharpoons Sn^{2+}$	0.154
Sr	$Sr^{2+}+2e\rightleftharpoons Sr$	−2.89
Ta	$Ta_2O_5+10H^++10e\rightleftharpoons 2Ta+5H_2O$	−0.81
Tb	$Tb^{3+}+3e\rightleftharpoons Tb$	−2.39
Tc	$Tc+e\rightleftharpoons Tc^-$	−0.5
Te	$Te+2e\rightleftharpoons Te^{2-}$	−1.14
Th	$Th^{4+}+4e\rightleftharpoons Th$	−1.90
Ti	$TiO_2+4H^++4e\rightleftharpoons Ti+2H_2O$	−0.86
	$Ti^{3+}+e\rightleftharpoons Ti^{2+}$	−0.37
	$Ti^{4+}+e\rightleftharpoons Ti^{3+}$	0.092
Tm	$Tm^{3+}+3e\rightleftharpoons Tm$	−2.28
U	$U^{3+}+3e\rightleftharpoons U$	−1.80
V	$V^{2+}+2e\rightleftharpoons V$	−1.2
	$VO_2^++4H^++5e\rightleftharpoons V+2H_2O$	−0.25
	$VO^{2+}+2H^++e\rightleftharpoons V^{3+}+H_2O$	0.34
W	$WO_3+6H^++6e\rightleftharpoons W+2H_2O$	−0.09
Y	$Y^{3+}+3e\rightleftharpoons Y$	−2.37
Yb	$Yb^{3+}+3e\rightleftharpoons Yb$	−2.25
Zn	$Zn^{2+}+2e\rightleftharpoons Zn$	−0.763
Zr	$Zr^{4+}+4e\rightleftharpoons Zr$	−1.53

附表 9　一些氧化还原电对的条件电位

半　反　应	电位/V	介　质
$Ag^{+}+e \rightleftharpoons Ag$	0.792	1 mol/L $HClO_4$
	0.228	1 mol/L HCl
	0.59	1 mol/L NaOH
$H_3AsO_4+2H^{+}+2e \rightleftharpoons H_3AsO_3+H_2O$	0.577	1 mol/L HCl,$HClO_4$
	0.07	1 mol/L NaOH
	−0.16	5 mol/L NaOH
$Ce^{4+}+e \rightleftharpoons Ce^{2+}$	1.70	1 mol/L $HClO_4$
	1.71	2 mol/L $HClO_4$
	1.75	4 mol/L $HClO_4$
	1.82	6 mol/L $HClO_4$
	1.87	8 mol/L $HClO_4$
	1.60	1 mol/L HNO_3
	1.62	2 mol/L HNO_3
	1.61	4 mol/L HNO_3
	1.44	0.5 mol/L H_2SO_4
	1.44	1 mol/L H_2SO_4
	1.43	2 mol/L H_2SO_4
	1.28	1 mol/L HCl
$Cr_2O_7^{2-}+14H^{+}+6e \rightleftharpoons 2Cr^{3+}+7H_2O$	0.93	0.1 mol/L HCl
	0.97	0.5 mol/L HCl
	1.00	1 mol/L HCl
	1.05	2 mol/L HCl
	1.08	3 mol/L HCl
	1.15	4 mol/L HCl
	0.92	0.1 mol/L H_2SO_4
	1.08	0.5 mol/L H_2SO_4
	1.10	2 mol/L H_2SO_4
	1.15	4 mol/L H_2SO_4
	0.84	0.1 mol/L $HClO_4$
	1.10	0.2 mol/L $HClO_4$
	1.025	1 mol/L $HClO_4$
	1.27	1 mol/L HNO_3
$Fe^{3+}+e \rightleftharpoons Fe^{2+}$	0.73	0.1 mol/L HCl
	0.72	0.5 mol/L HCl
	0.70	1 mol/L HCl
	0.69	2 mol/L HCl
	0.68	3 mol/L HCl
	0.68	0.1 mol/L H_2SO_4
	0.68	0.5 mol/L H_2SO_4
	0.68	4 mol/L H_2SO_4
	0.735	0.1 mol/L $HClO_4$
	0.732	1 mol/L $HClO_4$
	0.46	2 mol/L H_3PO_4
	0.70	1 mol/L HNO_3
	−0.7	pH=14.0
	0.51	1 mol/L HCl+0.5 mol/L H_3PO_4
$I_3^{-}+2e \rightleftharpoons 3I^{-}$	0.545	0.5 mol/L H_2SO_4

续表

半反应	电位/V	介质
$Hg_2^{2+}+2e \rightleftharpoons 2Hg$	0.33	0.1 mol/L KCl
	0.28	1 mol/L KCl
	0.25	饱和 HCl
	0.66	4 mol/L $HClO_4$
	0.274	1 mol/L HCl
$2Hg^{2+}+2e \rightleftharpoons Hg_2^{2+}$	0.28	1 mol/L HCl
$MnO_4^-+8H^++5e \rightleftharpoons Mn^{2+}+4H_2O$	1.45	1 mol/L $HClO_4$
$SnCl_6^{2-}+2e \rightleftharpoons SnCl_4^{2-}+2Cl^-$	0.14	1 mol/L HCl
	0.10	5 mol/L HCl
	0.07	0.1 mol/L HCl
	0.40	4.5 mol/L HCl
Sb(Ⅴ)+2e⇌Sb(Ⅲ)	0.75	3.5 mol/L HCl
$VO_2^++2H^++e \rightleftharpoons VO^{2+}+H_2O$	−0.74	pH14.0
$Zn^{2+}+2e \rightleftharpoons Zn$	−1.36	CN^-络合物

附表 10 难溶化合物的溶度积(25 ℃)

化 合 物	$I=0/mol\cdot kg^{-1}$		$I=0.1/mol\cdot kg^{-1}$	
	K_{sp}	pK_{sp}	K_{sp}	pK_{sp}
AgOH	1.9×10^{-8}	7.71	3×10^{-8}	7.6
Ag_2CrO_4	1.12×10^{-12}	11.95	5×10^{-12}	11.3
$Ag_2Cr_2O_4$	2×10^{-7}	6.7		
AgSCN	1.07×10^{-12}	11.97	2×10^{-12}	11.7
Ag_2CO_3	8.1×10^{-12}	11.09	4×10^{-11}	10.4
Ag_3PO_4	1.45×10^{-16}	15.84	2×10^{-15}	14.7
Ag_2S	6×10^{-50}	49.2	6×10^{-49}	48.2
Ag_2SO_4	1.58×10^{-5}	4.80	8×10^{-5}	4.1
AgCl	1.77×10^{-10}	9.752	3.2×10^{-10}	9.5
AgBr	4.95×10^{-13}	12.305	8.7×10^{-13}	12.06
$AgBrO_3$	5.2×10^{-5}	4.28	1×10^{-4}	4.0
AgI	8.3×10^{-17}	16.08	1.48×10^{-16}	15.83
$AgIO_3$	3.1×10^{-8}	7.51	5×10^{-8}	7.3
$Ag_2C_2O_4$	1×10^{-11}	11.0	4×10^{-11}	10.4
$Al(OH)_3$ 无定形	4.6×10^{-33}	32.34	3×10^{-32}	31.6
α 形	3.5×10^{-34}	33.45		
$BaCrO_4$	1.17×10^{-10}	9.93	8×10^{-10}	9.1
$BaCO_3$	4.9×10^{-9}	8.31	3×10^{-8}	7.5
$BaSO_4$	1.07×10^{-10}	9.97	8×10^{-10}	9.2
BaF_2	1.05×10^{-6}	5.98	5×10^{-6}	5.3
BaC_2O_4	1.6×10^{-7}	6.79	1×10^{-6}	6.0
$Be(OH)_2$	2×10^{-18}	17.7	5×10^{-18}	17.3
$Bi(OH)_2Cl$	1.8×10^{-31}	30.75		
Bi_2S_3	1×10^{-97}	97		
$Ca(OH)_2$	5.5×10^{-6}	5.26	1.3×10^{-5}	4.9
$CaCO_3$	3.8×10^{-9}	8.42	3×10^{-8}	7.6
CaC_2O_4	2.3×10^{-9}	8.64	1.6×10^{-8}	7.8
CaF_2	3.4×10^{-11}	10.47	1.6×10^{-10}	9.8
$Ca_3(PO_4)_2$	1×10^{-26}	26	1×10^{-23}	23
$CaSO_4$	2.4×10^{-5}	4.62	1.6×10^{-4}	3.8
$CdCO_3$	3×10^{-14}	13.6	1.6×10^{-12}	12.8
CdC_2O_4	1.51×10^{-8}	7.82	1×10^{-7}	7.0
$Cd(OH)_2$ 新沉淀	3×10^{-14}	13.6	6×10^{-14}	13.2
CdS	8×10^{-27}	26.1	5×10^{-26}	25.3
$Co_2(C_2O_4)_2$	4×10^{-26}	25.4		
$Ce(OH)_3$	6×10^{-21}	20.2	3×10^{-20}	19.5
$CePO_4$	$1.6\times10^{-23}\sim2\times10_{-24}$	22.8～23.7		
$Co(OH)_2$ 蓝	6×10^{-15}	14.2	1.6×10^{-14}	13.8
粉红新沉淀	1.6×10^{-15}	14.8	4×10^{-15}	14.4
粉红陈化	2×10^{-16}	15.7	5×10^{-16}	15.3
$Co(OH)_3$	3×10^{-45}	44.5	1.6×10^{-44}	43.8

续表

化合物	$I=0/mol\cdot kg^{-1}$		$I=0.1/mol\cdot kg^{-1}$	
	K_{sp}	pK_{sp}	K_{sp}	pK_{sp}
CoSα	4×10^{-21}	20.4	3×10^{-20}	19.6
CoSβ	2×10^{-25}	24.7	1.3×10^{-24}	23.9
$Cr(OH)_3$	1×10^{-31}	31.0	5×10^{-31}	30.3
CuBr	5.2×10^{-9}	8.28	1×10^{-8}	8.0
$CuCO_3$	2.3×10^{-10}	9.63	1.6×10^{-9}	8.8
CuI	1.10×10^{-12}	11.96	2×10^{-12}	11.7
CuCl	1.9×10^{-7}	6.73	3×10^{-7}	6.5
CuCN	3×10^{-20}	19.5		
$Cu(OH)_2$	2.6×10^{-19}	18.59	6×10^{-19}	18.2
CuS	6×10^{-36}	35.2	4×10^{-35}	34.4
Cu_2S	3×10^{-48}	47.6		
CuSCN			2×10^{-13}	12.7
$FeCO_3$	3.2×10^{-11}	10.50	2×10^{-10}	9.7
FeC_2O_4	2×10^{-7}	6.7		
$Fe(OH)_2$	8×10^{-16}	15.1	2×10^{-15}	14.7
$Fe(OH)_3$	3×10^{-39}	38.6	1.3×10^{-38}	37.9
FeS	6×10^{-18}	17.2	4×10^{-17}	16.4
Hg_2Cl_2	1.32×10^{-18}	17.88	6×10^{-18}	17.2
Hg_2I_2	4.5×10^{-29}	28.35	2×10^{-28}	27.7
$Hg(OH)_2$	4×10^{-26}	25.4	1×10^{-26}	25.0
HgS　黑	1.6×10^{-52}	51.8	1×10^{-51}	51.0
红	4×10^{-53}	52.4		
Hg_2SO_4	7.4×10^{-7}	6.13	5×10^{-6}	5.3
K_2PtCl_6	1.1×10^{-5}	4.96		
$La_2(C_2O_4)_3$	2×10^{-28}	27.2		
$LaPO_4$			4×10^{-23}	22.4($I=0.5$)
$La(OH)_3$　新沉淀	1.6×10^{-19}	18.8	8×10^{-19}	18.1
陈化	1×10^{-20}	20.0		
$MgCO_3$	1×10^{-5}	5.0	6×10^{-5}	4.2
MgC_2O_4	8.5×10^{-5}	4.07	6×10^{-4}	3.3
$Mg(OH)_2$	1.8×10^{-11}	10.74	4×10^{-11}	10.4
$Mg(NH_4)PO_4$	3×10^{-13}	12.6		
$Mg_3(PO_4)_2$	6×10^{-28}	27.2		
$MnCO_3$	5×10^{-10}	9.30	3×10^{-9}	8.6
$Mn(OH)_2$	1.9×10^{-13}	12.72	5×10^{-13}	12.3
MnS　粉红	3×10^{-10}	9.6	1.6×10^{-9}	8.8
绿	3×10^{-13}	12.6		
$Ni(OH)_2$　新沉淀	2×10^{-15}	14.7		
陈化	6×10^{-18}	17.2	1.6×10^{-17}	16.8
NiS　α	3×10^{-17}	18.5		
β	1×10^{-24}	24.0		
γ	2×10^{-26}	25.7		

续表

化合物	$I=0/mol\cdot kg^{-1}$		$I=0.1/mol\cdot kg^{-1}$	
	K_{sp}	pK_{sp}	K_{sp}	pK_{sp}
$PbBr_2$	3.9×10^{-5}	4.41	2×10^{-4}	3.7
$PbCO_3$	8×10^{-14}	13.1	5×10^{-13}	12.3
$PbCl_2$	1.6×10^{-5}	4.79	8×10^{-5}	4.1
$PbCrO_4$	1.8×10^{-14}	13.75	1.3×10^{-13}	12.9
PbI_2	6.5×10^{-9}	8.19	3×10^{-8}	7.5
$Pb(OH)_2$	8.1×10^{-17}	16.09	2×10^{-16}	15.7
PbS	3×10^{-27}	26.6	1.6×10^{-26}	25.8
$PbSO_4$	1.7×10^{-8}	7.78	1×10^{-7}	7.0
$SrCO_3$	9.3×10^{-10}	9.03	6×10^{-9}	8.2
SrC_2O_4	5.6×10^{-8}	7.25	3×10^{-7}	6.5
$SrCrO_4$	2.2×10^{-5}	4.65		
SrF_2	2.5×10^{-9}	8.61	1×10^{-8}	8.0
$SrSO_4$	3×10^{-7}	6.6	1.6×10^{-6}	5.8
$Sn(OH)_2$	8×10^{-29}	28.1	2×10^{-28}	27.7
SnS	1×10^{-25}	25.0		
$Th(C_2O_4)_2$	1×10^{-22}	22.0		
$Th(OH)_4$	1.3×10^{-45}	44.9	1×10^{-44}	44.9
$TiO(OH)_2$	1×10^{-29}	29.0	3×10^{-29}	28.6
$ZnCO_3$	1.7×10^{-11}	10.78	1×10^{-10}	10.0
ZnC_2O_4	1.29×10^{-9}	8.89	8×10^{-9}	8.1
$Zn(OH)_2$ 无定形	2.1×10^{-16}	15.68	5×10^{-16}	15.3
无定形陈化	1.12×10^{-16}	15.95	3×10^{-16}	15.6
晶形陈化	1.2×10^{-17}	16.92		
ZnS 闪锌矿	1.6×10^{-24}	23.8		
纤维锌矿	5×10^{-25}	24.3		
$ZrO(OH)_2$	6×10^{-49}	48.2	1×10^{-47}	47.0

附表 11　常用化合物的摩尔质量

（四位有效数字）

化　合　物	摩尔质量 /g·mol^{-1}	化　合　物	摩尔质量 /g·mol^{-1}
Ag_3AsO_4	462.5	$CaCO_3$	100.1
AgBr	187.8	CaC_2O_4	128.1
AgCl	143.4	$CaCl_2$	111.0
AgCN	133.9	$CaCl_2 \cdot 6H_2O$	219.1
AgSCN	166.0	$Ca(NO_3)_2 \cdot 4H_2O$	236.2
Ag_2CrO_4	331.7	$Ca(OH)_2$	74.10
AgI	234.8	$Ca_3(PO_4)_2$	310.2
$AgNO_3$	169.9	$CaSO_4$	136.2
$AlCl_3$	133.3	$CdCO_3$	172.4
$AlCl_3 \cdot 6H_2O$	241.4	$CdCl_2$	183.3
$Al(NO_3)_3$	213.0	CdS	144.5
$Al(NO_3)_3 \cdot 9H_2O$	375.2	$Ce(SO_4)_2$	332.2
Al_2O_3	102.0	$Ce(SO_4)_2 \cdot 4H_2O$	404.3
$Al(OH)_3$	78.00	$CoCl_2$	129.8
$Al_2(SO_4)_3$	342.20	$CoCl_2 \cdot 6H_2O$	237.9
$Al_2(SO_4)_3 \cdot 18H_2O$	666.5	$Co(NO_3)_2$	182.9
As_2O_3	197.8	$Co(NO_3)_2 \cdot 6H_2O$	291.0
As_2O_5	229.8	CoS	90.99
As_2S_3	246.0	$CoSO_4$	155.0
$BaCO_3$	197.3	$CoSO_4 \cdot 7H_2O$	281.1
BaC_2O_4	225.3	$CO(NH_2)_2$	60.06
$BaCl_2$	208.2	$CrCl_3$	158.4
$BaCl_2 \cdot 2H_2O$	244.2	$CrCl_3 \cdot 6H_2O$	266.4
$BaCrO_4$	253.3	$Cr(NO)_3$	238.0
BaO	153.3	Cr_2O_3	152.0
$Ba(OH)_2$	171.3	CuCl	99.0
$BaSO_4$	233.4	$CuCl_2$	134.4
$BiCl_3$	315.3	$CuCl_2 \cdot 2H_2O$	170.5
BiOCl	260.4	CuSCN	121.6
CO_2	44.01	Cul	190.4
CaO	56.08	$Cu(NO_3)_2$	187.6

续表

化合物	摩尔质量 /g·mol^{-1}	化合物	摩尔质量 /g·mol^{-1}
$Cu(NO_3)_2 \cdot 3H_2O$	241.6	$H_2C_2O_4 \cdot 2H_2O$	126.1
CuO	79.55	HCl	36.46
Cu_2O	143.1	HF	20.01
CuS	95.6	HI	127.9
$CuSO_4$	159.6	HIO_3	175.9
$CuSO_4 \cdot 5H_2O$	249.7	HNO_3	63.02
$FeCl_2$	126.8	HNO_2	47.02
$FeCl_2 \cdot 4H_2O$	198.8	H_2O	18.01
$FeCl_3$	162.2	$2H_2O$	36.03
$FeCl_3 \cdot 6H_2O$	270.3	$3H_2O$	54.05
$FeNH_4(SO_4)_2 \cdot 12H_2O$	482.2	$4H_2O$	72.06
$Fe(NO_3)_3$	241.7	$5H_2O$	90.08
$Fe(NO_3)_3 \cdot 9H_2O$	404.0	$6H_2O$	108.1
FeO	71.9	$7H_2O$	126.1
Fe_2O_3	159.7	$8H_2O$	144.1
Fe_3O_4	231.6	$9H_2O$	162.1
$Fe(OH)_3$	106.9	$12H_2O$	216.2
FeS	87.9	H_2O_2	34.02
Fe_2S_3	207.9	H_3PO_4	97.99
$FeSO_4$	151.9	H_2S	34.08
$FeSO_4 \cdot 7H_2O$	278.0	H_2SO_3	82.09
$FeSO_4 \cdot (NH_4)_2SO_4 \cdot 6H_2O$	392.2	H_2SO_4	98.09
H_3AsO_3	126.0	$Hg(CN)_2$	252.6
H_3AsO_4	141.9	$HgCl_2$	271.5
H_3BO_3	61.8	Hg_2Cl_2	472.1
HBr	80.91	HgI_2	454.4
HCN	27.03	$Hg_2(NO_3)_2$	525.2
$HCOOH$	46.03	$Hg_2(NO_3)_2 \cdot 2H_2O$	561.2
CH_3COOH	61.05	$Hg(NO_3)_2$	324.6
H_2CO_3	62.03	HgO	216.6
$H_2C_2O_4$	90.04	HgS	232.6

续表

化 合 物	摩尔质量 /g·mol^{-1}	化 合 物	摩尔质量 /g·mol^{-1}
$HgSO_4$	296.7	$MgCO_3$	84.32
Hg_2SO_4	497.3	$MgCl_2$	95.22
$KAl(SO_4)_2 \cdot 12H_2O$	474.4	$MgCl_2 \cdot 6H_2O$	203.3
KBr	119.0	MgC_2O_4	112.3
$KBrO_3$	167.0	$Mg(NO_3)_2 \cdot 6H_2O$	256.4
KCl	74.55	$MgNH_4PO_4$	137.3
$KClO_3$	122.6	MgO	40.31
$KClO_4$	138.6	$Mg(OH)_2$	58.33
KCN	65.12	$Mg_2P_2O_7$	222.6
$KSCN$	97.18	$MgSO_4 \cdot 7H_2O$	246.5
K_2CO_3	138.2	$MnCO_3$	115.0
K_2CrO_4	194.2	$MnCl_2 \cdot 4H_2O$	197.9
$K_2Cr_2O_7$	294.2	$Mn(NO_3)_2 \cdot 6H_2O$	287.1
$K_3Fe(CN)_6$	329.2	MnO	70.94
$K_4Fe(CN)_6$	368.4	MnO_2	86.94
$KFe(SO_4)_2 \cdot 12H_2O$	503.3	MnS	87.01
$KHC_2O_4 \cdot H_2O$	146.2	$MnSO_4$	151.0
$KHC_2O_4 \cdot H_2C_2O_4 \cdot 2H_2O$	254.2	$MnSO_4 \cdot 4H_2O$	223.1
$KHC_4H_4O_6$	188.2	NO	30.01
$KHSO_4$	136.2	NO_2	46.01
KI	166.0	NH_3	17.03
$KHC_8H_4O_4$(KHP)	204.2	CH_3COONH_4	77.08
KIO_3	214.0	NH_4Cl	53.49
$KIO_3 \cdot HIO_3$	389.9	$(NH_4)_2CO_3$	96.09
$KMnO_4$	158.0	$(NH_4)_2C_2O_4$	124.1
$KNaC_4H_4O_6 \cdot 4H_2O$	282.2	$(NH_4)_2C_2O_4 \cdot H_2O$	142.1
KNO_3	101.1	NH_4SCN	76.13
KNO_2	85.10	NH_4HCO_3	79.06
K_2O	92.20	$(NH_4)_2MoO_4$	196.0
KOH	56.11	NH_4NO_3	80.04
K_2SO_4	174.3	$(NH_4)_2HPO_4$	132.1

续表

化合物	摩尔质量/g·mol^{-1}	化合物	摩尔质量/g·mol^{-1}
$(NH_4)_2S$	68.15	$Na_2S_2O_3 \cdot 5H_2O$	248.2
$(NH_4)_2SO_4$	132.2	$NiCl_2 \cdot 6H_2O$	237.7
NH_4VO_3	117.0	NiO	74.69
Na_3AsO_3	191.9	$Ni(NO_3)_2 \cdot 6H_2O$	290.8
$Na_2B_4O_7$	201.2	NiS	90.8
$Na_2B_4O_7 \cdot 10H_2O$	381.4	$NiSO_4 \cdot 7H_2O$	280.9
$NaBiO_3$	280.0	OH	17.01
NaCN	49.01	2OH	34.02
NaSCN	81.08	3OH	51.02
Na_2CO_3	106.0	4OH	68.03
$Na_2CO_3 \cdot 10H_2O$	286.2	P_2O_5	141.9
$Na_2C_2O_4$	134.0	$PbCO_3$	267.2
CH_3COONa	82.03	PbC_2O_4	295.2
$CH_3COONa \cdot 3H_2O$	136.1	$PbCl_2$	278.1
NaCl	58.44	$PbCrO_4$	323.2
NaClO	74.44	$Pb(CH_3COO)_2$	325.3
$NaHCO_3$	84.01	$Pb(CH_3COO)_2 \cdot 3H_2O$	379.3
$Na_2HPO_4 \cdot 12H_2O$	358.1	PbI_2	461.0
$Na_2H_2Y \cdot 2H_2O$	372.2	$Pb(NO_3)_2$	331.2
$NaNO_2$	69.00	PbO	223.2
$NaNO_3$	85.00	PbO_2	239.2
Na_2O	61.98	Pb_3O_4	685.6
Na_2O_2	77.98	$Pb_5(PO_4)_2$	811.5
NaOH	40.00	PbS	239.3
Na_3PO_4	163.9	$PbSO_4$	303.3
Na_2S	78.05	SO_3	80.07
$Na_2S \cdot 9H_2O$	240.2	SO_2	64.07
Na_2SO_3	126.0	$SbCl_3$	228.2
Na_2SO_4	142.0	$SbCl_5$	299.0
$Na_2S_2O_3$	158.1	Sb_2O_3	291.6
Na_2HPO_4	142.0	Sb_2S_3	339.8
NaH_2PO_4	120.0	SiF_4	104.1
$NaHSO_4$	120.1	SiO_2	60.08

续表

化　合　物	摩尔质量 /g · mol^{-1}	化　合　物	摩尔质量 /g · mol^{-1}
$SnCl_2$	189.6	$UO_2(CH_3COO)_2 \cdot 2H_2O$	424.2
$SnCl_2 \cdot 2H_2O$	225.6	$ZnCO_3$	125.4
$SnCl_4$	260.5	ZnC_2O_4	153.4
$SnCl_4 \cdot 5H_2O$	350.6	$ZnCl_2$	136.3
SnO_2	150.7	$Zn(CH_3COO)_2$	183.4
SnS	150.8	$Zn(CH_3COO)_2 \cdot 2H_2O$	219.3
$SrCO_3$	147.6	$Zn(NO_3)_2$	189.4
SrC_2O_4	175.6	$Zn(NO_3)_2 \cdot 6H_2O$	297.5
$SrCrO_4$	203.6	ZnO	81.38
$Sr(NO_3)_2$	211.6	ZnS	97.46
$Sr(NO_3)_2 \cdot 4H_2$	283.7	$ZnSO_4$	161.5
$SrSO_4$	183.7	$ZnSO_4 \cdot 7H_2O$	237.6

附表 12 相对原子质量表* (1991)**

以 C^{12}=12 为基准

原子序	名 称	符 号	相对原子质量
1	氢 Hydrogen	H	1.007 94(7)
2	氦 Helium	He	4.002 602(2)
3	锂 Lithium	Li	6.941(2)
4	铍 Beryllium	Be	9.012 182(3)
5	硼 Boron	B	10.811(5)
6	碳 Carbon	C	12.011(1)
7	氮 Nitrogen	N	14.006 74(7)
8	氧 Oxygen	O	15.999 4(3)
9	氟 Fluorine	F	18.998 403 2(9)
10	氖 Neon	Ne	20.179 7(6)
11	钠 Sodium	Na	22.989 768(6)
12	镁 Magnesium	Mg	24.305 0(6)
13	铝 Aluminium	Al	26.981 539(5)
14	硅 Silicon	Si	28.085 5(3)
15	磷 Phosphorus	P	30.973 762(4)
16	硫 Sulfur	S	32.066(6)
17	氯 Chlorine	Cl	35.452 7(9)
18	氩 Argon	Ar	39.948(1)
19	钾 Potassium	K	39.098 3(1)
20	钙 Calcium	Ca	40.078(4)
21	钪 Scandium	Sc	44.955 910(9)
22	钛 Titanium	Ti	47.88(3)
23	钒 Vanadium	V	50.941 5(1)
24	铬 Chromium	Cr	51.996 1(6)
25	锰 Manganese	Mn	54.938 05(1)
26	铁 Iron	Fe	55.847(3)
27	钴 Cobalt	Co	58.933 20(1)
28	镍 Nickel	Ni	58.693 4(2)

续表

原子序	名　称	符　号	相对原子质量
29	铜　Copper	Cu	63.546(3)
30	锌　Zinc	Zn	65.39(2)
31	镓　Gallium	Ga	69.723(1)
32	锗　Germanium	Ge	72.61(2)
33	砷　Arsenic	As	74.921 59(2)
34	硒　Selenium	Se	78.96(3)
35	溴　Bromine	Br	79.904(1)
36	氪　Krypton	Kr	83.80(1)
37	铷　Rubidium	Rb	85.467 8(3)
38	锶　Strontium	Sr	87.62(1)
39	钇　Yttrium	Y	88.905 85(2)
40	锆　Zirconium	Zr	91.224(2)
41	铌　Niobium	Nb	92.906 38(2)
42	钼　Molybdenum	Mo	95.94(1)
43	锝　Technetium	^{99}Tc	[97.907 2]
44	钌　Ruthenium	Ru	101.07(2)
45	铑　Rhodium	Rh	102.905 50(3)
46	钯　Palladium	Pd	106.42(1)
47	银　Silver	Ag	107.868 2(2)
48	镉　Cadmium	Cd	112.411(8)
49	铟　Indium	In	114.818(3)
50	锡　Tin	Sn	118.710(7)
51	锑　Antimony	Sb	121.757(3)
52	碲　Teliurium	Ts	127.60(3)
53	碘　Iodine	I	126.904 47(3)
54	氙　Xenon	Xe	131.29(2)
55	铯　Caosium	Cs	132.905 43(5)
56	钡　Barium	Ba	137.327(7)
57	镧　Lanthanum	La	138.905 5(2)

续表

原子序	名　称		符　号	相对原子质量
58	铈	Cerium	Ce	140.115(4)
59	镨	Praseodymium	Pr	140.907 65(3)
60	钕	Neodymium	Nd	144.24(3)
61	钷	Promethium	^{145}Pm	[144.91]
62	钐	Samarium	Sm	150.36(3)
63	铕	Europium	Eu	151.965(9)
64	钆	Gadolinium	Gd	157.25(3)
65	铽	Terbium	Tb	158.925 34(3)
66	镝	Dysprosium	Dy	162.50(3)
67	钬	Holmium	Ho	164.930 32(3)
68	铒	Erbium	Er	167.26(3)
69	铥	Thulium	Tm	168.934 21(3)
70	镱	Ytterbium	Yb	173.04(3)
71	镥	Lutetium	Lu	174.967(1)
72	铪	Hafnium	Hf	178.49(2)
73	钽	Tantalum	Ta	180.947 9(1)
74	钨	Wolfram(Tungsten)	W	183.84(1)
75	铼	Rhenium	Re	186.207(1)
76	锇	Osmium	Os	190.23(3)
77	铱	Irdiumr	Ir	192.22(3)
78	铂	Platinum	Pt	195.08(3)
79	金	Gold	Au	196.966 54(3)
80	汞	Mercury	Hg	200.59(2)
81	铊	Thallfum	Tl	204.383 3(2)
82	铅	Lead	Pb	207.2(1)
83	铋	Bismuth	Bi	208.980 37(3)
84	钋	Polonium	^{210}Po	208.982 4
85	砹	Astatine	^{210}At	209.987 1
86	氡	Radon	^{222}Rn	222.017 6

续表

原子序	名　称		符　号	相对原子质量
87	钫	Francium	^{223}Fr	[223.019 7]
88	镭	Radium	^{226}Ra	226.025 4
89	锕	Actinium	^{227}Ac	[227.027 8]
90	钍	Thorium	Th	232.038 1(1)
91	镤	Protactinium	^{231}Pa	231.035 88(2)
92	铀	Uranium	U	238.028 9(1)
93	镎	Neptunium	^{237}Np	237.048 2
94	钚	Plutonium	^{239}Pu	239.052 2
95	镅	Americium	^{243}Am	[243.061 4]
96	锔	Curium	^{247}Cm	[247.070 3]
97	锫	Berkelium	^{247}Bk	[247.070 3]
98	锎	Californium	^{252}Cf	[252.081 6]
99	锿	Einsteinium	^{252}Es	[252.083]
100	镄	Fermium	^{257}Fm	[257.095 1]
101	钔	Mendelevium	^{256}Md	[256.094]
102	锘	Nobelium	^{259}No	[259.100 9]
103	铹	Lawrenciun	^{262}Lr	[262.11]

* 相对原子质量(Relative atomic mass of an element)，以前称为原子量。

* * Pure Appl. Chem. 64(10) P 1 519～1 534(1991)。

[]表示人造元素。

主要参考资料

〔1〕武汉大学等.分析化学(第五版).北京:高等教育出版社,2006

〔2〕彭崇慧等.定量化学分析简明教程(第三版).北京:北京大学出版社,2009

〔3〕林树昌等.分析化学.北京:高等教育出版社,2004

〔4〕陶增宁等.定量分析.上海:复旦大学出版社

〔5〕张锡瑜等.化学分析原理.北京:科学出版社,2014

〔6〕David Harvey, Modern Analytical Chemistry, McGraw-Hill Higher Education, 2000

〔7〕中华人民共和国国家标准量和单位 GB.3100~3102-93.北京:中国标准出版社

〔8〕罗旭.化学统计学基础.沈阳:辽宁人民出版社,1985

〔9〕郑用熙.分析化学中的数理统计方法.北京:科学出版社,1986

〔10〕常文葆,李克安.简明分析化学手册.北京:北京大学出版社,1981

〔11〕高鸿主编.分析化学前沿.北京:科学出版社,1991

〔12〕汪尔康主编.21 世纪的分析化学.北京:科学出版社,2001

〔13〕梁文平,庄乾坤主编.分析化学的明天.北京:科学出版社,2003

〔14〕潘祖亭,曾百肇主编.定量分析习题精解.北京:科学出版社,2004

〔15〕中华人民共和国国家计量技术规范,JJF1059.1—2012 测量不确定度评定与表示 2012

〔16〕臧慕文,分析测试不确定度的评定与表示 (1),分析试验室,2005,24(11),74~79

〔17〕曹宏燕,分析测试中的测量不确定度及评定(第二部分测量不确定度评定的基本方法),冶金分析,2005,25(2),84~87

〔18〕曹宏燕,分析测试中测量不确定度及评定(第三部分分析测试中主要不确定度分量的评定),冶金分析,2005,25(3),82~87

〔19〕分析化学学科前沿与展望. 庄乾坤,刘虎威,陈洪渊主编,北京:科学出版社,2012

〔20〕李攻科,胡玉玲,阮贵华等编著. 样品前处理仪器与装置.北京:化学工业出版社,2007.

〔21〕杨铁金主编. 分析样品预处理及分离技术. 北京:化学工业出版社,2007.

〔22〕江桂斌等. 环境样品前处理技术[M]. 北京: 化学工业出版社, 2004.

〔23〕陈波. 新型样品前处理技术在环境有机污染物分析检测中的应用研究[博士论文]. 重庆: 西南大学.

〔24〕肖俊峰. 固相微萃取技术应用于有机氯农药分析的研究[硕士毕业论文]. 大连:中国科学院大连化学物理研究所.

〔25〕胡西洲. 新型样品前处理技术在环境和生物样品分析中的应用.武汉:武汉大学.

〔26〕付华峰.液相微萃取的研究与应用[硕士毕业论文]. 天津:天津大学.

〔27〕卢巧梅. 植物激素的新型样品前处理及色谱分离分析方法的研究[硕士论文论文]. 福建:福州大学.

〔28〕张莘民.环境污染治理技术与设备.2002.3(11):31—37.